高档数控机床与基础制造装备国家科技重大专项
数控机床功能部件优化设计选型工具开发及应用

数控机床功能部件优化设计选型应用手册

数控刀架分册

主　编　陈　捷
副主编　洪荣晶
　　　　邹　运

机械工业出版社

本手册介绍了数控刀架的国内外发展历史和生产研发现状，数控刀架的结构及参数，分析了数控刀架的机械结构组成和关键技术参数，数控刀架的选型计算与选型流程，通过计算刀架的选型参数，分析刀架选型过程步骤，写出刀架的选型流程等。本书主要面向数控机床设计工程师和功能部件使用工程技术人员等。

图书在版编目（CIP）数据

数控机床功能部件优化设计选型应用手册．数控刀架分册/陈捷主编．—北京：机械工业出版社，2018.5

ISBN 978-7-111-59885-5

Ⅰ.①数…　Ⅱ.①陈…　Ⅲ.①数控机床-设计-手册②数控机床-刀架-结构设计-手册　Ⅳ.①TG659-62

中国版本图书馆CIP数据核字（2018）第082212号

机械工业出版社（北京市百万庄大街22号　邮政编码100037）
策划编辑：梅　峰　责任编辑：韩景春
封面设计：桑晓东　责任校对：曹胜玉
责任印制：北京联兴盛业印刷股份有限公司
2018年5月第1版第1次印刷
184mm×260mm 1/16 · 17.5印张 · 336千字
0001—3000册
标准书号：ISBN 978-7-111-59885-5
定价：78.00元

凡购本书，如有缺页、倒页、脱页，由本社发行部调换

电话服务	网络服务
服务咨询热线：010-88361066	机 工 官 网：www.cmpbook.com
读者购书热线：010-68326294	机 工 官 博：weibo.com/cmp1952
010-88379203	金 书 网：www.golden-book.com
封面无防伪标均为盗版	教育服务网：www.cmpedu.com

数控机床功能部件优化设计选型应用手册
编写委员会

《滚珠丝杠副分册》

主　编： 冯虎田

副主编： 欧　屹　王禹林

参　编： 梁　医　汪满新　邱亚兰　王艺玮　祖　莉　刘树平　黄育全　杜　伟　王建修　刘　丹　刘建佐　任选锋　冯　宇　刘宪银　郑　奇　李　栋　张柏林　韩　军

《滚动直线导轨副分册》

主　编： 欧　屹

副主编： 梁　医　冯虎田

参　编： 汪满新　王禹林　祖　莉　邱亚兰　王艺玮　刘树平　殷玲香　荣伯松　王爱荣　吕　祎　王守珏　刘建佐　刘宪银　张立民　冯健文　李婷婷　李庆楠　韩　军

《数控转台分册》

主　编： 王　华

副主编： 于春建　王胜利

参　编： 方成刚　洪荣晶　景国丰　陈　捷　曲维康　张　金　臧克宝　刘　翔　连永明　潘绍刚

《数控刀架分册》

主　编： 陈　捷

副主编： 洪荣晶　邹　运

参　编： 臧克宝　王　华　孙付仲　景国丰　陈　菲　何佳龙　焦　蕾　张　虎　孙　造　吴培坚　张　金

《动力卡盘分册》

主　编： 张　云

副主编： 张国斌　刘成颖

参　编： 陈永胜　杜淑逞　姚　萍　武　鹏　姜　楠　王永相　李学崑

《高速电主轴分册》

主　编：刘成颖

副主编：陈长江　张　云

参　编：石德福　李东亚　朱继生　李　郢　曹　楠　张晖瑾　张　涛　吴东阳　黄子凌　尹腾飞

主　审

赵顺利　大连高金数控集团有限公司（《滚珠丝杠副分册》《滚动直线导轨副分册》）

黄筱调　南京工业大学（《数控转台分册》）

初福春　烟台环球机床附件集团有限公司（《数控刀架分册》）

赵　进　沈阳机床股份有限公司（《动力卡盘分册》）

郭丽娟　洛阳轴承研究所（《高速电主轴分册》）

咨询专家

李冬茹　中国机械工业联合会

陈小明　中国航空工业集团

黄　田　天津大学

王立平　清华大学

姜怀胜　大连机床集团有限责任公司

李宪凯　沈阳机床股份有限公司

初福春　烟台环球机床附件集团有限公司

序　一

数控机床是实现“中国制造2025”目标重点支持的十大领域之一。功能部件的设计应用水平直接影响高档数控机床的性能，是一直制约我国数控机床技术水平提升的主要因素之一。在国家科技重大专项的支持下，国内功能部件骨干企业和高校做了大量深入细致的技术研发工作，技术水平持续提升，关键功能部件实现批量配套，国内市场占有率明显提升。做好数控机床国产功能部件的优化设计选型及应用工作，是国产数控机床配套功能部件实现国产化的重要技术支撑，也是国家科技重大专项“提升国产重大装备技术水平，满足国内需要，改变依赖进口，受制于人的局面”目标任务完成的基础和重要组成部分，意义重大。

“数控机床功能部件优化设计选型工具开发及应用”课题组由3所高等院校和8家功能部件骨干企业的研究者和设计工程师组成，以高端数控机床的六大核心功能部件（滚动丝杠副、滚动直线导轨副、数控转台、数控刀架、动力卡盘和高速电主轴）为对象，历时4年，总结了34个专项课题的研究成果，进行了深入的理论研究、大量的可靠性分析和定性试验、广泛的市场调研和分析归纳，共同编写了六大核心功能部件的优化设计选型应用手册。这些手册集中展现了前期专项的科研、试验和应用成果，为功能部件的优化设计选型应用提供支撑基础理论体系、产品性能评价体系及产品标准体系，解决了功能部件制造过程中技术及标准空缺问题，为实现功能部件产品批量生产和大规模应用给予了技术支持。系列手册及技术成果填补了国内空白，数控机床主要功能部件应用选型的总体技术水平进入国际先进行列，对“十三五”“十四五”进一步专业化生产技术升级具有重要的推广促进作用。

借此机会对倾注着心血和年华，坚持在数控机床功能部件研发、设计和应用一线工作的研究者和工程师，表达我深深的敬意。正是有这样的坚守和创新，才能有我国高档数控机床多年来发展的卓著成效和不断进取的未来。

中国工程院院士
西安交通大学教授
卢秉恒

序　二

装备制造业是大国工业最重要的支柱产业。高档数控机床作为工业母机和装备制造业的基础，对于建设制造强国，非常重要。其中滚珠丝杠副、滚动直线导轨副、数控转台、数控刀架、动力卡盘、高速电主轴等功能部件，是数控机床的关键组成部分。

目前，国产数控功能部件相对主机来说，发展相对滞后。其中原因之一是缺乏设计依据。因此，数控机床功能部件优化设计选型应用系列手册的编写出版具有重要的意义，一方面对前期国家科技重大专项支持的相关课题成果进行了总结，另一方面为工程技术人员进行功能部件的优化设计选型提供了理论和技术支持，有利于我国数控机床功能部件设计制造水平的提高，进而提高国产重大装备的技术水平。

数控机床功能部件优化设计选型应用系列手册的编写及配套选型软件的开发，是在对大量主机厂、用户进行充分市场调研并进行试验研发工作的基础上完成的，具有较强的实践基础，能够为主机厂商及用户在功能部件选型上提供理论依据，提升数控机床设计制造水平。

该系列手册内容丰富，体系结构符合工程技术人员要求，基础理论和技术实践相结合，既有基础理论的介绍，又有丰富不同的产品型号的推介，图文并茂，是一套难得的工程技术人员进行功能部件优化设计选型的参考书。

希望该系列手册和配套软件出版后，能够成为工程技术人员的得力助手，提升我国数控机床及功能部件的设计制造水平。

中国工程院院士
浙江大学教授
谭建荣

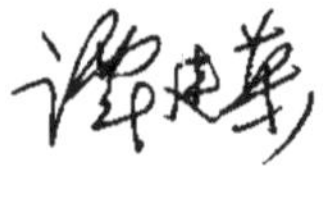

前　言

数控机床功能部件是高档数控机床核心部件，其设计应用水平的高低直接影响高档数控机床的整机性能。数控机床国产功能部件的研发、优化设计选型及应用是国产数控机床配套功能部件实现国产化的重要支撑，是国家科技重大专项“提升国产重大装备技术水平，满足国内需要，改变依赖进口，受制于人的局面”目标任务完成的基础和重要组成部分，对我国高端装备制造、数控机床水平提升及“中国制造2025”目标实现具有重大战略意义。

国家科技重大专项“数控机床功能部件优化设计选型工具开发及应用”（编号2014ZX04011031）研究目标就是编制《数控机床功能部件优化设计选型应用手册》（以下简称《手册》）及开发选型软件，为功能部件的优化设计选型应用提供基础理论体系、产品性能评价体系及产品标准体系；解决功能部件生产过程中技术空缺及生产标准空缺问题，实现功能部件产品批量生产。通过大量主机厂及用户的市场调研及试验研发工作，使功能部件技术手册具有强有力实践基础，填补国内空白。

《手册》主要针对数控机床六大功能部件（滚珠丝杠副、滚动直线导轨副、数控转台、数控刀架、动力卡盘、高速电主轴）设计选型应用要求，首先对功能部件、结构及参数进行介绍，其次给出了选型流程及计算方法、型谱参数、主要性能指标的测试方法、附件选用及安装使用维护方法等，最后给出了数控机床功能部件设计选型典型案例，对选型软件的使用环境、操作方法进行了详细说明。该手册分为六个功能部件分册，分别为《滚珠丝杠副分册》（主编冯虎田，副主编欧屹、王禹林）、《滚动直线导轨副分册》（主编欧屹，副主编梁医、冯虎田）、《数控转台分册》（主编王华，副主编于春建、王胜利）、《数控刀架分册》（主编陈捷，副主编洪荣晶、邹运）、《动力卡盘分册》（主编张云，副主编张国斌、刘成颖）、《高速电主轴分册》（主编刘成颖，副主编陈长江、张云）。

《手册》策划、编写依据如下基本原则：

一是前瞻性及先进性。由专业的功能部件生产商及行业研究者与设计工程师共同编写，深入研究基础理论知识，确保基础理论及应用技术的前瞻性及先进性。

二是操作性及可行性。在编制《数控机床功能部件优化设计选型应用手册》过程中，做了大量的可行性分析以及试验定型等工作，确保理论建立在大量实践基础之上。

三是知识性及系统性。编制《数控机床功能部件优化设计选型应用手册》时，在功能部件的各个技术领域均做了大量市场调研，进行分析归纳，形成一系列型谱，确保了技术知识的具体、全面。

四是系列化及标准化。《手册》中的内容根据型谱参数等标准来细分，方便了查阅相关技术知识。

编写《手册》及开发选型软件，其重要意义体现在如下四个方面：

(1) 展现前期取得的专项成果。前期共承担六大功能部件国家科技重大专项34项，作为专项技术成果，该课题“数控机床功能部件优化设计选型工具开发及应用”，可以集中展现前期专项的科研、试验、应用成果，对行业进一步专业化生产技术升级有推广促进作用。

(2) 强调企业与用户对接示范。从专项立项课题分布看，遵循“共性技术研发—产品研发—产业化应用—用户应用示范”规律。在诸多环节中，缺少企业与用户对接的环节。《手册》旨在编写以企业与用户对接技术为基础的，双方共同认可的安装、调试和验收的规范，因此选型软件开发及手册对企业与用户对接具有示范作用。

(3) 提供应用研究的基础理论。《手册》可以完善补充目前国内功能部件等基础零部件的理论与应用研究，为功能部件生产研发过程提供强有力的理论基础。

(4) 满足国内现状发展需求。国外功能部件技术手册早已编制完成，现已形成标准化、系列化，并广泛用于企业研发与用户应用之中。国内尚缺少功能部件设计、选型及应用的基础性理论研究，尤其是在功能部件设计、检验、试验、制造装配等生产过程中，以及主机选型设计及安装中缺少参考手册及资料，不利于生产、研发方面的发展。

课题组所研究的共性技术、关键技术、开发的设计选型软件、测试安装技术规范及标准，能满足国内功能部件行业对产品的测试、试验基本需求，为我国高档数控机床与基础制造成套装备自主开发能力的提高奠定相关关键技术基础，为相关领域的发展提供相关技术研究成果、科研开发平台和高效率试验平台。课题实施过程中，培养与造就了一批该领域高水平研发团队，提高了功能部件自主创新开发实力。

本系列手册可供机床设计人员、功能部件设计人员及大专院校的研究人员参考使用。

本系列手册凝聚了编写组、咨询专家、审核专家的心血，也得到了行业各个参加单位南京理工大学、南京工业大学、清华大学、大连高金数控集团有限公司、烟台环球机床附件集团有限公司、南京工艺装备制造有限公司、陕西汉江机床有限公司、山东博特精工股份有限公司、洛阳轴研科技股份有限公司、呼和浩特众环（集团）有限责任公司、广东高新凯特股份有限公司、南京工大数控科技有限公司、吉林大学、常州新墅机床数控设备有限公司、常州市宏达机床数控设备有限公司等单位技术人员的大力支持。

本系列手册编写期间，课题组深入主机厂调研，虚心学习，获得了宝贵的一线设计资料。参加技术讨论的主机单位包括北京北一机床股份有限公司、大连机床集团有限责任公司、沈阳机床股份有限公司、宝鸡忠诚机床股份有限公司、青海一机数控机床有限责任公司、天水星火机床有限责任公司、濮阳贝英数控机械设备有限公司、安阳鑫盛机床股份有限公司、纽威数控装备（苏州）有限公司、南京数控机床有限公司、南京工大数控科技有限公司等单位的机床设计师，他们丰富的机床设计经验对本系列手册的编写提供了雄厚的技术支撑。

《数控刀架分册》第一章由陈捷、陈菲、焦蕾等编写；第二章由陈捷和洪荣晶编写；第三章由洪荣晶、邹运、臧克宝、孙造和王华等编写；第四章由张金、孙付仲和张虎编写；第五章陈捷、邹运、陈菲和何佳龙等编写；第六章由吴培坚、张金、景国丰编写；第七章由邹运、王华、臧克宝、焦蕾等编写；第八章由孙付仲和陈捷编写。

研究生褚传尧、孙艳阳、张怡雯、周长光、柯楠、陈田、吴承云、洪波、付秀秀、陈云杰、韦超、唐丞和杨果等参加了大量校核工作。金属加工杂志社的梅峰主编、项目主管张淼对本手册的出版付出了辛勤汗水，他们的全身心专业的策划是本手册顺利出版的保证。

三年多来，经过广大编审人员的不懈努力，《数控机床功能部件设计应用技术手册》以崭新的风貌和鲜明的时代气息展现在广大机械设计工作者面前。值此出版之际，谨向所有给过我们大力支持的单位和各界朋友们表示衷心的感谢！

国家科技重大专项课题组

冯虎田

目　录

第一章　数控刀架综述

第一节　概　　述

数控机床是装备制造业的关键装备，是关系到国家经济建设与战略地位，体现国家综合实力的重要标志。与传统机床相比，数控机床具有高效率、高精度、高柔性化和高集成化等特点，能够很好地解决工艺难题，保证加工质量，同时又能降低工人的劳动强度，提高生产效率。大力发展数控机床产业不仅仅是我国实现工厂自动化的基础，也是我国机械制造业技术改造的必由之路，更是发展高精尖技术产业的重要保证。我国在“中国制造2025”中明确提出，要把高档数控机床为代表的高端装备制造工程作为未来重点发展的五大工程之一，高档数控机床已成为我国“十三五规划纲要”中实施制造强国的重要标志。

数控刀架是数控车床及车削中心中最重要的功能部件之一，它的投入使用可有效压缩非切削时间，可实现一次装夹完成多工序加工。随着科技的发展，数控刀架向高智能化的方向发展，尤其在高档数控机床中，高性能数控刀架将极大提高数控机床高速性能和复杂零件的加工能力。因此，数控刀架性能的优劣将直接影响机床行业的发展。

数控刀架一般由动力源（电动机或液压缸、液压马达）、机械传动机构、预分度机构、定位机构、锁紧机构、检测装置、接口电路、刀具安装台（刀盘）以及动力刀座等部件组成。数控刀架可分为立式和卧式两种，如图1-1和图1-2所示。立式刀架主要有4工位、5工位、6工位三种形式，卧式刀架主要有8工位、10工位、12工位，有的可单方向旋转，有的可正、反方向转位，就近选刀。数控转塔刀架的动作循环均为：T指令（换刀指令）—刀盘松开—刀盘旋转—刀位检测—预分度—精确定位—刀盘锁紧—结束信号。

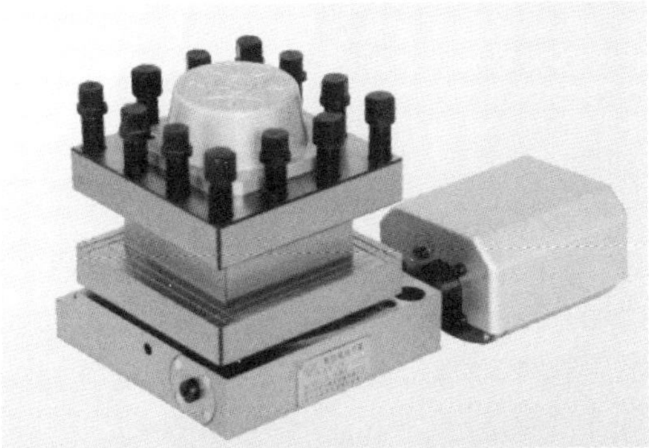

图1-1　立式刀架

图1-2　卧式刀架

在各类刀架分类中，电动刀架因其结构简单可靠、维修方便，适用于大部分的经济型数控车床，目前国内以电动刀架为主，其生产规模最大，品种也齐全。电动刀架完成刀架上刀盘的转动和刀盘的初定位、定位与夹紧的运动，实现刀具的自动转换，具有传动机械结构、电气正反转控制、PLC（Programmable Logic Controller）编程控制等功能。其技术参数主要包括：卧式刀架中心高、立式刀架刀台尺寸、刀位数、电动机功率、电动机转速、夹紧力和上、下刀体尺寸等。一般工作流程为：换刀信号—电动机正转—刀体转位—刀位信号—电动机反转—初定位—精定位夹紧—电动机停转—回答信号—加工程序进行。

液压刀架属于中档型数控刀架，如图 1-3 所示，作为集机、电、液一体的主要机床附件，已广泛应用于各类中高档数控车床。动力驱动是由液压旋转马达和液压伸缩缸来完成，而位置控制是由发信装置和端齿盘来控制。液压刀架换刀动作包括松开、分度、预定位、精定位和夹紧五个主要动作。液压刀架可单双向旋转，就近选刀，其结构简单、动作可靠，抗偏载能力强。与其他传动系统相比较，液压系统具有灵活、平稳、锁紧力可调、低磨损及噪声小等优点。

伺服刀架属于中高档型数控刀架，如图 1-4 所示，由刀架控制器、伺服电动机、减速装置和液压锁紧系统等组成。可完成刀盘的转位、定位、锁紧及选刀控制等动作，其机械结构简单、刚性好、锁紧迅速可靠以及换刀速度快，适用于全功能数控车床。常用的伺服刀架伺服系统有：数控系统 + 刀架控制器 + 伺服驱动器 + 伺服电动机、数控系统 + 伺服驱动器 + 伺服电动机等。数控刀架伺服系统趋向于第二种方案，具体优势为节约成本，可以省去原有的刀架控制器，线路简化，降低故障率，同时提高了系统的可靠性和使用寿命。

图 1-3　液压刀架

图 1-4　伺服刀架

伺服刀架上加装动力模块形成动力刀架如图 1-5 所示，这种双伺服的动力刀架主要配置在中高端的车削中心上，动力刀架的转位和动力刀具的驱动都采用伺服电动机，因而结构上有进一步整合和发展的空间。20 世纪 90 年代，出现了单伺服动力刀架产品，这种动力刀架主要搭配在各种高端的车削中心和车铣复合加工中心上，其结构复杂，技术含量高。单伺服动力刀架结构是由一个伺服系统同时控制主轴和动力刀具，结构最为复杂，技术含量高，性能优越，结构紧凑，深受国内外高端车削中心和车铣复合机床制造商的青睐，但国内还没有此类成熟产品。动力刀架属于高档

图 1-5　动力刀架

数控刀架，适用于车削中心等，主要满足车、铣等复合加工要求。

数控刀架应用于数控车床、车削加工中心和车铣复合加工中心等车削类机床，其中车铣复合中心融合了数控车床和数控铣床的功能。根据数控机床的档次和应用场合不同，数控刀架可分为经济型数控刀架、普及型数控刀架和高档型数控刀架。

经济型数控刀架分为立式和卧式两种。立式经济型数控刀架主要进行轴、盘类等回转体零件的加工，常用工位数为 4 工位，少数为 6 工位，冷却方式一般为外部冷却管直接冷却，也可以选择刀架内部冷却，车削内孔时需用冷却嘴冷却。

卧式经济型数控刀架一般为 6 工位或 8 工位，在加工精度和效率上都比立式 4 工位、6 工位数控刀架略胜一筹，主要用于回转体零件的大批量、高精度加工。

普及型数控刀架，多为配槽刀盘的卧式刀架，通过安装刀夹座夹刀，无论是液压驱动，还是伺服驱动，其工作精度、刚性及转位速度都有严格要求。该刀架应满足：双向就近选刀、工位数大多为 8 工位或 12 位、转位速度快、刀架锁紧力大和刚性好。

高档型数控刀架通常指带有动力刀具的全功能数控转塔动力刀架，应用于复合加工机床，在一台机床上可实现多种不同的加工工艺，如车、铣、钻、镗、攻螺纹、铰孔及扩孔等。动力刀架应用在车铣复合加工中心上时需增加 *Y* 轴，形成 *Y* 轴动力刀架，构成四轴车铣复合加工中心。机床带有 *B* 轴则为五轴车铣复合加工中心，动力刀架可配置于高档数控倾斜导轨卧式车床，多刀架卧式车床等高档次数控机床。高档数控刀架具有造价高、效率高、精度高和刚度高等特点。

第二节　发展历程

刀架作为机床的重要组成部分，是伴随着数控机床的发展而发展的。最早是在 20 世纪 40 年代初期，由美国北密支安的一个小型飞机工业承包商派尔逊斯公司（Parsons Corporation）实现数字技术进行机械加工的。1952 年，麻省理工学院在一台立式铣床上，装上了一套试验性的数控系统，成功地实现了同时控制三轴的运动。这台数控机床被大家称为世界上第一台数控机床。1954 年 11 月，在派尔逊斯专利的基础上，第一台工业用的数控机床由美国本迪克斯公司（Bendix Cooperation）正式生产出来。

数控刀架作为数控机床的重要组成部分，1959 年 3 月，由美国卡耐·特雷科公司（Keaney&Trecher Corp.）开发出第一台具有自动换刀装置的数控机床。在刀架上安装铰刀、铣刀、丝锥和钻头等刀具，可以根据数字指令自动选择所需要的刀具，实现一次性装夹，多工序加工，明显缩短了机床上零件的装卸时间和更换刀具的时间，提高了加工效率。

早期的普通机床没有配备数控系统，配套刀架的功能只是把持刀具，实现零件加工和人工变换刀具。随着数控机床的出现，机床的发展迈向一个新台阶，同时为提高管理水平、改进产品质量以及改善劳动条件等发挥了重要作用。配套的数控刀架不仅能实现切削等加工功能，还能实现自动换刀，而自带铣削功能的动力刀架能够实现铣削、钻削、攻螺纹等复合加工。

从普通车床到数控车床以及车铣复合加工中心，刀架已经脱离了把持工具装置的范畴，如实现自动换刀、自动带铣削动力实现铣削、钻削、攻螺纹等复合化功能，是一个既有动力输入，又带动力输出以及具备控制系统的完整的自动化设备。

我国大陆形成规模的数控转塔刀架生产企业主要有：烟台环球机床附件集团有限公司、大连高金数控集团有限公司、常州市新墅数控设备有限公司、常州市宏达机床数控设备有限公司和沈阳精诚数控机床附件厂等。数控刀架的产能提高非常迅速，由以前的年产几百上千台到现在的年产三万台左右，基本上能满足中、低档数控机床的需求量。但与国外的先进数控刀架水平相比，仍然有一定的差距。

第三节　研究现状

一、基础研究

（一）刀架结构参数优化

2011～2013年东北大学的王宛山团队，采用ADAMS对动力伺服刀架齿轮传动系统进行了动力学仿真及可靠性灵敏度分析，对动力伺服刀架转位系统进行可靠性灵敏度分析与稳健优化，进行了动力伺服刀架动态性能的研究，电主轴数控刀架的关键技术研究，动力伺服刀架齿轮系统力学特性研究，采用虚拟样机技术对动力伺服刀架转位系统进行动力学分析，对动态可靠性数据库系统进行了设计。采用虚拟样机技术对直驱伺服数控刀架进行动静态仿真研究。

2013年开始，东北大学的张义民教授团队在国家自然科学基金项目（51105062），中央高校基本科研业务费项目（N120503001），“高档数控机床与基础制造装备”科技重大专项（2013ZX04011011）的资助下，将可靠性优化设计理论、可靠性敏感度技术与稳健设计方法相结合，利用多体动力学仿真软件建立回转刀架转位系统运动学分析模型，对回转刀架转位系统进行可靠性分析和可靠性敏感度分析。以沈阳机床集团生产的某动力伺服刀架为研究对象，对其齿轮传动系统、静动态特性进行研究；以刀架所配置的刀盘在满足功能和强度的前提下，以质量最小作为优化目标函数，进行结构参数的优化。

（二）力学性能分析

东南大学的陈南教授团队与常州新墅数控刀架有限公司合作，得到了“高档数控机床与基础制造装备”重大科技专项、“SLT系列伺服转塔/动力刀架产业化关键技术开发与应用”（项目编号：2012ZX04002032）和“T系列数控转塔刀架产品开发及其在斜床身系列数控车床批量应用示范”（项目编号：2013ZX04012032）的资助。利用有限元仿真软件对SLT160伺服刀架进行静动态分析和优化，通过动力学特性分析与结构优化研究，改善动力刀架的动力学特性，提高动力传动系统的抗振能力，减小载荷冲击，为设计动力刀架提供相关数据和理论依据。以T系列数控转塔刀架某型号产品伺服刀架结构为研究对象，对伺服刀架进行静力学、动力学特性研究，并对其关键部件端齿盘进行稳健性优化设计研究。

（三）刀架精度研究

刀架的刚度和精度直接影响了数控机床的加工精度，其中端齿盘是保证刀架刚度和定位精度的关键部件。东南大学陈南团队采用有限元方法对端齿盘切向啮合刚度及刀架整机刚度进行了优化，提出了端齿盘结构参数优化设计方法；对端齿盘分度误差理论进行了研究，制定了齿形加工公差；对端齿盘齿形加工误差检验、重复定位精度和分度精度检验提出了设计方案。利用刚柔耦合的分析方法逐个分析各部件对于刀架切向刚度的影响，并确定端齿盘对于刀架的重要性，优化端齿盘的齿形角和内外齿盘的齿长比，最终确定了刀架具有最大切向刚度时的齿形角与齿长比，研究了端齿盘的主要齿形加工误差（即齿距累积误差、齿宽误差和齿形半角误差），对刀架精度的影响。

（四）可靠性研究

产品的可靠性水平依赖于面向全生命周期各个环节的可靠性技术体系，主要包括：可靠性数据统计与分析、系统可靠性、可靠性设计、可靠性试验及可靠性增长等。

1. 可靠性数据统计与分析

针对不同类型的刀架，多篇文献对其常见故障进行了归纳，并总结了相应的维修处理方法。德国研究人员对现场使用反馈的故障进行可靠性分析，建立了机床故障诊断与预测系统，用于在数控机床的设计、制造及装配过程中建立可靠性保障体系。意大利研究人员对寿命数据进行分析，通过建立可维修部分的故障分布，给出了整个机床的可靠性及维修性（Reliability-&Maintenance，R&M）方法。吉林大学机械工业数控装备技术重点试验室是国内最早从事数控机床行业故障信息统计与分析的高校研究机构。30 多年来，以积累的大量现场数据为基础，研究了不同数据条件下的可靠性建模方法，JIA 等对 24 台数控转塔刀架为期 1 年的故障间隔时间进行指数分布拟合，所建立模型满足卡方检验。张英芝等对 17 台数控刀架为期 1 年的随机截尾故障数据进行分析，建立了故障间隔时间的最优分布。张立敏等结合现场试验数据，基于 Bayes 理论建立起小样本数控刀架的威布尔分布模型，采用粒子群优化算法得到了更为准确的参数估计值。东南大学陈南教授研究团队通过对某类 118 台液压刀架为期三年的现场故障维修记录（来自于主机厂跟踪记录）进行统计，得到液压刀架产品首次故障时间服从威布尔分布的结论，基于指数分布建立的各子系统首次故障时间模型满足（Kolmogorov-Smirnov，K-S）检验；同时，提出数控刀架生产企业要严格管控外协外购件的质量，以改善采购件故障占全部故障 60% 以上的现状；企业还需进一步做好产品使用的培训工作，以降低因用户误操作造成的故障几率。

2. 系统可靠性研究

产品作为完成预定功能的单元集合体，由若干独立单元共同支撑的系统，各单元对系统具有不同的影响程度。系统可靠性研究致力于定性定量不同单元影响的差异，讨论如何分配各个单元的可靠度，使得系统可靠性最优，制定合理的维修策略。故障模式、影响及危害性分析（Failure Mode Effects and Criticality Analysis，FMECA）是一种归纳分析方法，面向系统各组成单元，分析单个故障模式对系统的影响。申桂香等对 21 台数控车床刀架系统的故障数据进行了 FMECA 研究，找出了该型刀架系统的薄弱环节。张英芝等提出了一种改进的 FMECA 分析方法，以重要度判断严酷度，采用专家模糊推理的方法综合评估危险水平。陈南等根据故障模式存在的状态个数不同，提出了一种多态故障树的建造方法，通过多态表决门表征不同状态事件间的逻辑关系；将该方法应用在伺服刀架可靠性分析中，能有效分析实际工况下的故障现象，以判别系统薄弱单元。为了直接定量不同单元对系统的影响程度，Birnbum 首次提出概率重要度指标，将其定义为单元故障时系统发生故障的概率与组件正常时系统故障概率之差；之后，Fussell and Vesely 提出概率重要度指标，用以描述组件故障引起系统发生故障的概率。于捷等基于二维决策图（Binary Decision Diagram）技术对数控转塔刀架重要度进行分析，为系统设计改进提供依据。刘英等人从数控刀架转位过程的失效模式出发，运用故障树分析理论，建立了以刀架锁不紧和刀架卡死为顶事件的故障树模型，并收集相关的故障历时数据。针对模型中各事件故障发生概率不确定等因素，引入模糊数学理论，构建概率模糊数，并给出运算法则。

3. 可靠性设计

可靠性设计思想起源于20世纪40年代，以应力—强度干涉模型来分析结构安全度的研究奠定了结构可靠性理论的基础。在学术界和工程界的普遍关注和重视下，出现了各种可靠性设计的理论与方法，主要包括：矩方法、响应面法、最大熵法、Monte Carlo模拟法以及随机有限元法等等。东北大学张义民团队秉承“设计决定了产品可靠性水平”的思想，提出了非线性随机结构系统的可靠性灵敏度计算方法以及机械动态与渐变可靠性理论。黄贤振等将理论成果应用于数控刀架转位系统的可靠性设计中，通过建立转位系统的运动学分析模型，采用一次二阶矩法进行可靠性敏感度分析，建立起系统的可靠性稳健设计模型。吉林大学机械工业数控装备技术重点实验室联合沈阳机床股份有限公司、大连机床集团有限责任公司，结合数控机床的产品特点，综合标准化设计、冗余设计、耐环境设计及安全设计等可靠性设计原则，制定了《数控机床的可靠性设计准则》。这项准则尽管仍在积累完善的过程中，但对于数控刀架这一功能部件的可靠性设计也能起到一定的指导作用。

4. 可靠性试验

可靠性试验是保障产品可靠性水平的基础工作内容，根据试验地点不同，分为试验室和现场试验。功能部件的可靠性试验属于前者，试验内容都是在实验室台架上进行的。机床功能部件可靠性评定标准第1部分：总则（GB/T 23568.1—2009）中规定了故障可靠性试验样品要求、试验内容、故障监测和记录要求、可靠性评定指标等各项内容，其中对数控刀架的可靠性试验内容为：按设计规定在每个工位安装刀具和偏重承载下，每一工位都应在逐位转换、越位转换下进行刀架松开、转位和锁紧的连续运转试验，以次数计。标准中所提出的是对数控刀架可靠性试验的最低要求，试验内容和测试项目均有限，不足以满足稳定中档产品，研发高档产品的目标。

吉林大学研制了多种数控刀架可靠性试验台，采用电液伺服加载系统可以实现多角度变换加载，并提出了可靠性试验方案及评价指标。针对数控转塔刀架直接承受切削加载这一基本工作状态，东南大学陈南团队认为，只有在实际加工切削过程中，才能真正反映出刀架的综合性能及动态可靠性水平，因此有必要将实际切削纳入到可靠性试验中来。为此，团队搭建了配备有高精度六分量切削力测试系统的可靠性切削试验平台，能实时获取刀具切削力的全部六分量动态载荷情况；并设计了结合有不同切削强度、不同切削工艺乃至不同材料的被切削工件族来形成系列典型实际切削工况。结合其他各种动态性能测试仪器，真正达到通过实际切削试验来反映刀架、机床的动态性能水平及其退化机理，暴露功能部件产品缺陷、检验单元和系统可靠性水平的目的。

5. 可靠性增长

产品的可靠性增长是一个反复设计—分析—试验—改进—再试验的过程。在产品研发与使用的各个阶段中，通过不断暴露设计、制造和使用缺陷，多次改进薄弱环节，使得产品的可靠性及综合性能不断趋于完善。在整个执行的过程中以可靠性数据统计与分析、系统可靠性、可靠性设计以及可靠性试验各项技术为支撑。另一方面，可靠性增长模型的提出，为可靠性增长措施的效用预测提供了理论依据。

数控刀架作为数控车床的关键功能部件之一，其可靠性、性能一致性等质量特性直接影响机床整机的加工效率、加工精度和可靠性。重庆大学的张根保团队在国家重大专项“高档数控机床用数控刀架产业化关键技术开发及应用”（2012ZX04002—031）的支持下，以烟台附件厂的AK31系列数控转塔刀架为对象，对其零部件的加工一致性评估与控制技术进行研究，对数控刀架零部件的加工一致性进行了定义，对影响刀架零部件加工一致性的5M1E影响因素进行了分析。针对AK31刀架的生产过程，包括数据信息的采集，建立了工序稳定性控制系统，对加工工序能力进行了基于主成分权重的评估，并可为数控转塔刀架的性能一致性的提升打好了坚实的基础。

二、产品研发

国外电动刀架技术水平以欧洲为代表，该刀架由力矩电动机驱动，由凸轮机构控制齿盘的松开和锁紧，初定位动作由电磁铁完成，由编码器识别位置信号。代表性厂家有意大利的迪普马（DUPLOMATIC）、巴拉法蒂（BARUFFALDI）、德国的肖特（SAUTER）等。其中，德国的肖特（SAUTER）拥有几十年的数控转塔刀架设计、研发和生产经验，其精度等级、技术参数处于世界领先水平。

液压刀架由液压马达驱动，初分度定位采用间歇分度机构平行共轭凸轮等，利用液压系统进行松开和锁紧，由组合传感器或编码器等识别位置信号。液压刀架技术水平以日本、韩国和中国台湾为核心代表。中国台湾地区生产刀架企业主要专注于液压刀架生产和开发，其生产的液压刀架稳定性好、可靠性技术水平高。

目前，国外数控刀架主要分为日本和欧洲两大派系，日本的数控刀架结构紧凑、体积小、转矩大、寿命长。其核心部件采用了氮化处理，极大地提高了核心部件的硬度及耐磨性。欧洲的数控刀架整体体现一体化，转位速度快，自锁性好，效率高。

日本的数控刀架多为主机厂自制，为其公司产品配套。

德国SAUTER刀架产品主要包括：伺服刀架、电动刀架、四方刀架、*Y*轴刀架、皇冠型刀架及VDI刀座等，产品性能优越，使用寿命长，可靠性强。

意大利的迪普马（DUPLOMATIC）公司成立于20世纪50年代初，主要致力于液压仿形系统研究，在国际液压行业的领域享有盛誉，液压系统大量应用于高精密的机床工具和设备。所生产的刀架有DM系列、SM-BR（BA）系列、TRM-N系列刀架等。

意大利巴拉法蒂公司适应市场性需求，生产机床、变速箱和双速机电数控车床刀架组件。其代表性刀架有TB系列的伺服电动机控制刀架、TE系列机电式刀架、TBMA型轴向驱动刀架。

国内具有较高技术水平的数控刀架专业生产厂商有：台湾六鑫股份公司、台湾旭阳国际精机股份有限公司、烟台环球机床装备股份有限公司、常州宏达机床数控设备有限公司和常州新墅数控有限公司等。一些大型主机厂也生产与自己机床相配套的刀架，形成一定规模后独立成为机床附件厂，如大连高金数控集团有限公司、沈阳机床数控刀架分公司等。

台湾六鑫股份公司所研发的刀架，产品中的液压凸轮式车床刀架，其内部机构采用平行凸轮设计，刀盘旋转，使用液压马达驱动，扭力大且平稳；伺服刀架，刀盘的转位采用伺服电动机驱动，扭力大而噪声低，转速可调，可配合不同品牌控制器使用；动力刀架，驱动方式为专用型伺服马达驱动，动力轴采用主轴马达驱动，重复定位精度可达0.003mm。

烟台环球机床装备股份有限公司，是国内生产规模较大的专业生产机床附件企业，具有雄厚的技术优势和产品开发实力，是国产数控功能部件研发基地之一，也是国家振兴装备制造业的重点骨干企业，曾多次代表行业承担国家及省市科技开发项目和技术攻关课题，承担了“立式伺服转塔刀架关键技术研究及开发应用”“高档数控机床用数控刀架产业化关键技术开发及应用”“立式伺服转塔刀架产业化关键技术开发与应用”等国家重大专项技术攻关课题。生产的刀架有AK23系列数控转塔刀架、AK27系列数控转塔刀架、AK27直边系列数控转塔刀架、AK36系列伺服转塔刀架、AK30系列数控转塔刀架、AK31系列数控转塔刀架和AK33系列动力数控转塔刀架等。其中，AK30系列数控转塔刀架适用于普及型数控车床。AK31系列数控转塔刀架是引进意大利巴拉法蒂公司技术生产的高性能机床附件，适用于全功能数控车床，可多刀夹持、双向转位和任意刀位就近选刀。AK36系列数控转塔刀架则由该公司根据市场多样化需求，为提高产品可靠性要求而自行研发的一种以伺服电动机进行分度，靠压力油松开、刹紧，三联齿盘精确定位的一种新型刀架。AK33系列数控转塔动力刀架则是在AK36系列液压伺服刀架基础上增加动力模块，自行研发的一种新型转塔动力刀架。

常州市宏达机床数控设备有限公司主要专注于数控刀架和精密滚珠丝杠副的生产、研发和销售，属于我国生产数控转塔刀架的骨干企业。该公司代表性数控刀架产品有：HAK33系列动力刀架、HAK32系列伺服刀架、HAK37系列直驱刀架适用于高档次数控车削中心、数控车床。其中HAK33系列动力刀架采用伺服刀架作基体，配置伺服动力源而成。HAK36系列的液压刀架适用于中高档数控车床，采用液压马达驱动，间歇分割凸轮机构分度转位、液压锁紧、高精密高刚性端面齿分度定位，接近开关发信的原理。TLD51系列数控转塔刀架采用的是三齿盘分度定位，大螺杆锁紧，适用于数控立式车床和大型数控车床。

常州新墅数控设备有限公司是国家高新技术企业，主要从事高档数控机床功能部件中数控刀架与刀库的研发、生产与销售。产品主要包括通用的BWD系列，HLT系列数控液压刀架，ELT系列电动双向转刀架，SLT80数控伺服刀架，ZLD型立式刀架等。该公司承担国家科技重大专项课题“Y轴全功能数控动力刀架（2009ZX04011—053）”，成功研发出应用于数控机床的配套全功能数控动力刀架，掌握核心技术，动力刀具最高转速达到8 000r/min，定位精度达到±4″，重复定位精度达到±2″，实现了具有自主知识产权的高性价比高档数控刀架的产业化突破。该公司承担的国家重大专项“SLT系列伺服转塔/动力刀架产业化关键技术开发与应用”，成功研发出SLT系列伺服刀塔和SLTD系列伺服动力刀塔。定位精度达到±4″，重复定位精度达到±1.6″，动力刀具最高转速达到6 000r/min，满载无故障运转次数≥30万次。

大连高金数控集团有限公司主要承担各类立卧数控机床及加工中心的研发，为给产品配套，也进行数控刀架的研发、生产与销售，产品主要包括DGC系列刀塔刀库。2009年该公司承担了国家科技重大专项课题“系列化全功能数字化动力刀架（2009ZX04011—051）”，研发并生产了油压刀塔、伺服刀塔、轴向出刀伺服动力刀塔。代表性刀架主要有DTY系列液压刀架、DTS系列伺服刀架及DTSA轴向出刀伺服动力刀架等，为我国动力刀塔的研发奠定了基础。

作为沈阳机床股份有限公司下属子公司，沈阳机床数控刀架分公司也逐渐发展成为独立的机床附件厂，生产产品主要包括SLD系列立式电动刀架、DDL系列高刚性立式电动刀架、WDH系列卧式电动刀架、SFL系列立式伺服刀架、专用数控刀架系列以及SFW系列卧式伺服刀架，拥有刀架专业生产链条，数控刀架年生产能力45 000台，产品广泛应用于自产的立式、卧式数控车床，并应用于全国中档数控机床。

2009年开始国务院发布了《国务院关于加快振兴装备制造业的若干意见》，实现重点突破中第12条明确提出“发展大型、精密、高效数控装备和数控系统及功能部件，改变大型、高精度数控机床大部分依赖进口的现状，满足机械、航空航天等工业发展的需要”。由国家发改委主持制定的“数控机床发展专项规划”发展目标中确定功能部件配套齐全，自给率达60%，并确定了九大类关键功能部件和数控系统。由此可以看出国家和行业把数控功能部件和数控系统提到了一个相当重要的位置。

我国各机床刀架的生产厂家，如烟台环球、大连高金、常州新墅和沈阳机床集团分别承担了多项重大专项，如表1-1所示，经过对各类数控刀架的攻关、产品研发和示范，联合国内各高校进行基础理论的研究，经过近十年的产学研合作，取得了一系列重大的基础理论成果。

表1-1 2009年后有关机床附件的部分重大专项

编　号	项目名称	参与单位
2009ZX04011-051	系列化全功能数字化动力刀架	大连高金、吉林大学 大连理工大学
2010ZX04011-041	立式伺服转塔刀架关键技术研究及开发应用	烟台环球、吉林大学
2012ZX04002-031	高档数控机床用数控刀架产业化关键技术开发及应用	烟台环球、重庆大学
2012ZX04002-031	SLT系列伺服转塔/动力刀架产业化关键技术开发与应用	常州新墅、东南大学
2013ZX04012-032	T系列数控转塔刀架产品开发及在斜床身系列数控车床批量应用	常州新墅、东南大学
2013ZX04011-011	立式伺服转塔刀架产业化关键技术开发与应用	烟台环球、吉林大学

三、测试技术与试验装备

（一）测试标准

数控刀架是数控车床、车削中心、车铣复合等数控机床实现刀具储备、自动换刀、夹刀切削的主要关键功能部件之一。在整个寿命期间内，需要保持较高的刚性、分度精度、重复定位精度和可靠性。作为数控机床关键功能部件之一，为了实现不同类型、不同型号数控机床配套的功能部件可互换性的要求，机床工业部在1996年发布了数控转塔刀架（立式和卧式）的行业标准，以及国家质检总局2007年发布了两项关于数控转塔刀架的国家标准，分别规定了数控卧式刀架和立式转塔刀架的形式、连接尺寸、基本性能要求以及性能试验规范等。特别对几何精度、重复定位精度以及一定转矩静态加载下的弹性变形量等进行了规定，还规定了出厂前空载、偏载条件下刀架运转性能试验的最低转位次数。

（二）测量拓展

刀架技术在不断发展，新技术和新产品在不断地涌现，这对刀架的性能检测方法、检测平台和检测信号处理等提出了更高的要求。国外刀架的性能检测主要包括刀架换刀时间、惯性、不平衡转矩和承载转矩等基本检测，可以用来参考的资料比较少，国外在这一领域的研究基本处于封锁状态，难以借鉴。

国内已经有不少刀架厂家开展刀架的性能检测研究，通过对刀架性能检测的需求分析，搭建试验台，进行基本性能检测，主要为精度检测，如定位精度、重复定位精度、定心轴径的径向圆跳动、轴肩支撑面的端面跳动、轴肩支承面对底面的垂直度、刀架刚性等。随着新产品的研发，需要进行的研究性测试越来越多，承担重大专项的各刀架厂家联合各高校，进行测试项目也越来越多。

吉林大学杨兆军团队，承担了国家重大专项“关键功能部件的可靠性设计与试验技术”（项目编号：2010ZX04014—011）等课题，研制和开发了转塔刀架可靠性试验台、动力伺服刀架可靠性试验台和综合性能检测试验台等试验装备，能够对刀架进行转位试验、模拟动态力加载试验、模拟转矩加载试验、几何性能参数检测/监测、运转性能参数检测/检测等。相比而言，吉林大学的刀架试验装备由于具有模拟实际工况加载而更接近真实工况的试验研究性，测试项目涵盖全面，其中，几何性能参数包括重复定位精度、轴肩支撑端面跳动、轴肩支撑面对刀架底面的垂直度等，运转性能参数包括刀盘振动、刀架振动、刀杆振动、刀盘电动机电流、电压、温度以及松开锁紧油压等测试。

东南大学研究团队为对比进口刀架和国产刀架的性能差别，建立了刀架基本性能检测试验台，在非切削状态下，对某型号刀架的转位噪声、转位振动、重复定位精度和静刚度进行了检测和对比分析。在实际切削工况下，对刀架的刚度性能进行试验对比研究。

大连理工大学为大连高金开发了 C61 型动力刀架综合性能检测试验台，主要研究刀架在空运转条件下的分度精度、振动、温度、*Y* 轴位移和噪声等性能的动态检测技术，并开发了动力刀架综合性能检测系统。

（三）测试装备

为进一步研究产品的性能，保证产品品质，可靠性试验台需要准确的检测手段及完善的试验平台。目前，工业发达国家如德国、日本等机床跨国企业掌握了先进和相对成熟的数控刀架试验技术，并视其为企业的核心竞争力和核心机密，严格管控，密不外宣。所以可以用于参考的资料比较少。国产数控转塔刀架的生产厂家有多家，例如：烟台环球、大连高金、沈阳机床、常州新墅和常州宏达等。大连高金在完成 2009 年国家科技重大专项的研究内容时，开发的各类动力刀架试验台如表 1-2 和图 1-6 所示。

表 1-2　大连高金动力刀架试验台

序号	编　号	名　称	数量	功　能
1	DCn20—49	DTSA63/80 试验台	1	惯量、不平衡扭力、噪音、布刀试验、可靠性试验等运转试验
2	DCn20—50	DTSA100 试验台	1	
3	DCn20—51	DTSA125 试验台	1	
4	DCn20—52	DTSA160 试验台	1	
5	DCn20—54	DTSR125/160 试验台	1	
6	DCn20—61	DTSAY100/160 试验台	1	
7	DCn20—62	DTSR100D/125D 试验台	1	
8	DCn20—63	DTSRY125D 试验台	1	
9	DCn20—30	试水试验台	1	冷却液试验，承载刚性试验
10	G59	刀架刚性试验台	1	
11	G60	齿盘分度精度检测装置	1	齿盘分度精度检测
12	G61	全功能数控动力刀架动态特性综合试验台	1	运转情况下的定位精度、加速度、速度、温升、微位移和噪声等性能指标的动态检测
13	TEA1	*A* 轴刀塔试验台	1	可靠性试验等
14	TEB1	*B* 轴刀塔试验台	1	可靠性试验等

图 1-6　大连高金的各类动力刀架试验台

全功能数控动力刀架动态特性综合试验台 C61（见图 1-7）的研制成功，通过 13 项试验检测，不仅可以进行刀架产品跑合和可靠性试验，进行产品精度、换刀时间、扭力、不平衡力矩、惯性、冷却性能、温升、噪声和刚性等针对不同工作状态的动、静特性和关键零部件

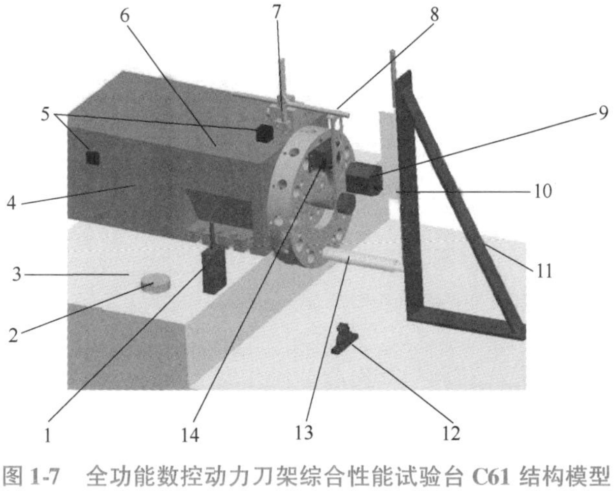

图 1-7　全功能数控动力刀架综合性能试验台 C61 结构模型

1—JM1801 无线网关　2—温度变送器　3—试验台床身　4—刀架箱体　5—铂电阻温度传感器　6—356A15 振动传感器　7—磁性基座　8—角度编码器支架　9—动力刀具　10—GWC150—3 光栅位移传感器　11—光栅位移传感器支架　12—377B02 传声器　13—轴棒　14—JM5804 无线振动节点

精度检测，制定了综合性能检测和可靠性试验的工作规范，并进一步在大量的试验数据积累和理论分析中建立评价标准。利用本项目所开发的全功能数控动力刀架性能检测综合试验平台 C61（见图 1-8），最终建成国内高水平的综合性能检测试验基地，该试验装备代表了我国目前刀架的试验装备技术。大连高金还开发了 TEA1、TEB1 可靠性试验台，为动力刀塔的可靠性研究提供了坚实的基础。

图 1-8　全功能数控动力刀架性能检测综合试验平台 C61

常州新墅在研制各类刀架和完成国家重大专项的过程中也开发了用于刀架检测的各类试验台，如表 1-3 和图 1-9 ~ 图 1-14 所示。

表 1-3　常州新墅动力刀架试验台

序号	名　称	功　能
1	刀架精度测试台 1	模拟机床检测刀架精度方式，对刀架应用机床上的所有检测项目进行检测
2	刀架精度测试台 2	采用光学仪器 24 面体棱镜配合自准直仪对精密要求的角度偏差进行测量，定位精度、重复定位精度
3	加载试验台	控制液压伺服控制液压加载力，通过测量刀盘上的位移确定刀架刚性变形量是否符合标准要求。在该测试台上加载相应的辅具，对刀架试验性能、精度的特性和可行性控制技术的研究提供数据
4	冷却密封试验台	将刀架置于密闭的玻璃柜中，对刀架进行切削液喷淋试验，透明的玻璃可直接观察刀架运转情况及冷却液有无喷溅现象
5	综合切削试验台	为了更深入地测试评价刀架的可靠性，建立了刀架实际工作状态的试验平台，对刀架在应用过程中可能出现的故障及刀架刚性做综合性的评价
6	可靠性运转测试试验台	对刀架运转性能、抗偏载性能、满载无故障运转次数进行试验，并记录转位次数、运转时间、电动机负载及刀架各信号状态等进行显示

图 1-9　刀架精度测试台 1

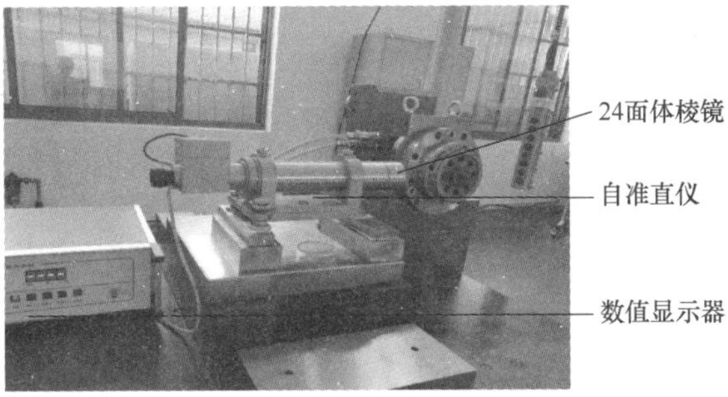

图 1-10　刀架精度测试台 2

图 1-11　加载试验台

图 1-12　冷却密封试验台

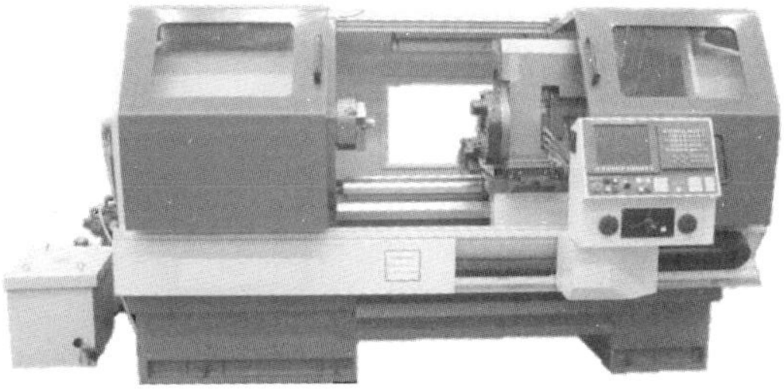

图 1-13　综合切削试验台

图 1-14　可靠性测试运转试验台

经过调研，数控刀架测试系统研发最为完整和比较先进的是在 2009 年以后，在国家重大专项的支持下，一些高校在参与企业承担的重大项目中，凭借学校的技术实力，开展刀架的性能检测研究，通过对刀架性能检测的需求分析，搭建试验台，进行性能检测。2010 年大连理工大学和大连高金合作开发的全功能数控动力刀架性能检测综合试验平台，如前面图 1-7 和图 1-8 所示。

2009 年开始，吉林大学机械工业数控装备可靠性技术重点试验室根据加速试验应遵循不改变故障模式和故障机理的原则，在满足载荷种类和大小、载荷速度和频率以及耐久性三项基本要求的条件下，借鉴成熟的汽车发动机及关键总成的可靠性试验原理与技术，研发了具有工况模拟能力的数控机床关键功能部件可靠性试验系统。如动力伺服刀架（见图1-15）、转塔刀架（见图1-16）等可靠性试验系统。数控机床关键功能部件主轴和动力刀架可靠性试验系统均具有电液伺服动态切削力模拟加载和测功机转矩加载功能，突破了国内以往不能进行工况模拟试验的落后局面。该成果已获多项国家专利授权，并已在机床行业的骨干企业推广应用。

图1-15　动力伺服刀架可靠性试验系统

图1-16　转塔刀架可靠性试验系统

东南大学研究团队为对比进口刀架和国产刀架的性能差别，建立了刀架基本性能试验台，采用的测试设备，基本使用国际上标准测试设备，如切削力的测量用于采集切削信号的装置为美国kistler测力系统，该测力系统设备主要包括：9129AA切削测力计、5808A108004电荷放大器、机床适配器、刀具适配器、5697A1数据采集系统和PC机等，PC机上装载的DynoWare软件可实时显示F切削力。该系统可测量切削过程中三个方向的切削力F_x、F_y和F_z，具有高刚度、高固有频率和高分辨率的特点，可测量动态力的范围大。刀架基本测试系统中的加速度测量则采用了德国M+P的测试系统。该刀架测试系统由于采用标准测试设备，成本高。

第四节　发展趋势

数控机床是机床工业的方向，其高精、高效、高速、柔性、智能，是现代机床工业的标志，现代装备制造业正向极端制造方向发展，一是越来越大，二是越来越小，三是越来越复杂，生产工艺高度集成。在世界机床行业界，欧洲和日本的机床工业凭借其创新、多元化规模和精密级制造等产品优势，在世界高档机床市场中多年来保持领先地位。我国的数控机床行业与世界先进制造行业相比，存在很大的差距，而重要的原因是功能部件行业落后于数控机床的发展。特别是数控转塔刀架行业，在2007年制定了国家标准，但是标准要求比较低。虽然每个企业都有了自主知识产权，但生产的产品以中、低档次为主。中、高档次产品大多从中国台湾地区和国外引进。

在“十一五规划”中，我国提出振兴装备制造业、突破核心技术的方针。要从技术水平、生产能力等方面全面升级，提高重大装备设计、制造水平、其配套关键功能部件质量以及与系统集成的综合水平。所以快速提高国产数控装备的技术水平及生产能力，减少关键功能部件及高档整机设备的进口，以及减少对国外装备的技术依赖，具有重要的现实意义。

随着制造业的发展，低档次数控机床将逐渐被淘汰，由中档次产品替代，并向高档次产品转移。我国数控刀架等机床附件产品的技术发展，需要借鉴其他国家先进成功产业的做法，由政府和行业协会牵头，设立共有技术基础及关键技术研究机构，所有的成果让参与和支持者共享。为了提高生产数控机床和功能部件的技术水平，需要对企业结构进行调整，使数控刀架行业的所有核心企业相互合作和相互交流，使企业能够获得相关技术有效信息，及时获取国家政策信息，能够做到企业之间资源共享，使整个数控刀架行业齐头并进，提高技术发展水平。

2009 年，国家通过科技重大专项“高档数控机床与基础制造装备”，推动了数控机床的进一步发展。通过重大专项的实施，动力刀架方面取得了显著的进展，动力刀具的最高转速达 8 000r/min，满足重点领域对大型复杂型面回转体零件加工的需求。2012 年，该专项研制了与重型铣车复合加工中心配套的大功率五轴铣削主轴的车铣复合动力刀架。2013 年，数控转塔刀架及数控伺服刀架可靠性技术与综合性能测试也取得重要突破。

随着车削中心及车铣复合加工中心机床模块化设计的发展以及对功能部件性能参数和可靠性要求的逐渐提高，未来发展要求数控刀架具有转位时间短，且转位准确；刀架定位精度高、动作迅速、稳定可靠；可多刀夹持，双向转位和任意刀位就近选刀；应用范围广，维修方便等优点。在这个发展趋势下，在单伺服动力刀架的基础上衍生出下列动力刀架产品：

（1）随着主机性能要求的提高，动力刀具转速要求和刀座重复定位精度要求也相应地提高，出现了刀盘内部内置主轴电动机直接驱动动力刀具的结构，这种结构可以使得动力刀具的速度达到 10 000r/min，同时刀盘和刀座的接口使用了 BMT 接口，可大大提高刀座的刚度和精度。

（2）为了提高动力刀架的可靠性和加工效率，刀架制造商推出了力矩电动机直驱式动力刀架产品，这种直驱式结构的零件数量大幅减少。

（3）对动力刀架功能集成性要求也逐渐提高，刀架制造商推出了带 *Y* 轴的动力刀架，一般安装在四轴车铣复合加工中心上，从而具备偏心槽和偏心孔的加工能力。

综上可以看出，国内外在动力刀架上的发展比较快，动力刀架产品系列丰富，基本满足了高端车削中心和车铣复合加工中心的要求，近年来，随着主机技术向高速、高精、复合化方向发展，国外数控刀架技术也向高速、高精、模块化方向发展。

主要表现如下：

高速开放式伺服电动机及驱动技术的发展，使伺服电动机驱动刀架技术发展成为现实。伺服电动机代替了预定位装置、发令装置，简化了刀架结构，松开、刹紧采用液压实现。

复合化加工中心的出现，使刀架技术向模块化更高层次发展。动力刀架通常采用普通刀架外加伺服主轴电动机直接驱动动力刀具，刀盘采用 VDI 式刀盘。

总体而言，车铣中心集成钻、铣等多种工艺实现“完全加工”，呈现出多功能复合化趋势。相应地，全功能数控动力刀架的发展趋向于不断提高分度精度、提高移动速度和定位精度、提高动力刀具转速和加工能力，在高速、高精这一共性技术的永恒主题下，进行稳定、可靠性的动态控制研究。数控刀架有向伺服化、直驱化、功能集成化方向发展的趋势。

第五节　技 术 标 准

数控刀架的相关技术标准主要包括：GB/T 20959—2007 数控立式转塔刀架、GB/T

20960—2007 数控卧式转塔刀架，相关刀架的国家标准，规定了刀架外观尺寸，精度检验普遍方式和较宽范围的误差要求。

1. GB/T 20959—2007 数控立式转塔刀架

该标准发布于 2007 年，并于 2007 年 11 月实施。该标准规定了数控立式转塔刀架的形式和连接尺寸、要求、试验方法、检验、标志、包装和随行文件。技术要求方面，包括了精度检验，详细介绍了检验的项目、允许误差、检验工具和方法。另外还有随机附件、安全卫生、加工装配、外观质量、运转性能和噪声等要求。试验方法方面，包括了运转性能试验、噪声检验、密封防水试验和静态加载试验。

该标准适用于刀台方尺寸 100 ~ 400mm 的回转轴线垂直安装基面的电动机驱动的刀架。其中连接尺寸适用于新设计的刀架。其他刀台方尺寸的刀架亦可参照使用。

2. GB/T 20960—2007 数控卧式转塔刀架

该标准发布于 2007 年，并于 2007 年 11 月实施。该标准规定了数控卧式转塔卧式刀架的形式和连接尺寸、要求、试验方法、检验、标志、包装和随行文件。技术要求方面，对几何精度检验做了详细介绍，包括要检验的项目、允许的误差、检验所需的工具和方法。另外对随机附件、安全卫生等也做了具体要求。试验方法方面，对运转性能、噪声、密封性和静态加载方面都做了试验规定。

该标准适用于中心高 50 ~ 200mm 的回转轴线平行安装基面的电动机驱动的刀架，其他刀架宜参照使用，其中连接尺寸适用新设计的刀架。

本手册的编写是基于 2014 年科技重大专项“高档数控机床与基础制造装备”，要求开发数控刀架等设计选型软件六套，制定系列型谱、行业标准及生产研发过程中的技术规范，开发相关试验装置和应用验证平台，编制应用技术规范和手册。该手册介绍了数控刀架的结构及参数，为刀架的选型等提供重要依据，同时，促进数控刀架等功能部件生产行业的技术交流，提高数控装备技术水平。

参考文献

[1] 张义民，闫明. 数控刀架的典型结构及可靠性设计 [M]. 北京：科学出版社，2014.

[2] 初福春，柳玉民. 数控转塔刀架技术发展及其应用 [J]. 现代制造，2004 (16)：88-91.

[3] 吴华平. 浅谈数控转塔刀架行业的发展 [J]. 金属加工，2010 (6)：20-21

[4] 蒋跃辉. 动力伺服刀架齿轮传动系统 ADAMS 动力学仿真及可靠性灵敏度分析 [D]. 沈阳：东北大学，2011.

[5] 刘栋. 动力伺服刀架转位系统可靠性灵敏度分析与稳健优化设计 [D]. 沈阳：东北大学，2011.

[6] 胡飞. 动力伺服刀架动态性能的研究 [D]. 沈阳：东北大学，2011.

[7] 张怀宇. 动力伺服刀架驱动系统建模与仿真研究 [D]. 沈阳：东北大学，2012.

[8] 佟明宇. 基于虚拟样机技术的动力伺服刀架转位系统动力学分析 [D]. 沈阳：东北大学，2012.

[9] 璩国伟. 直驱伺服数控刀架关键技术研究 [D]. 沈阳：东北大学，2012.

[10] 季发举. 动力伺服刀架转位系统若干关键技术问题研究 [D]. 沈阳：东北大学，2013.

[11] 马海杰. 动力伺服刀架齿轮传动系统静动态特性研究 [D]. 沈阳：东北大学，2013.

[12] 冯旭克. 数控转塔刀架零部件加工一致性研究 [D]. 重庆：重庆大学，2016.

[13] 王奎. SLT160 伺服刀架静动态特性分析与优化 [D]. 南京：东南大学，2015.

[14] 李伟. 动力刀架动力学特性分析与优化研究 [D]. 南京：东南大学，2016.

[15] 陶亚楠. 伺服刀架结构力学分析及稳健性优化设计研究 [D]. 南京：东南大学，2015.
[16] 陈龙. 伺服转塔/动力刀架端齿盘分度精度研究 [D]. 南京：东南大学，2015.
[17] 张诚. 机床刀架端齿盘精度与刚度分析 [D]. 南京：东南大学，2016.
[18] 陈南，刘晨曦. 数控转塔刀架可靠性研究综述 [J]. 机械制造与自动化，2015 (04)：1-6.
[19] 刘晨曦. 伺服转塔刀架可靠性评估及结构优化 [D]. 南京：东南大学，2016.
[20] 喻春. 数控转塔刀架可靠性关键技术研究 [D]. 重庆：重庆大学，2015.
[21] 陈志恒. AK31 数控刀架可靠性分析与控制技术研究 [D]. 重庆：重庆大学，2014.
[22] 郑珊. 基于故障分析的动力刀架可靠性试验研究 [D]. 长春：吉林大学，2013.
[23] 刘英，陈志恒，陈宇. 基于模糊故障树的数控刀架系统可靠性分析 [J/OL]. 机械科学与技术，2016 (01)：80-84.
[24] 谷东伟. 基于故障相关的刀架系统维修策略研究 [D]. 长春：吉林大学，2013.
[25] 崔政. 基于试验的国产数控刀架性能研究 [D]. 南京：东南大学，2016.
[26] 马帅. 动力伺服刀架状态监测系统研制 [D]. 长春：吉林大学，2015.
[27] 何佳龙. 数控车床动力伺服刀架可靠性系统研制及试验研究 [D]. 长春：吉林大学，2014.
[28] 魏祥武. 数控转塔刀架综合性能测试平台的设计研究 [J]. 机械设计与制造，2014(01)：180-182.
[29] 全国金属切削机床标准化技术委员会. 数控立式转塔刀架：GB/T 20959—2007 [S]. 北京：中国标准出版社，2007.
[30] 全国金属切削机床标准化技术委员会. 数控卧式转塔刀架：GB/T 20959—2007 [S]. 北京：中国标准出版社，2007.
[31] 贾德峰. 动力刀架结构参数优化及综合性能检测研究 [D]. 大连：大连理工大学，2010.
[32] 杨兆军，陈传海，陈菲，等. 数控机床可靠性技术的研究进展 [J]. 机械工程学报，2013，49(20)：130-139.

第二章　典型结构形式与设计案例

数控刀架属于数控机床上的重要功能部件，主要功能是夹持刀具，可实现一次性装夹，完成多种不同的加工工艺，如车、铣、钻、镗、攻螺纹、铰孔以及扩孔等，多工序加工能够大幅提高生产效率。

由于不同的数控机床配备不同的数控刀架，用户在选用数控刀架之前，需要对数控刀架的结构形式、基本结构及主要参数等进行选取，本章介绍数控刀架分类、基本结构、性能参数、代号及标注。

第一节　数控刀架分类

数控刀架种类繁多，本节从刀架的回转轴线、驱动方式和换刀方式三个方面对数控刀架进行分类。

一、按刀架的回转轴线分类

按刀架的回转轴线可分为立式数控刀架和卧式数控刀架两种。

立式数控刀架结构简单，一般配置于卧式车床，在全功能数控机床上也有广泛运用。其刀架主轴与机床床身垂直，刀具安装方向为径向或轴向，安装方式一般为螺栓连接。立式数控刀架工位数较少，一般为 4 工位或 6 工位，分为简易电动刀架和简易液压刀架。

AK21 电动刀架采用“力矩电动机 + 蜗轮蜗杆”的驱动机构来实现刀架旋转，如图 2-1 所示，由电动机的正、反转来实现刀盘的松开、转位和锁紧，且无液压或气动等其他动力源，避免了漏油等污染。这种刀架结构紧凑、体积小、控制简单。但此类数控刀架力矩电动机需要反转延时以达到锁紧的目的。

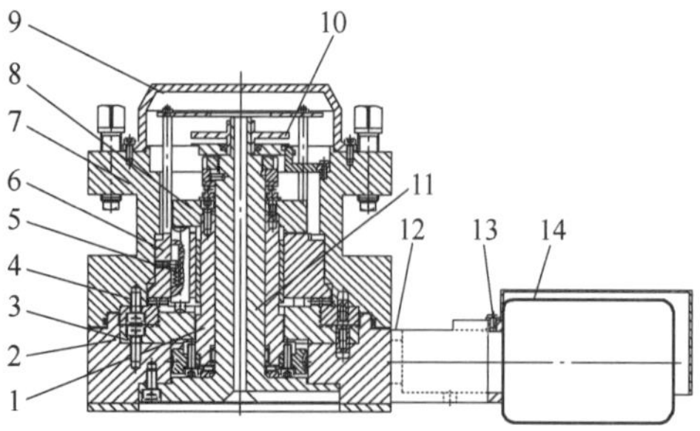

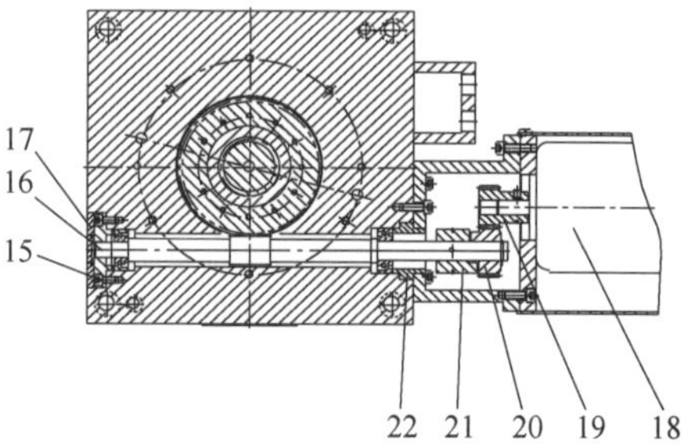

图 2-1　AK21 电动刀架结构简图

a）主视图　b）俯视图

1—传动体　2—刀架座　3—定齿盘　4—转动齿盘　5—销　6—双联齿盘　7—刀台　8—拨盘　9、14—电动机罩　10—机械式编码器　11—主轴　12—齿轮箱　13—连接板　15—法兰盘　16—蜗杆　17—盖　18—定位套　19、20—齿轮　21—拨盘　22—电动机该刀架的工作原理如下：系统发出指令、电动机通电、使电动机按其特定的方向转动(电动机为正转)、电动机通过一对齿轮和蜗杆16带动传动体1和拨盘8沿逆时针方向旋转，通过传动体1上的丝杆外螺纹、双联齿盘6的内螺纹，将双联齿盘6与刀架座2上的定齿盘3渐渐脱开，继续转位到一定角度后，拨盘8的拨爪将拨动双联齿盘6的拨爪一起转位（由于双联齿盘6与刀台7为键式连接，所以拨盘8、双联齿盘6和刀台7将一起转位)。此时定位销5将沿定齿盘3的斜面逐渐上升，最后插入拨盘8的槽中（即此时拨盘8、双联齿盘6通过定位销5连成一体)，当转位到系统指定的工位时，编码器10将发出一个到位信号，此时电动机反转，通过一对齿轮和蜗杆16带动传动体1将双联齿盘6逐渐压下，下降到一定位置后，控制系统接收到信号，然后适当延时，整个刀架完成转位工作。

卧式数控刀架可配置于数控卧式车床和立式车床，刀架主轴与卧式机床床身平行，刀具安装方向为径向或轴向，大部分刀架可双向回转，实现就近换刀。卧式刀架的种类较多，包括：用于经济型数控车床的电动刀架、液压刀架和伺服刀架等，以及用于高档数控机床的动力刀架。

图2-2为烟台环球的AK31全功能数控转塔刀架结构简图，该电动刀架具有结构紧凑、高定位精度、高刚性、高可靠性的特点，工作过程中可承受较大的切削力，可双向回转并在任意刀位就近选刀，刀盘无须抬起就可实现转位刹紧，双重密封防渗漏，接口简单，易于与各种数控系统相连接。

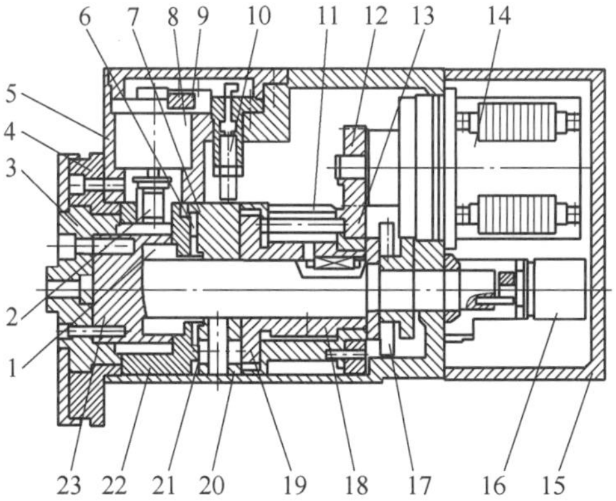

图2-2　AK31卧式数控刀架结构简图

1—弹簧　2—插销　3—动齿盘　4—定齿盘　5—箱体　6—沟槽　7—滚轮架端齿　8—电磁铁　9—预分度接近开关　10—锁紧接近开关　11—行星齿轮　12—电动机齿轮　13—齿轮　14—电动机　15—后盖　16—角度编码器　17—碟形弹簧　18—驱动齿轮　19—空套齿轮　20—滚轮架　21—滚轮　22—双联齿盘　23—主轴

刀架采用三联齿盘作为分度定位元件，电动机驱动后，通过一对齿轮和一套行星齿轮系进行分度运动。其工作原理为：主机控制系统发出转位信号，刀架上的电动机制动器松开，电源接通，电动机开始工作，通过齿轮12和13带动行星齿轮11旋转（这时驱动齿轮18为定齿轮，由于与行星齿轮11啮合的齿轮18、空套齿轮19齿数不同)、行星齿轮11带动空套齿轮19旋转，空套齿轮带动滚轮架20转过预置角度，端齿盘后面的端面凸轮松开，端齿盘向后移动脱开端齿啮合，滚轮架20受到端齿盘后端面键槽的限制停止转动（这时空套齿轮19成为定齿轮)，行星齿轮11通过驱动齿轮18带动主轴23旋转，实现转位分度。当主轴转到预选位置时，角度编码器16发出信号，电磁铁8向下将插销2压入主轴23的凹槽中，主轴23停止转动，预分度接近开关9给电动机发出信号，电动机开始反向旋转（通过齿轮12与13、行星齿轮11和空套齿轮19，带动滚轮架20反转），滚轮压紧凸轮（使端齿盘向前移动，端齿盘重新啮合），锁紧接近开关10发出信号，切断电动机电源，制动器通电刹紧电动机，电磁铁断电，插销2被弹簧弹回，转位工作结束。

为提高加工效率，缩短产品制造的工艺链，减少装夹次数，提高加工精度，减少占地面积等，可采用双刀架数控机床，即同一加工中心安装两个数控刀架，可为同向或面向安装，两刀架同时对工件进行加工。

二、按刀架的驱动方式分类

按刀架的驱动方式可分为电动刀架、液压刀架、伺服刀架和动力刀架。

（一）电动刀架

电动刀架属于普及型数控刀架，可完成刀盘的转动和刀盘的初定位、定位与夹紧等运动，具有传动机械结构，能够实现电气正反转控制、PLC编程控制。

早期的AK21长时间工作时刀架电动机易发生热故障。AK23的电动刀架采用“力矩电动机+减速齿轮”（见图2-3）机构形式，刀架夹紧机构采用凸轮滚子，但由于电动机到刀盘需多级齿轮减速且刀盘锁紧时需有初定位部件，如初定位销、初定位盘或初定位杆等，因此该刀架的结构复杂、零部件多。

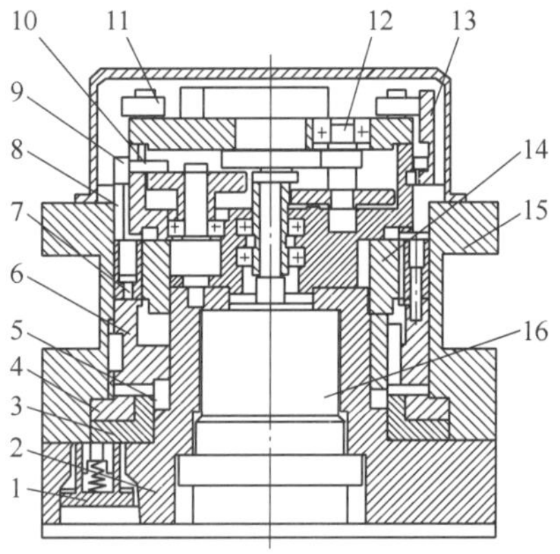

图2-3 烟台环球AK23系列数控转塔刀架结构简图

1—水阀 2—架座 3—定齿盘 4—转动齿盘 5—粗定位盘 6—双联齿盘 7—螺母 8—发信杆 9—发信环 10—正位传感器 11—工位传感器 12—齿轮轴 13—发信块 14—拨盘 15—刀台 16—电动机

图2-3为烟台环球AK23系列数控转塔刀架结构简图，它采用了国际上流行的电动机内藏式结构、三联齿盘定位、矩形螺纹刹紧松开，使刀架不必抬起即可转位加工，具有定位精度高、转位可靠、锁紧力大以及密封性能良好等特点。

该刀架的工作原理如下：电动机制动器断电，系统发出转位指令，电动机正转，通过齿轮带动拨盘14旋转，螺母7带动双联齿盘6上升，发信环9离开正位传感器10，传感器复位，刀架松开，拨盘14拨动刀台，刀架开始转位，当刀架转至指定工位时，发信块13感应相应工位传感器，发出到位信号，电动机反转，粗定位销插入粗定位盘5中，螺母7带动双联齿盘6下降（精确定位），锁紧刀架，正位传感器发出锁紧信号，电动机适当延时，完成转位过程。

（二）液压刀架

液压刀架属于普及型数控刀架，它集机、电、液于一体，广泛应用于各类中、高档数控车床。动力驱动由液压马达或液压缸完成，而位置控制由光电编码器、数控系统和机械定位副齿盘完成。液压刀架换刀过程包括松开、分度、预定位和刹紧等动作。刀架采用低速大转矩液压马达驱动刀盘转位，液压缸实现刀盘锁紧。

液压刀架结构简单、动作可靠，且锁紧力比电动刀架大，故刀架刚性好，大部分液压刀架能够双向转位就近换刀，适用于重负荷切削，可用于大型数控车床。但液压刀架也存在着一些缺点，其锁紧力在一定范围内随着压力的上下波动而发生变化，管路安排不恰当，易漏油，此外液压辅助装置价格较高。烟台环球 AK22、AK24 系列为早期液压刀架的典型代表。

如图 2-4 和图 2-5 为液压刀架结构简图及液压控制原理图，其换刀动作包括松开、转位、粗定位、精定位和锁紧五个动作。工作原理如下：主机控制系统发出转位指令，通液压油，刹紧松开电磁阀 SQL1 得电，电磁阀换至左位，粗定位销 12 拔出，同时液压油进入刀架松开腔 9，刀盘逐渐松开，然后松开传感器 11 发信；延时 50ms 后，转位电磁阀 SQL2 得电，根据就近选刀原则，转位电磁阀 SQL2 控制液压马达正转或反转；当刀台转至所需工位的前一个工位时，编码器发信，系统延时 80ms 后，电磁阀 SQL1 失电换至右位；液压油进入粗定位销 12 上腔，粗定位销 12 缓慢落下，同时粗定位销上的节流孔对液压马达的回油路进行节流，使液压马达转动速度降低，待粗定位销落到底时，刀架转位停止，同时编码器 7 发信，电磁阀 SQL2 失电，换至中位。然后，液压油进入刀架刹紧腔 8，刀架锁紧，刹紧传感器 10 发信，延时 100ms 后，转位结束，主机开始工作。

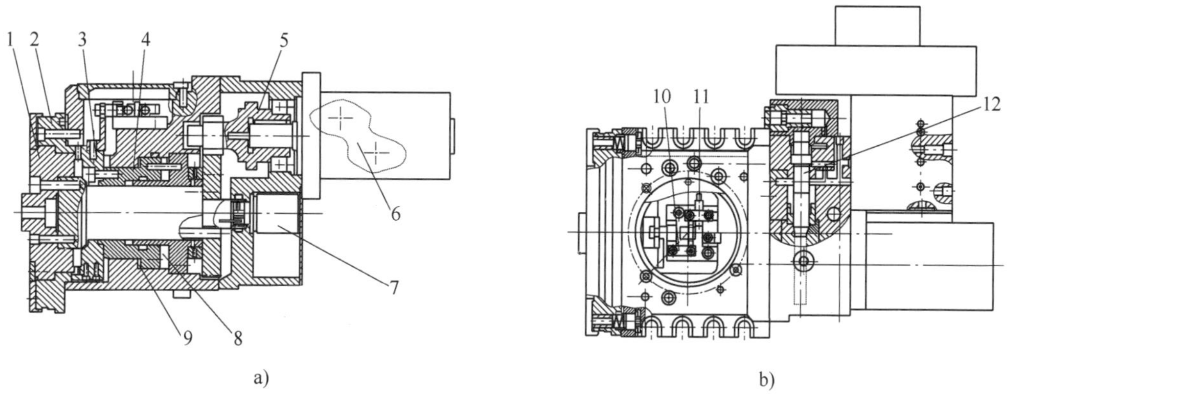

图 2-4　液压刀架结构简图

a）主视图　b）俯视图

1—动齿盘　2—定齿盘　3—双联齿盘　4—活塞　5—凸轮　6—液压马达　7—编码器
8—刀架刹紧腔　9—刀架松开腔　10—刹紧传感器　11—松开传感器　12—粗定位销

近年来，在液压马达的基础上研发出液压分度马达（Hydraulic dividing motor），即将液压马达和滚珠式预分度机构合为一体。目前，高档数控液压刀架的核心技术已采用了这种带有自身可顺序控制、自动加减速、在内部可实现粗定位的“集成式液压分度马达”装置。该装置采用独特的液压反馈机制，将摆线液压马达、凸轮分度机构、顺序控制阀及反馈式液压制动机构集成于一体，简化数控分度结构，工作可靠、冲击小、控制方便，且能实现多刀位换刀的连续回转。这样的驱动机构能够简化刀架结构，刀盘加速时间仅为 0.1s，有较好的应用前景。

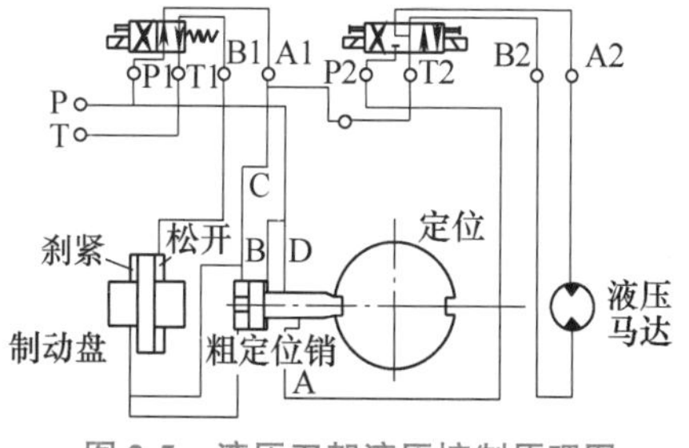

图 2-5　液压刀架液压控制原理图

集成式液压分度马达液压原理如图 2-6 所示，结合凸轮、机械阀、电磁阀实现液压机构的旋转分度定位，由液压系统控制凸轮及输出轴的转动。

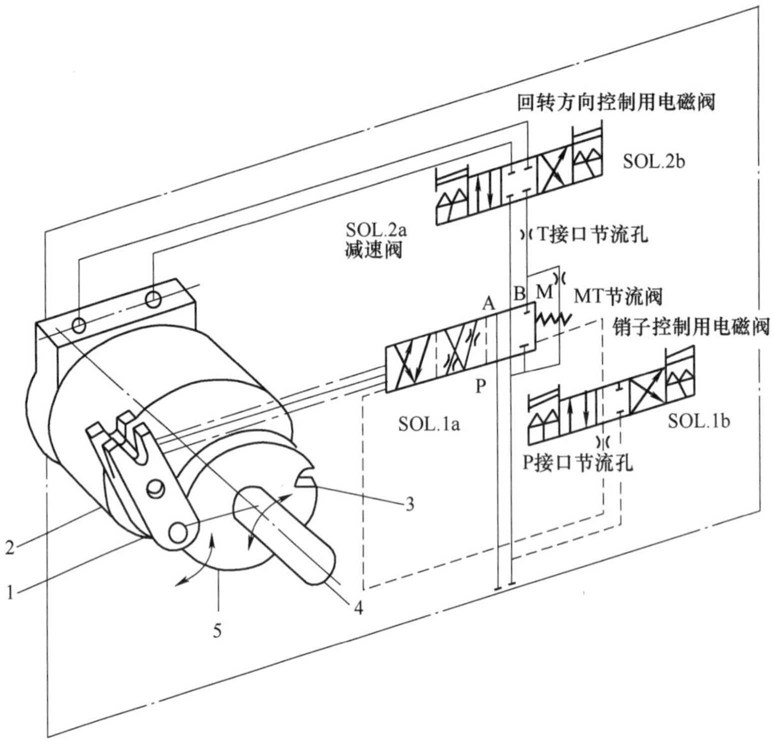

图 2-6 集成式液压分度马达液压原理图

1—控制杆 2—液压马达 3—确定位置的槽 4—输出轴 5—确定减速位置的凸轮

（三）伺服刀架

伺服刀架采用“伺服电动机 + 减速齿轮”机构来驱动刀架，液压实现刀盘的松开与锁紧。刀架的性能指标（如可靠性、易维修性、刚性、转位速度和转位的平稳性、精度等）有较大提高。但液压伺服刀架受限于传统伺服电动机低频转矩特性比较差，必须使用多级减速齿轮机构来保证低速轴上能够输出足够的转矩。这就使数控刀架结构较为复杂，其减速齿轮的使用增加了制造成本，且影响了减速部分的布置和加工制造。

根据市场多样化和提高产品可靠性的需要，AK3680A 是一种以伺服电动机进行分度，靠压力油松开、刹紧的一种新型刀架，以端齿盘（三联齿盘）进行精密定位，可实现双向转位和任意刀位就近选刀。该刀架结构紧凑，定位精度高，刀盘无须抬起实现转位刹紧，高刚性，高可靠性，可承受大的切削力。图 2-7 为 AK3680A 的结构简图。

（四）动力刀架

动力刀架即具有刀具传动装置的刀架。刀架上安装有动力刀座，刀具安装在动力刀座上，能够安装回转刀具，增加了钻、铣、镗和攻螺纹等功能。因此，动力刀架不仅适用于数控车床，也可适用于复合加工中心。而非动力刀架，其刀具只能安装在固定刀座进行加工。

根据驱动方式分为普通电动机驱动的电动动力刀架、液压马达驱动的液压动力刀架、伺服电动机驱动的伺服动力刀架和力矩电动机直接驱动的直驱动力刀架。动力刀架根据动力刀架和刀盘是否用同一个动力源，可将动力刀架分为单伺服刀架和双伺服刀架。图 2-8 为动力刀架的一种分类方式。

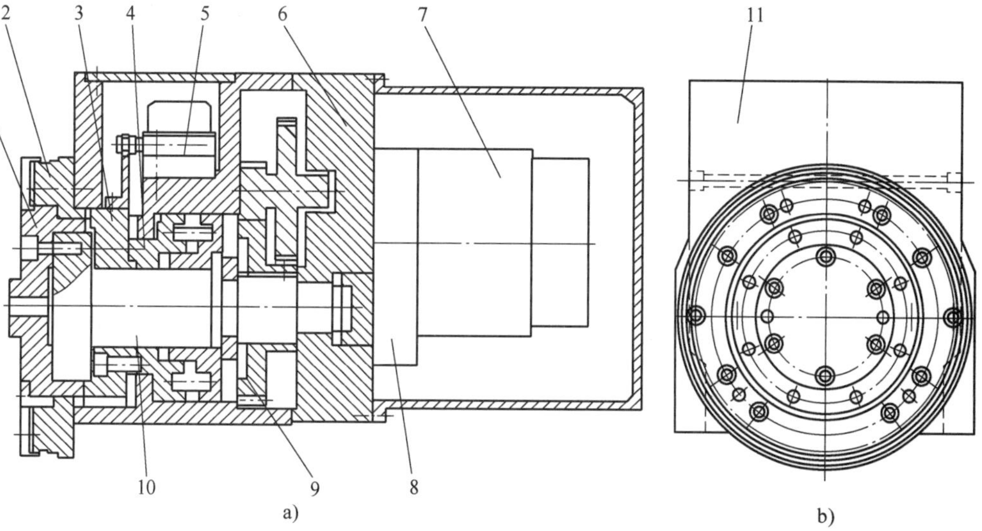

图 2-7 AK3680A 型号刀架结构简图

a）主视图 b）左视图

1—动齿盘 2—定齿盘 3—双联齿盘 4—活塞 5—发信快 6—连接板 7—伺服电动机 8—电动机连接板 9—减速齿轮 10—主轴 11—刀架本体

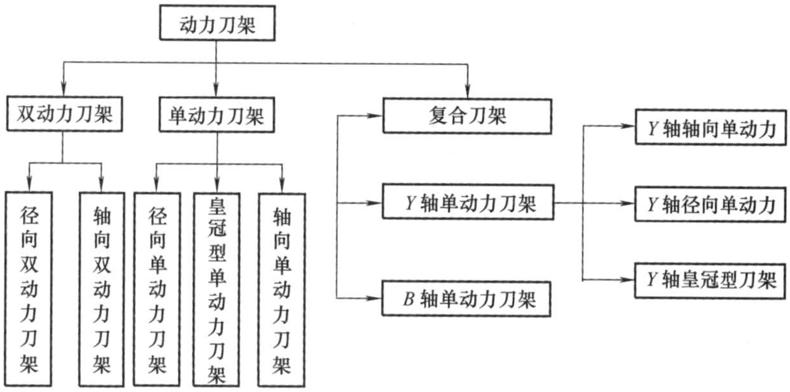

图 2-8 刀架分类树状图

单伺服动力刀架用一个电动机驱动动力刀具和刀盘，需要有离合器进行动力切换；而双伺服动力刀架如图 2-9 所示，分别用两个电动机 4、5 驱动动力刀具和刀盘，通过传动机构驱动动力刀座 1 上的动力刀具。相对而言，单伺服动力刀架的机械结构较复杂，但是其质量小、动作快、效率高、动力学性能好、成本稍低。单伺服动力刀架按照动力刀具与刀架轴线角度又可分为轴向伺服动力刀架、径向伺服动力刀架和皇冠型单伺服动力刀架。轴向伺服动力刀架一般配置圆形轴向刀盘和梅花形轴向刀盘，

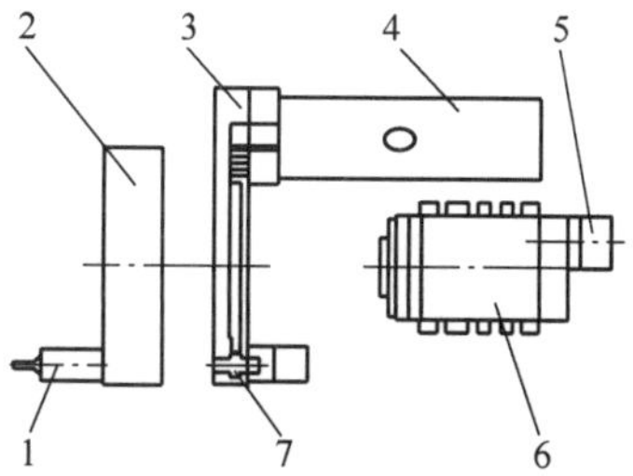

图 2-9 双伺服动力刀架示意图

1—动力刀座 2—刀盘 3—驱动齿轮 4—刀具驱动伺服电动机 5—刀盘驱动伺服电动机 6—刀架本体 7—滑动式联轴器（连接齿轮）

圆形轴向刀盘其刚性较好，但刀具干涉范围较大；梅花形轴向刀盘功能性稍弱，但刀具干涉范围相比圆形刀盘要小很多。径向伺服动力刀架一般配置多角型径向刀盘，其刚性虽然略差，但是当搭配副主轴时，可进行背向加工。

三、按刀架的换刀方式分类

按刀架的换刀方式可分为排式刀架、回转式刀架和自动刀库。

（一）排式刀架

排式刀架是将各种不同用途的刀具沿着机床某一方向顺序排列，只有部分小规格经济型数控车床采用排式刀架，以加工棒料或盘类零件为主。直排刀架换刀动作无须转位、无分度定位误差、加工可靠、换刀效率高及故障率低，对于尺寸较小、工步较少的工件，克服了数控回转刀架长时间使用后定位齿盘磨损、定位精度差、换刀效率低及故障率高等问题。在排式刀架中，刀具的典型布置方式如图 2-10 所示，不同的刀具沿着机床 X 坐标方向排列在横向滑板上。

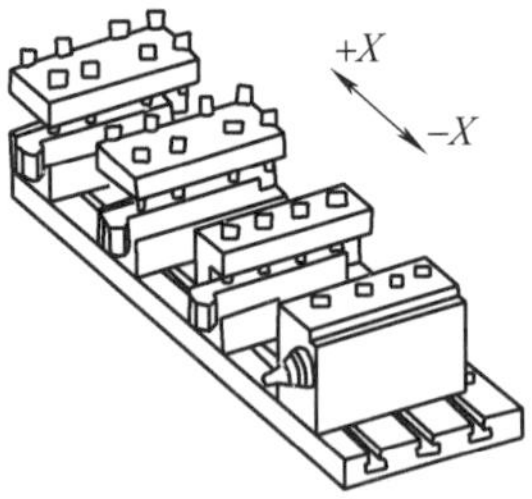

图 2-10　排式刀架示意图

排式刀架在刀具布置和机床调整等方面都较为方便，根据具体工件的车削工艺要求，任意组合各种不同用途的刀具，一把刀具完成车削任务后，横向滑板只要按程序沿 X 轴移动预先设定的距离，第二把刀就到达加工位置，这样就完成了机床的换刀动作。换刀方式迅速省时，有利于提高机床的效率。

直排刀架一般由使用机床的企业根据产品特点自己设计制造，在排刀架上可以同时装夹多把车刀，如外圆粗精刀、切槽刀、镗孔刀、麻花钻和铰刀等。由于加工的产品批量较小且经常变化，随之也要求经常变换切削刀具，使用效率的高低取决于换刀和对刀时间。直排刀架机械结构单一、动作简单，加工效率高和精度高，适用于大批量、小规格零件的加工。

（二）回转式刀架

回转刀架作为数控车床最常用的典型刀架，通过回转的方式换刀，是一种简单的自动换刀装置。电动刀架、液压刀架、伺服刀架和动力刀架等都属于回转式刀架。回转刀架上的回转头刀座用于安装或支持各种不同用途的刀具，通过回转头的旋转、分度和定位，实现机床的自动换刀。

根据刀架回转轴与安装面的相对位置，又分为立式刀架和卧式刀架，立式刀架的回转轴垂直于刀架的安装基面，多用于经济型数控车床；卧式刀架的回转轴平行于刀架安装基面，可径向与轴向安装刀具。

（三）自动刀库

排式刀架和回转式刀架所安装的刀具都不可能太多，一般为 4、6、8、12 工位，即使是双主轴机床安装两个动力刀架，对刀具的数目也是有限制的。当需要数量较多的刀具时，应采用带刀库的自动换刀装置。带刀库的自动换刀装置由刀库和刀具交换机构组成。刀库的种类很多，根据外部结构不同分为链条式刀库、斗笠式刀库、圆盘式刀库。

链条式刀库的特点是可储放较多数量的刀具，一般都在 20 把以上，一些大型刀库刀具储放量可达到 120 把。它是借由链条将要换的刀具传到指定位置，由机械手将刀具装到主轴上。换刀动作均采用液压马达加机械凸轮的结构，结构简单、动作快速、可靠，但是价格较高，通常作为定制化产品。

斗笠式刀库一般只能存16～24把刀具，斗笠式刀库在换刀时整个刀库向主轴移动。当主轴上的刀具进入刀库的卡槽时，主轴向上移动脱离刀具，刀库转动。当要换的刀具对正主轴正下方时，主轴下移，使刀具进入主轴锥孔内，夹紧刀具后，刀库退回原来的位置。

圆盘式刀库通常应用在小型立式综合加工机上。“圆盘刀库”一般俗称“盘式刀库”，以便和“斗笠式刀库”“链条式刀库”相区分。圆盘式的刀库容量不大，只有二三十把刀，需搭配自动换刀机构（Auto Tools Change，ATC）进行刀具交换。

数控机床刀库的刀具交换机构，将加工所需刀具，从刀库中传送到主轴夹持机构上。刀具夹持元件的结构特性及其与工具机主轴的连接方式，将直接影响工具机的加工性能。刀库结构形式及刀具交换装置的工作方式，则会影响工具机的换刀效率。其自动换刀系统本身及相关结构的复杂程度，对整机的成本产生直接影响。

刀具交换机构大概分为：液压机构、气压机构和电气式凸轮机构。在不断追求速度及可靠性快速提升的数控机床市场中，凸轮式换刀机构得到广泛的应用。自动刀库的使用大幅缩短了加工时间，降低了生产成本，自动刀库的发展也随着市场需求出现两极化发展，一种是向简易化、构造简单、轻量化、低成本、高速方向发展，另一种则是向复杂化、精密化、高速化、多功能、定制化和高效方向发展。

第二节　数控刀架的基本结构

数控刀架种类型号繁多，不同类型刀架的驱动方式、传动形式、分度定位方式等都不同，不同厂家所生产刀架的结构类型差别也较大。一般情况下，刀架由伺服电动机、力矩电动机或液压马达驱动，齿轮或蜗轮蜗杆等传动，齿盘、反靠盘或反靠销等定位。

从数控刀架的基本结构角度来看，可将数控刀架分为驱动机构、传动机构、分度定位机构、松开刹紧机构以及装刀装置等。本节将对数控刀架的各个组成部分进行详细介绍。

一、驱动机构

数控刀架的驱动装置包括力矩电动机驱动、液压马达驱动和伺服电动机驱动。从数控刀架驱动装置的改变也可以看出数控刀架更新换代的趋势。

由力矩电动机驱动的全电动刀架可视为第一代刀架，力矩电动机工作时需要频繁正反转，容易被损毁，刀架的转位速度比较慢。

液压马达驱动的全液压刀架可视为第二代刀架，由低速大转矩的液压马达驱动，液压缸锁紧采用独特的液压反馈机制，转位快速、连续、平稳，没有冲击且可以双向旋转就近换刀，适用于重型切削加工和重型数控车床。全液压刀架对液压油的质量要求较高，调整和维护较复杂。

采用伺服电动机驱动的伺服刀架作为第三代刀架，刀架通过液压系统实现刀盘的松开与锁紧。液压伺服刀架克服了电动刀架和全液压刀架的缺点，简化了数控刀架的结构，吸收了两者的优点，使数控刀架的性能指标（如换刀时间、可靠性、精度、转位速度和转位的平稳性等）得到提高。

（一）力矩电动机驱动

力矩电动机属于具有软机械特性和宽调速范围的特种电动机，以恒力矩输出动力。在降低供电电压时电动机转速下降，但输出力矩不变，电流也不变。力矩电动机包括：直流力矩电动机、交流力矩电动机和无刷直流力矩电动机，其中交流力矩电动机又可分为同步和异步两种。数控刀架采用的驱动电动机一般为三相异步力矩电动机。

（二）液压马达驱动

液压马达由液压提供动力，用于液压刀架。常用 Eaton（伊顿）、DANFOS（丹佛斯）等摆线液压马达，排量有 50mL/r、80mL/r、100mL/r 和 125mL/r 等，这种液压马达内部换油结构与齿轮泵相似，但速度快、转矩大、平稳性好和结构简单，液压马达外体一次浇注成型。油孔根据不同型号，螺纹直径不同，用接头连接到液压油路，或通过密封圈与油路板组装。

（三）伺服电动机驱动

伺服电动机控制方便、灵活，维护容易。在电动机伺服系统中，按电动机类型通常有直流伺服系统和交流伺服系统两类。直流伺服电动机存在机械换向器，需要更多的维护，转子容易发热，长期以来一直在研究如何去掉机械换向器并保留直流伺服电动机的优良控制性能。交流伺服电动机结构简单、体积小、质量小，没有机械换向，无须过多维护，克服了直流伺服电动机的缺点。交流伺服电动机有异步伺服电动机和永磁同步伺服电动机之分。异步伺服电动机采用矢量变化控制，控制复杂且电动机低速特性不好，容易发热。所以，在转速很低的伺服系统中，大多数情况下都采用同步伺服电动机。

三种伺服电动机性能比较如表 2-1 所示。

表 2-1　三类伺服电动机的比较

电动机类型	永磁同步交流伺服电动机	异步交流伺服电动机	直驱伺服电动机
构造	比较简单	简单	有电刷和换向器，结构复杂
发热	只有定子线圈发热	定子、转子均发热	转子发热
制动	容易	困难	容易
磁通产生	永磁体	二次感应磁通	永磁体
控制过程	稍复杂	矢量控制	简单

二、分度转位装置

通常分度、转位和定位机构是同一种机构，只有当定位精度达不到要求时，才需要增加专门的精定位装置。其功能是实现直线分度移动或圆周分度转动，主要的分度转位机构有以下几种。

（一）液压/气动驱动的活塞齿条齿轮分度转位机构

液压/气动驱动的活塞齿条齿轮分度转位机构常用于数控车床的六角回转刀架，该刀架的全部动作由液压系统通过电磁换向阀和顺序阀进行控制。由液压驱动的转位机构调速范围大、缓冲制动容易，转位速度可调，运动平稳，转位角度大小可由活塞杆上的限位挡块来调整。部分刀架采用气动驱动，气动的优点是机构简单、速度可调，但是运行不平稳、有冲击、结构尺寸大、驱动力小。

（二）凸轮分度转位机构

凸轮分度转位机构具有结构简单、设计方便、可以实现任意的间歇运动以及分度精度高等优点，因而获得了广泛的应用。凸轮分度机构有圆柱凸轮分度机构（见图2-11）、弧面分度凸轮机构（见图2-12）、平行凸轮分度机构（见图2-13）和直移凸轮分度机构（见图2-14）等四种结构。

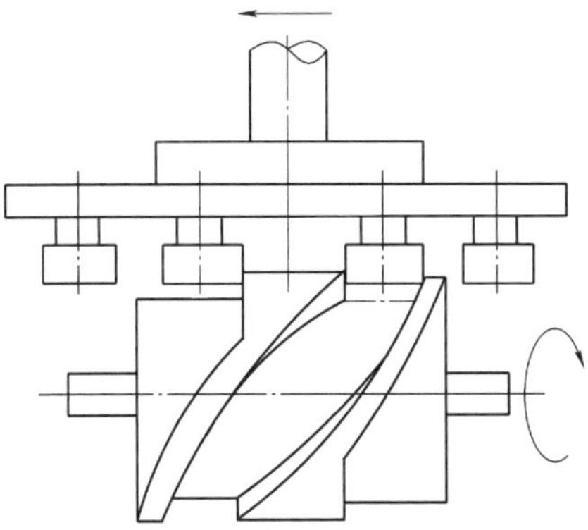

图2-11　圆柱凸轮分度机构示意图

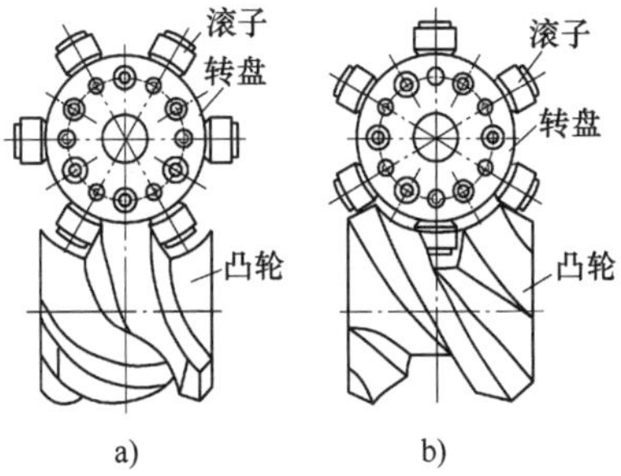

图2-12　弧面凸轮分度机构示意图

a）a位置　b）b位置

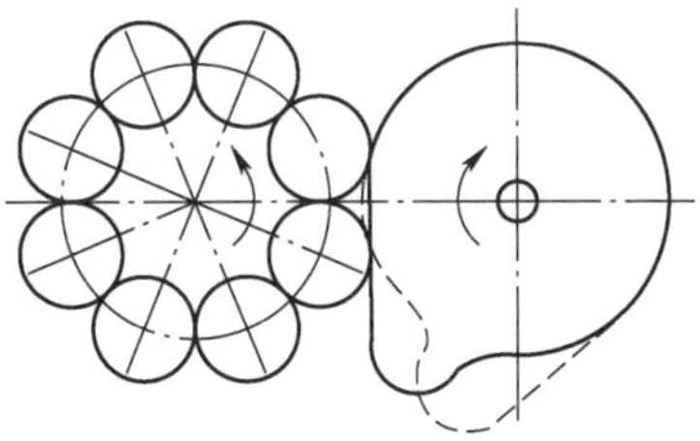

图2-13　平行凸轮分度机构示意图

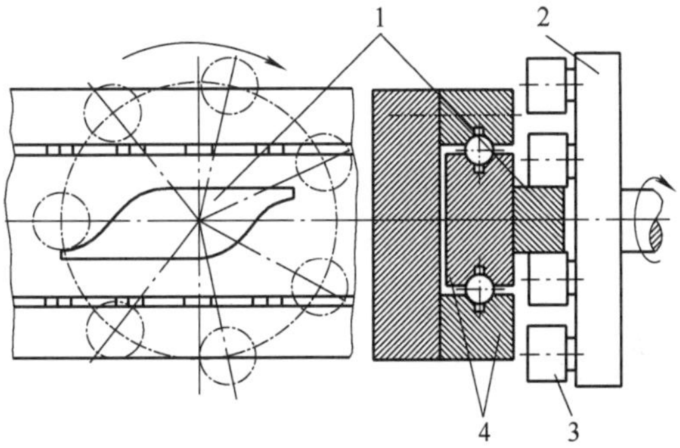

图2-14　直移凸轮分度机构示意图

1—平极凸轮　2—分度盘　3—滚子　4—滚动导轨副

圆柱凸轮分度机构在刀架分度方面应用广泛，凸轮轴与从动件垂直相错，凸轮轴转一圈，从动盘完成一次分度，其依靠凸轮轮廓强制刀架转位运动，运动规律完全取决于凸轮轮廓形状。其结构简单，但预紧难，设计限制较多，高速性能一般。这种转位机构通过控制系统中的逻辑电路或PLC程序来自动选择回转方向，以缩短转位辅助时间。平行共轭凸轮自身可以实现分度转位并锁紧，但是结构过于庞大，不适于普通数控机床的刀架选用。

（三）力矩电动机＋减速齿轮

“力矩电动机＋减速齿轮”机构形式，刀架夹紧机构采用凸轮滚子，但由于电动机到刀盘需多级齿轮减速且刀盘锁紧时需有初定位部件，如初定位销、初定位盘或初定位杆等，因此该刀架的结构复杂、零部件多。

如烟台环球AK23系列刀架采用此结构（见图2-3），采用力矩电动机驱动，电动机置于刀架内部，齿轮减速，螺母松开刹紧，预定位采用互联动定位销机构，保证刀架可靠性；用三联齿盘作定位元件，转位时刀架无须抬起，霍尔元件发工位信号，刹紧信号由传感件发出，具有定位精度高、转位可靠、锁紧力大及封闭性能良好等特点。

（四）力矩电动机 + 蜗轮蜗杆

力矩电动机 + 蜗轮蜗杆采用蜗轮蜗杆传动和螺旋副夹紧、双插销预定位、端齿盘精定位以及霍尔元件发信，如烟台环球 AK21 系列刀架采用此结构。

（1）传动方案简图（见图 2-15）

（2）定位机构

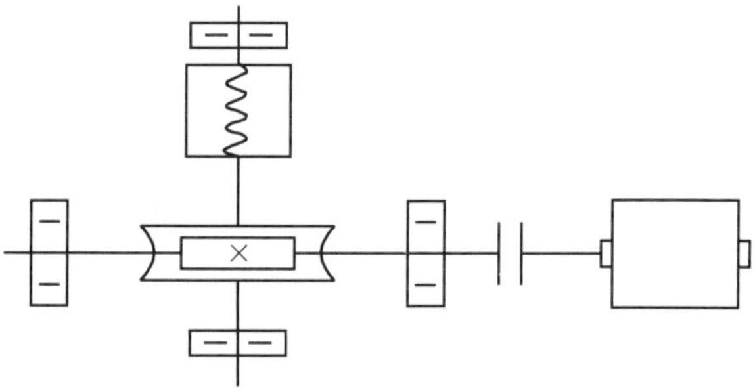

图 2-15　传动方案简图

1）双插销预定位，一般称为反靠定位。具有较高的定位精度和可靠性，并能在有冲击和振动的情况下稳定工作。磨损少，定位附加冲击小。

2）端齿盘精定位，采用了多齿结构，定位精度高；能自动定心，定位精度不受轴承间隙和正反转的影响（也称自由定心）；齿面磨损对定位精度影响不大，随着不断使用磨合，定位精度有可能改善，精度保持性好；承载能力强，定位刚性好。其齿面啮合长度一般不小于 60%，齿数啮合率一般不低于 90%；适应性强，齿数的所有因数都可作为分度工位数，容易得到不等的分度；重复定位精度稳定。

（五）“伺服电动机 + 齿轮”分度转位机构

随着数控技术的发展，可以采用伺服电动机通过齿轮减速后实现刀盘的分度转位，转动角度由伺服电动机内置的编码器来控制，不需要其他辅助定位机构，转位的速度和角位移均可通过闭环反馈进行精确控制，因而转位精度高，实现容易，但是减速齿轮部分存在反向间隙且结构复杂。此外可使用专门的电动机来实现分度转位，达到要求的精度，但是需要增加一个驱动装置。

对于动力部分的齿轮传动，经常用的有两种，一种为大齿圈的传动结构，电动机的动力通过连接于电动机轴上的齿轮轴传递给一个齿轮后，经过大齿圈传递给动力刀座驱动齿轮，其中大齿圈的支撑一般采用无内圈的滚动轴承，这种结构的优点是润滑比较简单，在封闭的齿轮腔内灌入润滑油或者润滑脂，通过大齿圈进行搅油，从而润滑所有的齿轮，但这种结构的缺点也十分明显，大齿圈的制造成本高，因此该轴承的成本很高，德国的杜普、肖特等公司在较大的刀架上使用此结构。

另一种为小齿圈分度转位结构，如图 2-16 所示，电动机的动力经过一系列齿轮，最后传递到动力刀座的驱动位置，这种结构的优点是，相对于大齿圈来说，小齿轮的加工制作比较简单，成本低；缺点是需要润滑的齿轮比较多，另外齿轮太多，导致总的齿轮反向间隙过大。为了减少总的齿轮的反向间隙，需要提高齿轮的加工精度和提高对动力模块的壳体的加工要求（保证两齿轮的中心距），但这相比于大齿圈的制作技术难度及成本来说依然较低。

（六）直接传动分度转位机构

直接传动就是取消传动链中的中间传动环节，使用直驱伺服电动机直接驱动从动负载，实现所谓的“零背隙传动”，如图 2-17 所示。直接传动能最大限度地消除传统传动模式下由于中间传动环节所产生的大转动惯量、弹性变形、反向间隙、振动噪声、刚度降低以及响应滞后等问题。变频调速技术的发展和不断完善，使得这一技术得到了更广泛的应用。在很多低速传动场合，不再需要减速装置，而是直接通过伺服驱动器直驱伺服电动机来实现设定的转速，使主传动系统的机械结构得到简化。

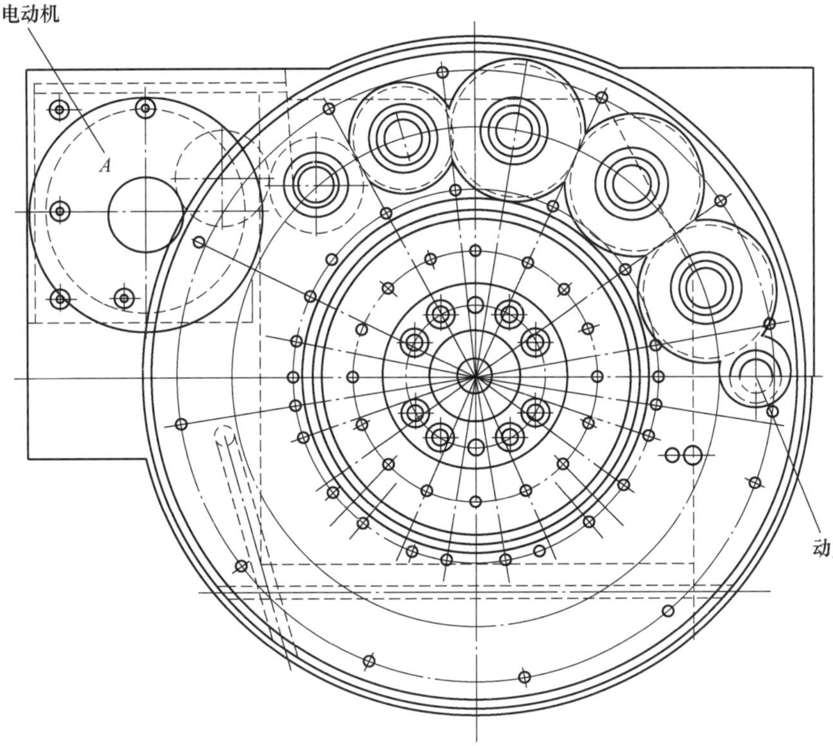

图 2-16　小齿圈分度转位机构示意图

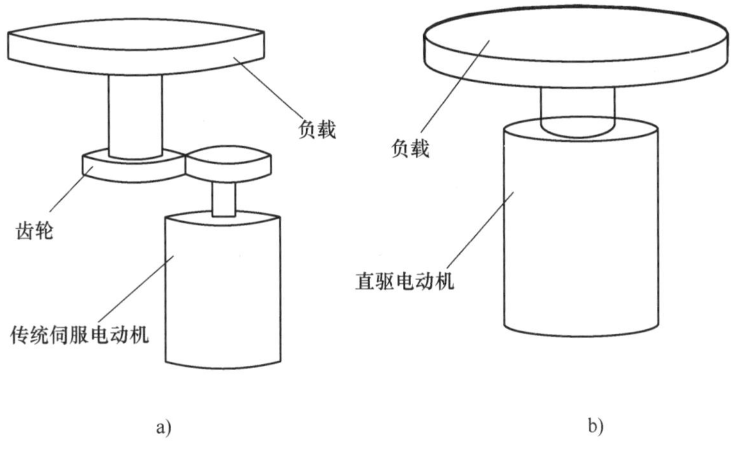

图 2-17　直接传动和传统伺服驱动比较

a）传统伺服电动机驱动　b）直接驱动

三、发信装置

数控刀架的信号包括：工位信号（编码器）、动作控制信号、刀盘刀号信号（编码器）、转位完成信号、刀盘夹紧松开信号和动力头啮合脱开信号等。

数控刀架的发信装置属于电气控制部分，电气控制部分包括接收电路和发送电路，发信装置由霍尔元件、编码器和传感器等组成。图 2-18 为一般伺服刀架的简易控制原理图。当数控系统发出选刀指令后，刀架控制器进行逻辑运算，确定旋转方向和转动步数，并向伺服驱动器发送脉冲指令控制电动机运转，与内置的编码器共同完成刀盘的粗定位，端齿盘保证精定位；传感器发出松开、锁紧信号控制液压电磁阀实现刀盘的松开和锁紧。

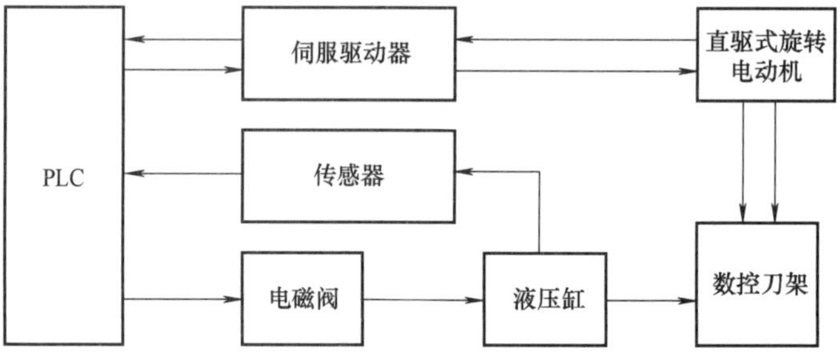

图 2-18　一般伺服刀架简易控制原理图

(一) 霍尔元件

霍尔元件是一种磁敏元件，属于非接触式接近开关，当磁性物体接近霍尔开关时，开关检测面上的霍尔元件因产生霍尔效应而使开关内部电路状态发生变化，由此识别附近磁性物体存在，进而控制开关的通或断。当触头探测到磁性元件时，刀盘停止转动，达到预定位置。

(二) 编码器

编码器（encoder）是一种用于运动控制的传感器。它利用光电、电磁、电容或电感等感应原理，检测物体的机械位置及其变化，并将此信息转换为电信号后输出，作为运动控制的反馈，传递给各种运动控制装置。编码器广泛应用于需要精准确定位置及速度的场合，如机床、机器人、电动机反馈系统以及测量和控制设备等。按照电气输出形式，编码器可以分为增量型编码器和绝对值型编码器。

增量型编码器的输出为周期性重复的信号，如方波或者正弦波脉冲。因此，可以分为方波增量型编码器和正余弦波增量型编码器。方波增量型编码器是最常用的编码器之一，通过计算方波脉冲的数量和频率得出长度和速度。

绝对值型编码器的输出则是代表着实际位置的特定的数字编码，包含单圈绝对值型编码器（Single-turn absolute encoder）和多圈绝对值型编码器（Muliti-turn absolute encoder）。单圈绝对值型编码器可以确定一圈范围以内的角度，而多圈绝对值型编码器除了确定一圈范围以内的角度以外，还可以确定圈数。

四、定位装置

(一) 双插销定位

双插销定位（或称为反靠定位），具有较高的定位精度和可靠性，并能在有冲击和振动的情况下稳定工作，磨损少，定位附加冲击小，定位精度保持性强。

插销反靠定位装置的基本定位元件是定位销和定位套或分度盘的定位槽，如图 2-19 所示。定位销与固定在转塔上的定位套或分度盘的定位槽配合，使刀架定位，定位结构简单，经济性较好，但长期使用由于磨损，分度、定位精度就会降低，且定位时有冲击力。其定位精度取决于加工时间和安装精度，且对圆销和弧槽耐磨性要求较高，而且只能单向顺序换刀，可应用于刀架转位精度不高、负荷较小的小型数控车床上。

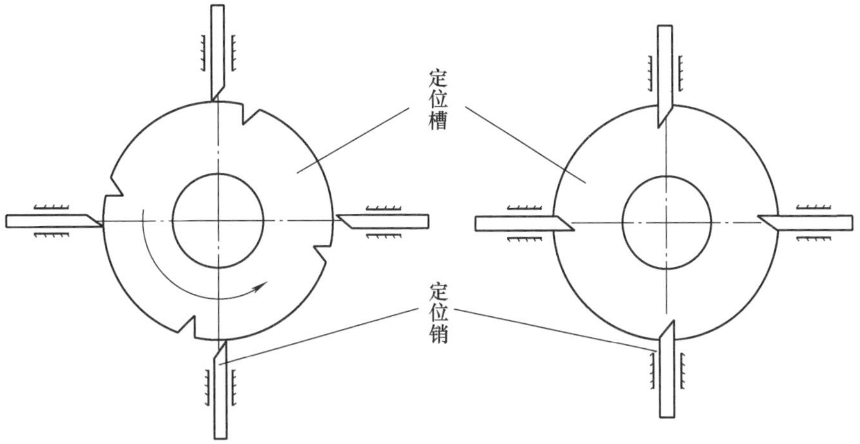

图 2-19　插销定位装置

（二）端齿盘定位

端齿盘又称为端齿分度盘或鼠齿盘，它是一种精密定位元件，具有自动定心功能，是定位装置的核心部件。端齿盘按其齿形有直齿和弧齿两种，弧齿端齿盘具有更好地自动定心功能，且耐磨损，使用寿命长，但加工耗时；相比较而言，直齿端齿盘加工方便且使用广泛。

端齿盘工作原理：端齿盘装置是由齿形和齿数相同的端齿盘对合而成。动齿盘与主轴连接在一起，锁紧齿盘在其他机构作用下实现与动齿盘的松开与锁紧。分度转位时，锁紧齿盘后退与动齿盘分开，然后动齿盘转位，当转至指定位置时，锁紧齿盘在外加轴向力的作用下挤压动齿盘实现啮合锁紧。如图 2-20 所示，端齿盘啮合—锁紧齿盘松开—动齿盘转位—锁紧齿盘回位。

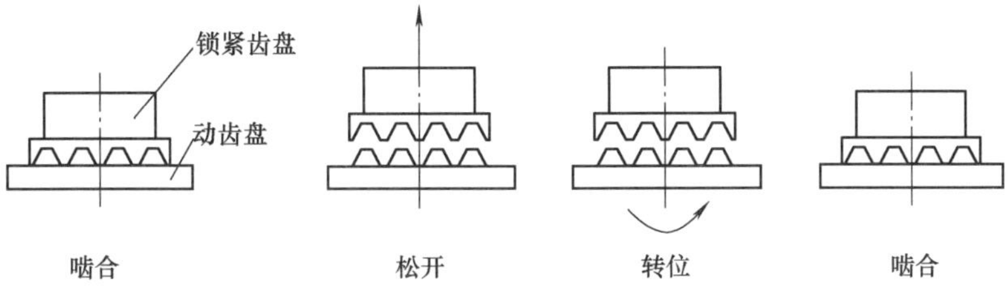

图 2-20　端齿盘工作原理

端齿盘齿形加工复杂，转位、定位时动齿盘需要升降，并要有夹紧装置，成本高。

最初刀架上采用的精密分度装置是双联齿盘，刀架的松开、锁紧需要靠主轴轴向的移动来实现，结构简单。由于换刀需要刀架的外托起，这就带来了润滑油泄漏和密封问题。后来随着刀架结构的发展，出现了三联齿盘，如图 2-21 所示，由三个相互啮合的齿盘组成，三联齿盘在很大程度上解决了上述问题。目前，随着技术水平的发展，三联齿盘应用于数控刀架定位机构已经非常普遍。

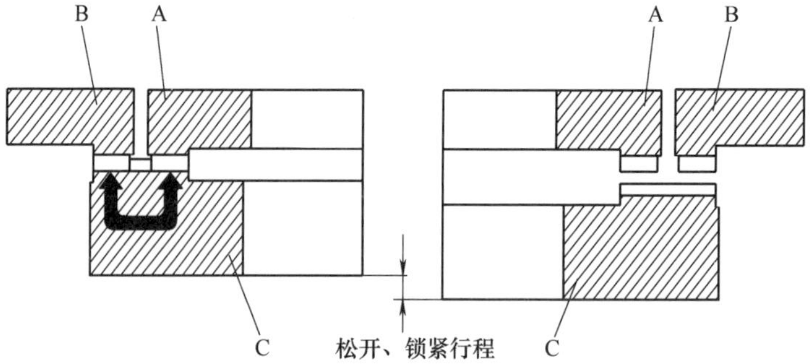

图 2-21　三联齿盘示意图

A—动齿盘　B—定齿盘　C—双联齿盘

五、松开和刹紧装置

一般选用液压和机械机构等来实现松开和刹紧。机械式锁紧有丝杠-螺母副、端面凸轮-滚子副结构；液压式锁紧有液压直接锁紧、液压间接锁紧。丝杠-螺母副机构是通过电动机的正、反转来实现刀盘的松开、锁紧，该类数控刀架工作时电动机正、反转频繁，且刀架需要电动机反转延时来锁紧，丝杠-螺母副磨损严重，且长时间工作后刀架电动机易发热烧毁，这种结构常用于电动刀架，刀架刚度比较小，适于切削力小的场合。

六、装刀装置

装刀装置包括刀盘、刀夹及夹刀装置等，国际上普遍采用德国标准的 VDI 式刀盘和日式槽刀盘模式。

VDI 式刀盘如图 2-22a 所示，DIN69880 和 DIN69881 刀座比较常见，刀具孔分为径向和轴向两种形式，齿形刹紧柱紧固刀座，刀座用 DIN69880 标准，分为径向、轴向、组合、圆柱孔、莫氏孔等多种形式刀座，可以根据加工工艺，选择不同形式的刀座。槽刀盘如图 2-22b 所示，刀盘上径向夹刀槽可正、反两边夹刀，端面可安装镗刀夹和轴向车刀夹，刀具选用不如 VDI 式刀盘方便。

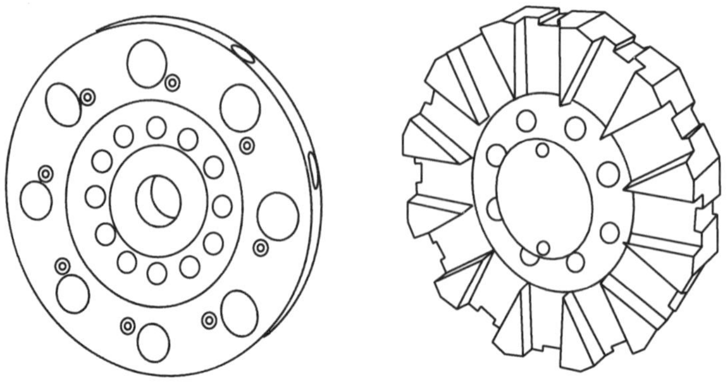

a)　　b)

图 2-22　刀盘

a）VDI 式刀盘　b）槽刀盘

第三节　数控刀架性能参数

数控刀架的性能参数表示不同型号的刀架各项功能指标，是数控刀架功能及结构的数字化描述以及决定刀架选型的关键。数控刀架的主要技术参数有：中心高度、工位数、精度、锁紧力、换刀时间、刀架尺寸和刚性惯量等。选型时可根据所要达到的性能指标通过查找合适的技术参数来选择刀架，在数控刀架出厂时数控刀架性能参数说明书中包含了刀架的详细信息。

一、刀架的中心高度

立式数控刀架的中心高度是指刀架和机床托板之间的安装面距离刀具安装基准的高度，是数控刀架非常重要的性能参数，刀具安装基准要求与车床主轴处于同一水平线上，所以数控刀架的中心高度取决于机床主轴的高度。

如图 2-23 所示，A 型立式方刀架（矩形槽方刀架）用四方刀架的装刀基准面高度表示中心高度，即 H 值。

B 型圆孔刀架的刀具安装方式是圆孔式，具有定位销和孔中心定位，用装刀孔的中心高度表示中心高度 H_1。C 型燕尾槽式数控刀架，用装刀中心高度 H_2表示刀架的中心高度。

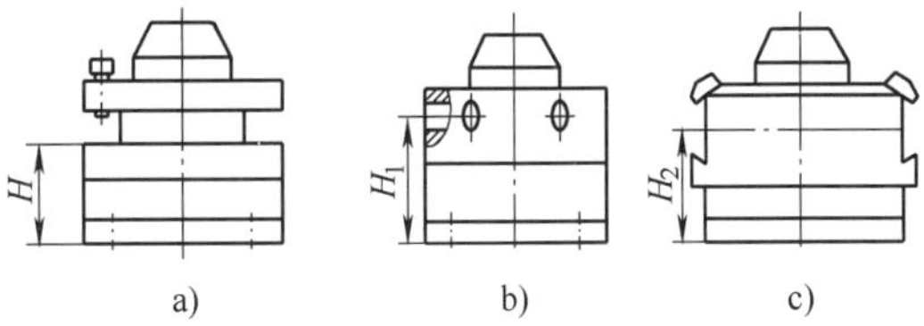

图 2-23　立式数控刀架

a）A 型　b）B 型　c）C 型

卧式数控刀架的中心高度是指刀架的安装面距离刀架回转轴线的高度，图 2-24 中 H 即卧式刀架的中心高度。切削时的刀具转位到与刀架回转轴水平的位置。刀架的中心高度常见的有 50mm、63mm、80mm、100mm、125mm 和 160mm 等。刀架在机床上安装时要保证刀具工位位置与机床主轴同一高度，可以通过垫板调整刀架安装时的中心高度。

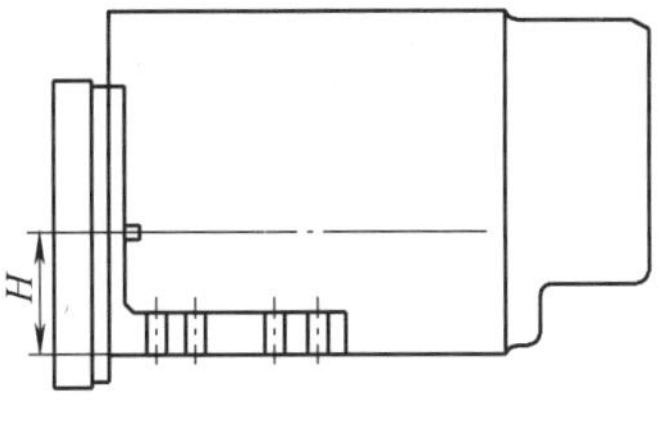

图 2-24　卧式数控刀架

二、刀架的工位数

刀架工位数是指刀架上可以安装刀具的最大数量，是衡量刀架储刀量的性能参数。回转式刀架的工位数通常从 4 工位到 16 工位不等。立式刀架的干涉空间较大，工位数比卧式少，结构简单。常见的立式数控刀架以 4 工位居多，也有 5 工位和 6 工位刀架，如图 2-25 所示。

卧式数控刀架储刀能力强，干涉空间小，能够在车床上完成多种工序的加工，工位数以 6 工位到 12 工位居多，更有 16 工位、20 工位的卧式数控刀架。

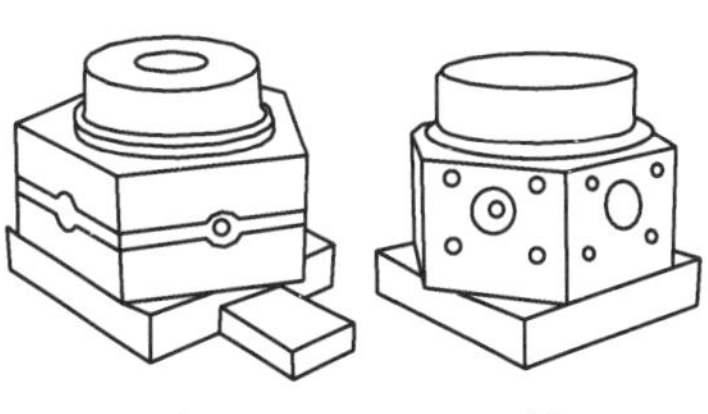

图 2-25　立式数控刀架

a）5 工位　b）6 工位

卧式刀架的刀具安装在刀盘上，每个工位可以根据加工对象的需求安装径向或轴向刀具。槽刀盘可根据刀具的不同配合及不同的夹持装置来固定刀具。方刀柄刀具采用楔块夹紧，圆刀柄刀具采用圆孔镗刀座固定。

三、刀架的精度

刀架的精度包括定位精度和重复定位精度，其主要依赖于刀架的端齿盘定位机构。端齿盘分为三联齿盘和双联齿盘，刀架在转位换刀时通过端齿盘的分开和锁紧实现精确定位。端齿盘的定位精度是指上齿盘与下齿盘在任何刀位啮合，理论分度值与实际分度值之差的峰值。立式刀架重复定位精度允许误差为0.005mm，卧式刀架I型允许误差为4″，II型允许误差为8″。重复定位精度是指旋转刀架使之转位并恢复至检测工位位置，重复检验五次，得该工位检验的最大读数与最小读数的差值。

四、刀架的锁紧力

数控刀架锁紧方式主要有丝杠-螺母副锁紧、碟簧锁紧、液压或气压锁紧三大类。丝杠-螺母副锁紧刀架用的是矩形螺纹，通过丝杠-螺母副的摩擦力和零件的变形应力实现锁紧；碟簧锁紧是利用碟形弹簧的压迫变形产生锁紧力，刀架采用碟簧或凸轮机构组合而成的机构共同实现锁紧；液压或气压锁紧机构是利用液压缸或气缸的压力实现锁紧，这种刀架需要机床提供液压或气压源。

数控刀架的锁紧力一定程度上决定了数控刀架的切削能力，刀架的锁紧使刀架在加工时固定刀具位置，避免因切削力的作用使刀具位置改变或刀架发生转动，影响正常加工。当安装在切削载荷较大的重力切削机床上工作时，锁紧力不足的刀架会出现精度不足等情况，所以在重切削的车床上应配备锁紧力大的液压式数控刀架。

五、数控刀架的换刀时间

刀架的转位换刀时间决定工件加工的效率，也是数控刀架的重要性能指标。数控刀架的转位动力源主要有力矩电动机、液压马达、伺服电动机等，同时配合刀架的定位和转位机构，实现刀架的准确定位。数控刀架分为单向回转数控刀架和双向回转数控刀架。单向回转数控刀架的最大换刀角度小于360°，双向回转的数控刀架最大转位角度为180°，最小转位角度为360°/N，其中N为工位数。

换刀时间由松开时间、转位时间和锁紧时间三部分组成，刀架在接受到转位信号指令后先松开，然后转位，转到工作位置后得到锁紧信号，刀架停止转位并由锁紧机构将刀架锁紧开始下一工序的加工。电动刀架的转位时间较长，常用于对转位时间要求不高的经济型数控车床；伺服刀架转位时间很快，通常一个换刀时间在0.2s左右的时间里完成，常用于零件的批量化生产，以及要求加工效率高的全功能型数控车床上。

六、数控刀架的刚性

数控刀架的刚性体现在刀架在机床进行切削加工时抗变形的能力。以常见的立式四方矩形槽刀架为例，根据刀具切削工件时的受力情况可知，刀架在机床切削加工时承受三种力矩：切向力矩 F_QL_Q、向下加力矩 F_SL、向上加力矩 F_XL，如图2-26所示。

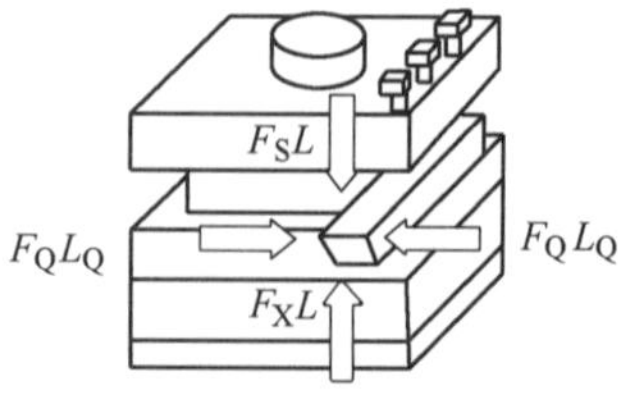

图2-26　立式四方矩形槽刀架受力图

通过检测机床加工时刀架的弹性变形及残余变形量来衡量数控刀架的刚性强度大小。为保证数控刀架的常规寿命，刀架出厂前应标明此款产品工作时允许的最大力矩范围，以免出现受力过载造成的刀架故障。以国内公布的某款 4 工位数控刀架为例，允许最大切向力矩 F_QL_Q为 600N · m，最大向上加力矩 F_XL 为 1 400N · m，最大向下加力矩 F_SL 为 450N · m。在允许最大切削力矩范围内工作，刀架的弹性变形量小于 0. 06mm，残余变形量小于 0. 015mm。

卧式刀架不同于立式数控刀架，以一款矩形的方刀具安装的刀架为例，在加工时所受的力有切削力、背向力、进给力，图 2-27 为刀架示意图和刀架的受力图。

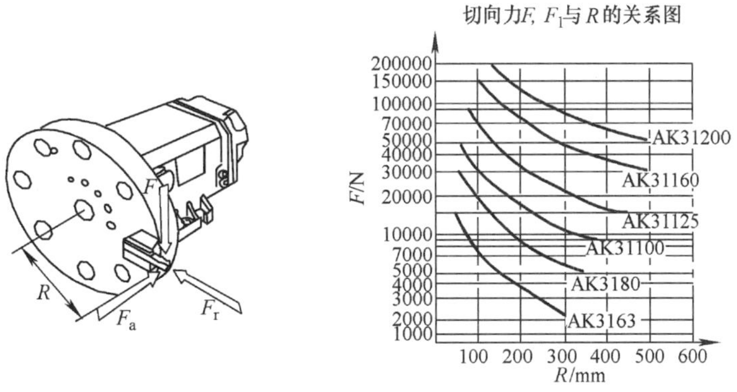

a)　　　　b)

图 2-27　刀架示意图和刀架的受力图

a）刀架受力分布图　b）力-中心距关系曲线

一般刀架受力导致的弹性变形在行业内有经验值，如表 2-2 所示。

表 2-2　刀架允许最大变形量

刀架中心高/mm	最大弹性变形量/mm	中心点到测点距离/mm
120	0. 05	140
160	0. 07	170
200	0. 08	220
250	0. 14	270
320	0. 12	330
400	0. 16	350

七、刀架的尺寸

数控刀架的安装包括刀架体在车床上的安装、刀架附件的安装、刀具的安装，这些都要依据刀架说明书中的刀架尺寸来安装。刀架的外形尺寸标注了刀架体的基本尺寸，如刀架的安装面长度、宽度、刀架高度，要求车床刀架安装预留位置要有足够的空间尺寸，托板的宽度要足够放得下刀架体，刀架中心高度不得大于托板到车床主轴的高度。

如图 2-28 为一种常见的 4 工位矩形槽式立式数控刀架的外形尺寸及结构。图中 H、H_1、L_1和 L_2等外形尺寸表明刀架安装时的要求，保证刀架的中心高度和安装位置的空间大小，车床上需要足够的预留空间，以免刀架与车床机构发生干涉。h 表示矩形槽的高度，矩形槽是安装矩形刀具的位置，通过螺钉将刀具固定在槽内，要求刀具的高度小于矩形槽的高度。H 为装刀基面高度，当高度不足时可以通过调整垫来增加刀架的装刀基面高度。

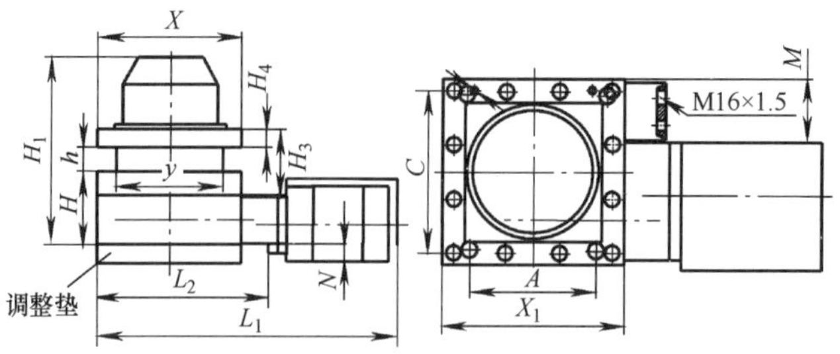

a) b)

图 2-28 立式 4 工位刀架

a）主视图 b）俯视图

立式矩形槽刀架及 A 型立式刀架安装的刀具要满足装刀槽的尺寸小于刀柄高度。圆孔形刀架安装的刀具都需满足刀柄直径等于装刀孔直径。图 2-29 为一种常见的卧式数控刀架的外形图（不包括刀盘）。

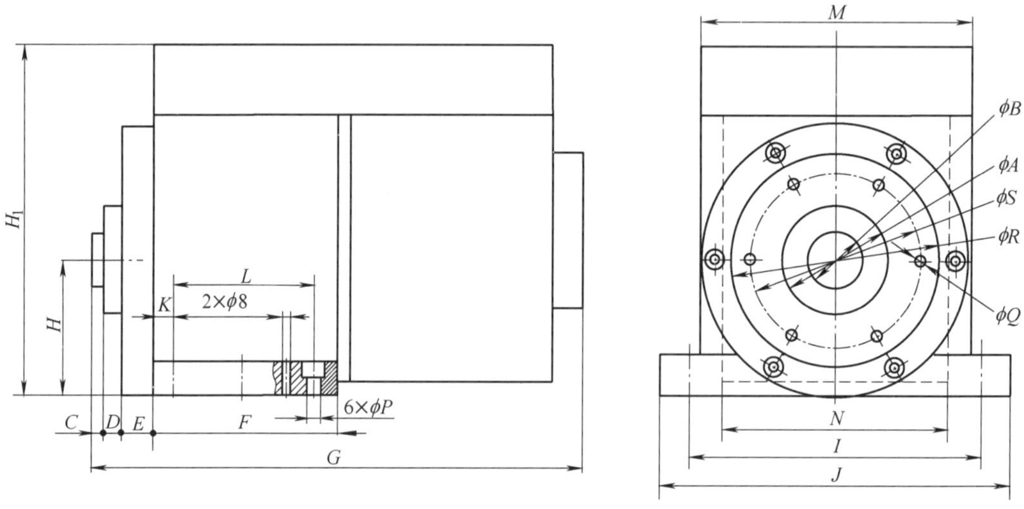

a) b)

图 2-29 卧式数控刀架外形图

a）主视图 b）左视图

刀架换刀时带动刀具转位，应控制刀具和刀架体转位过程中不能与机床或工件有接触，否则会损坏工件和刀架。刀架选购时要充分考虑数控车床上刀架安装、工作位置的空间大小，为刀架留下大于干涉尺寸范围的空间。

第四节 典型数控刀架代号及标注

数控刀架有相应的标准但没有强制执行，通过“类别 + 特性 + 组别 + 系别 + 主参数”等方式对其进行代号的说明。数控刀架品种越来越多，规格越来越齐全，技术也越来越复杂，为了便于对不同品种的数控刀架进行区别、使用及管理，需要对其加以分类及型号编制。不同生产厂家，产品型号的命名方式不同。本节介绍烟台环球、常州新墅、常州宏达等典型厂家的产品型号及标注，方便用户选型。

一、烟台环球刀架产品型号分类说明

烟台环球的产品标注比较统一。如图 2-30 所示，命名时包括刀架型号、中心高、工位数、重大改进顺序号。

机床附件类型：A 表示刀架，K 表示数控，AK 表示数控刀架。

刀架型号代号有 21、22、23、24、26、27、30、31、33、34 和 36 这几个系列，代表的刀架类型如表 2-3 所示。

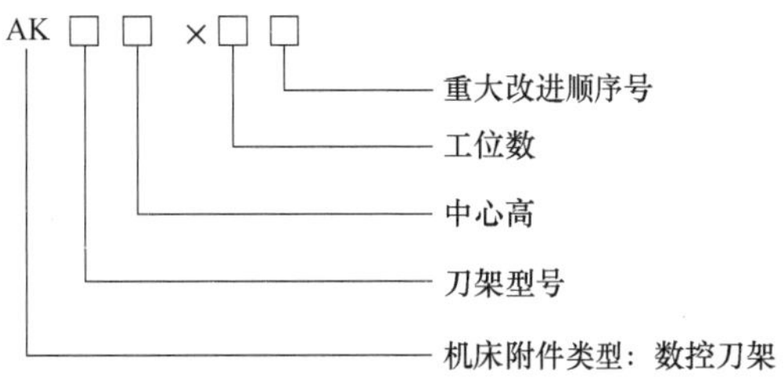

图 2-30　烟台环球数控刀架产品分类型号说明

表 2-3　烟台环球刀架型号对照表

类型	型　号	功 能 描 述
立式刀架	AK21	电动，电动机外露
	AK22，AK24	液压
	AK23	电动，电动机内藏
	AK26	伺服，电动机内藏
	AK27	带燕尾槽、横键槽和竖键槽等一系列，电动机内藏
卧式刀架	AK30	电动，带槽刀盘，转位抬起
	AK31	电动，带 VDI 或槽刀盘，性能较高，转位无须抬起
	AK33	动力刀架（液压伺服刀架增加动力模块）
	AK34	液压刀架
	AK36	伺服刀架

中心高：根据国标要求有 50mm、63mm、80mm、100mm、120mm、125mm、130mm、160mm 及 210mm，因型号不同，其中心高也不同。

工位数：立式刀架有 4 工位、6 工位和 8 工位；卧式刀架有 6 工位、8 工位、10 工位和 12 工位。

产品举例：AK31100×8 表示刀架中心高为 100mm，刀架工位数为 8 的数控转塔刀架。

二、常州新墅刀架产品型号分类说明

常州新墅刀架的产品标注在顺序和标注内容上有所变化，但标注清晰细致，直观地表示刀架的各个参数。图 2-31 为常州新墅数控刀架产品分类型号说明。

常州新墅刀架的型号命名时包括：刀架类别、中心高、工位数、安装方式和适用机床型号等。

刀架类别：抬起卧式电动刀架、免抬卧式电动刀架、卧式液压刀架、伺服刀架分别用 XWD、BWD、HLT、STL 代表。

工位数：XWD 和 BWD 型号工位数有 6 工位和 8 工位，分别用数字 6 和 8 表示；HLT 和 STL 型号工位数有 8 工位和 12 工位，分别用 8 和 12 表示。

中心高：根据国标要求有 63mm、80mm、100mm、120mm、125mm、130mm、160mm 和 210mm，因型号不同，其中心高也不同。

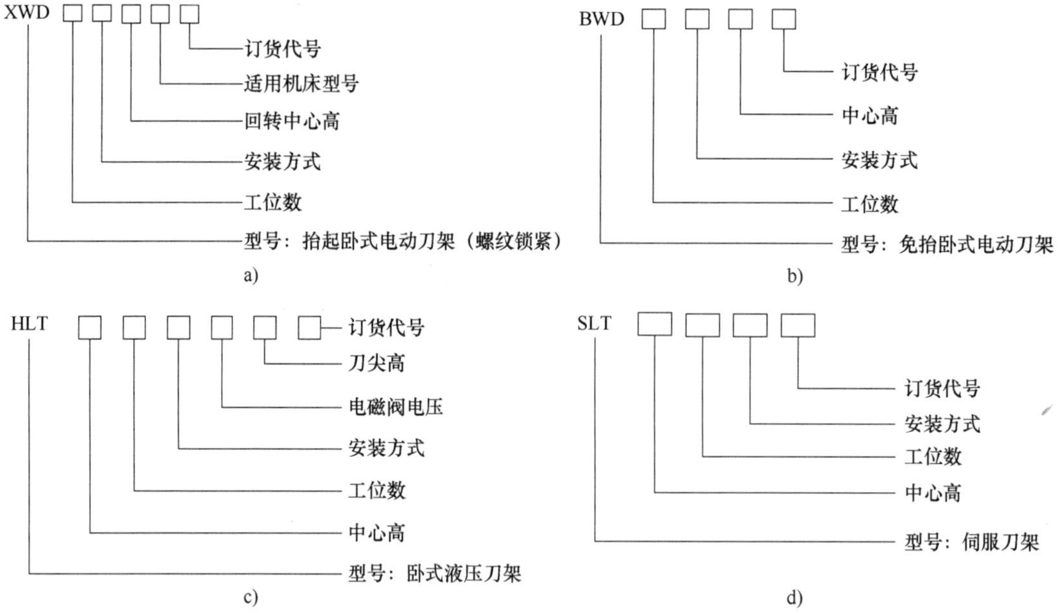

图 2-31　常州新墅数控刀架产品分类型号说明

a）抬起卧式电动刀架标注示例　b）免抬卧式电动刀架标注示例　c）卧式液压刀架标注示例　d）伺服刀架标注示例

安装方式：包括前置和后置两种方式，BWD 和 XWD 型号前置无标记，后置用 F 表示；HLT 和 SLT 前置用 L 表示，后置无标记。

HLT 卧式液压刀架电磁阀电压，DC24V 电磁阀默认无标记，AC110V 电磁阀用 A110 表示。

订货代号：标准型默认无代号，特殊订货用 01、02、03 等表示。

三、常州宏达刀架产品型号分类说明

常州宏达刀架类型表示有三种，HAK、LD 和 TLD。HAK 为大多数刀架型号标注，H 代表宏达，AK 代表数控刀架，与烟台环球相似；LD 表示立式刀架；TLD 表示电动机内藏式立式刀架。具体型号表示方式和内容如表 2-4 所示。

表 2-4　常州宏达刀架型号对照表

类　型	型　　号	标　　注	功 能 描 述
卧式刀架	HAK30	型号标注+中心高	电动，转位需抬起
	HAK31		电动
	HAK32		液压伺服
	HAK33		动力刀架（液压伺服刀架增加动力模块）
	HAK37		直驱，液压锁紧
	HAK36		液压
	HAK34	型号标注+对应主机型	电动，中心高非国标
立式刀架	HAK21		电动，LD4B 的改型升级
	LD4		电动，抬起
	LD4B		电动，无须抬起
	LD6		电动，抬起
	TLD		电动，电动机内藏

中心高：根据国标要求有 63mm、80mm、100mm、120mm、125mm、130mm、160mm 和 210mm，因型号不同，其中心高也不同。

工位数：立式刀架有 4 工位和 6 工位，卧式刀架有 6 工位、8 工位、10 工位和 12 工位。

四、沈阳机床数控刀架分公司产品型号分类说明

沈阳机床数控刀架分公司的产品标注与其他厂家的标注方式有所不同，图 2-32 为其数控刀架产品分类型号说明。

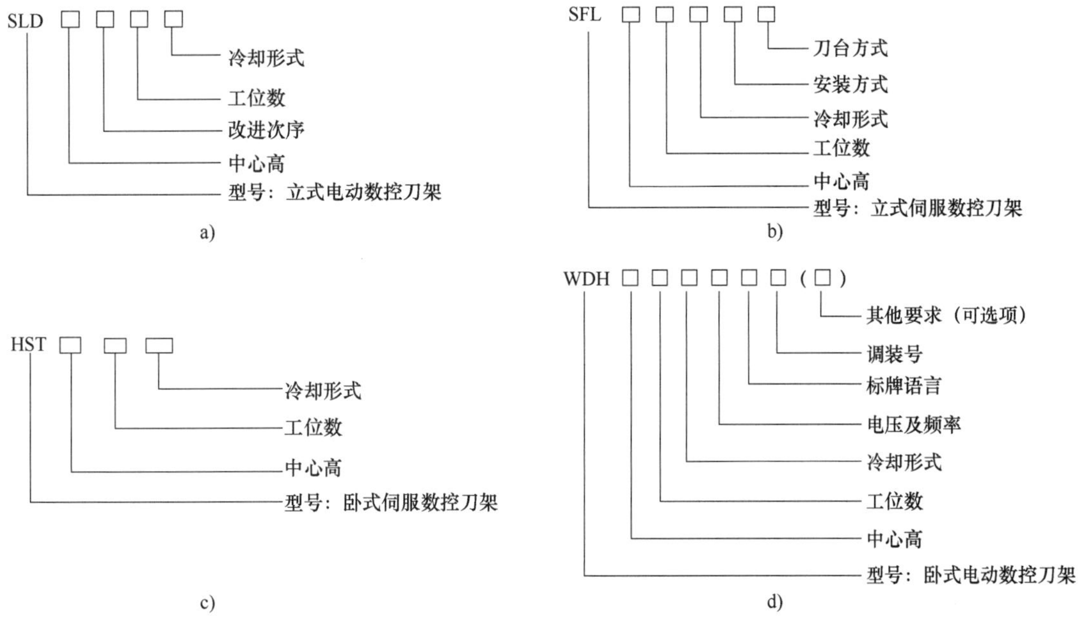

图 2-32 沈阳机床数控刀架产品分类型号说明

a）立式电动数控刀架标注示例 b）立式伺服数控刀架标注示例 c）绝对值系列伺服数控刀架标注示例 d）WDH 系列卧式电动数控刀架标注示例

沈阳机床数控刀架的型号命名时包括：刀架类别、中心高、工位数、冷却形式以及安装方式等。

刀架类别：立式电动数控刀架、立式伺服数控刀架、卧式伺服数控刀架和卧式电动数控刀架，分别用 SLD、SFL、HST 和 WDH 代表。

中心高：根据国标要求有 63mm、80mm、90mm、100mm、102mm、120mm、125mm、130mm、146mm 和 160mm，因型号不同，其中心高也不同。

工位数：SFL 系列数控刀架工位数有 4 工位、5 工位和 6 工位，分别用 4、5 和 6 表示；SLD 系列刀架工位数有 4 工位和 6 工位，用数字 4 和 6 表示；WDH 型号工位数有 6 工位和 8 工位，用数字 6 和 8 表示；HST 系列刀架有 8 工位和 12 工位，用 8 和 12 表示。

冷却形式：冷却形式分为内冷却和外冷却，分别用 N 和 W 表示。

安装方式：包括前置和后置两种方式，Q 代表前置，H 代表后置。如表 2-5 所示为四个厂家数控刀架型号的对照表。

表 2-5　刀架厂家产品型号对照表

刀架类型	烟台环球	常州新墅	常州宏达	沈阳机床
立式刀架	AK21		LD4/LD6/HAK21	SLD090
	AK22			SLD102
	AK23		TLD	SLD130
	AK26			SLD150
	AK27			SFL25/SFL32
卧式刀架	AK30	XWD	HAK30	WDH120/WDH160
	AK31	BWD	HAK31	HST16/HST20
	AK33	HLT	HAK32	HST25/HST32
	AK36	SLT	HAK33	

注：沈阳机床 SFL150 中心高为 146mm，SFL25 中心高为 125mm，SFL32 中心高为 160mm，HST16 中心高为 80mm，HST20 中心高为 100mm，HST25 中心高为 125mm，HST32 中心高为 160mm。

第五节　AK36125D 伺服刀架的设计

一、AK36 系列刀架简介

高档数控车削机床用伺服刀架是以伺服电动机进行转位分度驱动，以端齿盘（三联齿盘）进行精密定位，靠压力油松开、刹紧，实现双向转位和任意刀位就近选刀。

特点如下：

1）结构紧凑，定位精度高。

2）刀盘无须抬起即可实现松开、转位、刹紧。

3）高刚性，高可靠性。

4）可承受大的切削力。

5）可双向回转和任意刀位就近选刀，降低主机故障率，降低制造废品率。

烟台环球机床附件集团有限公司从 2007 年开始试产伺服刀架 AK36 系列产品，投放市场已经 10 年，在这 10 年中从返修的产品中及产品的售后服务记录中找出了产品的众多不足，经过不断优化、改进，推出了新的产品系列：D 系列。AK36D 系列数控刀架结构组成如图 2-33 所示。

该刀架采用三联齿盘作为分度定位元件，由伺服电动机驱动，通过齿轮传动，实现刀架的转位分度。具体工作程序为：主机发出转位信号后，控制系统控制二位四通电磁换向阀换向，压力油经 B 管路进入到松开腔 15，活塞 6 向后运动带动双联齿盘 4 一起向后运动，当双联齿盘 4 与动齿盘 1、定齿盘 3 完全脱开后，发信销 16 使松开信号传感器 18 发信，延时 50ms 后，刀架驱动系统按伺服系统给定的位置进行转位（自行判断就近选刀），到达刀位后，电动机停转，控制系统控制二位四通电磁换向阀 EV1 换向，压力油经油管 A 进入到刹紧腔 14，活塞 6 向前运动带动双联齿盘 4 一起向前运动，双联齿盘 4 与动齿盘 1、定齿盘 3 啮合后，发信销 16 将使锁紧传感器 17 发出信号，控制系统接收到信号后延时 100ms，刀架转位结束。为防止齿盘锁紧时冲击大影响精度，在刀架内部集成了单向节流阀，齿盘刹紧速度会低于松开速度。以下以中心高为 125mm 的 AK36125D 为例，介绍其主要的齿轮传动部分和定位齿盘部分的设计方法。

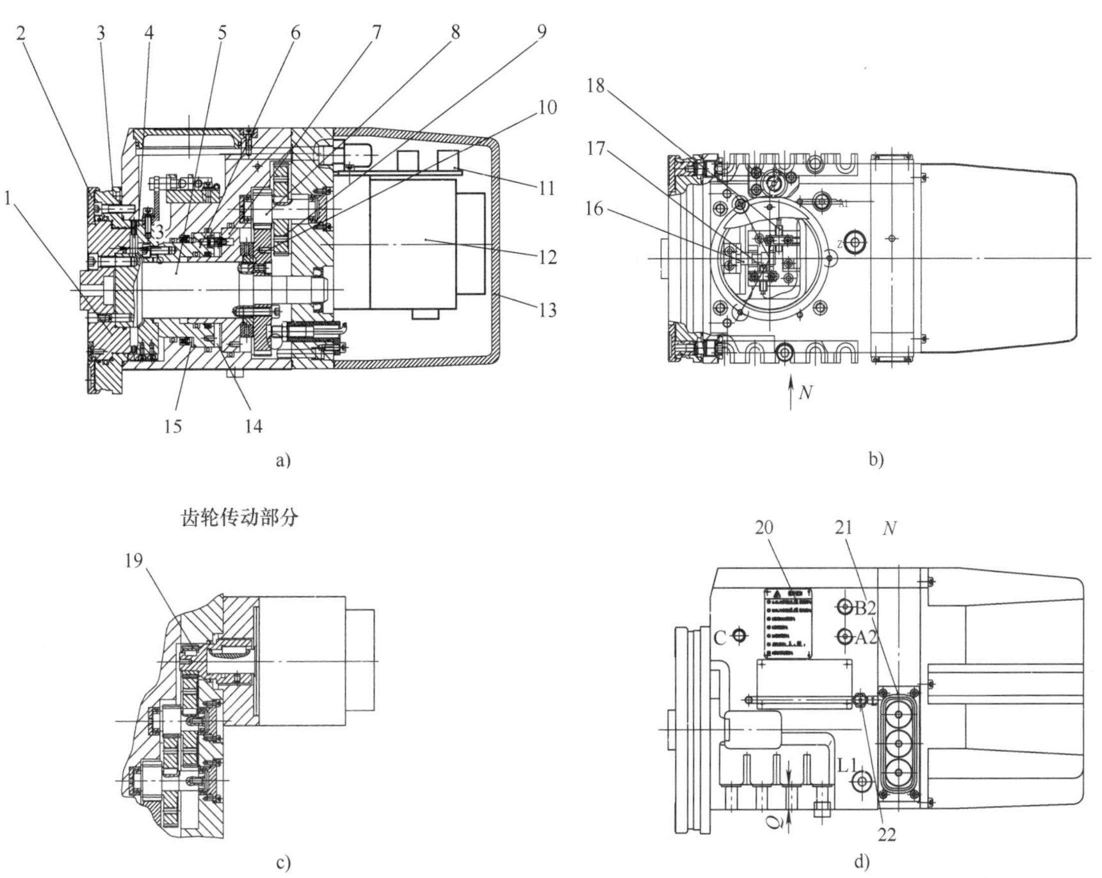

图 2-33　AK36D 系列数控刀架结构组成

a）主视图　b）俯视图　c）齿轮传动部分视图　d）N 向视图

1—动齿盘　2—接水盘　3—定齿盘　4—双联齿盘　5—主轴　6、7—活塞　8、9、10—齿轮　11—接线端子　12—伺服电动机　13—电动机罩　14—刹紧腔　15—松开腔　16—发信销　17—锁紧传感器　18—松开传感器　19—小齿轮　20—指示牌　21—接线板　22—溢油口

二、齿轮传动部分的设计

齿轮的设计通常是为了减少齿轮的体积，减少齿轮的轴距等，这种设计通常以满足强度寿命为准则，在实际的生产中得到广泛的应用。AK36A 系列在初始设计时，考虑替代同系列的电动刀架产品，外形尺寸仅仅参照了同系列电动刀架产品，与国外同类型产品相比，外形尺寸明显偏大，A 系列刀架的齿轮减速部分的齿轮参数如表 2-6 所示，具体的分布形式如图 2-34 所示。结果导致很多以前使用国外同类产品的用户，无法在不改动机床结构的情况下改用本产品，最终只能放弃选用。基于以上原因，决定对该产品进行结构优化，开发新的产品 D 系列。

表 2-6　AK36A 系列齿轮参数

名　称	齿数 z	模数 m/mm	齿宽 b/mm
电动机齿轮 1	18	2	23
一级大齿轮 2	54	2	18

（续）

名　称	齿数 z	模数 m/mm	齿宽 b/mm
一级小齿轮 3	19	2	20
二级大齿轮 4	57	2	18
二级小齿轮 5	16	3	26
主轴齿轮 6	64	3	22

由图 2-34 可以看出制约产品外观尺寸的主要因素是齿轮传动部分的体积。基于以上考虑，必须对此产品的齿轮部分进行优化，在满足零件强度和刚度的条件下，使齿轮减速部分的体积最小，以减少产品的外观尺寸。

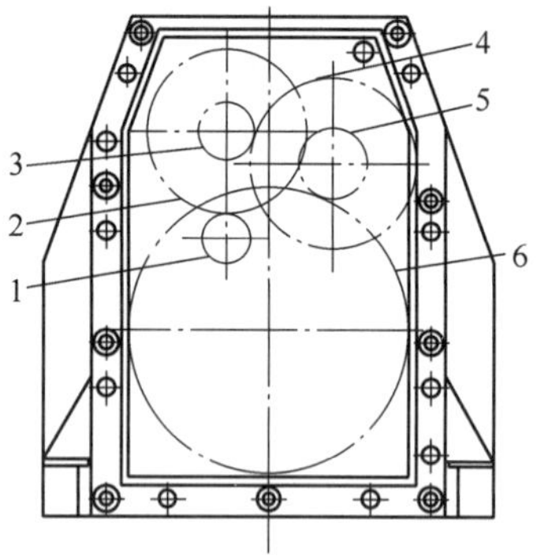

图 2-34　AK36A 系列传动齿轮分布图

1—电动机齿轮　2—一级大齿轮　3—一级小齿轮　4—二级大齿轮　5—二级小齿轮　6—主轴齿轮

D 系列 125mm 中心高的伺服刀架产品齿轮减速部分的设计遵照以下原则：

1）齿轮传动部分的体积都应尽可能地减少，以适应刀架压缩以后的外观尺寸。

2）齿轮的弯曲疲劳强度和接触疲劳强度必须足够。

3）要保证齿轮载荷的均匀性，也就是各个分级传动比的值要尽量接近。

4）齿轮的齿数不少于 17，防止齿轮根切现象的发生。

（一）总传动比及各级传动比的分配

首先参考国外产品转位时间，确定刀盘转位速度。意大利某厂家 SM—25 规格产品（此型号产品的中心高为 125mm）的 30°连续转位时间为 0. 15s，德国某厂家的 . 25 规格产品（此型号产品的中心高为 125mm）的 30°连续转位时间为 0. 12s，考虑到效率以及市场占有率和性价比等问题，设计的时候选取刀架的 30°连续转位时间 $t=0.09$s。

通过 30°连续转位时间 $t=0.09$s，工位为 12 个计算，可以得到刀架连续旋转时的转速为：

$$n_{盘}=\frac{60}{12t}=\frac{60}{12\times 0.09}\text{r/min}=55.556\text{r/min} \tag{2-1}$$

125 伺服刀架选取的伺服电动机型号为 HF—SP102JK（三菱），转速为 2 000r/min，额定输出功率为 1. 0kW，额定输出转矩为 4. 77N · m，从伺服电动机到刀盘的总传动比为：

$$i_{总}=\frac{n_1}{n_{盘}}=\frac{2000}{55.556}=36 \tag{2-2}$$

在传动级数和传动比分配时，意大利某厂家的伺服刀架产品使用的是两级齿轮传动，两级均为 1∶7，小齿轮的模数 $m=1$mm，齿数 $z=11$，大齿轮的模数 $m=1$mm，齿数 $z=77$，总传动比为 1∶49。德国厂家的伺服刀架产品使用了有较高技术含量的渐开线行星齿轮传动，综合考虑到加工能力以及生产成本和产品的市场定位等因素，本优化设计使用三级齿轮传动，三级传动比分别为 i_{12}、i_{34}、i_{56}，即：

$$i_{总}=i_{12}i_{34}i_{56} \tag{2-3}$$

又依据要保证齿轮载荷均匀性的原则，初步分配传动比为1：3、1：3、1：4，即从电动机到刀盘的各级传动比分别为：$i_{12}=3$、$i_{34}=3$、$i_{56}=4$。

（二）传动齿轮的设计计算

1. 确定各级齿轮传递转矩和转速

首先根据电动机参数确定各级齿轮传递转矩和转速，如表2-7所示。计算各齿轮所要传递的转矩主要是为了校核齿轮和齿轮轴，所以就不考虑电动机与齿轮等的传递效率问题，全部按照效率100%计算。

表2-7 AK36D系列各级齿轮传递转矩与转速

名　称	功率 P/kW	转矩 $T=\frac{9550P}{n}$/N·m	转速 n/(r/min)
电动机齿轮1	1	4.77	2 000
一级大齿轮2	1	14.31	666.67
一级小齿轮3	1	14.31	666.67
二级大齿轮4	1	42.93	222.22
二级小齿轮5	1	42.93	222.22
主轴齿轮6	1	171.72	55.56

2. 初步确定齿轮参数

1）选定齿轮的类型、精度等级和材料。所有齿轮均选用直齿圆柱齿轮传动，7级精度，根据工厂的原料采购及齿轮硬度、耐磨性等方面的考虑，选取齿轮的材料为40Cr（淬火45～50HRC）。

2）初步确定中心距等主要尺寸。参考相关资料，按照齿面接触强度初步确定中心矩或小齿轮直径，如式（2-4）和式（2-5）所示。

$$a\geqslant 483(u\pm 1)\sqrt[3]{\frac{KT_1}{\phi_a\sigma_{HP}^2u}} \tag{2-4}$$

$$d_1\geqslant 766\sqrt[3]{\frac{KT_1(u\pm 1)}{\phi_d\sigma_{HP}^2u}} \tag{2-5}$$

按照齿根弯曲强度计算模数 m：

$$m\geqslant 12.6\sqrt[3]{\frac{KT_1Y_{FS}}{\phi_m z_1\sigma_{FP}}} \tag{2-6}$$

式中　a——中心距（mm）；

d_1——小齿轮分度圆直径（mm）；

m——端面模数（mm）；

z_1——小齿轮齿数；

ϕ_a，ϕ_d，ϕ_m——齿宽系数，ϕ_a 取值范围0.1～1.2，闭式传动取值0.3～0.6，一般取值0.4，ϕ_d 取值范围0.2～0.4，轴承对称布置齿面硬度<350HBW取值0.8～1.4，齿面硬度>350HBW取值应减小一倍，取值0.4～0.7，ϕ_m 一般取值

范围 8 ~ 25，本例取值为 20；

u——齿数比，$u=z_2/z_1$；

Y_{FS}——复合齿型系数，取 $Y_{FS}=3.0$；

σ_{HP}——许用接触应力（N/mm^2），简化计算近似取 $\sigma_{HP}\approx\sigma_{Hlim}/S_{Hlim}$。$\sigma_{Hlim}$ 为接触疲劳强度，对于 40Cr 淬火钢，淬火硬度为 45 ~ 50HRC，热处理条件 MQ，查相关资料，取 $\sigma_{Hlim}=1\ 150\ N/m$，$S_{Hlim}$ 为接触强度计算的最小安全系数，$S_{Hlim}\geqslant1.1$；

σ_{FP}——许用弯曲应力（N/mm^2），简化计算中近似取 $\sigma_{FP}\approx\sigma_{FE}/S_{Flim}$，$\sigma_{FE}$ 为弯曲疲劳强度极限值（N/mm^2），对于 40Cr 淬火 45 ~ 50HRC，热处理条件为 MQ，查相关资料，取 $\sigma_{FE}=320N/mm^2$，S_{Flim} 为弯曲强度计算的最小安全系数，取 $S_{Flim}=1.40$；

T_1——小齿轮传递的额定转矩（N · m）；

K——载荷系数，一般取 $K=1.1\sim2$，本例取 1.2。

根据齿面接触疲劳极限和安全系数确定本优化设计齿面许用接触应力 $\sigma_{HP}=\sigma_{Hlim}/S_{Hlim}=1\ 150/1.1\approx1\ 045MPa$，根据齿根弯曲疲劳极限和安全计算确定本优化设计许用弯曲应力 $\sigma_{FP}=\sigma_{FE}/S_{Flim}=320/1.40\approx228MPa$。根据式（2-4）~ 式（2-6）计算刀架初选三级传动齿轮的中心距等主要参数。如第一级齿轮传动：计算电动机齿轮 1 与一级大齿轮 2，其中在估算模数时电动机齿轮 1 的齿数采用 A 系列齿数估算，则其中心距、电动机齿轮 1 的直径和齿轮模数为：

$$a_{12}\geqslant483(u+1)\sqrt[3]{\frac{KT_1}{\phi_a\sigma_{HP}^2u}}=483(3+1)\sqrt[3]{\frac{1.2\times4.77}{0.4\times1045^2\times3}}mm=31.58mm \tag{2-7}$$

$$d_1\geqslant766\sqrt[3]{\frac{KT_1(u+1)}{\phi_d\sigma_{HP}^2u}}=766\times\sqrt[3]{\frac{1.2\times4.77\times4}{0.5\times1045^2\times3}}mm=18.45mm \tag{2-8}$$

$$m\geqslant12.6\sqrt[3]{\frac{KT_1Y_{FS}}{\phi_m z_1\sigma_{FP}}}=12.6\times\sqrt[3]{\frac{1.2\times4.77\times3.0}{20\times18\times228}}mm=0.75mm \tag{2-9}$$

按照相同方法计算第二和第三级齿轮参数，整理计算结果如表 2-8 所示。

表 2-8　AK36D 系列各级齿轮主要参数计算结果

传动级编号	齿 轮 名 称	中心距 a/mm	模数 m/mm
第一级	电动机齿轮 1	31.58	0.75
	一级大齿轮 2		
第二级	一级小齿轮 3	45.55	1.06
	二级大齿轮 4		
第三级	二级小齿轮 5	74.61	1.62
	主轴齿轮 6		

根据表 2-8 和表 2-6 可知，A 系列齿轮模数设计偏大，因此对齿轮参数进行修正，如表 2-9 所示。

表 2-9 齿轮修正参数

名 称	齿数 z	模数 m/mm	齿宽 b/mm
电动机齿轮 1	20	1.5	16.5
一级大齿轮 2	60	1.5	15
一级小齿轮 3	20	1.5	20
二级大齿轮 4	60	1.5	18
二级小齿轮 5	17	2.5	26
主轴齿轮 6	68	2.5	20

3. 齿轮强度校核

参考相关资料，对优化后的齿轮进行齿面接触疲劳强度与齿根弯曲疲劳强度进行校核。

1）齿面接触疲劳强度校核，许用接触应力：

$$\sigma_{HP}=\frac{\sigma_{Hlim}}{S_{Hlim}}Z_{NT}Z_{LVR}Z_{W}Z_{X} \tag{2-10}$$

已知材料的接触疲劳极限 $\sigma_{Hlim}=1\ 150$N/m，取寿命系数 $Z_{NT}=1$，润滑油影响系数 $Z_{LVR}=0.95$，工作硬化系数 $Z_{W}=1$，尺寸系数 $Z_{X}=1$，最小安全系数 $S_{Hlim}=1.05$，代入式（2-10）可得许用接触应力 $\sigma_{HP}=1\ 040$ N/mm^2。

接触应力：

$$\sigma_{H}=Z_{H}Z_{\varepsilon\beta}Z_{E}\sqrt{\frac{F_t}{bd_1}}\sqrt{\frac{u\pm1}{u}}\sqrt{K_AK_VK_{H\beta}K_{H\alpha}} \tag{2-11}$$

取节点区域系数 $Z_{H}=2.5$，接触强度计算的重合度与螺旋角系数 $Z_{\varepsilon\beta}=1$，材料弹性系数 $Z_{E}=189.8\ \sqrt{N/mm^2}$，使用系数 $K_A=1$（平稳传动），动载系数 $K_V=1.1$，齿向载荷分布系数 $K_{H\beta}=1.13$，齿间载荷分布系数 $K_{H\alpha}=1.1$，分度圆上的圆周力 $F_t=2\ 000T/d$，代入式（2-11）可得各级传动的齿面接触强度如表 2-10 所示。

表 2-10 齿轮强度计算结果

名 称	齿面接触应力/(N/mm^2)	齿根弯曲应力/(N/mm^2)
电动机齿轮 1	514	76
一级大齿轮 2	311	76
一级小齿轮 3	808	189
二级大齿轮 4	492	191
二级小齿轮 5	866	191
主轴齿轮 6	494	218

2）齿根抗弯疲劳强度校核，许用弯曲应力：

$$\sigma_{FP}=\frac{\sigma_{FE}}{S_{Flim}}Y_{NT}Y_{\delta relT}Y_{RrelT}Y_{X} \tag{2-12}$$

已知齿根弯曲疲劳强度基本值 $\sigma_{FE}=320$N/mm^2，寿命系数 $Y_{NT}=1$，相对齿根圆角敏感系数 $Y_{\delta relT}=1$，相对齿根表面状况系数 $Y_{RrelT}=1$，尺寸系数 $Y_{X}=1$，最小安全系数取 $S_{Fmin}=1.4$，代入式（2-12）可得需用弯曲应力为 229N/mm^2。

弯曲应力 σ_F 为：

$$\sigma_F = \frac{K_A K_V K_{F\beta} K_{F\alpha} F_t}{b m_n} Y_{FS} Y_{\varepsilon\beta} \tag{2-13}$$

取使用系数 $K_A=1$（平稳传动），动载系数 $K_V=1.1$，齿向载荷分布系数 $K_{F\beta}=1.13$，齿间载荷分布系数 $K_{F\alpha}=1.1$，分度圆上的圆周力 $F_t=2\,000T/d$，m_n为法面模数，复合齿形系数 Y_{FS}可查询机械设计手册获得，弯曲强度计算的重合度与螺旋角系数 $Y_{\varepsilon\beta}$可查询机械设计手册获得，代入式（2-13）可得各级传动的齿根弯曲强度如表 2-10 所示。

根据表 2-10 结果显示，齿面接触应力均小于许用应力 1 040N/mm²，齿根弯曲应力均小于 228N/mm²，满足设计要求，此结果作为优化设计结果，即 D 系列齿轮传动结构，齿轮结构及布局如图 2-35 所示。

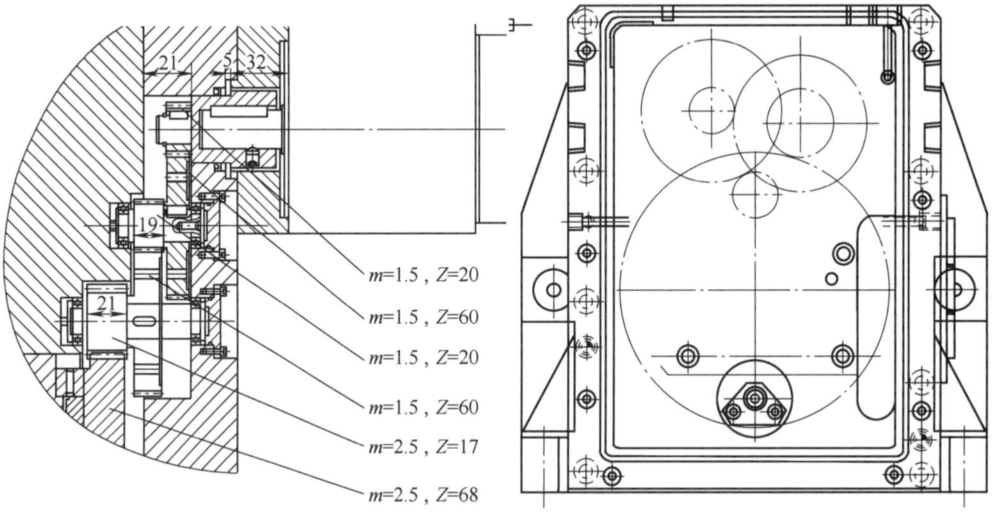

图 2-35　优化后的齿轮分布结构

经过本次齿轮设计，125mm 中心高的刀架高度方向缩减了 35mm，另外由于优化了齿轮的分布结构及减少了齿轮的宽度，长度方向缩短了 54.5mm，宽度方向缩减了 10mm，整个产品的外形尺寸基本同国外同类产品一样。

三、齿盘部分的设计

首先根据刀架的外形尺寸，最大限度地预留出刀架锁紧松开所需要的液压缸尺寸，根据这个原则设定环形油腔大径 $R=82.5$mm，小径 $r=45$mm，参考国内外同等型号产品的液压油工作压力，确定为 5MPa，则最大锁紧力可达：

$$F = P \times S = 5 \times \pi \times (82.5^2 - 45^2)\,\text{N} = 75103\text{N} \tag{2-14}$$

考虑到产品的外形尺寸、内部齿盘的摆放空间及产品零件、加工工装的通用性，定位齿盘参考同规格其他系列刀架的齿盘进行参数确定，选用的定齿盘外径为 210.5mm，内齿盘的外径为 202mm，内径为 187mm，齿形角为 60°。

端齿盘在锁紧力作用下实现数控刀架锁紧，锁紧力所产生的切向力矩必须大于切削力对刀架产生的切向力矩，以保证刀架可靠定位，因此必须校核切向力矩。分析端齿盘受力如图 2-36 所示，F_u是切向力，F_a是轴向力，F_n是法向力，θ 为齿形角。

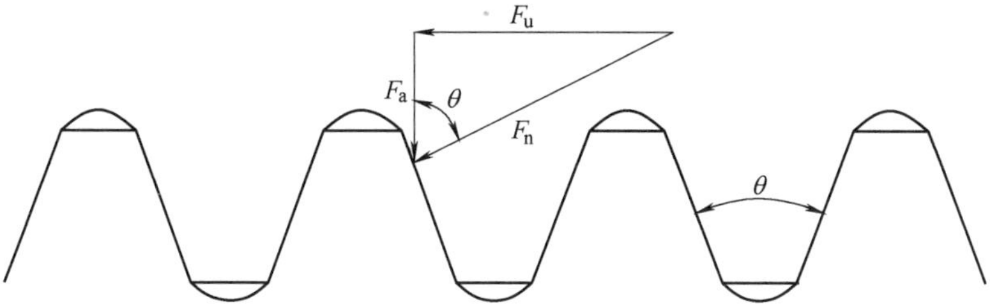

图 2-36　齿盘受力图

由图 2-36 可知切向力为：

$$F_u = F_a \tan\theta \tag{2-15}$$

轴向力 F_a即为锁紧力 F，因此切向力为：

$$F_u = F\tan\theta = 75103 \times \tan60°N = 130082N$$

切向力矩为：

$$M_u = F_u \frac{D+d}{4000} \tag{2-16}$$

式中　D——内齿盘外径（mm）；

d——内齿盘内径（mm）。

将内齿盘参数代入公式（2-16）可得：

$$M_u = 130082 \times \frac{202+187}{4000} N \cdot m = 12650N \cdot m$$

查询国家标准，125mm 中心高卧式伺服刀架切向力矩为 3 600N · m，因此设计端齿盘和锁紧力满足要求。

第六节　伺服动力刀架的总体设计

伺服动力刀架主要用于车铣复合型数控机床，车铣复合数控车床是目前国际上比较前端的一种数控机床，可以进行多工序加工，如车削、钻削、铣削等。刀架采用齿盘分度，转位由交流伺服电动机驱动，刀位由编码器识别，动力刀具由变频电动机驱动，通过变速齿轮组将动力传递到动力刀座。

一、基本技术参数设计

根据机床的实际工况、加工范围以及典型工件的安装等选择刀架的基本参数，包括刀架的几何参数以及物理参数。主要的几何参数是：工作台外形尺寸、车床最大回转直径、加工工件所需刀位数量等。物理参数：机床允许最大承重、转速、精度等。

二、动力电动机的选用

伺服动力刀架驱动电动机的选择应满足动力刀具工作时的切削能力。

以 HSS 高速钢刀具对 600N/mm^2 强度的钢类材料进行加工为例，用最大切削能力计算转矩后选用动力刀座，再确定动力轴最高转速，最后确定电动机转速。计算所需参数：铣刀外径 $d_0 = 425$mm，铣削宽度 $a_e = 25$mm，铣削深度 $a_p = 20$mm，进给速度 $v_f = 40$mm/min，每

转进给量 $f=0.18\text{mm/r}$。

铣削能力：

$$Q=a_e \cdot a_p \cdot v_f/1000=20\ \text{cm}^3/\text{min} \tag{2-17}$$

主轴输出功率：

$$P_s=Q/M_{rm}=1\text{kW} \tag{2-18}$$

式中　M_{rm}——每千瓦功率的切削能力（$\text{cm}^3/\text{min}\cdot\text{kW}$），一般情况下取值20。

由进给速度公式 $v_f=fn$ 计算出铣刀此时的转数 $n_1=222.2\text{r/min}$。

切削转矩：

$$N=\frac{9550P_S}{n_1}=42.98\text{N}\cdot\text{m} \tag{2-19}$$

当电动机达到额定功率基本转速之前为恒转矩传动，基本转速到额定功率转速上限为恒功率传动，其关系如图2-37所示。由于设计采用齿轮的减速传动，根据转矩、功率及转速三者的函数关系，并考虑齿轮的传动效率，确定电动机转矩为35N·m。故选用FANUCα6/10000i，额定输出转矩为35N·m，额定功率为5.5kW。

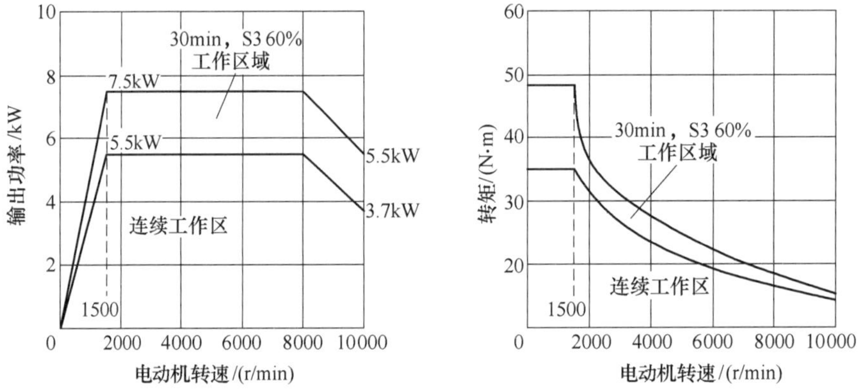

a)　　　　　　　　b)

图2-37　电动机转速与输出功率转矩关系图

a）转速与输出功率的关系　b）电动机转速与转矩的关系

三、齿轮设计计算

（一）选定齿轮类型、精度等级、材料及齿数

按图2-38所示的传动方案，选用直齿圆柱齿轮传动。由于传动速度较高，故选用6级精度。由于连接动力部分的齿轮结构需要，内部设计花键槽，故选用40CrNiMoA（调质），其他齿轮均选用40Cr。根据刀架各联系尺寸及空间布局，选连接电动机处齿轮齿数 $z_1=20$，与相连齿轮齿数比 $u=2.25$。

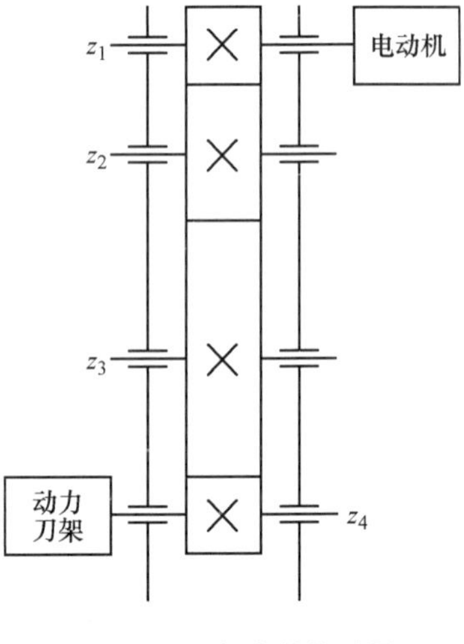

图2-38　刀架齿轮传动图

（二）按齿面接触强度设计

按下式进行计算：

$$d_{1t}\geqslant 2.32\sqrt[3]{\frac{KT_1}{\phi_d}\cdot\frac{u\pm 1}{u}\left(\frac{Z_E}{[\sigma_H]}\right)^2} \tag{2-20}$$

1. 确定公式内的各计算数值

1）试选载荷系数 $K_t=1.25$。

2）计算小齿轮传递转矩：

$$T_1=\frac{9550P_1}{n_1}=\frac{9550\times5.5}{1500}\text{N}\cdot\text{m}=35.02\text{N}\cdot\text{m} \tag{2-21}$$

3）选取齿宽系数 $\phi_d=0.45$。

4）查取材料的弹性影响系数 $Z_E=189.8\text{MPa}^{\frac{1}{2}}$。

5）按齿面硬度查得连接电动机处齿轮的接触疲劳强度极限 $\sigma_{Hlim}=700\text{MPa}$。

6）计算应力循环次数：

$$N_1=60n_1jL_h=60\times1500\times1\times(8\times300\times20)=4.32\times10^9 \tag{2-22}$$

式中　j——齿轮每转一圈时，同一齿面啮合的次数；

L_h——齿轮的工作寿命（h）。

7）选取接触疲劳寿命系数 $K_{HN}=0.9$。

8）计算接触疲劳许用应力，取失效概率为1%，安全系数 $S=1$，得：

$$[\sigma_H]=\frac{K_{HN}\sigma_{lim}}{S}=0.9\times700=630\text{MPa} \tag{2-23}$$

2. 计算

1）小齿轮分度圆直径：

$$d_{1t}\geqslant2.32\sqrt[3]{\frac{1.25\times3.502\times10^4}{0.45}\cdot\frac{1.25}{2.25}\left(\frac{189.8}{630}\right)^2}\text{mm}=39.42\text{mm} \tag{2-24}$$

2）计算圆周速度：

$$v=\frac{\pi d_{1t}n_1}{60\times1000}=\frac{\pi\times39.42\times1500}{60\times1000}\text{m/s}=3.09\text{m/s} \tag{2-25}$$

3）计算宽度：

$$b=\phi_d\cdot d_{1t}=0.45\times39.42\text{mm}=17.739\text{mm} \tag{2-26}$$

4）计算齿宽与齿高之比：

$$\text{模数}:m_t=\frac{d_{1t}}{z_1}=39.42/20\text{mm}=1.971\text{mm} \tag{2-27}$$

$$\text{齿高}:h=2.25m_t=2.25\times1.971\text{mm}=4.435\text{mm} \tag{2-28}$$

$$\frac{b}{h}=\frac{17.739}{4.435}=4 \tag{2-29}$$

5）计算载荷系数：根据 $v=3.09\text{m/s}$，6级精度，查取动载系数 $K_v=1.05$；直齿轮 $K_{H\alpha}=K_{F\alpha}=1$；查取使用系数 $K_A=1$；用插值法查取6级精度、小齿轮做悬臂布置时，$K_{H\beta}=1.17$；由 $\frac{b}{h}=4$，$K_{H\beta}=1.17$，查取 $K_{F\beta}=1.08$。

故载荷系数：

$$K=K_AK_VK_{H\alpha}K_{H\beta}=1\times1.05\times1\times1.17=1.2285 \tag{2-30}$$

6）按实际的载荷系数校正所算得的分度圆直径：

$$d_1=d_{1t}\sqrt[3]{\frac{K}{K_t}}=39.42\times\sqrt[3]{\frac{1.2285}{1.25}}\text{mm}=39.19\text{mm} \tag{2-31}$$

7）计算模数：

$$m=\frac{d_1}{z_1}=\frac{39.19}{20}\text{mm}=1.9595\text{mm} \tag{2-32}$$

（三）按齿根弯曲强度设计

由公式：

$$m\geqslant\sqrt[3]{\frac{2KT_1}{\phi_d z_1^2}\left(\frac{Y_{Fa}Y_{Sa}}{[\sigma_F]}\right)} \tag{2-33}$$

1. 确定公式内的各计算数值

1）查取小齿轮的弯曲疲劳强度极限 $\sigma_{FE}=580\text{MPa}$。

2）查取弯曲疲劳寿命系数 $K_{FN}=0.85$。

3）计算弯曲疲劳许用应力：取弯曲疲劳安全系数 $S=1.4$，得

$$[\sigma_F]=\frac{K_{FN}\sigma_{FE}}{S}=\frac{0.85\times580}{1.4}\text{MPa}=352.14\ \text{MPa} \tag{2-34}$$

4）计算载荷系数：

$$K=K_A K_V K_{F\alpha} K_{F\beta}=1\times1.05\times1\times1.08=1.134 \tag{2-35}$$

5）查取齿形系数及应力校正系数：$Y_{Fa}=2.8$，$Y_{Sa}=1.55$。

2. 计算

$$m\geqslant\sqrt[3]{\frac{2\times1.134\times35020}{0.45\times20^2}\left(\frac{2.8\times1.55}{352.14}\right)}\text{mm}=1.76\text{mm} \tag{2-36}$$

对比计算结果，齿数模数 m 的大小主要取决于弯曲强度所决定的承载能力，而齿面接触疲劳强度所决定的承载能力，仅与齿轮直径（即模数与齿数的乘积）有关，可取由弯曲强度算得的模数 1.76，圆整为标准值 $m=2\text{mm}$，按接触强度算得的分度圆直径 $d_1=39.19\text{mm}$，算出小齿轮齿数：

$$z_1=\frac{d_1}{m}=\frac{39.19}{2}\approx20 \tag{2-37}$$

与其相接齿轮齿数：

$$z_2=2.25\times20=45 \tag{2-38}$$

中心距：

$$a_{12}=65$$

根据刀架尺寸确定其余各齿之间中心距为：$a_{23}=217$，$a_{34}=200$，从而推算出：$z_3=172$，$z_4=28$。

参考文献

[1] 张义民，闫明. 数控刀架的典型结构及可靠性设计 [M]. 北京：科学出版社，2014.

[2] 璩国伟. 直驱伺服数控刀架关键技术研究 [D]. 沈阳：东北大学，2012.

第三章　选型流程及计算方法

数控刀架是数控车床、车削中心等机床的换刀装置，是机床关键的功能部件之一。刀架的性能和精度等技术参数，直接影响主机的经济效益和被加工零件精度。本章将对数控刀架功能部件的选型进行介绍，为主机设计人员在机床设计选用数控刀架时提供帮助。

第一节　选型流程

配备多工位数控刀架或动力刀架的数控车床和车削中心，使机床具有广泛的加工工艺性能，可加工直线圆柱、斜线圆柱、圆弧和各种螺纹、槽、蜗杆等复杂工件，具有直线插补、圆弧插补等各种补偿功能，并在复杂零件的批量生产中发挥良好的经济效果。根据机床类型、被加工零件大小、工况需求，机床设计时需配备相应的数控刀架，以满足加工条件、生产成本、工况等要求。刀架的选型过程就是确定数控刀架的类型、安装尺寸、性能参数等技术参数的过程。数控刀架选型的主要参数包括：刀架的中心高度、工位数、转位时间、倾覆力矩、切向力矩、锁紧力、刀盘回转直径以及动力刀架的动力刀头数等。

数控刀架选型根据主机提供条件的充分性、主机配刀架的目的性等，选型流程并不唯一，且选型的结果也不唯一，当知道的主机信息越多、加工工况越明确，刀架的参数就越具体，选型的结果更符合机床需求，本手册确定了典型流程，供主机人员选型时参考。通常主机在进行刀架选型时，有两种情况：一种情况，主机设计过程中，建议根据主机切削条件首先计算刀架承载能力，进行刀架初选，然后再根据中心高、重复定位精度等确定最终选型结果，如图 3-1 所示为该类型的典型选型流程。另一种情况，主机条件确定，数控刀架作为机床后配的附件，需要根据最终用户零件加工要求，进行选型，该情况下通常会先根据主机的几何限制尺寸进行刀架初选，然后对初选结果进行承载能力校核，再最终确定刀架型号。

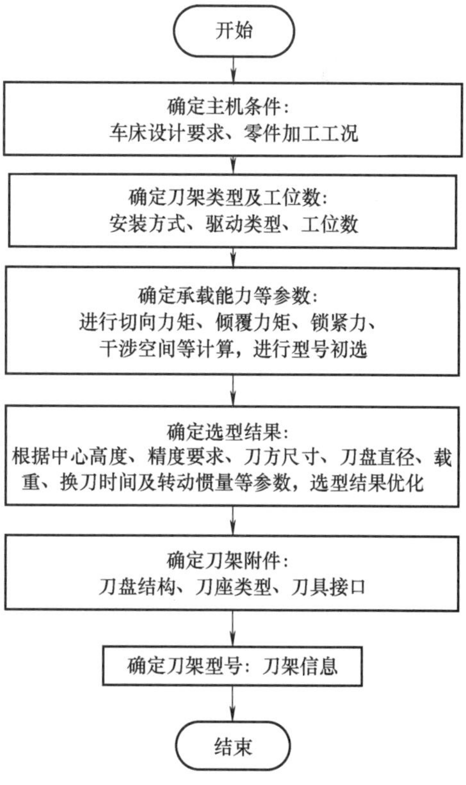

图 3-1　数控刀架典型选型流程

1）确定刀架类型及工位数：按照数控刀架转位的回转轴线可分为卧式和立式数控刀架；数控刀架的驱动源包含力矩电动机、液压缸或液压马达、伺服电动机，可将刀架分为电动刀架、液压刀架、伺服刀架，其中伺服刀架可分为普通伺服刀架和具有动力输出的伺服动力刀架；刀架的工位数决定刀架能够安装刀具的数量。

2）根据关键技术参数，确定初选结果：主要根据刀架的安装尺寸及加工零件的尺寸要求，来确定刀架的关键技术参数，有中心高、刀方尺寸、重复定位精度和换刀时间等，然后根据这些参数进行刀架初步选型。

3）确定数控刀架承载性能等参数：刀架工作时要具有一定的强度和刚性来抵抗车削加工时产生的震颤与变形，同时保证零件所要求达到的光洁度与精度指标。

4）数控刀架附件的选型：根据选用数控刀架的类型及车床加工时使用的刀具规格，对需要选用的刀盘、刀座、刀具安装尺寸进行确定，选择合适的刀架附件。

第二节　确定数控刀架类型及工位数

一、刀架的安装方式

按照刀架在主机上的安装方式即刀架旋转轴的方式可分为立式数控刀架和卧式数控刀架，根据安装位置可分为前置式数控刀架和后置式数控刀架。立式刀架的回转轴线与机床滑板面垂直，卧式刀架的回转轴线与机床滑板面平行，前置刀架位于机床主轴与操作人员之间，后置刀架的机床主轴位于刀架与操作人员之间。

回转轴线与机床刀架安装面垂直的为立式刀架。立式刀架特点是工位少，以 4 工位为多，也有 5 工位、6 工位。立式刀架常应用在经济型数控车床中，少部分用于全功能型数控车床，主要对盘类、轴类零件进行内外表面、锥面、圆弧、螺纹、镗孔等加工。此类机床多为水平床身，采用螺钉压紧方式固定刀具，刀架刚性好，4 ~6 个工位即可满足工件的工序要求。

回转轴线与机床刀架安装面平行的为卧式刀架。卧式刀架具有工位多等特点，既可以应用在经济型数控车床，也可以应用在全功能型数控车床上。

二、刀架驱动方式

驱动方式是指带动刀架转位锁紧的动力源。德国和意大利多数以力矩电动机和伺服电动机作为刀架的驱动源，美国和日本更倾向采用液压方式驱动数控刀架转位。按照刀架驱动类型将数控刀架分为电动刀架、液压刀架、伺服刀架和动力刀架四种类型。立式数控刀架有电动、液压和伺服刀架等三种驱动方式，卧式数控刀架则包含以上四种驱动方式。

电动刀架依靠力矩电动机作为转位动力源，具有结构紧凑、价格便宜等特点。液压刀架一般以液压马达带动转位，具有锁紧力大、承载大等特点。伺服刀架的动力源为伺服电动机，具有双向转位、速度快、可靠性高等特点。在伺服刀架的基础上添加动力模块就构成了具有动力输出功能的动力刀架，能够提供车、铣、钻等多种工序加工，动力刀架多应用在高档数控车削中心上。

液压马达驱动的液压刀架，需要数控机床配备液压系统，由于液压系统的维护较难，液压油随外界环境如流量等变化而产生压力的不稳定，使液压马达的驱动力和刀架的刹紧力不稳定，但液压刀架具有承载力大的优点，常常用于大型重载荷数控车床。

伺服刀架以伺服电动机驱动、液压锁紧，伺服电动机能够提供很高转速，且转速大小、启停、正反转控制自如，液压锁紧机构提供了较大锁紧力，具有刚性好、能承受重载切削的优点。伺服刀架具有双向转位、换刀速度快等特点，适用于全功能型和高档数控车床上。

高档复合车削中心在全功能数控车床的基础上增加了 *C* 轴和具有动力刀具输出功能的动力刀架。该机床除了车削外，还能完成径向和轴向铣削、曲面铣削、中心线不在零件回转中心孔的钻削等加工。动力刀架作为数控车削中心的重要功能部件之一，它的结构和性能在一定程度上标志着数控车削中心的技术水平，并且还关系着数控车削的加工精度和生产效率，体现了数控车削中心的设计和制造水平，因此它的档次水平成为评判数控车削中心高中低档的依据之一。国内动力刀架技术仍处于起步阶段，我国对动力刀架等高档数控功能部件需求主要依赖于进口，国家科技重大专项"*Y* 轴全功能数控动力刀架"、"SLT 系列伺服转塔/动力刀架产业化关键技术开发及应用"等项目支持下，我国动力刀架技术快速发展。

三、选择刀架工位数

数控刀架的主要作用是夹持刀具并自动转位，提供机床自动换刀的功能。刀架能安装刀具的数量，也是衡量刀架性能的指标之一。数控刀架的工位数是指数控刀架上可安装刀具的数量，能够安装多少刀具，就有多少个工位，工位数的选择取决于零件加工的工序。一般加工一个零件时会有多个工序，不同工序之间加工所用的刀具可能不同，采用换刀实现不同刀具加工同一个零件。直到加工完成所需要刀具的种类总和就是这类零件所需刀架工位的总和，所以刀架上尽量有足够的工位安装这些刀具，刀架的工位数不能低于所需刀具的种类数。

数控刀架的工位数在 3～24 个不等，工位数的多少，与刀架的类型及应用的场合有关。常见的立式数控刀架多为 4～6 个工位，能够夹持 4～6 把刀具，多应用在经济型数控车床上。卧式数控刀架的刀盘在竖直平面上转动，对机床干涉范围相对小，因而能够在刀盘上安装更多的刀具，常见的为 6 工位、8 工位、12 工位，多应用在全功能型数控车床及车削中心上。由于卧式刀架的刀盘可以更换，所以卧式数控刀架选型时可以根据加工需求，选择相应的刀盘。

第三节　确定数控刀架基础技术参数

确定了数控刀架类型和驱动方式后，需要确定刀架的基础技术参数。数控刀架基础技术参数是衡量刀架产品能否满足加工工况及刀架经济性能的直接参考指标，是刀架选型时主要考虑的因素之一。主要包括：中心高度、刀具刀方尺寸、立式刀架刀台尺寸、卧式刀架刀盘尺寸、精度、换刀时间、重量及负载及可靠性等技术指标。

一、确定刀架中心高度

数控车床上安装刀具时，刀尖的高度要和主轴的回转中心一样高，无论是镗刀、外圆刀、螺纹刀或者切槽刀等，如果刀尖和机床中心高不一致，会导致刀具角度和理想角度偏差太大，使加工出来的零件几何形状出现较大偏差，影响零件尺寸。机床的中心高是指主轴中心到车床托板之间的距离；卧式刀架的中心高是指刀架的回转中心到刀架安装底面的距离，立式刀架的装刀基准高度是指刀具安装面（或安装孔）到刀架安装底面的距离。必须满足刀架的中心高与机床的中心高一致，如果不一致，则选择刀架中心高（或装刀基准面）低于机床中心高，然后通过增加垫片的方式来调节，直至与机床中心高度一致。刀架的中心高度常见的有 50mm、63mm、80mm、100mm、125mm 和 160mm 等。

二、立式刀架的刀台尺寸

立式刀架刀台尺寸是反应刀架性能的重要参数，通常刀台尺寸越大表明刀架承载能力越强，安装刀具的规格越大。如图 3-2 所示，*A* 即为刀台尺寸。典型刀台尺寸有 100mm、125mm、160mm、200mm、250mm、315mm 和 400mm。

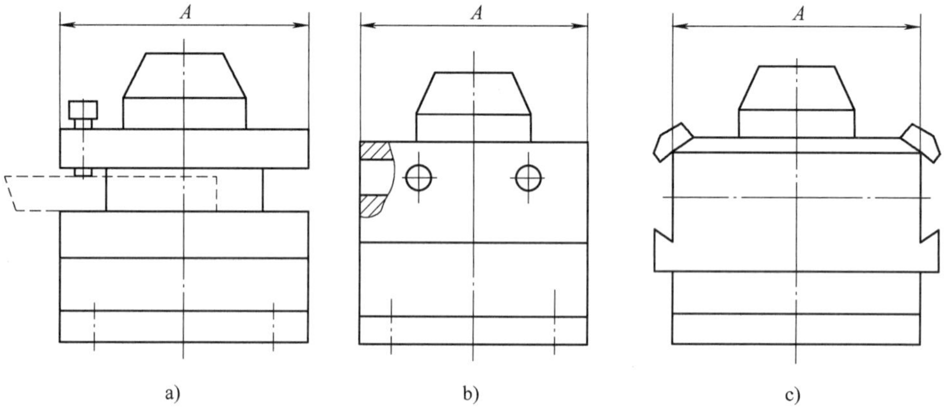

图 3-2　立式数控刀架三种形式

a）矩形槽刀架　b）圆柱孔刀架　c）燕尾槽刀架

三、卧式刀架刀盘的最大回转直径

卧式刀架的刀盘尺寸及安装在刀盘上的刀具干涉范围，在刀架旋转工作时会产生一个干涉空间，需要避开机床刀架周围的机械结构，以免发生碰撞而损坏刀具等结构。数控刀架与机床之间预留距离没有明确的规定，通过绘制带刀具的刀盘干涉图可以确定刀架与机床的最小间距。图 3-3 为 8 工位刀盘刀具干涉图，刀架的干涉主要有刀盘的回转直径、刀具的长度、刀架的运行轨迹等因素确定。

刀架刀盘干涉尺寸与刀盘的最大回转直径和刀具的安装尺寸有关，因此在机床刀架安装空间有限制的情况下，选型需要对刀盘的最大回转直径加以限定。或者对初选结果的干涉空间进行校核。

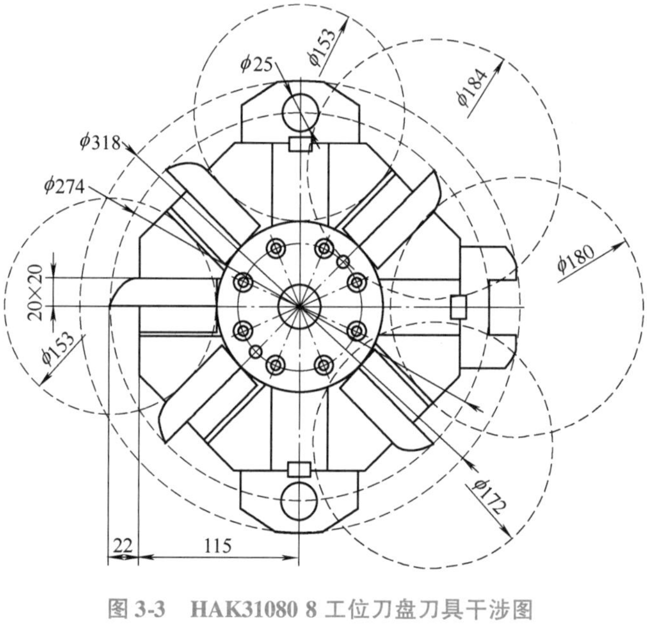

图 3-3　HAK31080 8 工位刀盘刀具干涉图

四、重复定位精度标准化

数控刀架的重复定位精度是数控机床加工精度的影响因素之一，是指换刀时刀具位置距离上次刀具位置的偏差值。数控刀架在换刀时不会对刀具进行再次对刀，这时候需要刀具的位置与上次刀具的位置达到非常高程度的接近才能减轻换刀时的系统误差，从而保证被加工工件的精度。

国家标准 GB/T20959—2007 规定立式数控刀架重复定位精度≤0.005mm；国家标准 GB/T 20960—2007 规定 I 型双向转位的数控卧式刀架的重复定位精度≤4″，II 型单向转位的卧式刀架的重复定位精度≤8″。有的厂家的实际产品在立式刀架中也存在采用角度偏差作为重复定位精度的示值，在卧式刀架中也存在采用位移量作为重复定位精度的示值。因此在选型时要对重复定位精度示值按式（3-1）进行标准化处理：

$$\delta = \frac{\theta \pi}{3600 \times 180} \times L \tag{3-1}$$

式中 δ——位移量指标（mm）；

θ——角度指标（″）；

L——刀尖末端到旋转中心的距离（mm）。

五、确定转位时间

数控刀架夹持多把刀具，通过转位换刀来缩短装夹换刀时间，提高加工效率，数控刀架转位换刀速度也是刀架一个重要指标。换刀快的刀架减少了每次转位换刀的时间，节省辅助加工时间，提高零件加工效率。转位时间要根据主机效率要求进行确定。

电动刀架的转位时间较长，常用于对转位时间要求不高的经济型数控车床；伺服刀架转位时间很快，通常一个换刀时间在 0.2s 左右的时间里完成，常用于零件的批量化生产，要求加工速率高的全功能型数控车床上。刀架的转位时间是刀架经济性能的重要参数，转位时间与刀架的工位数、刀架电动机参数等因素有关。

六、刀架的可靠性要求

据统计，数控车床类故障有 30% 来自数控刀架的故障，数控刀架选型应考虑刀架的可靠性寿命参数。一般数控刀架的可靠性用数控刀架的平均故障间隔时间 MTBF 表示，也可采用数控刀架的工作时间，或转位换刀次数。MTBF 是产品的时间质量衡量值，反映产品在规定时间内保持其功能的一种能力。设有一个可修复数控刀架产品在使用过程中，共计发生过 n 次故障，每次故障后经过修复又和新的一样继续投入使用，其工作时间分别为：t_1、t_2、t_3、…、t_n，那么产品的平均故障间隔时间，也就是平均寿命为 Q 为：

$$Q = \mathrm{MTBF} = \frac{1}{n} \sum_{i=1}^{n} t_i \tag{3-2}$$

JB/T 8334.1 标准中规定：按实际情况确定试样 n，一般按批量产品的 10%，但不少于两台，并随机选取试样，根据产品质量状况规定截尾次数 t_c（t_c须大于规定的 MTBF 值），已有替换方式（包括修复后继续试验）进行空运转，记录总故障次数 r，最后以式（3-3）计算平均无故障时间：

$$\mathrm{MTBF}=\frac{nt_c}{r} \tag{3-3}$$

总故障次数 r 可按规定进行加权处理。

第四节　确定数控刀架承载性能参数

为了保证刀架工作中能够承受切削产生的切削力、力矩等影响，必须对刀架的受力情况进行计算，作为初试选型依据或者初选后的校核，以保证刀架的正常工作。主要包括切削力、承载力矩、刀架负载转动惯量等参数。

一、切削力计算

在承载能力参数计算的时候需要首先确定刀架工作时的受力，即零件加工切削力的计算。在工件切削过程中，作用在刀具和工件上的力称为切削力。切削力是金属切削过程的重要物理现象，是设计和使用机床、刀具、夹具及在自动化生产中实施质量监控不可缺少的要素。切削力的大小将直接影响切削功率、切削热、刀具磨损及刀具寿命，因而影响加工质量和生产率。

在实际生产中，切削力的大小一般采用由试验结果建立起来的经验公式计算。在需要较为准确地知道某种切削条件下的切削力时，也可以进行实际测量获得。随着测试手段的现代化，切削力的测量方法有了大的进展，切削力的测量成了研究切削力行之有效的手段。常用的切削力获得方法有以下几种：

1）测定机床功率，计算切削力用功率表测出机床主电动机在切削过程中所消耗的功率 P 后，可计算出切削功率，即在切削速度为已知的情况下，求出切削力。该方法只能粗略估算切削力大小，不够精确，当要求准确切削力大小时，通常采用测力仪直接测量。

2）常用的测力仪有电阻应变片式测力仪和压电式测力仪，其测量原理是利用切削力作用在测力仪弹性元件上所产生的变形或作用在压电晶体上产生的电荷经过转换后读出切削力 F 的值。在自动化生产中，可以利用测力传感装置产生的信号，优化和监控切削过程。

3）切削力的经验公式和切削力估算。人们已经积累了大量的切削力实验数据，对这些试验数据进行处理能够得到计算切削力的经验公式，实际生产中利用这些经验公式进行切削力的计算是一种常见的方法。

（一）经验公式方法

数控刀架主要用于车削加工，因此这里主要介绍车削力的计算方法，其他加工工艺切削力计算方法可参考《机械加工工艺师手册》。

对于车削而言，切削力主要来源于三个方面（见图3-4），分别为克服被加工材

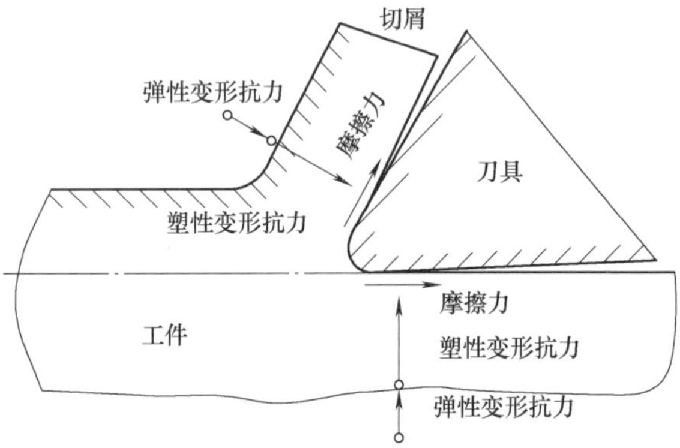

图3-4　切削力分布图

料对弹性变形的抗力；克服被加工材料对塑性变形的抗力；克服切屑对前刀面的摩擦力和刀具后刀面对过渡表面与已加工表面之间的摩擦力。

在实际应用中，为了便于分析切削力的作用，将切削合力 F 在按主运动速度方向、背吃刀量方向和进给方向形成的空间直角坐标系上分解为三个分力，即切削力 F_z、背向力 F_y、进给力 F_x，如图 3-5 所示。

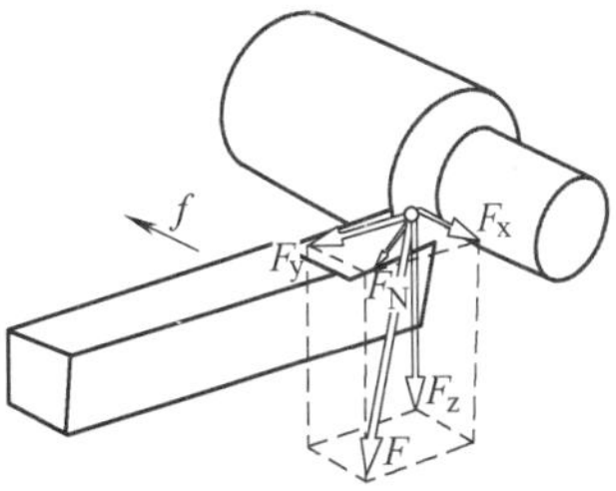

图 3-5 切削力分解图

切削力 F_z，也称为主切削力或切向分力，该力与切削速度的方向一致，与加工表面相切，并与基面垂直。F_z是计算机床功率以及设计机床、刀具和夹具的主要参数。

背向力 F_y，也称背吃刀量分力或径向分力，该力处于基面内并垂直于进给方向。它使加工工艺系统（机床、刀具、夹具和工件）产生变形，对工件的加工精度影响较大，并影响工艺系统在切削过程中产生的振动。用于计算与加工精度有关的工件挠度和刀具、机床零件的强度等。

进给力 F_x，也称为轴向分力或走刀分力，该力处于基面内，并与进给方向平行。它是设计机床进给机构或校核其强度的主要参数，用于计算进给功率和设计机床进给机构等。

总切削力在基面上的投影 F_N，也是背向力 F_y与进给力 F_x的合力。

刀具几何参数、刀具材料以及切削用量的不同，背向力 F_y、进给力相对切削力 F_z的比值也在一定范围内变化，可得：

$$F = \sqrt{F_z^2 + F_N^2} = \sqrt{F_z^2 + F_y^2 + F_x^2} \tag{3-4}$$

在生产实践中经常要遇到切削力的计算问题，而求解切削力较简单实用的方法是利用测力仪直接测量或者运用切削力试验后整理的试验公式求得。通过切削力试验建立的车削力试验公式其一般形式如下：

$$F_z = C_{F_z} a_p^{X_{F_z}} f^{Y_{F_z}} v^{Z_{F_z}} K_{F_z} \tag{3-5}$$

$$F_y = C_{F_y} a_p^{X_{F_y}} f^{Y_{F_y}} v^{Z_{F_y}} K_{F_y} \tag{3-6}$$

$$F_x = C_{F_x} a_p^{X_{F_x}} f^{Y_{F_z}} v^{Z_{F_x}} K_{F_x} \tag{3-7}$$

式中 C_{F_z}、C_{F_y}、C_{F_x}——切削力系数，取决于工件材料和切削条件，见表 3-1；

a_p——背吃刀量，单位（mm）；

f——每转进给量，单位（mm/r）；

v——切削速度，单位（m/s）；

X_{F_z}、X_{F_y}、X_{F_x}、Y_{F_z}、Y_{F_y}、Y_{F_x}、Z_{F_z}、Z_{F_y}、Z_{F_x}——三个切削用量的指数，根据加工材料、工具材料和加工形式见表 3-1；

K_{F_z}、K_{F_y}、K_{F_x}——当实际加工条件与求得经验公式的试验条件不符时，各种因素对各切削分力的修正系数的乘积，修正系数的大小表示该因素对切削力的影响程度。各修正系数项较多，具体查阅相关资料。

表 3-1 切削力公式中的系数与指数

加工材料	刀具材料	加工形式	公式中的系数与指数											
			主切削力				背向力				进给力			
			C_{F_z}	X_{F_z}	Y_{F_z}	Z_{F_z}	C_{F_y}	X_{F_y}	Y_{F_y}	Z_{F_y}	C_{F_x}	X_{F_x}	Y_{F_x}	Z_{F_x}
结构钢及铸铁（650MPa）	硬质合金	外圆纵车、横车及镗孔	2 650	1.0	0.75	-0.15	1 950	0.9	0.6	-0.3	2 880	1.0	0.5	-0.4
		切槽及切断	3 600	0.72	0.8	0	1 390	0.73	0.67	0	—	—	—	—
	高速工具钢	外圆纵车、横车及镗孔	1 770	1.0	0.75	0	920	0.9	0.75	0	530	1.2	0.65	0
		切槽及切断	2 170	1.0	1.0	0	—	—	—	—	—	—	—	—
		成形车削	1 870	1.0	0.75	0	—	—	—	—	—	—	—	—
不锈钢（141HBW）	硬质合金	外圆纵车、横车及镗孔	2 000	1.0	0.75	0	—	—	—	—	—	—	—	—
灰铸铁（190HBW）	硬质合金	外圆纵车、横车及镗孔	900	1.0	0.75	0	530	0.9	0.75	0	450	1.0	0.4	0
	高速工具钢	外圆纵车、横车及镗孔	1 120	1.0	0.75	0	1 160	0.9	0.75	0	500	1.2	0.65	0
		切槽及切断	1 550	1.0	1.0	0	—	—	—	—	—	—	—	
可锻铸铁（150HBW）	硬质合金	外圆纵车、横车及镗孔	790	1.0	0.75	0	420	0.9	0.75	0	370	1.0	0.4	0
	高速工具钢	外圆纵车、横车及镗孔	980	1.0	0.75	0	860	0.9	0.75	0	390	1.2	0.65	0
		切槽及切断	1 360	1.0	1.0	0	—	—	—	—	—	—	—	—
中等硬度不均质铜合金（120HBW）	高速工具钢	外圆纵车、横车及镗孔	540	1.0	0.66	0	—	—	—	—	—	—	—	—
		切槽及切断	735	1.0	1.0	0	—	—	—	—	—	—	—	—
高硬度青铜	硬质合金	外圆纵车、横车及镗孔	405	1.0	0.66	0								
铝及铝硅合金	高速工具钢	外圆纵车、横车及镗孔	390	1.0	0.75	0	—	—	—	—	—	—	—	—
		切槽及切断	490	1.0	1.0	0	—	—	—	—	—	—	—	—

注：刀具切削部分几何参数：硬质合金车刀：$K_r=45°$、$\gamma_o=10°$、$\lambda_s=0°$；高速钢车刀：$K_r=45°$、$\gamma_o=20°\sim25°$、$r_e=2mm$。

（二）切削力计算实例

在车床上粗车 ϕ68mm×420mm 的圆柱面。已知工件材料为45 钢，$\sigma_b=0.637\text{GPa}$，刀具材料牌号为硬质合金 YT15，刀具切削部分几何参数：前角 $\gamma_o=15°$，后角 $\alpha_o=8°$，副后角 $\alpha_o'=6°$，刃倾角 $\lambda_s=0°$，主偏角 $\kappa_r=60°$，副偏角 $\kappa_r'=10°$，刀尖圆弧半径 $r_\varepsilon=0.5\text{mm}$。切削用量：$a_p=3\text{mm}$，$f=0.56\text{mm/r}$，$v=106.8\text{m/min}$，试求三个切削分力。

解：由表 3-1 查得：

$$C_{F_z}=2650, X_{F_z}=1, Y_{F_z}=0.75, Z_{F_z}=-0.15 \tag{3-8}$$

$$C_{F_y}=1950, X_{F_y}=0.9, Y_{F_y}=0.6, Z_{F_y}=-0.3 \tag{3-9}$$

$$C_{F_x}=2880, X_{F_x}=1, Y_{F_x}=0.5, Z_{F_x}=-0.4 \tag{3-10}$$

加工条件中的刀具前角 γ_o和主偏角 κ_r 与表 3-1 的实验条件不符，计算时需进行修正。查阅相关资料，前角 γ_o的修正系数分别为 $\kappa_{\gamma_oF_z}=0.95$，$\kappa_{\gamma_oF_y}=0.85$，$\kappa_{\gamma_oF_x}=0.85$；主偏角 κ_r 的修正系数分别为 $\kappa_{\kappa_rF_z}=0.94$，$\kappa_{\kappa_rF_y}=0.77$，$\kappa_{\kappa_rF_x}=1.11$；其余加工条件与试验条件相同，相应的各项修正系数值均为 1。

由式（3-5）~式（3-7）得：

$$\begin{aligned}F_z&=C_{F_z}a_p^{X_{F_z}}f^{Y_{F_z}}v^{Z_{F_z}}\kappa_{F_z}\\&=2650\times3^{1.0}\times0.56^{0.75}\times106.8^{-0.15}\times0.95\times0.94\text{N}\\&=2281\text{N}\end{aligned} \tag{3-11}$$

$$\begin{aligned}F_y&=C_{F_y}a_p^{X_{F_y}}f^{Y_{F_y}}v^{Z_{F_y}}\kappa_{F_y}\\&=1950\times3^{0.9}\times0.56^{0.6}\times106.8^{-0.3}\times0.85\times0.77\text{N}\\&=597\text{N}\end{aligned} \tag{3-12}$$

$$\begin{aligned}F_x&=C_{F_z}a_p^{X_{F_z}}f^{Y_{F_z}}v^{Z_{F_z}}\kappa_{F_z}\\&=2880\times3^{1.0}\times0.56^{0.5}\times106.8^{-0.4}\times0.85\times1.11\text{N}\\&=942\text{N}\end{aligned} \tag{3-13}$$

（三）机床主电动机功率推算法

机床主电动机主要用于消耗切削过程中的功率，即主电动机功率等于切削功率。根据图 3-9 切削力分解可知，因背向力 F_y没有位移，不消耗功率，切削功率为主切削力 F_z和进给力 F_x所消耗功率之和：

$$P_e=P_z+P_x=F_z\nu+F_xn_\omega f\times10^{-3} \tag{3-14}$$

式中 P_e——主电动机功率（W）；

P_z——主切削功率（W）；

P_x——进给功率（W）；

F_z——主 P_x切削力（N）；

v——切削速度（m/s）；

F_x——进给力（N）；

n_ω——工件转速（r/s）；

f——进给量（mm/r）。

一般情况下，进给功率 P_x相对主切削功率 P_z很小（ <2%），可以忽略不计。所以 P_z可以用 P_e近似代替，即

$$P_e = F_z v \tag{3-15}$$

根据式（3-15）可以获得主切削力 F_z，进给力 F_x和背向力 F_y较小，可以根据经验比例估算，如：

$$F_z : F_y : F_x = 1 : 0.25 : 0.4 \tag{3-16}$$

二、刀架承载切削力矩计算

在数控机床加工过程中，刀具车削零件产生的切削力，转换到数控刀架上，要求数控刀架具有一定的刚度来承受切削产生的力矩，以保证精度。通常在刀架型谱中会限定最大承载力矩（切向力矩、倾覆力矩等），因此在初步选型后，要对刀架承载切削力矩进行校核。

（一）立式数控刀架承受力矩

立式刀架处于锁紧状态时受到的力矩主要包括切向力矩 M_Q和倾覆力矩 M_s（也称上加力矩）。由第二章图 2-26 可知，切向力矩为：

$$M_Q = F_Q L_Q \tag{3-17}$$

根据图 3-5 切削力分解结果可知刀架所受切向力即为进给力 F_x，刀尖所在的位置距离刀架旋转中心的距离 L 为刀台尺寸的一半与车刀悬伸长度的和，车刀最大悬伸长度一般为刀方的 1.5 倍，因此

$$M_Q = F_x\left(\frac{A}{2} + 1.5d\right) \tag{3-18}$$

式中　M_Q——切向力矩（N·m）；

F_x——车削时进给力（N）；

A——刀台尺寸（m）；

d——车刀刀方尺寸（m）。

上加力矩为：

$$M_s = F_s L \tag{3-19}$$

根据图 3-5 切削力分解结果可知刀架所受上加力即为主切削力 F_z，因此

$$M_s = F_z\left(\frac{A}{2} + 1.5d\right) \tag{3-20}$$

式中　M_s——倾覆力矩（N·m）；

F_z——车削时主切削力（N）。

（二）卧式数控刀架承受力矩

卧式刀架与立式刀架的受力状态存在差异，其主要承受的力矩为轴向力矩 M_a和切向力矩 M_Q。由图 2-27 可知，轴向力矩为

$$M_a = F_a R \tag{3-21}$$

根据图 3-5 切削力分解结果可知刀架所受轴向力 F_a即为进给力 F_x，刀尖所在的位置距离刀架旋转中心的距离 R 为刀盘半径与车刀悬伸长度的和，车刀最大悬伸长度一般为刀方的 1.5 倍，因此

$$M_a = F_x\left(\frac{D}{2} + 1.5d\right) \tag{3-22}$$

式中　M_a——轴向力矩（N·m）；

F_x——车削时进给力（N）；

D——刀盘直径（m）；

d——车刀刀方尺寸（m）。

切向力矩为：

$$M_Q = FR \tag{3-23}$$

根据图 3-5 切削力分解结果可知刀架所受切向力即为主切削力 F_z，因此

$$M_Q = F_z\left(\frac{D}{2} + 1.5d\right) \tag{3-24}$$

式中 M_Q——切向力矩（N·m）；

F_z——车削时主切削力（N）。

三、刀架锁紧力计算

数控刀架的功能是夹持刀具，当换刀时刀架转位，转位后将刀架固定以便加工。刀架的固定依靠锁紧机构提供的锁紧力。锁紧机构有液压锁紧和机械锁紧，机械锁紧又分各种不同的类型，锁紧机构工作时固定刀架使之不能转位或左右晃动。锁紧力的大小要保证在刀架车削工作时能抵抗各种切削力和力矩，数控刀架的锁紧力与其锁紧机构的锁紧方式有关，常见的有螺纹锁紧、凸轮锁紧、气压锁紧和液压锁紧等。

工件进行切削时刀架停止转动且齿盘处于啮合状态，刀架齿盘之间存在锁紧力，锁紧力应保证在最大工作载荷下仍能保持两齿盘的紧密啮合，但过大的锁紧力会引起齿盘变形。图 3-6 为端齿盘受力示意图。

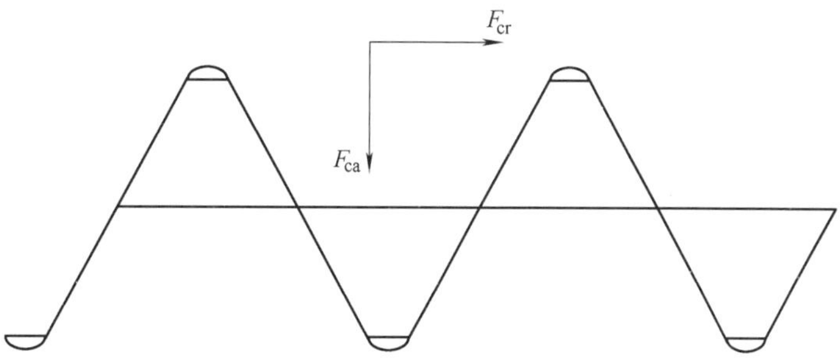

图 3-6 端齿盘受力示意图

根据分析，锁紧力应保证在最大工作载荷下仍能保持两齿盘的紧密啮合，因此最大锁紧力可根据定位齿盘和最大工作载荷计算获得，如式（3-25）所示。

$$W = S\left[\frac{2M_{cQ}}{D_m}\tan\left(\frac{\beta}{2} - \rho\right) + \frac{2M_{cr}}{D_m} + F_{cr}\tan\left(\frac{\beta}{2} - \rho\right) \pm F_{ca}\right] \tag{3-25}$$

式中 W——夹紧力（N）；

M_{cQ}——齿盘承受的切向力矩（N·m）；

M_{cr}——齿盘承受的倾覆力矩（N·m）；

F_{cr}——齿盘承受的径向力（N）；

F_{ca}——齿盘承受的轴向力（N）；

D_m——牙分布的圆周平均直径（m）；

β——齿形角（°）；

ρ——摩擦角（°）；

S——安全系数。

齿盘旋转轴即为刀架旋转轴，因此齿盘所承受的切向力矩 M_{cQ} 即为刀架所承受的切向力

矩 M_Q；齿盘所受到的倾覆力矩 M_{cr} 即为立式刀架的倾覆力矩 M_s 或者为卧式刀架的轴向力矩 M_a；齿盘承受的径向力 F_{cr} 为刀架切向力 F_Q；齿盘承受的轴向力 F_{ca} 为立式刀架上加力 F_s 或者为卧式刀架的轴向力 F_a。如果要提高计算精度，必须考虑被忽略的沿刀柄方向的径向力 F_r；牙分布的圆周平均直径 $D_m=(D+D_1)/2$，D 和 D_1 为牙的内径和外径；齿形角 β 越小，定位精度越高，但 β 过小会削弱齿部刚性，通常 $\beta=60°$ 或 $90°$；钢、铁的摩擦系数 $f=0.1\sim0.15$，所以 ρ 一般取 $5°\sim6°$；安全系数 S 一般取 $1\sim1.5$，工作条件稳定时取值 1.2。齿盘承受的轴向力方向与 W 相同时，式中取“－”号，与 W 相反时取“＋”。

四、转动惯量计算

转动惯量是刚体绕轴转动时惯性矩，通常用 I 或 J 表示，单位为 $kg\cdot m^2$。转动惯量在旋转动力学中的角色相当于线性动力学中的质量，可理解为一个物体对于旋转运动的惯性，用于建立角动量、角速度、力矩和角加速度等数个量之间的关系。刚体的转动惯量在科学实验、工程技术、航天、电力、机械和仪表等工业领域都是一个重要参量。在数控刀架规格参数中，最大转动惯量是一个重要的规格参数。计算转动惯量的通用表达式为：

$$I=\sum_i m_i r_i^2 \tag{3-26}$$

式中　m_i——每个质元的质量；

r_i——该质元到转轴的垂直距离。

刀架附件的最大转动惯量即刀盘的转动惯量加上最大负载的转动惯量。计算时将刀盘与负载看成一个整体来计算。刀盘转动惯量为：

$$J_p=\frac{1}{2}(m_1+m_2)\left[\left(\frac{D_p}{2}\right)^2+\left(\frac{d_p}{2}\right)^2\right] \tag{3-27}$$

式中　m_1——刀盘质量（kg）；

m_2——最大负载质量（kg）；

D_p——刀盘外径（mm）；

d_p——刀盘与主轴相连的孔径（mm）。

以 AK3180 的附件为例计算其最大转动惯量，已知刀架的最大允许承重为 40kg，刀盘外径为 320mm，内径为 40mm，宽度为 56mm。刀盘的材料为 40Cr，密度为 $7.8\times10^{-9}t/mm^3$。

由已知条件可知刀盘的质量：

$$m_1=\pi\left[\left(\frac{320}{2}\right)^2-\left(\frac{40}{2}\right)^2\right]\times56\times7.8\times10^{-6}kg=34.6kg \tag{3-28}$$

附件最大转动惯量：

$$J_p\geqslant\frac{1}{2}(m_1+m_2)\left[\left(\frac{D_p}{2}\right)^2+\left(\frac{d_p}{2}\right)^2\right]=\frac{1}{2}(34.6+40)\left[\left(\frac{320}{2}\right)^2+\left(\frac{40}{2}\right)^2\right]\times10^{-6}kg\cdot m^2=0.97kg\cdot m^2 \tag{3-29}$$

第五节　刀架附件选型

刀架的附件包括安装固定件、刀盘、刀座刀具等，通常在刀盘或刀座有特殊需求时可以进行选择适宜的附件。

一、刀盘的选型

刀盘以夹刀方式可分为：德式通用快换刀座 VDI 式刀盘（DIN 69880），日韩标准形式的槽刀盘及企业标准形式的 BMT（Base Mount Tooling）刀盘，如图 3-7 所示。

a)

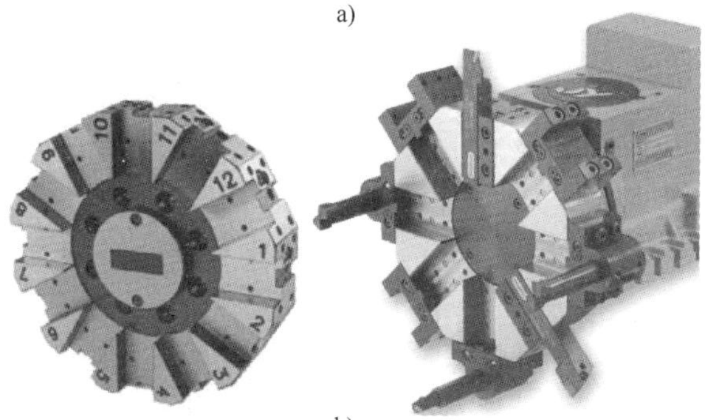

b)

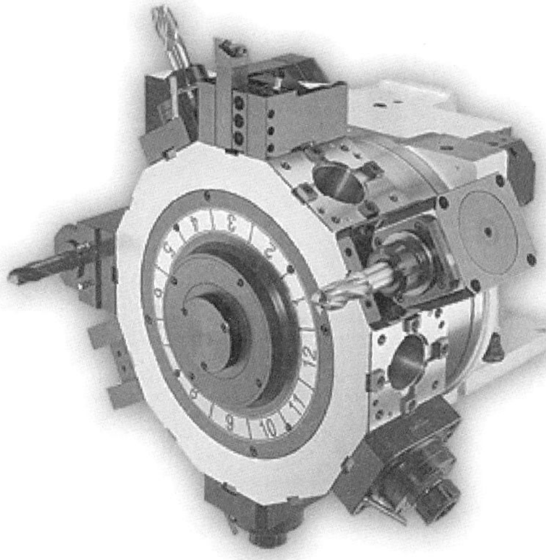

c)

图 3-7 刀盘及数控刀架

a）VDI 式刀盘及采用 VDI 式刀盘的刀架 b）槽刀盘及采用槽刀盘的刀架 c）采用 BMT 刀盘的刀架

我国刀架技术引源于国外，德国拥有较先进和完善的刀架生产标准。国内市场上 VDI 式刀盘大多采用的是德国 DIN69880 标准配置。

VDI 式刀盘分为轴向刀盘和径向刀盘，优点是：标准统一、刀具系统通用，通过刀具系统的选用，方便完成车、铣、钻、铰丝等功能，可以机外对刀，便于刀具管理，欧美国家普遍采用。BMT 刀盘没有统一标准，其可根据刀座尺寸进行定制。

刀盘选型是要考虑刀盘的对边宽度或回转直径、装刀尺寸、安装尺寸以及刀盘重量等。具体的尺寸参数请参阅第六章数控刀架附件。

二、刀座的选型

卧式刀架使用时由于刀具的型号、刀具安装方向、车削情况等不同，出现了径向或轴向装刀，选择固定刀座或动力刀座等情形。需要用户在选型时明确刀座的类型和型号。刀座的类型很多，由于 VDI 刀座的标准规范，通用性强，最为常见。常见的 VDI 刀座类型见表 3-2，与 VDI 式刀盘连接。常用 VDI 刀座的具体尺寸参数请参阅第六章数控刀架附件。

表 3-2　部分常见 VDI 刀座类型

VDI 径向固定刀座		
名　　称	径向右刀座（B1 型）	径向左刀座（B2 型）
外形图		
名　　称	径向右刀座（刀具反装）（B3 型）	径向左刀座（刀具反装）（B4 型）
外形图		
名　　称	径向右刀座（加长型）（B5 型）	径向左刀座（加长型）（B6 型）
外形图		

（续）

名　　称	径向右刀座（加长、刀具反装）（B7 型）	径向左刀座（加长、刀具反装）（B8 型）
外形图		
VDI 轴向固定刀座		
名　　称	轴向右刀座（C1 型）	轴向左刀座（C2 型）
外形图		
名　　称	轴向右刀座（刀具反装）（C3 型）	轴向左刀座（刀具反装）（C4 型）
外形图		
VDI 万向固定刀座		
名　　称	多面方形刀座（D1 型）	多面方形刀座（刀具反装）（D2 型）
外形图		

（续）

VDI 内径固定刀座		
名　　称	圆柱孔刀座（钻浅孔）（E1 型）	圆柱孔刀座（镗、铣类）（E2 型）
外形图		
名　　称	振动阻尼镗杆刀座（E2 型）	圆柱形刀座（E 型）
外形图		
名　　称	B/A 形夹头卡盘刀座（E3 型）	ER 形夹头卡盘刀座（E4 型）
外形图		

VDI 轴向固定刀座		
名　　称	高度可调切断右刀座	高度可调切断左刀座
外形图		

（续）

名　　称	高度可调切断右刀座（刀具反装）	高度可调切断左刀座（刀具反装）
外形图		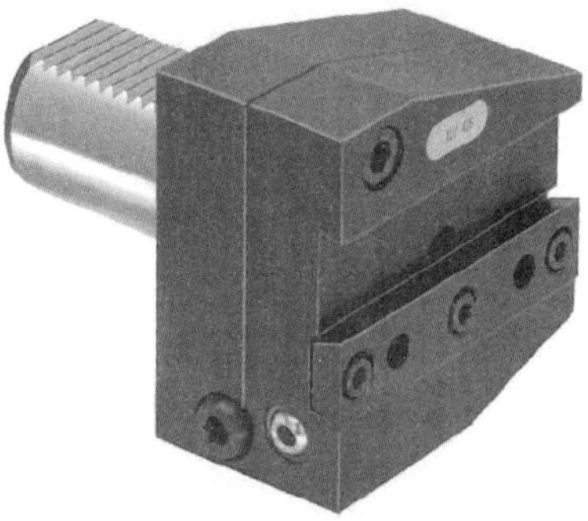

VDI 动力刀座		
名　　称	轴向动力刀座	径向动力刀座
外形图		

第四章 数控刀架型谱参数

第一节 国家标准中数控刀架的形式和连接尺寸

经过多年的技术发展，国内数控刀架企业及研究单位联合制定了数控刀架技术的国家标准和行业标准。标准中将刀架分为立式和卧式两大类型，如图 4-1、图 4-2 为立式和卧式数控刀架连接尺寸图，图 4-1 中 A 表示刀台尺寸，h 表示矩形槽刀架的矩形刀截面高度，D 表示圆柱孔刀架的圆柱孔直径，E 表示燕尾槽刀架的燕尾槽公称尺寸。图 4-2 中 H—中心高，d—定心轴直径，d_1—定位套直径，D—刀盘连接螺钉分布圆直径，D_1—冷却液出口位置分布圆直径，G—冷却液进口连接螺纹孔，a 此尺寸根据结构选用。表 4-1、表 4-2 为国家标准中立式和卧式数控刀架连接尺寸表。

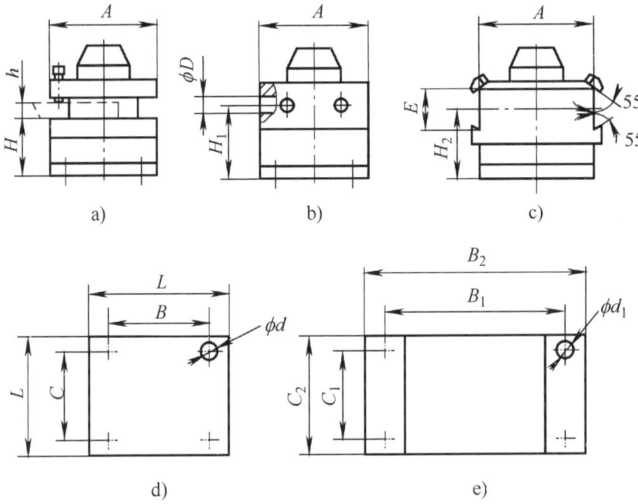

图 4-1 立式数控刀架连接尺寸图

a）A 型-矩形槽刀架 b）B 型-圆柱孔刀架 c）C 型-燕尾槽刀架

d）Ⅰ式（A 型、B 型） e）Ⅱ式（C 型、电动机内藏式）

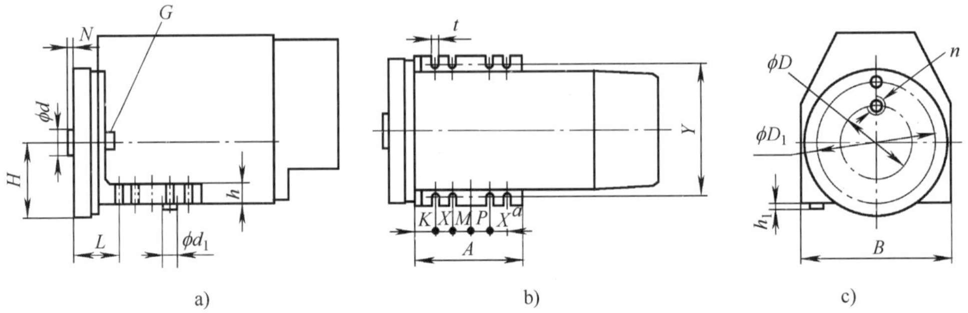

图 4-2 卧式数控刀架连接尺寸图

a）主视图 b）俯视图 c）左视图

表 4-1　立式刀架连接尺寸　　　　（单位：mm）

<table>
<tr><td>A</td><td>100</td><td>125</td><td colspan="2">160</td><td colspan="2">200</td><td colspan="2">250</td><td colspan="2">315</td><td>400</td></tr>
<tr><td>H</td><td>51</td><td>58</td><td>70</td><td>80</td><td>100</td><td colspan="2">120</td><td colspan="2">140</td><td colspan="2">160</td></tr>
<tr><td>h</td><td>12</td><td>16</td><td colspan="2">20</td><td colspan="2">25</td><td colspan="2">32</td><td>40</td><td></td><td>50</td></tr>
<tr><td>H_1</td><td>63</td><td>74</td><td>90</td><td>100</td><td>125</td><td>145</td><td>152</td><td>172</td><td>180</td><td>200</td><td>210</td></tr>
<tr><td>D（H7）</td><td>—</td><td colspan="2">40</td><td colspan="5">50</td><td colspan="2">60</td><td>80</td></tr>
<tr><td>H_2</td><td>—</td><td>57</td><td colspan="2">80</td><td colspan="2">100</td><td colspan="2">125</td><td colspan="2">160</td><td>180</td></tr>
<tr><td>E</td><td>—</td><td>56</td><td colspan="2">72</td><td colspan="2">90</td><td colspan="2">115</td><td colspan="2">140</td><td>140</td></tr>
<tr><td>B</td><td>100</td><td>100</td><td>126</td><td>152</td><td colspan="2">150</td><td colspan="2">210</td><td colspan="2">260</td><td>356</td></tr>
<tr><td>C</td><td>100</td><td>120</td><td>146</td><td>168</td><td colspan="2">177</td><td colspan="2">210</td><td colspan="2">260</td><td>356</td></tr>
<tr><td>L</td><td>114</td><td>136</td><td>170</td><td>192</td><td colspan="2">200</td><td colspan="2">250</td><td colspan="2">315</td><td>400</td></tr>
<tr><td>d</td><td>6.6</td><td>9</td><td colspan="6">13.5</td><td colspan="2">17.5</td><td>26</td></tr>
<tr><td>B_1</td><td>—</td><td>113</td><td colspan="2">205</td><td colspan="2">262</td><td colspan="2">328</td><td colspan="2">345</td><td>435</td></tr>
<tr><td>B_2</td><td>—</td><td>144</td><td colspan="2">230</td><td colspan="2">288</td><td colspan="2">363</td><td colspan="2">384</td><td>484</td></tr>
<tr><td>C_1</td><td>—</td><td>113</td><td colspan="2">125</td><td colspan="2">265</td><td colspan="2">210</td><td colspan="2">345</td><td>435</td></tr>
<tr><td>C_2</td><td>—</td><td>144</td><td colspan="2">155</td><td colspan="2">195</td><td colspan="2">290</td><td colspan="2">384</td><td>484</td></tr>
<tr><td>d_1</td><td>—</td><td>9</td><td colspan="2">11</td><td colspan="2">13.5</td><td colspan="2">17.5</td><td colspan="2">22</td><td>26</td></tr>
</table>

表 4-2　卧式刀架连接尺寸　　　　（单位：mm）

中心高 H	50	63	80	100	125	160	200
d（h5）	25	30	40	50	63	80	100
N_{max}	8	8	8	9	10	10	12
n	6×M6	8×M8	8×M8	12×M10	12×M12	16×M12	16×M16
D	70	90	120	145	182	220	300
D_1	120	150	180	220	280	352	420
G	G1/4	G1/4	G3/8	G3/8	G3/8	G3/8	G1/2
A（参考）	100	150	170	190	230	270	360
B	153	185	210	250	310	390	470
h	12	20	25	30	35	40	40
Y	135	165	190	220	280	352	420
d_1（g6）	15	15	17	20	26	32	—
h_1	7	7.5	7.5	9	9	12	—
L	45	50	58	66	82	96	110
K_{min}	15	18	22	25	30	40	48
X	60	30	32	40	44	48	60
M	—	30	32	30	43	56	80
P	—	30	32	30	43	48	60
t	9	11	11	13.5	17.5	22	26

注：表中数值适用于Ⅰ型，Ⅱ型宜参照选用。

随着数控刀架行业的发展和主机需求的不同，国家标准中所规定的刀架外形及尺寸已不能满足实际生产需求。因此各厂家所生产的数控刀架外形和尺寸参数也有所不同，整理烟台环球、大连高金、常州新墅、常州亚兴以及沈阳机床数控刀架分公司的数控刀架形式及尺寸参数形成以下型谱。

第二节　立式数控刀架型谱参数

一、立式电动数控刀架

（一）A 型矩形槽刀架型谱参数

立式电动数控刀架大部分采用蜗杆副传动、三齿盘分度定位、螺杆锁紧和霍尔元件发信的工作原理，具有转位平稳、上刀体不抬起的优点，是数控车床普遍采用的刀架之一，矩形槽立式电动数控刀架外形如图 4-3 所示。表 4-3 为 A 型矩形槽立式电动数控刀架规格参数表，表 4-4 为常州宏达 HAK21 系列、常州宏达 LD4B-CK 系列、LD4-CK 系列数控刀架安装尺寸表。表 4-5 为烟台环球 AK21 系列数控刀架尺寸表，表 4-6、表 4-7 分别为常州新墅 LD4、LDB4 系列数控刀架尺寸表。表 4-8 为 A 型电动机内藏式电动数控刀架规格参数表，表 4-9、表 4-10、表 4-11 分别为烟台环球 AK23 系列、常州新墅 TLDB 系列、ZLD 系列 A 型电动机内藏式数控刀架尺寸表。

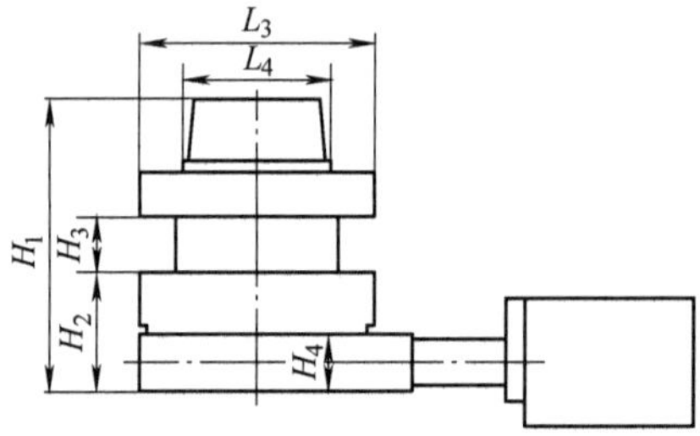

a)

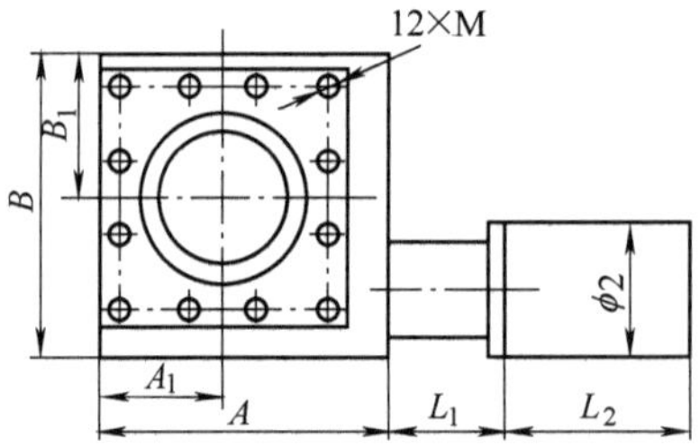

b)

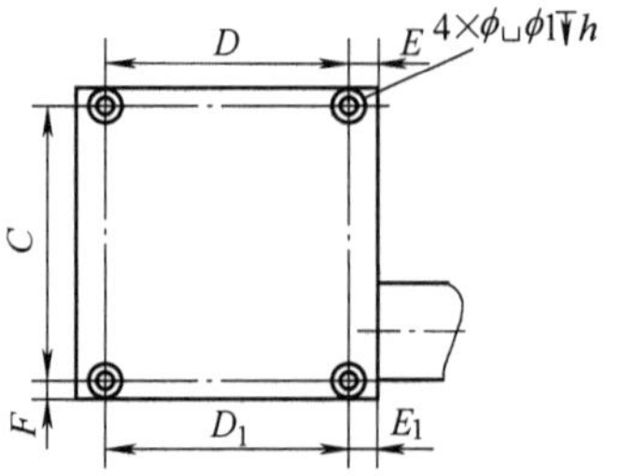

c)

图 4-3　矩形槽立式电动数控刀架外形图

a）主视图　b）俯视图　c）刀架安装底面

表 4-3　A 型矩形槽立式电动数控刀架技术规格

刀台尺寸/mm	重复定位精度	换刀时间/s	电动机功率/W	锁紧力/kN	最大切向力矩/N·m	最大倾覆力矩/N·m	刀架型号
70	±2″	1.0	40	2/2.4	40	65	LD4—CK0610
80	±2″	1.2	50	4	80	120	LD4—CK0620
100	±2″	1.5	50	5	80	120	LD4B—CK0620
110	0.005mm	1.9	90	—	300	700	LD4—54A（0625）
	±2″	1.7	90	6	300	700	LD4—CK0625
130	±2″	1.7	90	6	300	700	LD4B—CK0625
134	0.005mm	1.9	90	5	300	700	LDB4—51B（0625）
136	0.005mm	2.2	90	6	400	900	LD4—58（6125）
	0.005mm	1.9	90	5	400	900	LDB4—57B（6125）
	±2″	1.7	90	6	380	820	LD4B—CK6125、LD4—CK6125
152	±2″	2.0	120	12	450	900	LD4—CK6132、LD4—CK6136
	0.005mm	2.2	120	10	500	1 100	LD4—70（6132）
158	±2″	2.0	120	12	420	860	LD4B—CK6132
162	±2″	2.0	120	12	520	1 000	HAK21162、LD4—CK6140、LD4—CK6150
	0.005mm	2.2	120	12	600	1 400	LD4—81（6140）
166	0.005mm	2.4	120	10	500	1 100	LDB4—65（6132）、LDB4—70A（6132）、LDB4—70B（6132）
	0.005mm	2.6	120	12	500	1 100	LDB4—70（6132）
	0.005mm	2.6	120	12	600	1 400	LDB4—125（6150）、LDB4—81（6140）、LDB4—115（6150）
	±2″	2.0	120	12	600	1 400	LD4B—CK6140
	±2″	2.2	120	14	600	1 400	LD4B—CK6150
170	±2″	2.0	120	12	650	1 500	HAK21170
180	±2″	2.2	150	14	720	1 800	HAK21180A
192	0.005mm	2.6	120	12	600	1 400	LDB4—72A（6140）、LDB4—125A（6150）、LDB4—81A（6140）、LDB4—110A（6150）
200	0.005mm	2.7	180	18	700	1 800	LDB4—120（6163）、LDB4—110（6163）、LD4—112（6163）、LD4—120（6163）
	±2″	2.5	180	18	800	2 000	HAK21200、LD4B—CK6163
206	0.008mm	3.15	120	—	800	2 000	AK21206×4A
240	±2″	3.7	250	24	1 000	2 500	HAK21240、LD4B—CK6172
	0.008mm	2.9	180	—	1 000	2 500	AK21240×4F
	0.005mm	3	250	20	1 100	3 000	LDB4—120A（6163）
280	0.005mm	3	250	22	1 300	3 800	LDB4—120/280
	±2″	4.1	250	28	1 200	3 000	HAK21280、LD4B—CK6180
300	±2″	4.5	250	32	1 800	4 200	HAK21300、LD4B—CK61100
	0.008mm	3.9	180	—	1 600	4 000	AK21300×4D
	0.005mm	4	375	27	1 800	4 500	LDB4—157/300
350	0.005mm	4	375	30	3 000	6 000	LDB4—173/350
400	±2″	5.0	6N·m	40	3 200	6 500	HAK21400

表 4-4 常州宏达数控刀架安装尺寸表 (单位：mm)

	H_1	H_2	H_3	H_4	L_1	L_2	L_3	L_4	A	A_1	B	B_1	C	D	D_1	E	E_1	F	Φ	Φ1	Φ2	h	M
HAK21162	194	70	40	20	76	128	162	120	162	81	172	81	146	126	126	22	22	125	13	19	88	13	M16
HAK21170	207	81	40	49	75	128	170	120	187	85	192	92	168	152	152	15	15	12	13	19	88	13	M16
HAK21180A	241	110	45	26	76	128	180	124	180	90	192	90	168	152	152	14	14	12	13	19	88	13	M16
HAK21200	225	120	50	26	110	132	200	124	200	100	200	100	177	150	130	25	35	11.5	13	19	98	13	M16
HAK21240	258	120	52	24	103	140	240	160	240	120	240	120	210	210	160	15	40	15	18	27	98	17	M16
HAK21280	270	120	60	25	103	140	280	184	280	140	280	140	240	240	240	20	20	20	18	27	98	17	M16
HAK21300	313	145	75	60	103	140	300	192	300	150	300	150	150	260	260	20	20	20	18	26	98	17	M16
HAK21400	370	160	90	31	110	165	400	270	400	200	400	200	200	350	350	25	25	25	22	32	120	22	M20
LD4B—CK 0620	146	51	26	15.5	60	100	100	72	114	50	114	50	100	100	70	7	18	7	7	11	78	6.5	M8
LD4B—CK 0625	152	51	30	17	78/114	118	130	99	130	65	138	65	120	100	90	15	20	9	9	14	88	10.5	M10
LD4B—CK 6125	159	57	31	16.5	78/114	118	136	104	136	68	148	68	126	108	108	14	14	11	11	17	88	11	M10
LD4B—CK 6132	187	70	40	20	76	128	158	114	161	79	171	79	146	126	126	23	23	12	13	19	88	13	M16
LD4B—CK 6140	200	81	38	19.5	76	128	166	116	192	83	192	93	168	152	152	20	20	12	13	19	88	13	M16
LD4B—CK 6150	240	121	38	37	76	128	166	116	192	83	192	93	168	152	152	20	20	12	13	19	88	13	M16
LD4B—CK 6163	234	120	42	31	110	132	200	120	200	100	200	100	177	150	130	25	35	11.5	13	19	98	17	M16

（续）

	H_1	H_2	H_3	H_4	L_1	L_2	L_3	L_4	A	A_1	B	B_1	C	D	D_1	E	E_1	F	Φ	$\Phi1$	$\Phi2$	h	M
LD4B—CK6172	255	120	50	30	103	140	240	160	240	120	240	120	210	210	160	15	40	15	18	27	98	17	M16
LD4B—CK6180	245	120	55	25	103	140	280	200	280	140	280	140	240	240	240	20	20	20	18	27	98	17	M16
LD4B—CK61100	285	145	65	30	103	140	300	192	300	150	300	150	260	260	260	20	20	20	18	27	98	17	M16
LD4—CK 0610	86	40	15	11	57	86	70	50	70	35	87	36	74	57	50	6.5	10	6.5	7	11	68	6.5	M6
LD4—CK 0620	116	48	19	16	58	100	80	56	80	40	110	56	94	64	52	8	13	8	9	14	78	9	M8
LD4—CK 0625	128	51	22	16	86	118	110	80	120	55	126	56	110	90	80	15	20	8	9	14	88	9	M10
LD4—CK 6125	162	57	35	16.5	110	118	136	96	136	68	148	68	126	108	108	14	14	11	11	17	88	11	M12
LD4—CK 6132	187	70	40	21	76	127	152	104	161	76	171	76	146	126	126	23	23	12	13	19	88	13	M16
LD4—CK 6136	194	77	33	21	76	127	152	104	161	76	171	76	146	126	126	23	23	12	13	19	88	13	M16
LD4—CK 6140	202	81	40	23	76	127	162	112	192	81	192	105	168	152	152	20	20	12	13	19	88	13	M16
LD4—CK 6150	242	121	40	47	76	127	162	112	192	81	192	105	168	152	152	20	20	12	13	19	88	13	M16
LD4—CK 6163	253	120	51	40	110	132	200	124	200	100	200	100	177	150	130	25	35	11.5	13	19	98	13	M16

表 4-5　烟台环球 AK21 系列数控刀架尺寸表　（单位：mm）

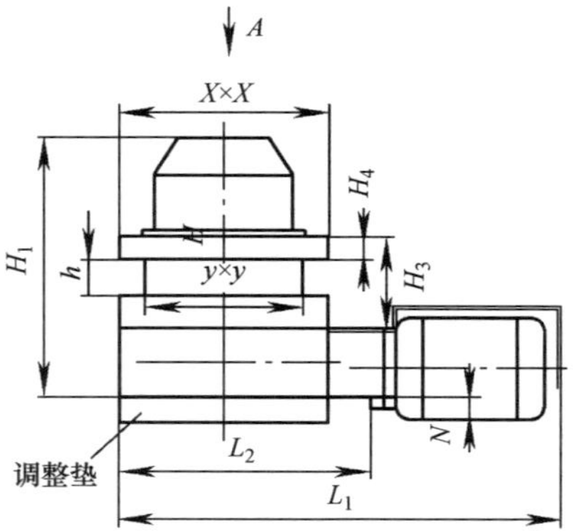

a) 主视图

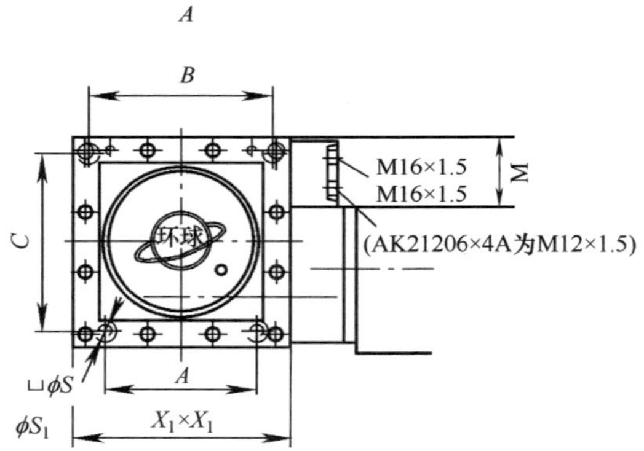

b) A向视图

型　号	A	B	C	L_1	L_2	H_1	H	X	X_1	y	h	S	S_1	M	H_3	H_4	N
AK21206 ×4A	148	170	172	430	238	261.5	106	206	200	150	40	13.5	20	67	107.5	30	25
AK21240 ×4F	210	210	210	478	330	260	120	240	240	164	50	13.5	19	92.5	143	35	16
AK21300 ×4D	220	250	250	537	—	341	140	300	300	230	60	22	33	67	136	33	—

表 4-6　常州新墅 LD4 系列数控刀架尺寸表　　（单位：mm）

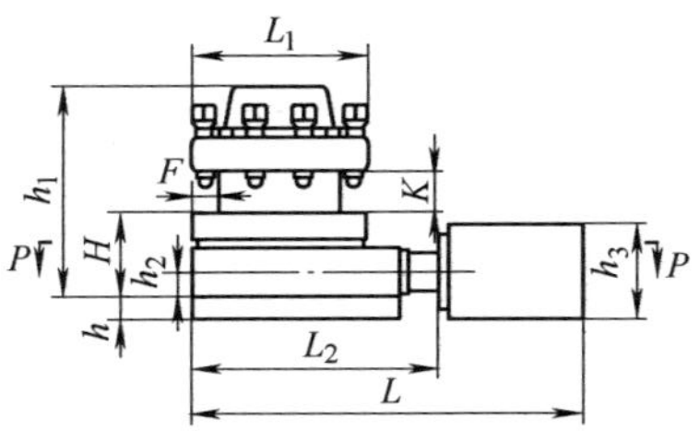

a) 主视图

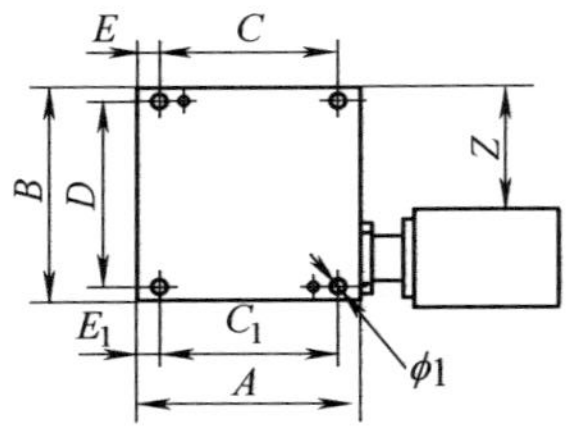

b) P—P 截面视图

型　号	H	h	A	B	C	C_1	D	E	E_1	L	L_1	L_2	h_1	h_2	h_3	F	Φ1	Z	K
LD4—48（0620）	48	—	80	112	44	44	98	18	18	205	80	110	120	15	68	12.5	6.5	53	20
LD4—54（0625）	54	—	133	126	100	95	110	15	20	333	110	213	136	18	90	15	9	35	27
LD4—58（6125）	58	—	136	148	108	108	126	14	14	348	136	223	171	18	90	20	11	43	34
LD4—70（6132）	70	—	161	171	126	126	146	12	12	334	152	193	188	21	90	25	13	56	40
LD4—70（6136）	70	7	161	171	126	126	146	12	12	334	152	193	188	21	90	25	13	56	40
LD4—81（6140）	81	—	192	192	152	152	168	20	20	365	162	224	206	23	90	25	13	84	40
LD4—112（6163）	110	—	200	200	150	130	177	25	35	450	200	290	150	27	120	38	13	80	50
LD4—120（6163）	120	—	200	200	150	130	177	25	35	450	200	290	150	27	120	32	13	80	50

表 4-7 常州新墅 LDB4 系列数控刀架尺寸表 （单位：mm）

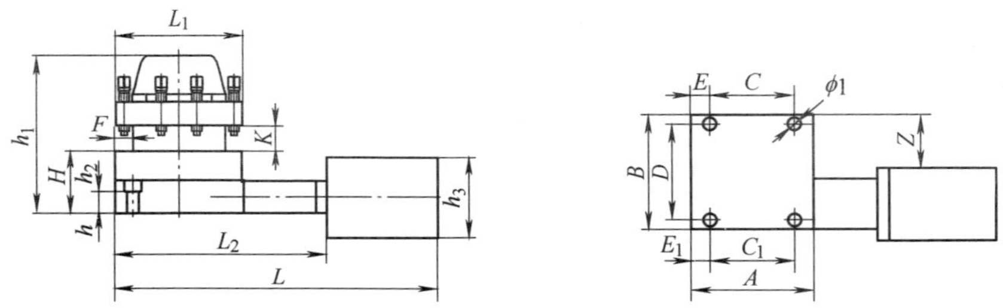

a) 主视图　b) 刀架安装底面视图

型　号	H	h	A	B	C	C_1	D	E	E_1	L	L_1	L_2	h_1	h_2	h_3	F	$\Phi1$	Z	K
LDB4—51（0625）	51	—	134	138	100	90	120	15	20	360	134	221	152	17.5	90	15	9	60	29
LDB4—57（6125）	57	—	136	148	108	108	126	14	14	363	136	223	163	17.5	90	20	11	54	35
LDB4—70（6132）	70	—	166	180	130	130	156	18	18	375	166	224	192	20	90	20	13	70	40
LDB4—70（6132A）	70	—	161	171	126	126	146	12	12	345	152	209	185	17.5	90	25	13	55	40
LDB4—70（6132B）	70	—	161	171	126	126	146	12.5	12.5	360	160	224	185	17.5	90	24	13	55	40
LDB4—65（6132C）	65	—	166	180	130	130	156	18	18	350	166	215	185	17.5	90	20	13	63	40
LDB4—81（6140）	81	—	192	192	152	152	168	20	20	386	166	250	203	20	90	25	13	84	40
LDB4—110（6150B）	110	—	200	200	150	130	177	25	35	450	200	290	236	30	120	25	13	80	40
LDB4—110（6150C）	110	—	180	192	152	152	168	20	20	374	180	250	241	26.5	90	28	13	90	45
LDB4—125（6150）	125	—	192	192	152	152	168	20	20	386	166	250	249	36.5	90	25	13	84	41
LDB4—120（6163）	120	—	200	200	150	130	177	25	35	450	200	290	250	30	120	32	13	80	50
LDB4—120（6163A）	120	25	240	240	210	210	210	15	15	501	240	332	250	30	120	42	13	100	50
LDB4—157（6172）	157	25	300	300	260	260	260	20	20	628	300	390	330	60	130	40	18	140	60

表 4-8　A 型电动机内藏式电动数控刀架规格参数

刀台尺寸/mm	重复定位精度/mm	相邻工位换刀时间/s	锁紧力/kN	许用转动惯量/kg·m^2	电动机力矩/N·m	电动机功率/W	电动机转速/(r/min)	切向力矩/N·m	轴向力矩/N·m	刀架型号
180	0.005	1.6	10	1.2	2.2	120	1 400	1 100	500	TLDB4—70（6132）
200	0.005	1.6	12	1.8	3	90	1 000	1 400	600	TLDB4—81（6140）
240	0.005	2.5	20	2.5	4	105	1 000	3 000	1 100	TLDB4—120（6163）
300	0.005	2.9	30	3	5	120	1 000	4 500	1 800	TLDB4—120（6140）
	0.005	4.2	—	3	3.5	180	1 400	8 000	4 000	ZLD4—300
320	0.005	4.2	—	3	3.5	180	1 400	8 000	4 000	ZLD4—320
	0.005	4	27.5	—	5	1 000	1 000	4 000	2 000	AK23320×4D、AK23320×4DL
340	0.005	6.6	—	8	6	250	1 400	20 000	9 000	ZLD4—340
360	0.005	6.6	—	8	6	250	1 400	20 000	9 000	ZLD4—360
380	0.005	6.6	—	8	6	250	1 400	20 000	9 000	ZLD4—380
	0.005	4	34	—	6.4	1 830	1 000	5 500	3 000	AK23380×4C1
	0.005	6	60	—	6.4	1 830	1 000	5 500	3 000	AK23380×4D
440	0.005	8.5	100	—	9.4	1 600	1 000	6 300	3 200	AK23440×4C—SY、AK23440×4D1

表 4-9 烟台环球 AK23 系列电动机内藏式数控刀架尺寸表 （单位：mm）

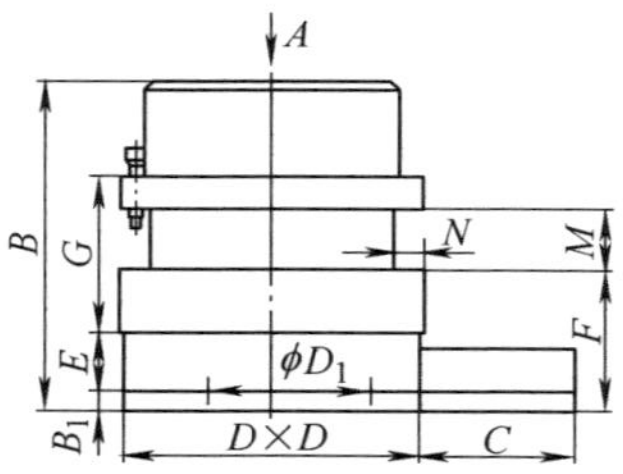

a) 主视图

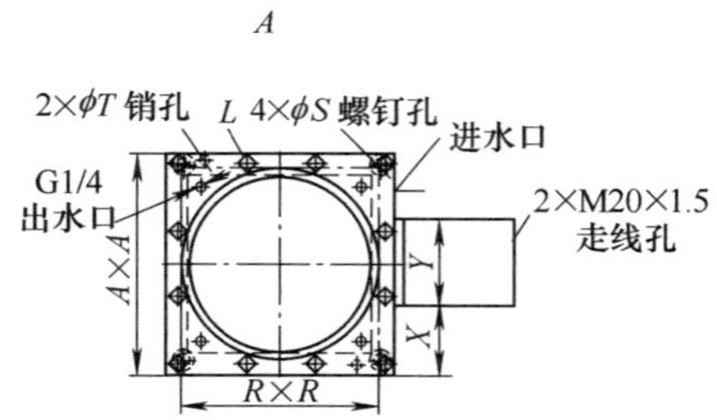

b) A 向视图

	A	B	B_1	C	D	D_1	E	F	G	L	M	N	R	S（沉孔）	T	X	Y
AK23300×4C	300	339	20	156	300	—	59.5	145	163.5	12-M16	63	30	260	18（26）	10	85	130
AK23320×4D	320	326	10	130	316	—	56.5	130	163.5	12-M20	65	40	260	18（26）	10	20	220
AK23320×4DL	320	326	10	130	316	—	56	130	163.5	12-M20	55	40	260	18（26）	10	20	220
AK23380×4C1	380	328	13	130	376	220h6	50	110	166	20-M20	70	55	300	22（34）	16	60	220
AK23380×4D	380	341.5	30	156	376	ϕ176	55	105	179	20-M20	90	55	300	22（34）	12	125	130
AK23440×4CSY	440	370	—	156	420	—	50	145	225	20-M20	80	50	360	26（40）	12	155	130
AK23440×4D1	440	370	10	156	420	260h6	50	145	225	20-M20	80	50	360	26（40）	12	155	130

表 4-10　常州新墅 TLDB 系列电动机内藏式数控刀架尺寸表　　（单位：mm）

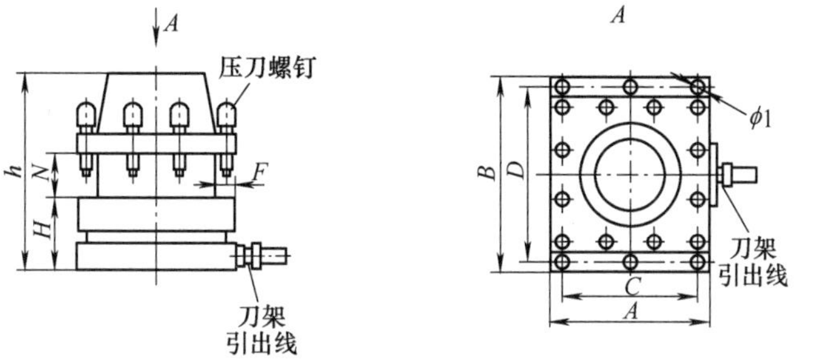

a) 主视图　　b) A 向视图

	H	h	A	B	C	D	F	N	φ1
TLDB4-70（6132）	70	242	180	222	146	200	20	40	11
TLDB4-81（6140）	81	248	200	245	168	220	25	52	13
TLDB4-120（6163）	120	342	240	286	200	262	32	60	13
TLDB4-157（6172）	157	403	300	360	260	328	40	70	18

表 4-11　常州新墅 ZLD 系列电动机内藏式数控刀架尺寸表　　（单位：mm）

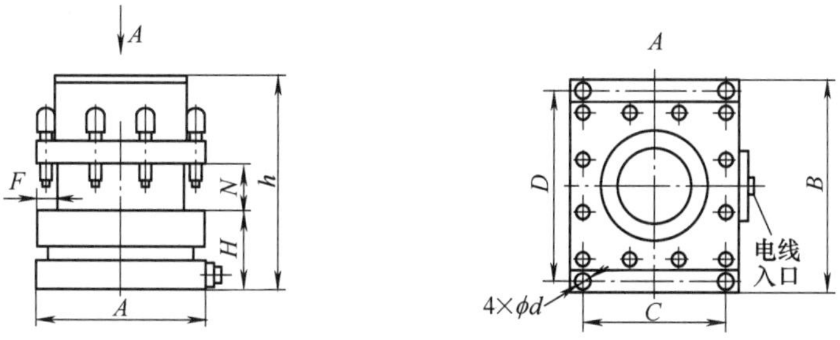

a) 主视图　　b) A 向视图

	H	h	A	B	C	D	N	F	d
ZLD4-300	90	290	300	360	260	328	45	30	φ18
ZLD4-320	90	290	320	380	280	348	45	30	φ18
ZLD4-340	120	320	340	420	300	380	50	35	φ22
ZLD4-360	120	320	360	440	320	400	50	35	φ22
ZLD4-380	120	320	380	460	340	420	50	35	φ22

（二）B 型圆柱孔刀架

B 型立式刀架连接圆柱孔刀座，刀架采用蜗杆副传动，上下齿盘分度定位，螺杆锁紧，霍尔元件发信，具有定位精度高，多刀位的特点，是多工序零件加工的最佳选择。图 4-4 是 LD6 系列数控刀架图，表 4-12 为 B 型数控刀架规格参数，表 4-13 为常州新墅 LD6 系列数控刀架外形尺寸表。

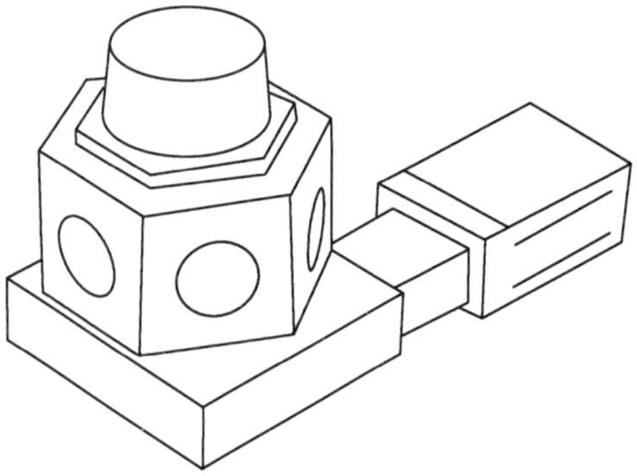

图 4-4　LD6 系列数控刀架

表 4-12　B 型数控刀架规格参数

装刀中心高度/mm	工位数	电动机功率/W	锁紧力/kN	重复定位精度/(″)	换刀时间/s	刀架型号
90	6	120	12	±2	2.0	LD6—CK6132
106	6	120	14		2.0	LD6—CK6140
	4、6	250	32		5.0	TLD5112A
145	6	250	24		3.8	LD6—CK6163

表 4-13　LD6 系列刀架尺寸表　(单位：mm)

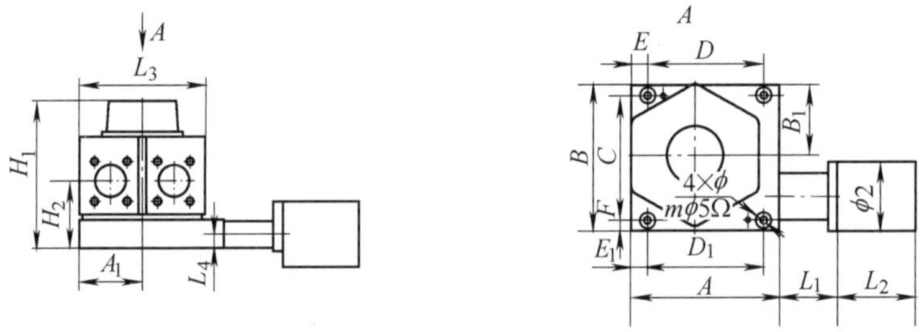

a) 主视图　　b) A 向视图

	A	A_1	B	B_1	C	D	D_1	E	E_1	F
LD6—CK6132	161	76	171	76	146	126	126	12	12	12
LD6—CK6140	190	91	192	93	168	152	152	20	20	12
LD6—CK6163	200	100	200	100	177	150	150	25	35	11.5

	H_1	H_2	L_1	L_2	L_3	L_4	ϕ	$\phi1$	$\phi2$	h
LD6—CK6132	174	90	76	128	152	20	13	19	88	13
LD6—CK6140	190	106	76	128	162	23	13	19	88	13
LD6—CK6163	270	145	110	140	200	40	13	19	98	13

常州宏达 TLD51 系列刀架采用三齿盘分度定位，大螺杆锁紧，电动机内藏式结构。具有结构紧凑，高强度，承受大切削力的特点。可使零件一次装夹完成多道加工工序，是数控立式车床及大型数控车床的核心附件。表 4-14 是 TLD5112A 数控刀架尺寸表。

表 4-14　TLD5112A 刀架尺寸表　　（单位：mm）

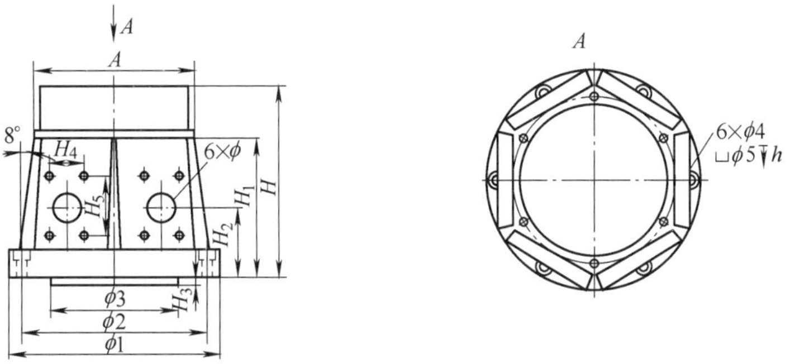

a) 主视图　　b) *A* 向视图

A	*H*	H_1	H_2	H_3	H_4	H_5
252	290	210	106	11	96	96
φ	φ1	φ2	φ3	φ4	φ5	*h*
φ55	φ328	φ290	φ206	φ18	φ26	17

（三）C 型燕尾槽刀架

C 型燕尾槽刀架适用于普及型数控立式车床、大型卧式车床，可多刀夹持，实现加工程序的自动化、高效化。采用了电动机内藏式结构，端齿盘作为分度元件，分度工位由定位盘、传感器元件控制，可任意工位定位；具有定位精度高、锁紧力大、承载力强、稳定可靠、应用范围广以及结构紧凑等特点。表 4-15 为 C 型燕尾槽数控刀架规格参数，表 4-16 为 AK27 系列数控刀架安装尺寸表。

表 4-15　C 型燕尾槽数控刀架规格和技术参数

刀方尺寸/mm	320	320	380	380	380	450	380
装刀中心高/mm	90	90	95	95	95	105	179
换刀时间/s	6.5	6.5	6.5	6.5	5.5	8.5	6.2
最大锁紧力/kN	40	40	60	60	60	100	60
电动机力矩/N·m	5	5	6.4	6.4	6.4	9.4	6.4
刀架净重/kg	116	—	175	175	—	—	—
重复定位精度/(″)	≤0.005						
上加力矩/N·m	4 000	4 000	5 500	5 500	5 500	6 300	5 500
上加力弹性变形量	≤0.06 mm						
上加力残余变形量	≤0.015 mm						
切向加力矩/N·m	2 000		3 000		3 200		3 000
切向力弹性变形量	≤0.06 mm						
切向力残余变形量	≤0.015 mm						
刀架型号	AK27320×4QY5	AK27320×5QY	AK27380×4C	AK27380×4QY5	AK27380×6QY	AK27450×4D	AK27380×5QY

表 4-16　AK27 系列数控刀架安装尺寸表　　　（单位：mm）

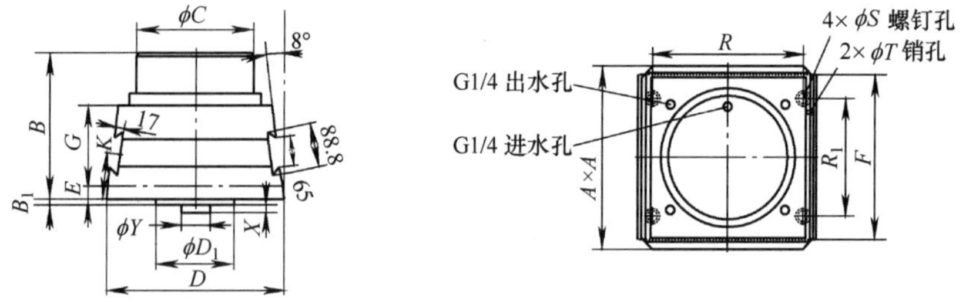

a) 主视图　　b) 4工位俯视图

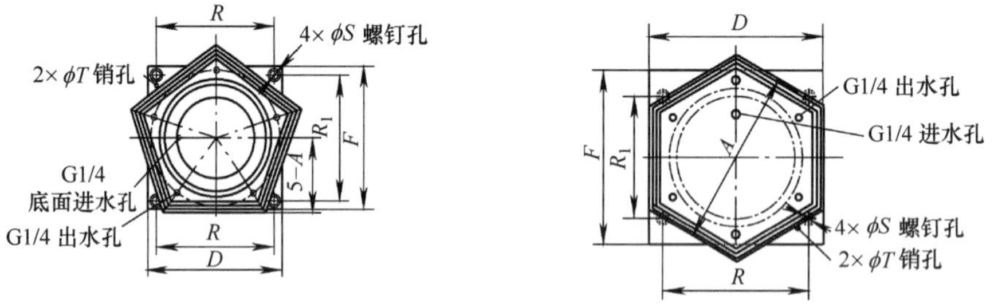

c) 5工位俯视图　　d) 6工位俯视图

	A	B	B_1	C	D	D_1	E	F
AK27320×4QY5	320	285	8	253	300	180h6	25	300
AK27320×5QY	160	281	8	253	300	180h6	25	300
AK27380×4C	380	303	13	254	380	180h6	25	340
AK27380×4QY5	380	303	13	254	380	180h6	25	340
AK27380×6QY	380	303	13	254	380	180h6	25	340
AK27450×4D	450	340	15	360	450	260h7	35	450
AK27380×5QY	190	401.5	—	254	360	—	115.5	360

	G	K	R	R_1	S	T	X［注］	Y［注］
AK27320×4QY5	163.5	90	260	260	18	12	30	176
AK27320×5QY	163.5	90	260	260	18	12	30	176
AK27380×4C	166.5	95	320	260	18	12	30	176
AK27380×4QY5	166.5	95	320	260	18	12	30	176
AK27380×6QY	166.5	95	320	260	18	12	30	176
AK27450×4D	189.5	105.3	360	360	22	12	—	—
AK27380×5QY	179.5	179	300	300	18	12	—	—

二、立式液压数控刀架

烟台环球 AK22 系列立式液压数控刀架（简图见图 4-5），是专为大型数控车床而设计，可加工内外圆柱、圆弧、圆锥、公英制螺纹、多头螺纹等，特别适于车削形状复杂，精度要求高的轴类和盘类零件，AK22 系列立式液压数控刀架规格参数表（见表 4-17）。

特点如下：

1）结构紧凑、定位精度高。

2）高刚性，高可靠性。

3）可承受大的切削力。

4）可双向回转和任意刀位就近选刀。

5）刀台无须抬起实现转位刹紧。

6）封闭性好防渗透。

7）适应与各种数控系统连结，接口简单。

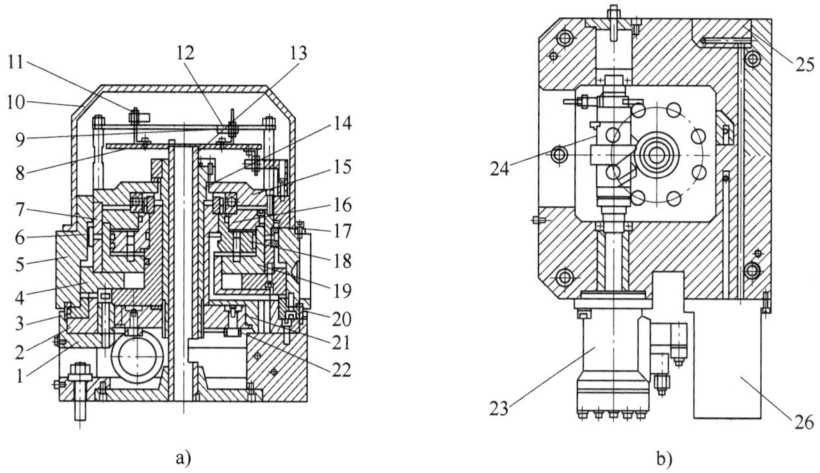

图 4-5　AK22 系列数控刀架简图

a）主视图　b）俯视图

1—底座　2—定齿盘　3—动齿盘　4—双联齿盘　5—刀台　6—键　7—转动套　8—托架　9—工位接近开关　10—罩　11—松开接近开关　12—刹紧接近开关　13—中心导管　14—花键轴　15—盖盘　16—支座　17—液压缸盖　18—活塞　19—液压缸　20—防尘圈　21—回转轮　22—滚子　23—摆线液压马达　24—凸轮轴　25—冷却液座　26—托线座

表 4-17　AK22 系列立式液压数控刀架规格参数表

装刀基准高/mm	重复定位精度/mm	工作液压/MPa	换刀时间/s	最大上加力矩/N·m	最大轴向力矩/N·m	数控刀架型号
170	0.005	3 ±0.2	≤3	5 000	2 500	AK22370 ×8A
200				6 000	3 000	AK22500 ×6A、AK22540 ×8C

图 4-6、图 4-7 为烟台环球 AK22 系列刀架外形尺寸图。

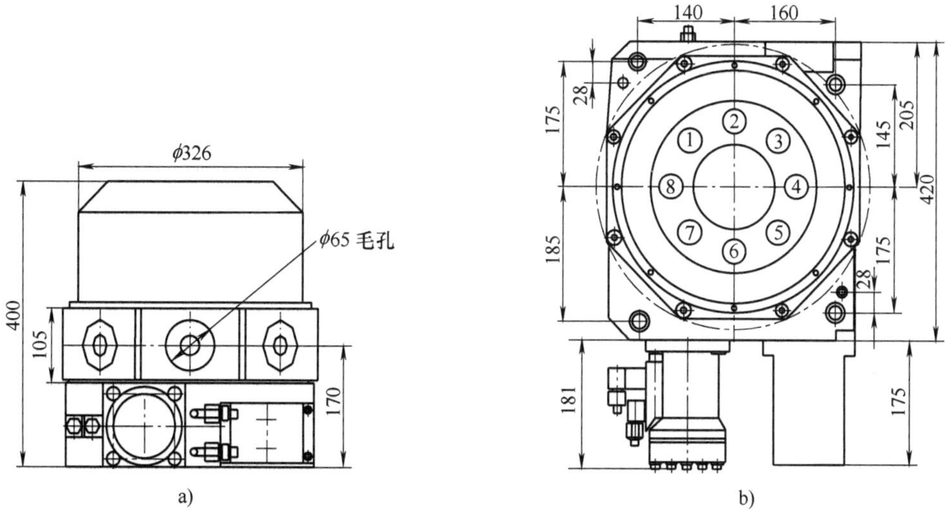

图 4-6　AK22370 ×8A 刀架外形尺寸图

a）主视图　b）俯视图

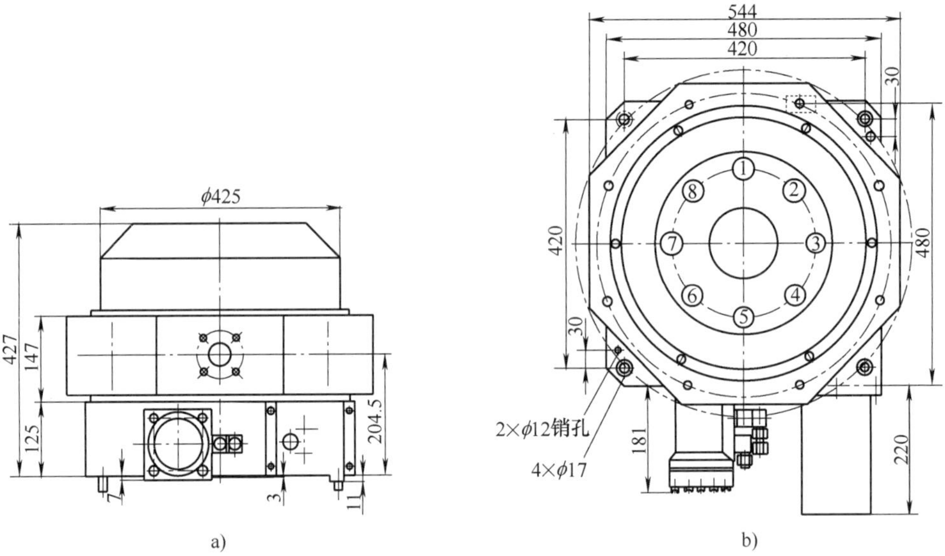

图 4-7 AK22540×8C 刀架外形尺寸图

a）主视图 b）俯视图

三、立式伺服数控刀架

立式伺服刀架是为数控立式车床、重切削数控卧式车床而最新研制的高档刀架，采用伺服技术转位、分度和液压锁紧。采用电动机内藏式结构，由伺服电动机直接驱动，端齿盘作为分度元件，液压刹紧松开，具有分度精度高、转位稳定可靠、应用范围广、结构紧凑等特点。特别适合汽车行业用数控立式车床、石油行业用数控卧式车床，在重切削以及断屑切削领域更显其优越性。

（一）AK26 系列立式伺服数控刀架

表 4-18 为立式伺服数控刀架参数表，图 4-8 ~ 图 4-13 为烟台环球 AK26 系列立式伺服数控刀架外形尺寸图。

表 4-18 立式伺服数控刀架参数表

中心高/mm	工位数	重复定位精度	相邻工位换刀时间/s	最大锁紧力/kN	电动机最大转矩/N·m	上加力矩/N·m	切向力矩/N·m	刀架型号
125	5	±4″	0.6	50	7.2	5 700	5 700	SFL2505N
	6	±4″	0.45	50	7.2	5 700	5 700	SFL2506N、SFL2506NY
160	5	±4″	0.8	80	7.2	19 000	13 000	SFL3205N
	6	±4″	0.8	80	7.2	19 000	13 000	SFL3206N
	6	0.005mm	2.5	5.8	7.2	4 000	2 000	AK26300×6
	6	0.005mm	2.9	13	14.3	7 000	4 000	AK26440×6
196	4	0.005mm	2	20	21.5	8 000	5 000	AK26480×4
205	4	0.005mm	2	12	7.2	5 000	3 000	AK26380×4
	5	0.005mm	1.5	12	7.2	5 000	3 000	AK26380×5
	6	0.005mm	2.9	12	7.2	5 000	3 000	AK26380×6

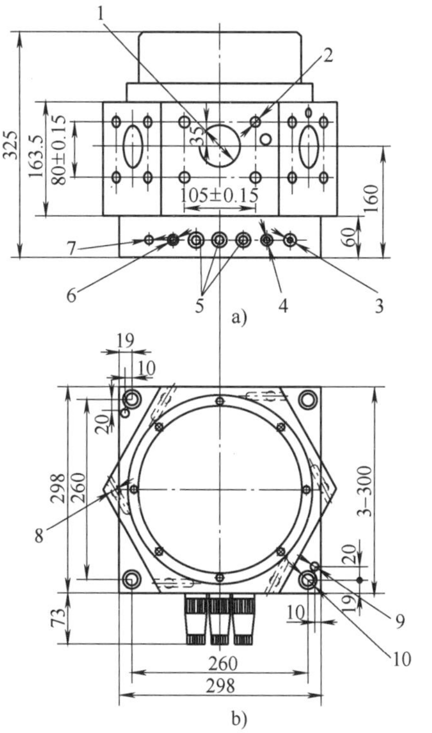

图 4-8　AK26300×6 刀架外形尺寸

a）主视图　b）俯视图

1—6×ϕH7（$^{0.03}_{0}$）↧20　2—24×M16×6H↧28　3—G3/8 切削液进口　4—G3/8 液压刹紧油口

5—走线口　6—G3/8 液压松开油口　7—Rc1/4 进气孔　8—G1/4 出水口

9—2×ϕ10 锥销孔⌴ϕ12↧30　10—ϕ18⌴ϕ26↧25

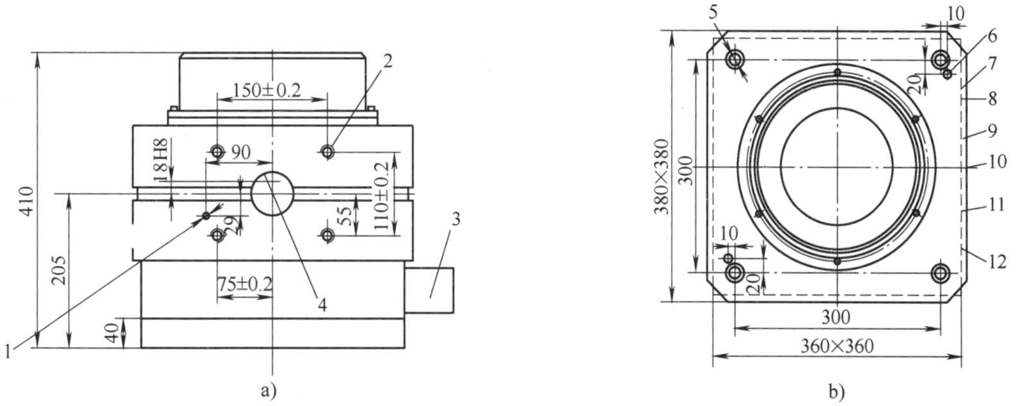

图 4-9　AK26380×4 刀架外形尺寸

a）主视图　b）俯视图

1—ϕ8 出水口　2—16×M16-7H 深 25　3—电器件接线插座　4—ϕ60H7

5—4×ϕ18⌴ϕ26↧17　6—2×ϕ12 锥销孔　7—G3/8 切削液

8—G1/2 刹紧口　9—电动机插座　10—编码器插座　11—传感器插座　12—G1/2 松开口

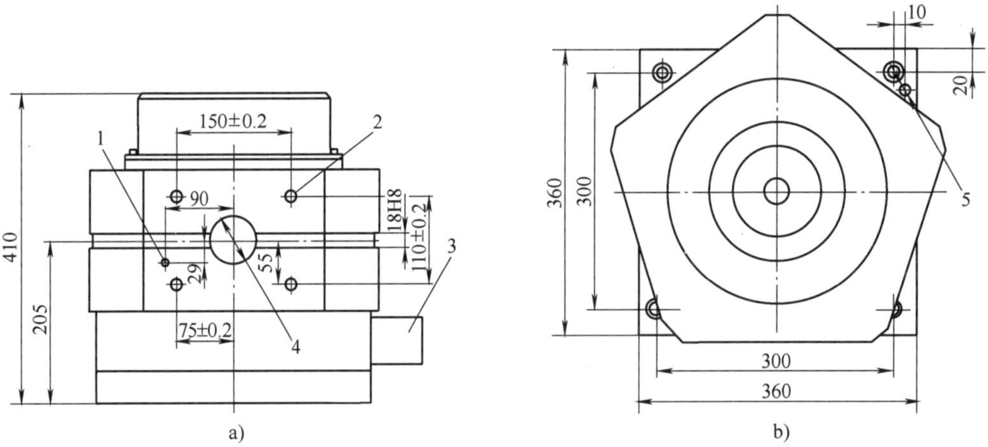

图 4-10　AK26380 ×5 刀架外形尺寸

a）主视图　b）俯视图

1—ϕ8 出水口　2—20 × M16-7H　3—电器件插座　4—ϕ60H7　5—2 × ϕ12 锥销孔

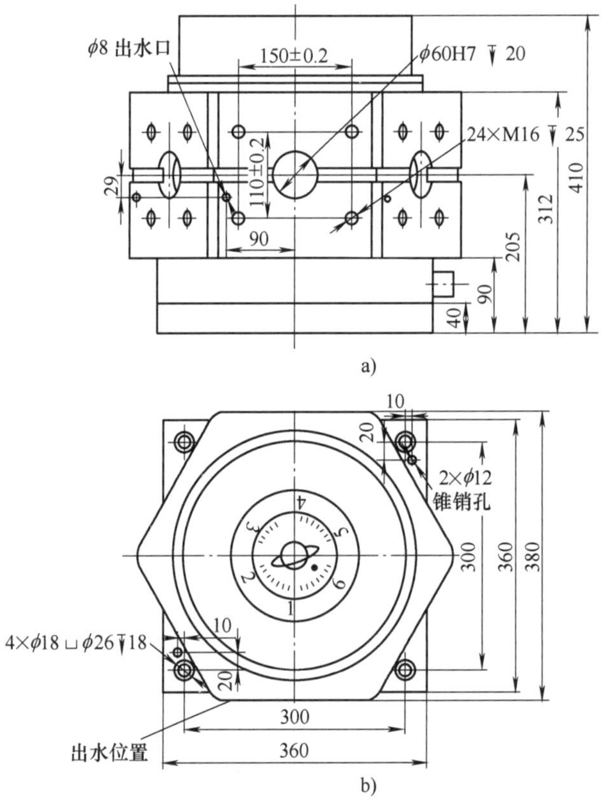

图 4-11　AK26380 ×6 刀架外形尺寸

a）主视图　b）俯视图

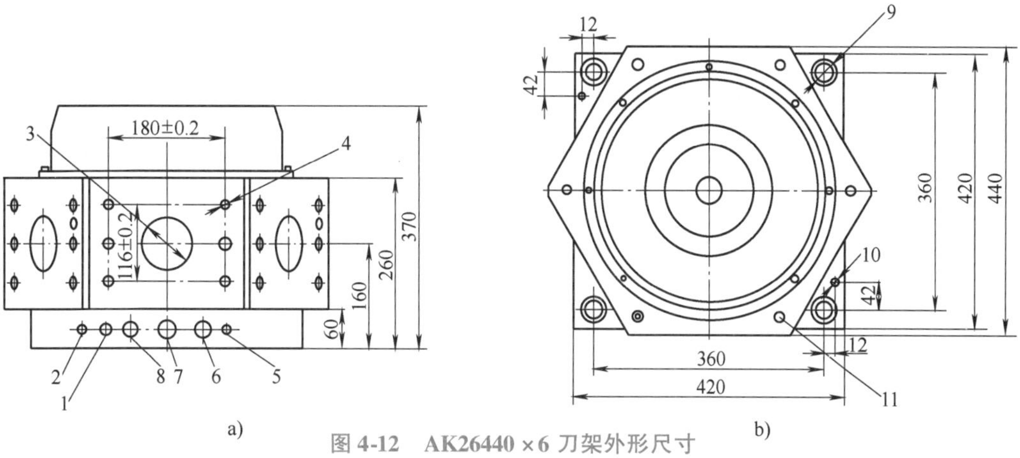

图 4-12　AK26440 ×6 刀架外形尺寸

a）主视图　b）俯视图

1—G12 松开口　2—进气口　3—ϕ80H7 深 40　4—36 × M16 深 25　5—G38 进水口　6—G12 刹紧口　7—编码器插孔　8—传感器插孔　9—ϕ19.08　10—2 ×12 锥销孔　11—NPT38 出水口

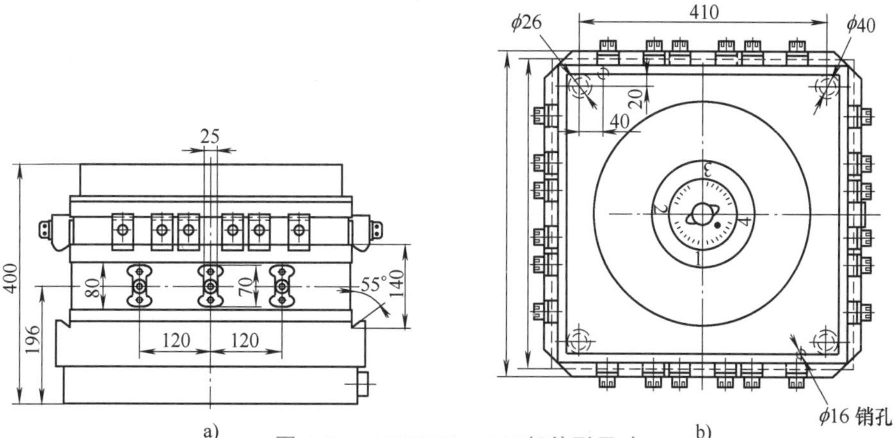

图 4-13　AK26480 ×4 刀架外形尺寸

a）主视图　b）俯视图

（二）SFL 系列立式伺服数控刀架

表 4-19 ~ 表 4-23 为沈阳机床数控刀架分公司 SFL 系列立式伺服数控刀架外形尺寸。

表 4-19　SFL2505N 刀架外形尺寸表　（单位：mm）

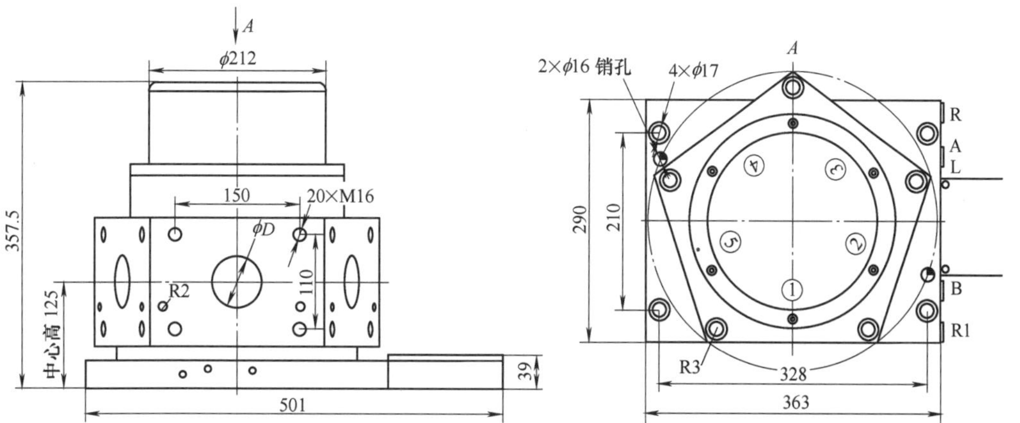

a) 主视图　　b) 俯视图

（续）

代　号	ϕD	A－B	L	R1（R）	R2	R3
功能	连接键尺寸	油路	泄油口	冷却液入口 G3/8	内冷出口	外冷出口
规格	ϕ60H7	G3/8	G1/8	G3/8	ϕ8	G3/8

表 4-20　SFL2506N 刀架外形尺寸表　（单位：mm）

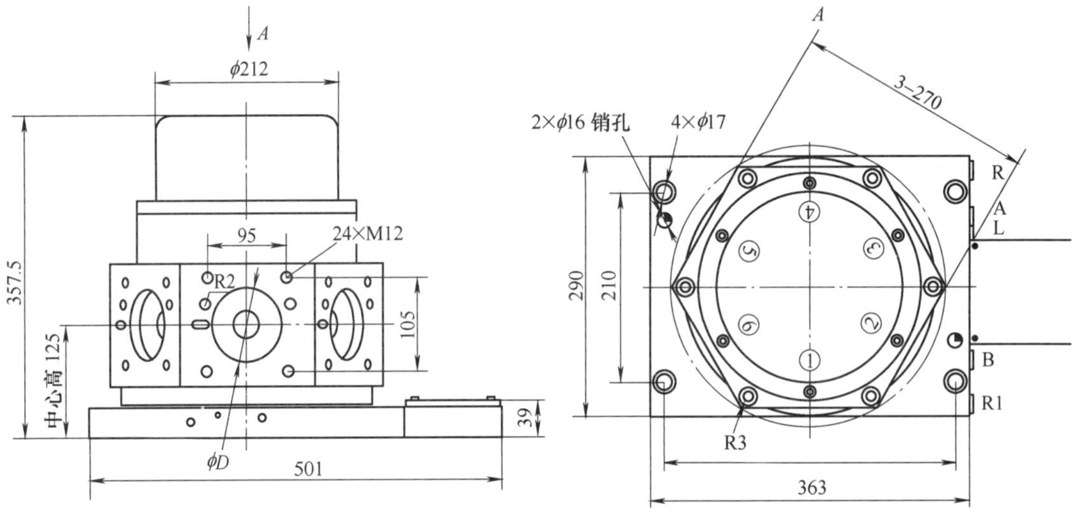

a) 主视图　　b) *A* 向视图

代号	ϕD	A－B	L	R1（R）	R2	R3
功能	连接键尺寸	油路	泄油口	冷却液入口 G3/8	内冷出口	外冷出口
规格	ϕ80H7	G3/8	G1/8	G3/8	ϕ8	G3/8

表 4-21　SFL2506NY 刀架外形尺寸表　（单位：mm）

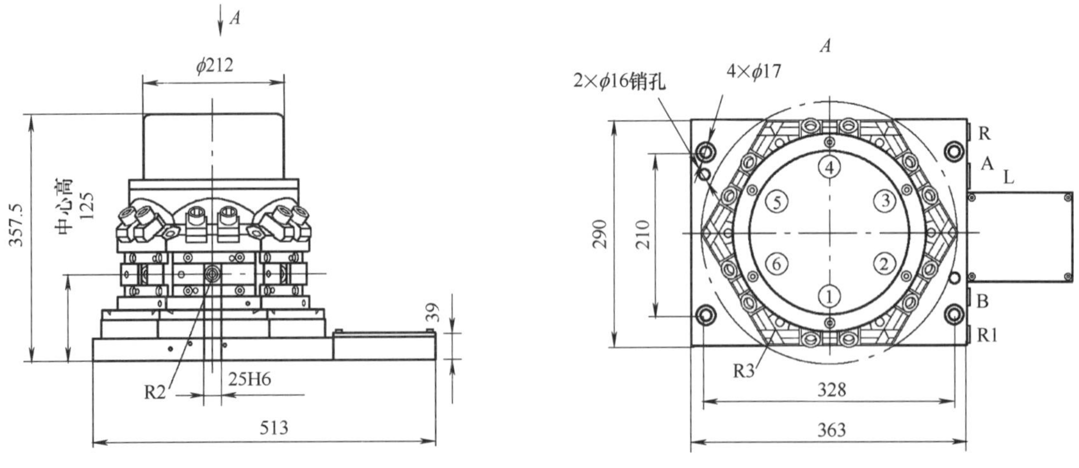

a) 主视图　　b) *A*向视图

代　号	燕尾槽刀台	A－B	L	R1（R）	R2	R3
功能	连接刀夹	油路	泄油口	冷却液入口 G3/8	内冷出口	外冷出口
规格	DIN69881	G3/8	G1/8	G3/8	ϕ12	G3/8

表 4-22　SFL3205N 刀架外形尺寸表　　（单位：mm）

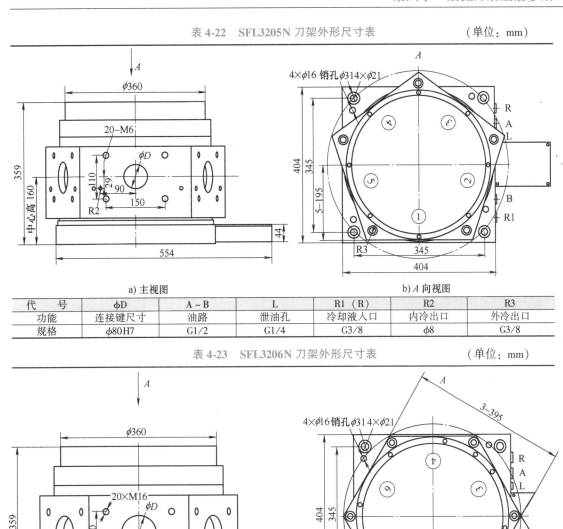

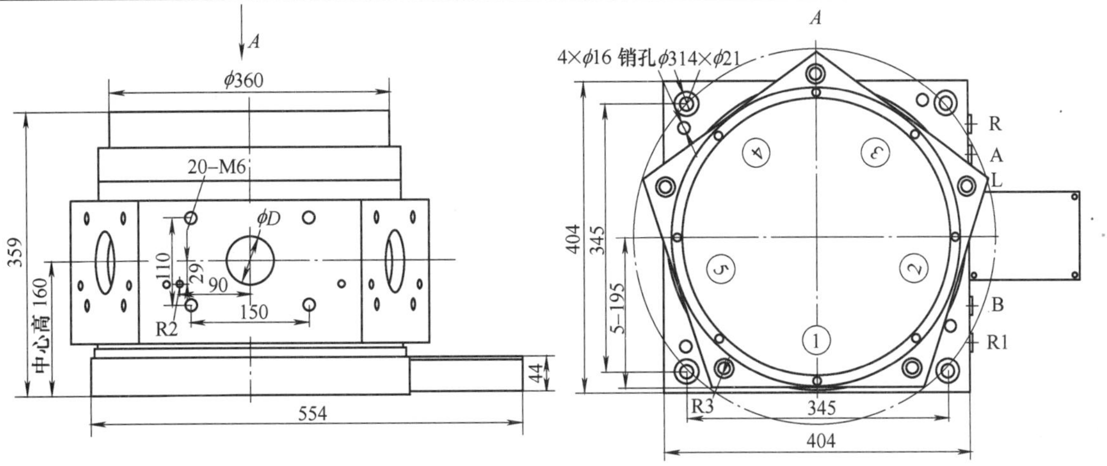

a) 主视图　　b) A 向视图

代　　号	ϕD	A－B	L	R1（R）	R2	R3
功能	连接键尺寸	油路	泄油孔	冷却液入口	内冷出口	外冷出口
规格	ϕ80H7	G1/2	G1/4	G3/8	ϕ8	G3/8

表 4-23　SFL3206N 刀架外形尺寸表　　（单位：mm）

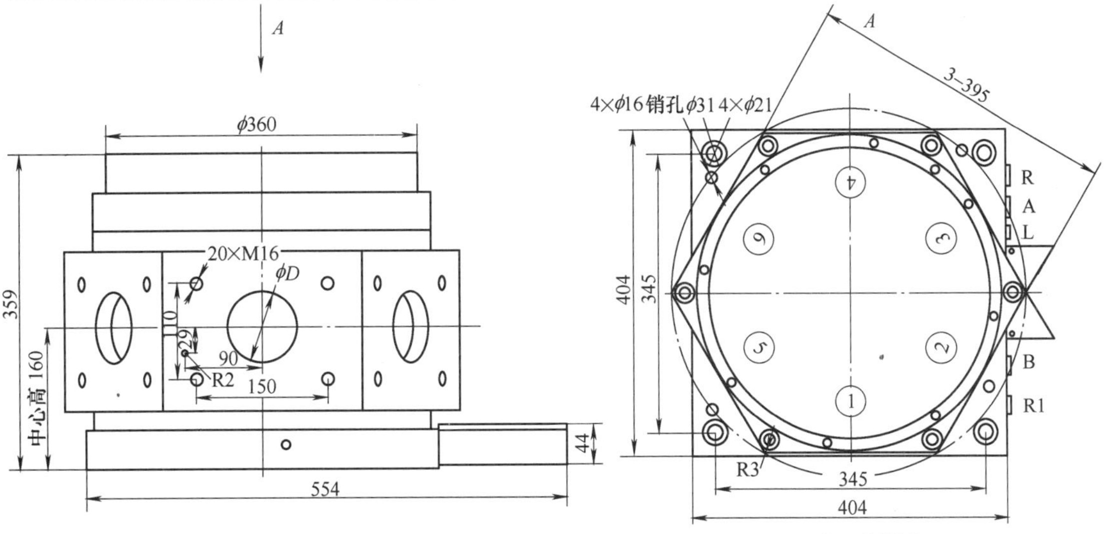

a) 主视图　　b) A 向视图

代　　号	ϕD	A－B	L	R1（R）	R2	R3
功能	连接键尺寸	油路	泄油孔	冷却液入口	内冷出口	外冷出口
规格	ϕ80H7	G1/2	G1/4	G3/8	ϕ8	G3/8

其他刀架外形尺寸见厂家说明书。

第三节　卧式数控刀架

一、卧式电动数控刀架

卧式电动数控刀架采用蜗杆副传动或两齿差行星轮系传动，端齿盘分度定位，大螺杆锁紧，霍尔元件或编码器发信。具有转位平稳、刚性好、噪声小、多刀位、承受偏载力大以及带内置冷却装置的特点，可一次完成多项加工工序，是加工复杂零件的最佳选择。表4-24为卧式数控刀架规格参数。

表4-24 卧式电动数控刀架规格参数表

中心高/mm	工位数	重复定位精度	相邻工位换刀时间/s	最大轴向力矩/N·m	最大切向力矩/N·m	净重/kg	刀架型号
50	6/8	±2″	2.6	320	800	32	HAK30050
60	6/8	±2″	2.6	600	850	50	HAK31063
63	6	±2″	0.45	800	750	35	WDH12
	6	≤0.005mm	3	400	800	50	AK3063×6J
	8	±2″	—	600	600	47	AK3163×8
	6/8	0.005mm	1.8	800	700	35	BWD..63
	6/8	±2″	2.6	600	1 100	50	HAK30063
78	6/8	±2″	2.8	800	1 200	68	HAK34—CK6132
	6/8	±2″	2.8	800	1 200	68	HAK34—CK6140
80	6/8	±2″	2.8	800	1 500	65	HAK30080
	6/8	±2″	2.8	800	1 200	68	HAK31080
	6/8	±2″	0.33	1 800	1 500	45	WDH16
	6	≤0.005mm	3	500	1 000	65	AK3080×6J
	8/12	±2″	0.58	1 250	1 250	65	AK3180×8/12
	8	≤0.005mm	3	500	1 000	73	AK3080×8J
	6/8	0.005mm	1.8	1 600	1 500	50	BWD..80
100	6/8	±2″	0.75	4 800	3 200	—	WD20
	6	<0.005mm	1.5	600	600	25	WD6—100（0625）
	6/8	±2″	3.6	1 100	2 000	110	HAK31100
	6/8	0.005mm	2.1	3 500	3 000	80	BWD..100
	8	≤0.005mm	2.85	800	1 500	115	AK30100×8J
100	8/12	±2″	0.8	2 500	2 500	103	AK31100×8/12
	6/8	±2″	3.6	1 100	2 400	110	HAK30100
118	6	<0.005mm	1.5	1 200	1 200	40	WD6—118（6132）
	6	<0.005mm	1.5	1 200	1 200	44	WD6—118（6140）
120	8	<0.005mm	2	2 100	1 900	40	XWD * *_ 120（6132）
	8	<0.005mm	2	2 100	1 900	45	XWD * *_ 120（6140）
125	6/8	±2″	3.6	1 500	3 500	130	HAK30125
	6/8	±2″	4.0	1 500	3 000	130	HAK31125
	8/12	±2″	0.95	4 000	4 000	136	AK3125×8/12
130	8	<0.005mm	2	3 000	2 700	80	XWD * *_ 130（6163）
136	6/8	±2″	3.2	1 500	200	116	HAK34—CK6163
160	6/8	±2″	4.3	2 200	4 600	165	HAK31160
	8/12	±2″	1.5	5 000	5 000	366	AK31160×8/12
200	8/12	±2″	1.8	8 000	8 000	480	AK31200×8/12

（一）HAK系列卧式电动数控刀架

表4-25为常州宏达HAK30/31系列刀架尺寸表，表4-26为常州宏达HAK34系列刀架尺寸表。

表 4-25　常州宏达 HAK30/31 系列刀架尺寸表　　（单位：mm）

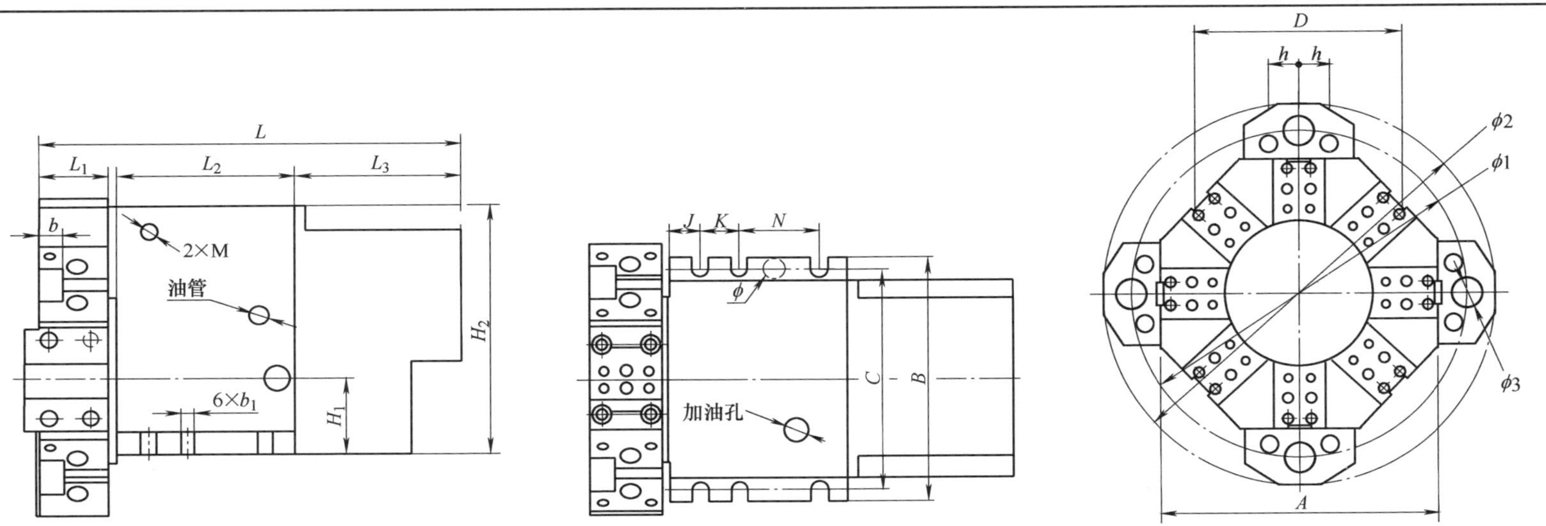

a) 主视图　　b) 俯视图　　c) 左视图

	A	B	C	D	H_1	H_2	b_1	b	h	L
HAK30050	180	172	155	140	50	170	9	16	16	288
HAK30063	220	185	166	150	63	190	9	16/20	16/20	338
HAK30080	240	210	190	164	80	226	11	20	20	355
HAK30100	280	250	220	190	100	260	13	25	25	420
HAK30125	350	280	250	220	125	290	17	32	32	469
HAK31063	230	205	185	165	60	210	11	20	20	329
HAK31080	260	210	190	180	80	230	11	25	25	350
HAK31100	300	240	220	200	100	260	13	25	25	384
HAK31125	340	28	260	230	125	300	18	32	32	459
HAK31160	460	380	345	306	160	380	22	40	40	564

	L_1	L_2	L_3	J	K	N	ϕ	$\phi1$	$\phi2$	$\phi3$
HAK30050	45	110	108	16	25	44	—	216	261	—
HAK30063	55	145	115	20	30	60	—	264	308	—
HAK30080	60	154	115	32	32	64	—	300	352	—
HAK30100	72	190	130	25	40	100	—	340	400	—
HAK30125	85	210	134	30	44	86	—	430	502	—
HAK31063	55	138	130	25	30	60	8	274	318	25
HAK31080	60	147	130	32	32	64	8	310	366	25
HAK31100	72	164	140	25	40	60	10	360	420	32
HAK31125	85	204	150	32	44	86	12	420	492	40
HAK31160	115	265	160	40	48	104	22	560	640	50

表 4-26 常州宏达 **HAK34** 系列刀架尺寸表 （单位：mm）

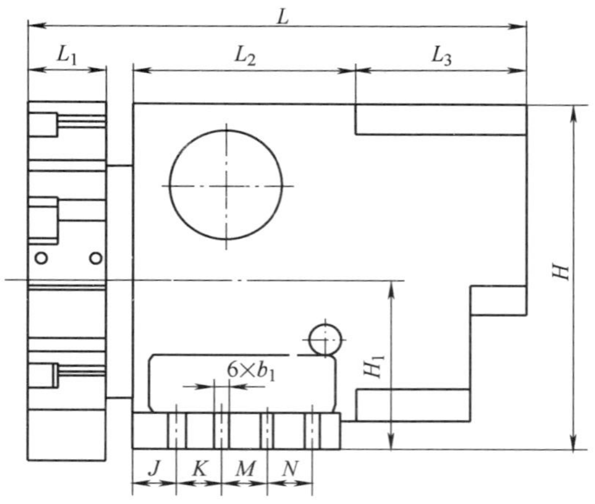

a) 主视图

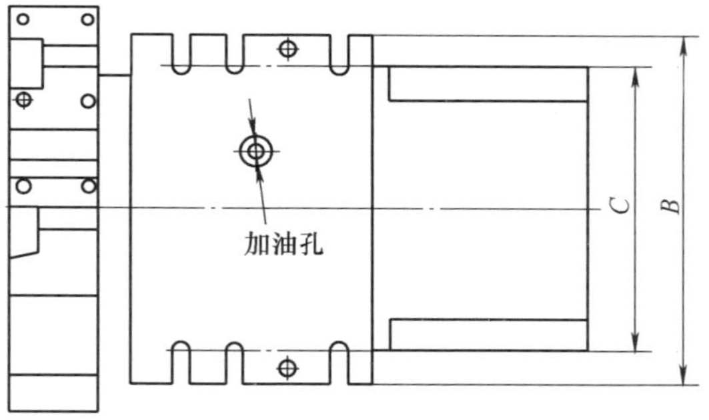

b) 俯视图

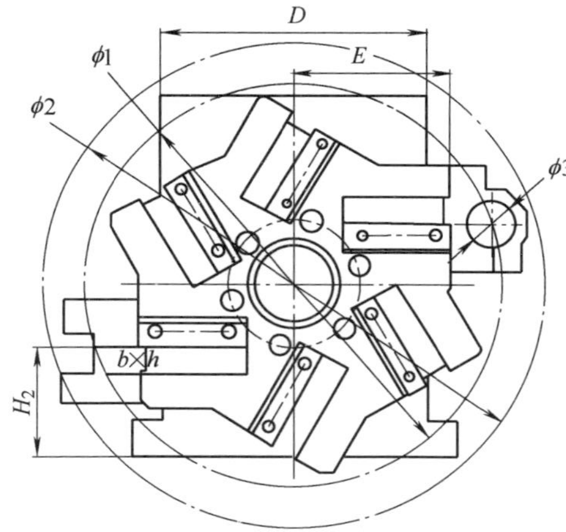

c) 左视图

	B	C	D	E	H_1	H_2	H	L_1	L_2	L_3	L
HAK34—CK6132	220	182	180	105	120	78	250	55	147	130	352
HAK34—CK6140	220	182	180	105	120	78	250	55	147	130	352
HAK34—CK6163	240	220	200	130	130	136	280	72	164	140	390
	J	K	M	N	b_1	b	h	$\phi 1$	$\phi 2$	$\phi 3$	
HAK34—CK6132	30	32	32	32	11	20	20	273	345	32	
HAK34—CK6140	30	32	32	32	11	20	25	283	355	32	
HAK34—CK6163	25	40	30	30	13	32	32	312	380	40	

（二）BWD、XWD、WD、AK30、AK31 系列卧式电动数控刀架

表4-27～表4-29 为常州新墅 BWD、XWD、WD 系列尺寸表，表4-30、表4-31 为烟台环球 AK30、AK31 系列卧式电动数控刀架外形尺寸。

表 4-27　常州新墅 BWD 系列刀架尺寸表　（单位：mm）

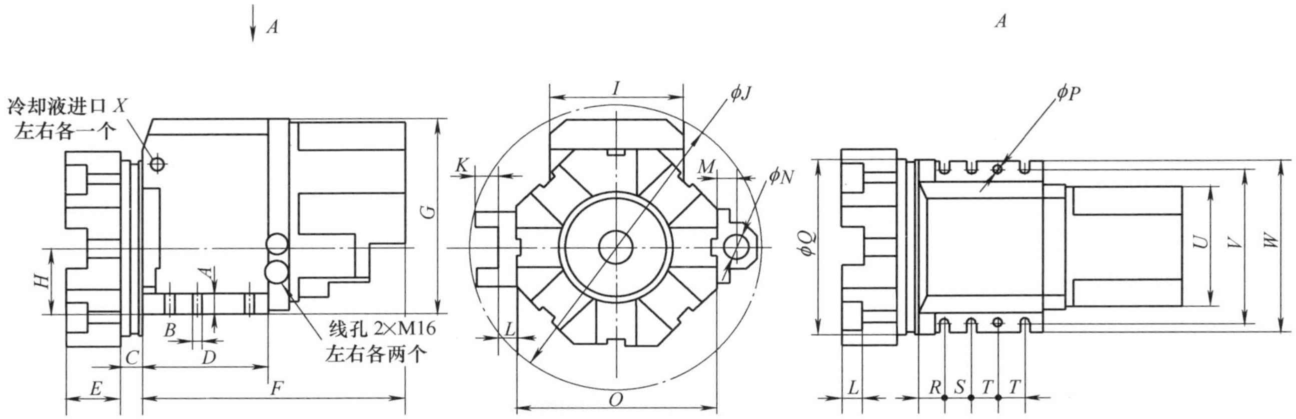

a) 主视图　b) 左视图　c) A 向视图

	H	A	B	C	D	E	F	G	I	J	K	L	M	N	O	P	Q	R	S	T	U	V	W	X
BWD—63	63	20	11	26	145	55	323	205	140	270	20	18	20	25	190	—	175	24	30	30	134	165	185	G1/4
BWD—80	80	25	11	26	149	65	314	238	160	348	25	22	24.5	32	240	11	215	32	32	32	149	190	210	G3/8
BWD—100	100	32	13	32	172	80	350	280	205	437	25	20	25	32	300	—	252	34	40	30	188	220	250	G3/8

表 4-28　常州新墅 XWD 系列刀架尺寸表　　（单位：mm）

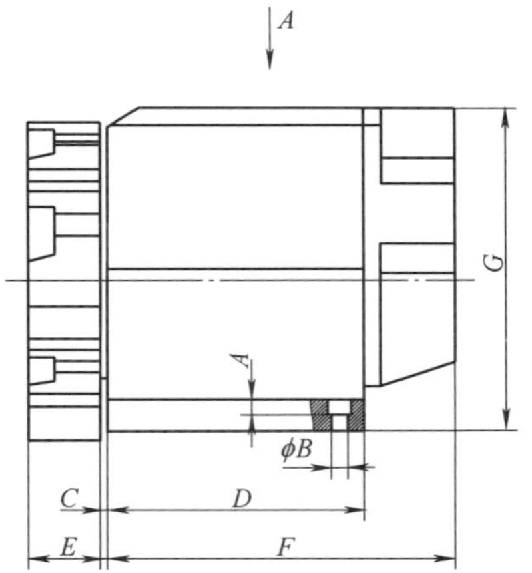

a) 主视图

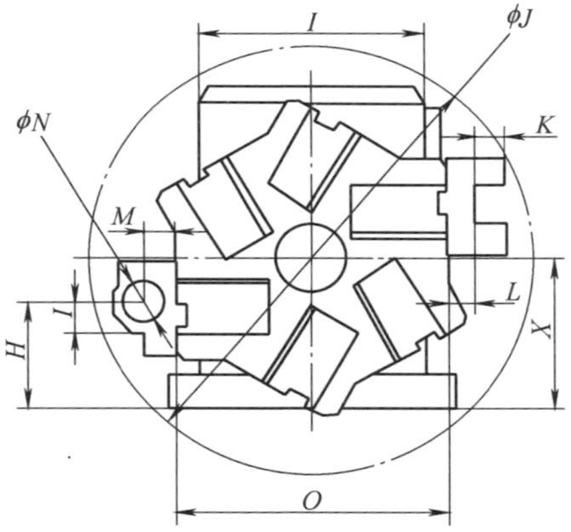

b) 左视图

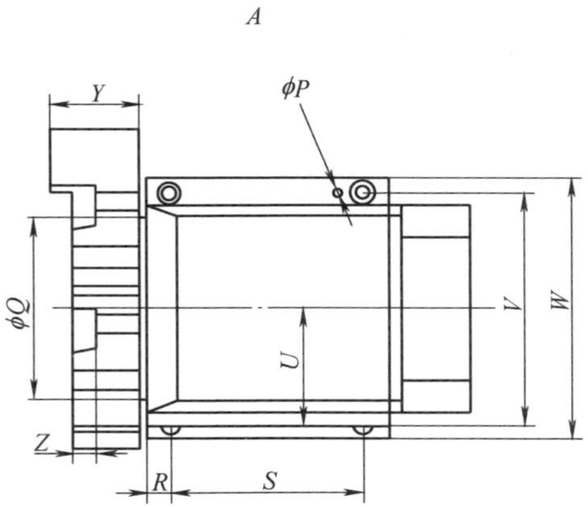

c) A 向视图

	H	A	B	C	D	E	F	G	I	J	K	L	M	N	O	P	Q	R	S	U	V	W	X	Y	Z
XWD6—120（6132）	85	13	13	6	188	55	270	260	176	329	20	19	25	32	210	8	155	20	140	100	196	222	120	73	20
XWD6—120（6140）	85	13	13	6	200	55	270	260	176	343	25	21	25	32	210	8	155	20	160	100	196	222	120	73	20
XWD6—130（6163）	136	18	13	30	192	70	262	278	210	383	32	21	25	32	264	8	238	14	164	105	234	260	130	73	32

表 4-29　常州新墅 WD 系列刀架尺寸表　　（单位：mm）

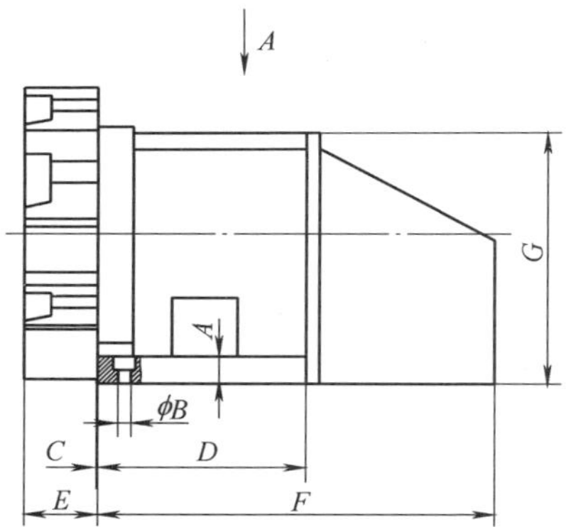

a) 主视图

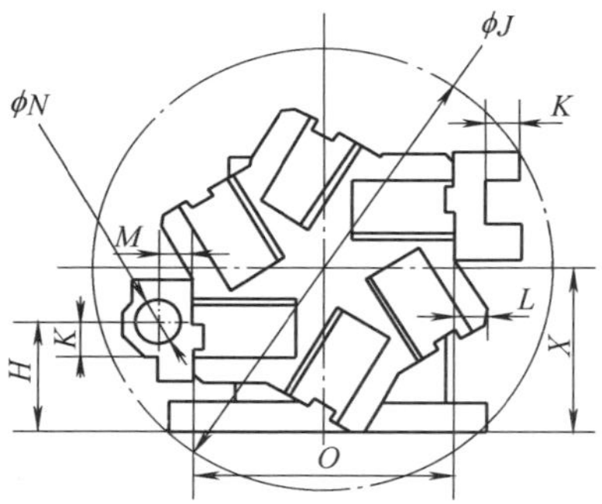

b) 左视图

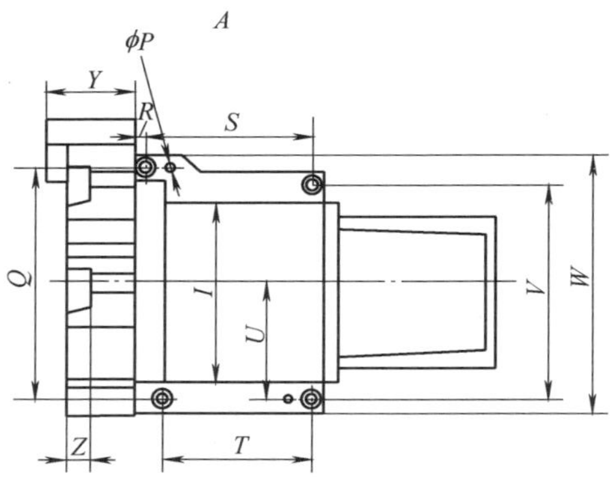

c) A 向视图

	H	A	B	C	D	E	F	G	I	J	K	L	M	N	O	P	Q	R	S	T	U	V	W	X	Y	Z
WD6—100（0625）	59	10	11	2	133	37	279	172	120	251	16	21	15	20	130	8	144	38	80	106	89	144	164	100	45	16
WD6—118（6132）	78	10	11	2	160	55	305	200	155	311	20	19	25	32	184	8	200	10	140	140	103	185	224	118	73	20
WD6—118（6140）	78	10	11	2	160	55	305	200	155	326	25	21	25	32	184	8	200	10	140	140	103	185	224	118	73	20

表 4-30　烟台环球 AK30 系列刀架尺寸表　（单位：mm）

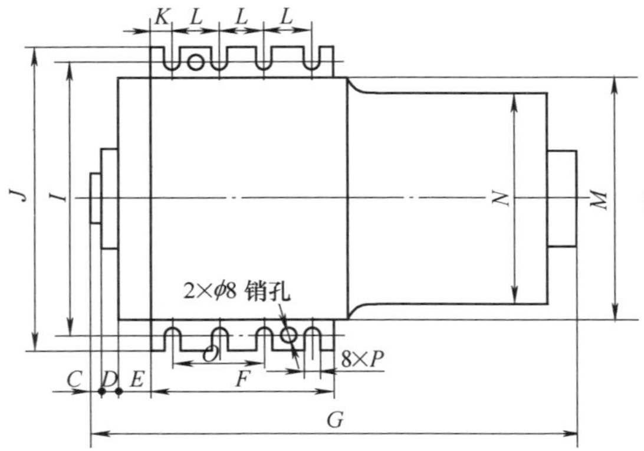

a) 主视图

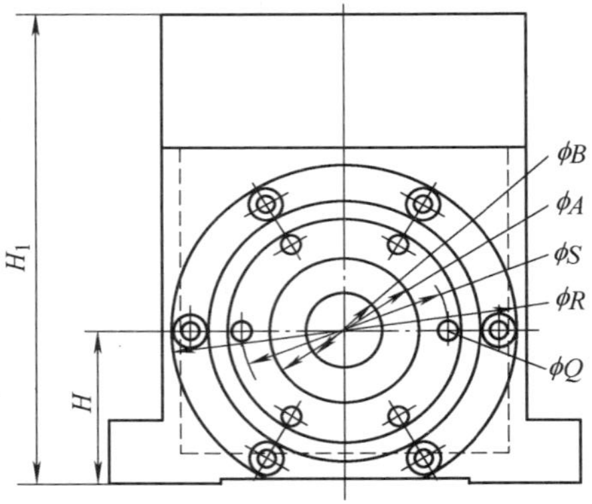

b) 左视图

型　号	A	B	C	D	E	F	G	H	H_1	I
AK3063 ×6J	58	30	8	11	18	130	348.5	63	195	165
AK3080 ×6J	70	30	8	11	18	137	364	80	214	195
AK3080 ×8J	70	30	8	11	18	137	364	80	214	195
AK30100 ×6J	80	40	9	13	25	145	381.5	100	259	225
AK30100 ×8J	80	40	9	13	25	145	381.5	100	259	225
	J	K	L	M	N	O	P	Q	R	S
AK3063 ×6J	185	19	30	145	123	—	11	6-M8	139	82
AK3080 ×6J	220	11	115	170	140	65	11（18）	6-M8	169	106
AK3080 ×8J	220	11	115	170	140	65	11（18）	6-M8	169	106
AK30100 ×6J	250	20	110	200	160	70	11（18）	8-M8	199	125
AK30100 ×8J	250	20	110	200	160	70	11（18）	8-M8	199	125

表 4-31 烟台环球 AK31 系列数控刀架连接尺寸表 (单位：mm)

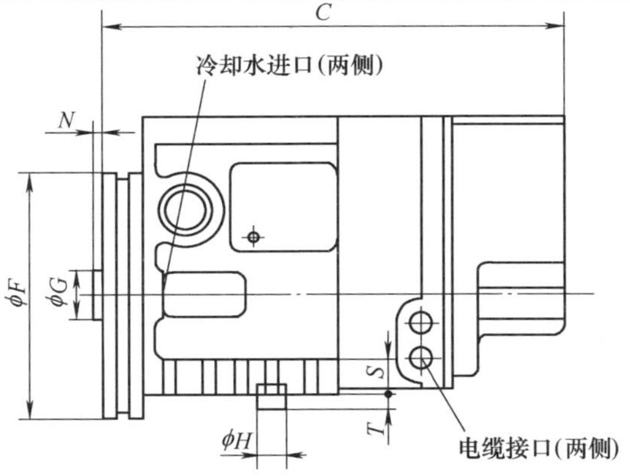

a) 主视图

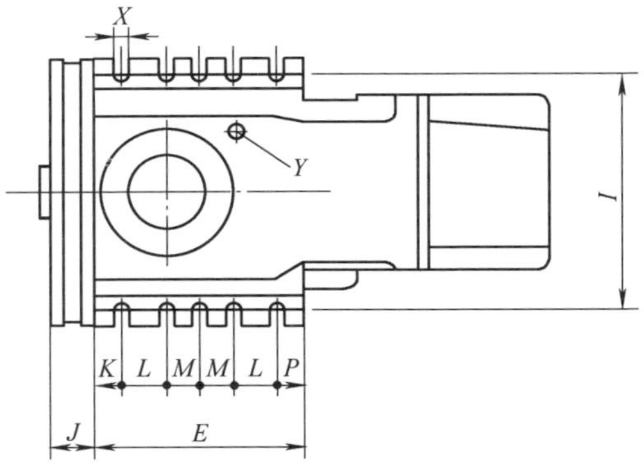

b) 俯视图

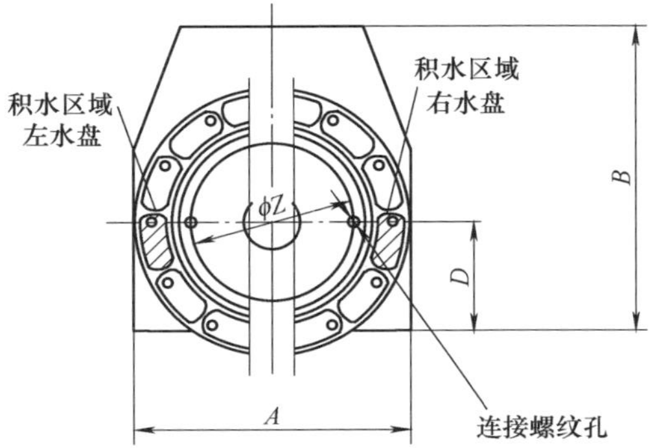

c) 左视图

	A	B	C	D	E	F	G	H	I	J	K	L	M	N	P	S	T	X	Y
AK3180	210	240	394	80	170	207	40h5	17g6	190	36	22	32	32	8	20	23	7.5	10 ~ 11	M10 ×20
AK31100	250	280	451.5	100	190	247	50h5	20g6	220	41	25	40	30	9	25	32	9	10 ~ 13	M10 ×24
AK31125	310	320	470.5	125	230	310	63h5	26g6	280	52	30	44	43	10	26	34	9	10 ~ 17	M12 ×24
AK31160	390	410	656	160	270	390	80h6	32g6	352	56	40	48	—	10	30	36	9	10 ~ 22	M24 ×42
AK31200	470	280	693.5	200	358	465	100h5	—	420	56	48	60	—	12	50	40	—	10 ~ 26	M30 ×42

二、卧式液压数控刀架

常州宏达 HAK36 系列数控液压刀架，以液压马达驱动、间歇分割凸轮机构分度转位、液压锁紧、高精密高刚性端面齿分度定位以及接近开关发信的原理。具有就近换刀、转矩大、速度高、无噪声、锁紧精度高以及能承受重切削等特点。该刀架具有计数、奇偶校验、锁紧回答等功能，确保刀架使用安全。广泛应用于中高档数控车床上，保证零件一次装夹完成车端面、外圆、圆弧、螺纹和镗孔、割槽、切断等加工工序。表 4-32 为卧式液压数控刀架规格参数，表 4-33、表 4-34 是 HAK36 系列液压刀架连接尺寸。

大连高金 DTY 系列液压凸轮数控刀架采用液压马达驱动步进式共轭凸轮传动来执行刀架的分度运动，刀盘转位运动始终靠凸轮的轮廓强制驱动，通过凸轮轮廓曲线设计，可以设置刀盘转位始、停阶段的加（减）速度，减小换位冲击。结构简单、动作可靠，制造成本相对较低。表 4-35 ~ 表 4-39 为大连高金 DTY 系列刀架尺寸表。表 4-40 为常州新墅 HLT 系列液压刀架尺寸表。

表 4-32　卧式液压数控刀架规格参数

中心高度/mm	工位数	重复定位精度	相邻工位换刀时间/s	工作液压/MPa	流量/(L/min)	最大切向力矩/N·m	最大轴向力矩/N·m	刀架型号
63	8	±2″	0.6	3.0 ~ 3.5	12	1 200	1 600	HAK36063
	8/10	±2″	0.4	3	12	600	600	DTY—63
	8/12	0.005mm	0.25	3.5	18	1 500	1 500	HLT63—8
80	8/12	0.005mm	0.30	3.5	20	1 500	2 000	HLT80—8
	8/10	±2″	0.4	3	12	1 250	1 250	DTY—80
	8	±2″	0.6	3.0 ~ 3.5	12	2 000	2 400	HAK36080
	8/10	±2″	0.8	3.5 ~ 4.0	20	2 500	3 200	HAK36080A
100	8/10	±2″	0.8	3.5 ~ 4.0	30	3 000	4 200	HAK36100
	8/12	±2″	0.35	3.5	30	2 500	2 500	DTY—100
	8/12	0.005mm	0.25	3.5	22	2 500	3 000	HLT100—8
120	8/10/12	±2″	0.35	3.5	40	3 000	3 000	DTY—120
125	8/10/12	±2″	0.35	4	40	3 600	3 600	DTY—125
	8/12	0.005mm	0.25	3.5	25	3 600	4 000	HLT125—8
160	8/10/12	±2″	0.45	4	40	5 000	5 000	DTY—160

表 4-33　**HAK36**（063/083）刀架尺寸表　　（单位：mm）

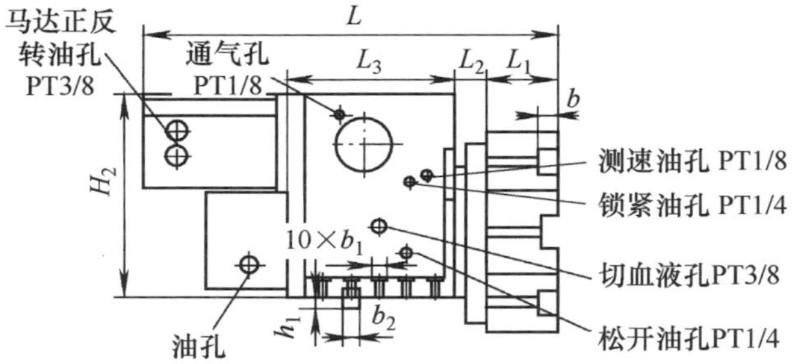

a) 主视图

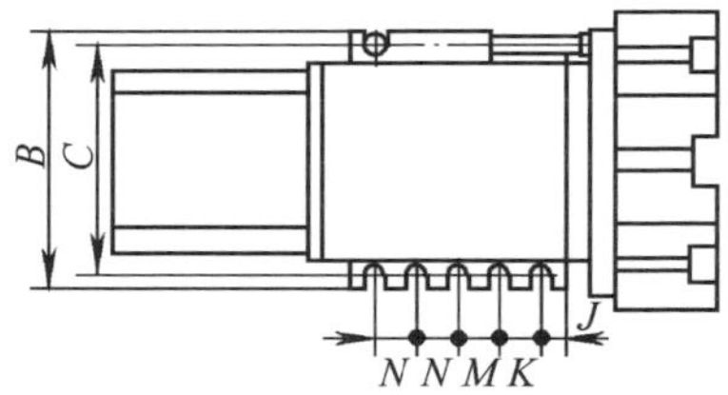

b) 俯视图

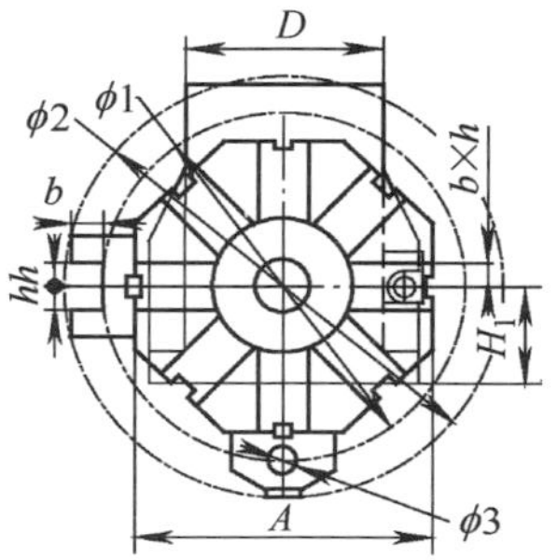

c) 右视图

	A	B	C	D	H_1	H_2	b	b_1	b_2	h	h_1
HAK36063	228	185	165	148	63	228	20	11	Φ15	20	10
HAK36080	240	210	190	158	80	245	20	11	Φ17	20	10
	L	L_1	L_2	L_3	J	K	M	N	ϕ1	ϕ2	ϕ3
HAK36063	443	65	38	175	19.5	30	30	30	272	316	25
HAK36080	473	80	37	191	22	32	32	32	190	345	25

表 4-34 **HAK36**（080A/100）刀架尺寸表 （单位：mm）

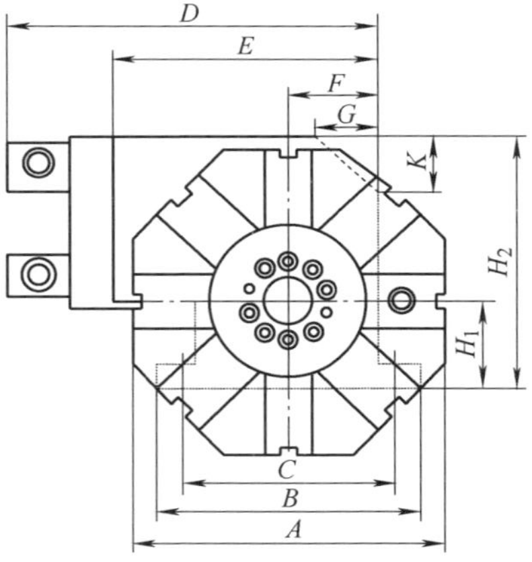

a) 主视图

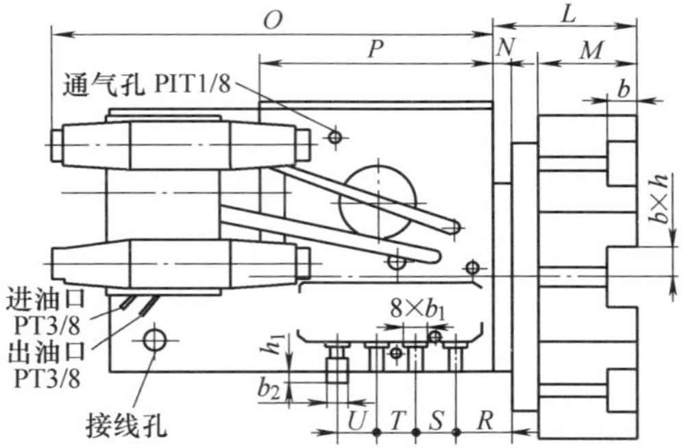

b) 左视图

	A	B	C	D	E	F	G	K	H_1	H_2	L	M
HAK36080A	270	215	190	321	230	80	45	45	80	227	117	80
HAK36100	300	250	220	365	272	95	45	45	100	290	133	90

	N	O	P	R	S	T	U	b	b_1	b_2	h	h_1
HAK36080A	15	365	191	32	32	32	32	25	11	17	25	12
HAK36100	19	380	206	34	40	30	30	25	13	20	25	18

表 4-35　DTY—63 液压数控刀架尺寸表　　（单位：mm）

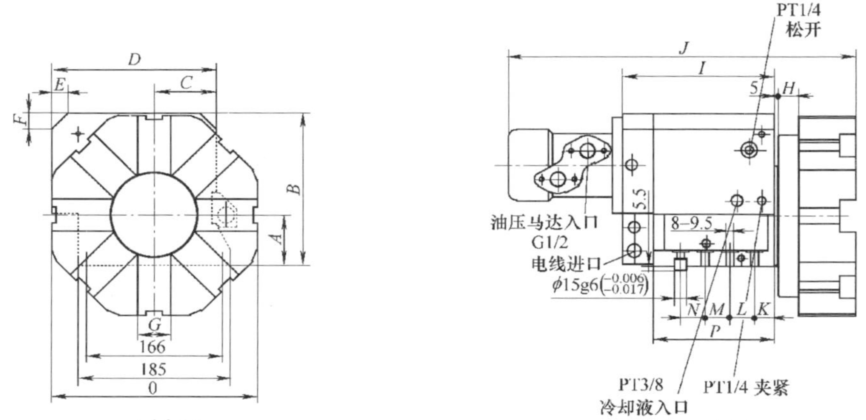

a) 主视图　　b) 左视图

	A	B	C	D	E	F	G	H	I	J	K	L	M	N	O	P
DTY—63	63	191	75	200	20	20	40	25	185	424	24	30	30	30	250	147

表 4-36　DTY—80 液压数控刀架尺寸表　　（单位：mm）

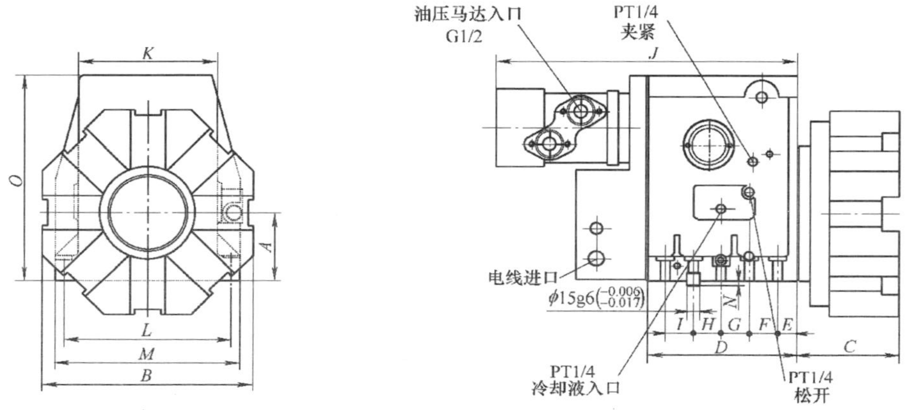

a) 主视图　　b) 左视图

	A	B	C	D	E	F	G	H	I	J	K	L	M	N	O
DTY—80	80	240	117	170	22	32	32	32	32	343.5	158	190	210	5.5	240

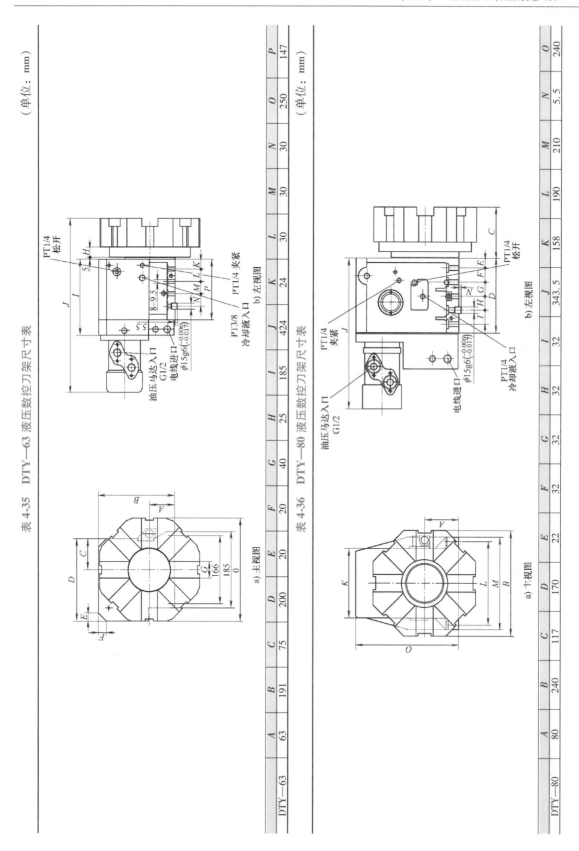

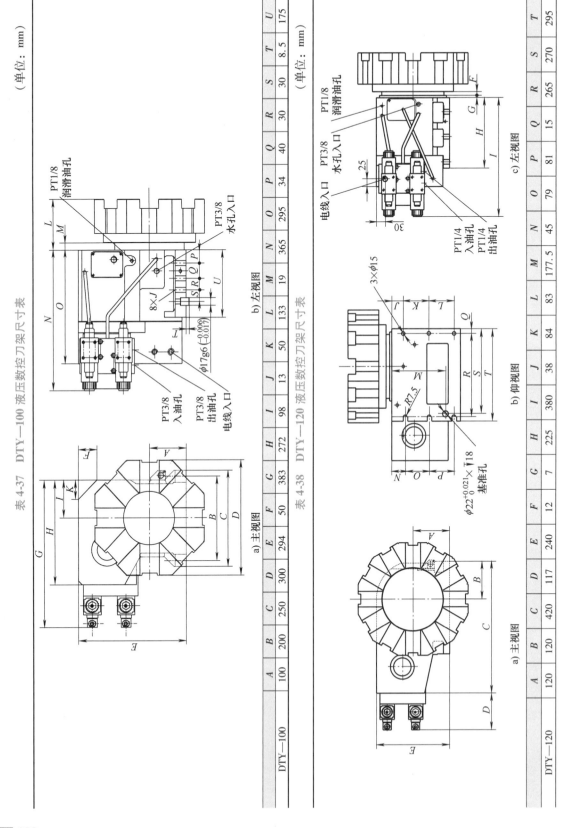

表 4-37　DTY—100 液压数控刀架尺寸表　　（单位：mm）

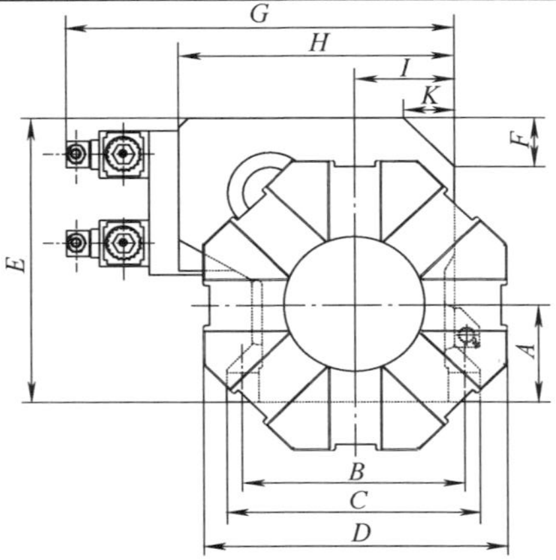

a) 主视图

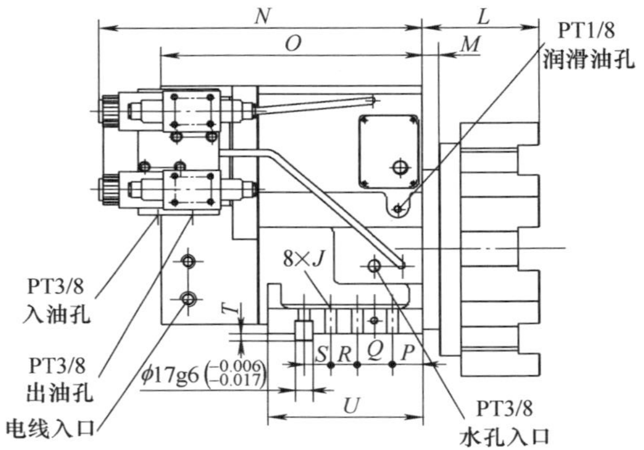

b) 左视图

	A	B	C	D	E	F	G	H	I	J	K	L	M	N	O	P	Q	R	S	T	U
DTY—100	100	200	250	300	294	50	383	272	98	13	50	133	19	365	295	34	40	30	30	8. 5	175

表 4-38　DTY—120 液压数控刀架尺寸表　　（单位：mm）

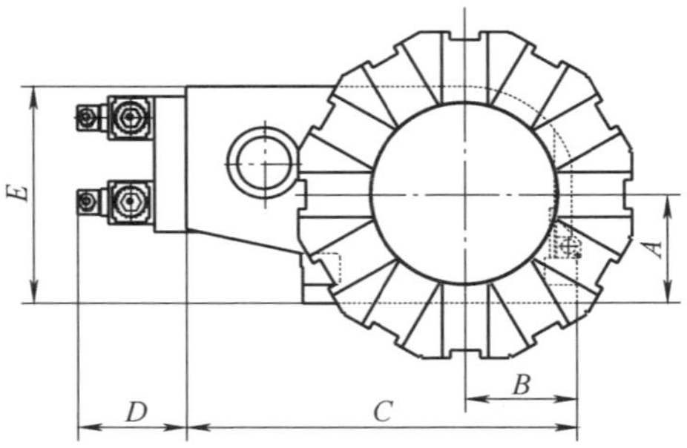

a) 主视图

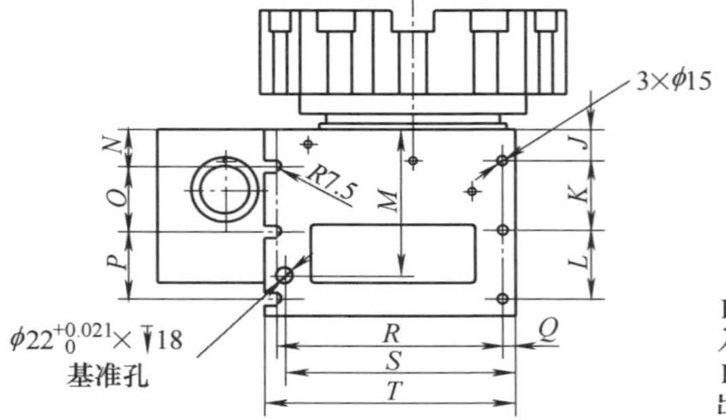

b) 仰视图

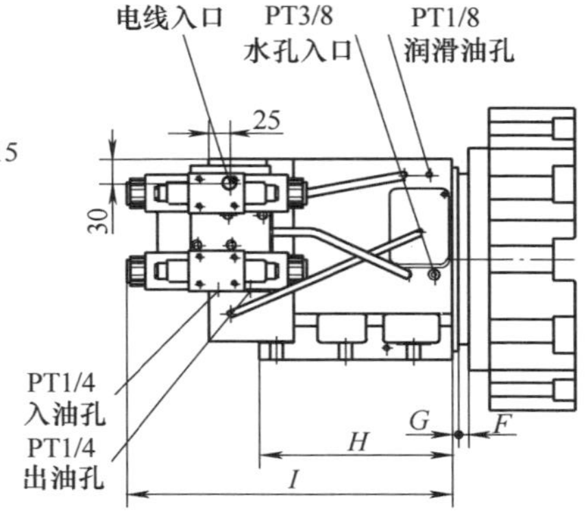

c) 左视图

	A	B	C	D	E	F	G	H	I	J	K	L	M	N	O	P	Q	R	S	T
DTY—120	120	120	420	117	240	12	7	225	380	38	84	83	177. 5	45	79	81	15	265	270	295

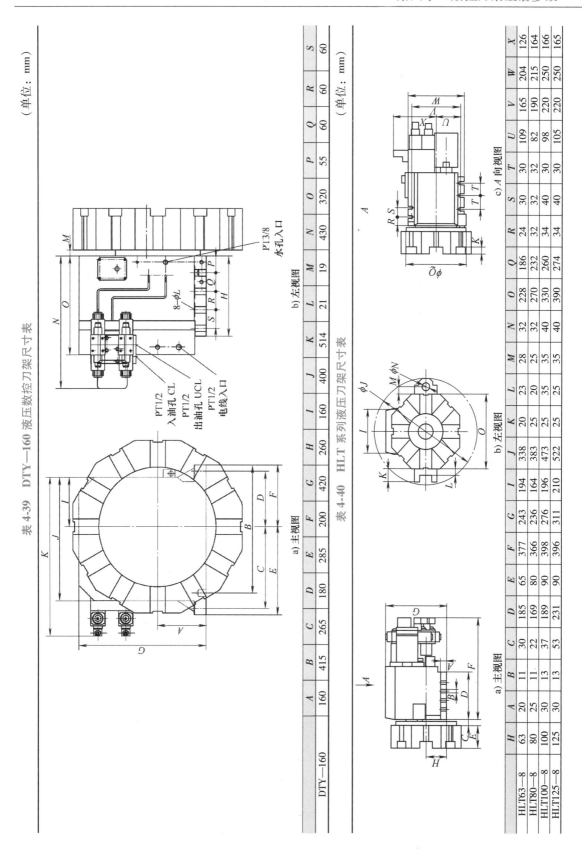

表 4-39　DTY—160 液压数控刀架尺寸表　（单位：mm）

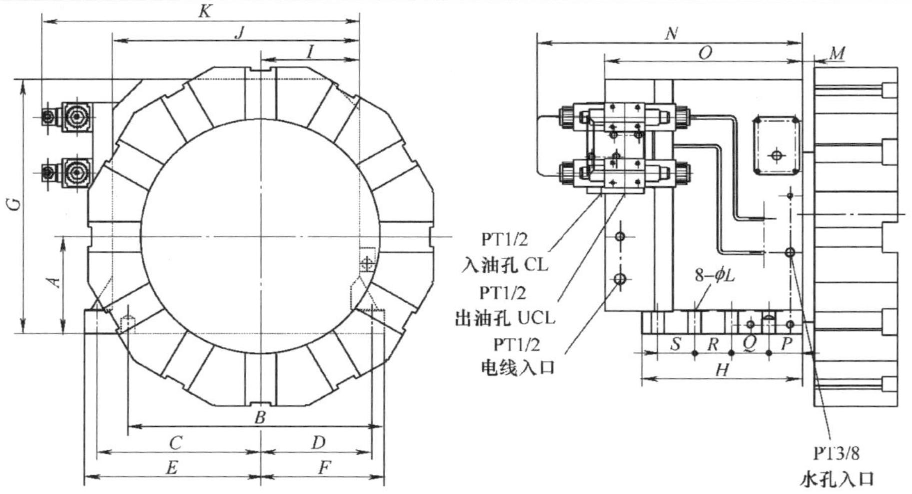

a) 主视图　b) 左视图

	A	B	C	D	E	F	G	H	I	J	K	L	M	N	O	P	Q	R	S
DTY—160	160	415	265	180	285	200	420	260	160	400	514	21	19	430	320	55	60	60	60

表 4-40　HLT 系列液压刀架尺寸表　（单位：mm）

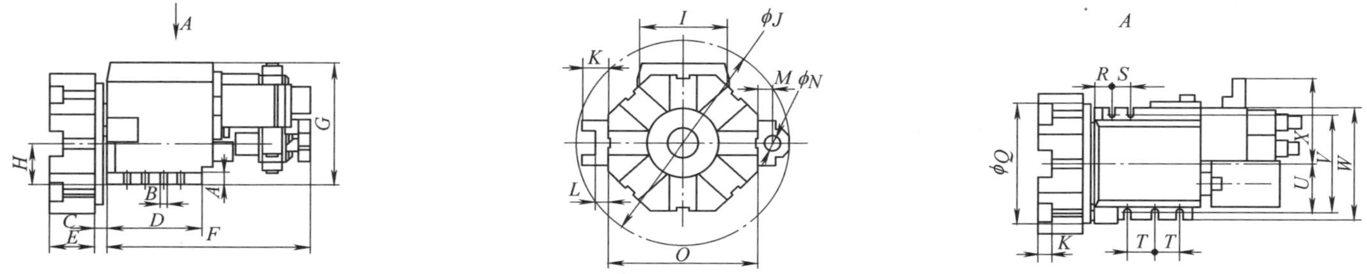

a) 主视图　b) 左视图　c) A 向视图

	H	A	B	C	D	E	F	G	I	J	K	L	M	N	O	Q	R	S	T	U	V	W	X
HLT63—8	63	20	11	30	185	65	377	243	194	338	20	23	28	32	228	186	24	30	30	109	165	204	126
HLT80—8	80	25	11	22	169	80	366	236	164	383	25	20	25	32	270	232	32	32	32	82	190	215	164
HLT100—8	100	30	13	37	189	90	398	276	196	473	25	35	35	40	330	260	34	40	30	98	220	250	166
HLT125—8	125	30	13	53	231	90	396	311	210	522	25	25	35	40	390	274	34	40	30	105	220	250	165

三、卧式伺服数控刀架

卧式伺服数控刀架规格参数如表 4-41 所示。

表 4-41　卧式伺服数控刀架规格参数表

中心高/mm	工位数	重复定位精度/(″)	相邻工位换刀时间/s	最大转动惯量/kg·m²	最大切向力矩/N·m	最大轴向力矩/N·m	锁紧力/kN	工作油压/MPa	流量/(L/min)	最大载重/kg	刀架型号
50	8	±2	—	0.13	300	300	—	2.5~3	10	15	AK3650
60	8/12	±1.6	0.27	1.2	1 100	1 200	16	3	12	—	DTS63
63	8	±1.6	0.23	0.6	1 000	1 200	12	2.8~3.2	18	40	SLT63
	8	±2	0.1	1	1 000	1 200	12	3.5	12	30	HST12
	8	±2	—	0.8	600	600	—	2.5~3	12	30	AK3663
	8/12	±2	0.25	—	1 200	1 600	—	3.0~3.5	10	65	HAK32063
80	8/12	±2	0.25	—	1 500	2 100	—	3.0~3.5	10	80	HAK32080
	8	±2	0.5	1.3	1 250	1 250	—	2.5~3	12	40	AK3680
	8/12	±1.6	0.2	—	1 600	1 250	—	4~4.5	10	—	HAK37080
	8/12	±1.6	0.38	2.2	1 900	2 100	16	3	12	—	DTS80
	8/12	±2	0.12	2.5	2 000	3 200	30	3.5	14	60	HST16
	8/12	±1.6	0.45	1.5	2 500	3 000	28	2.8~3.2	20	60	SLT80
100	8/12	±1.6	0.35	5	4 000	6 000	49	3	30	—	DTS100
	8/12	±2	0.25	5	3 600	5 400	50	3.5	16	120	HST20
	8/12	±1.6	0.25	—	2 200	2 500	—	4~4.5	10	120	HAK37100
	8/12	±1.6	0.76	3	4 000	5 000	32	3.5~3.7	25	120	SLT100
100	8/12	±2	0.45	4.5	2 500	2 500	—	2~2.5	—	120	AK36100A
	8/12	±2	0.30	—	2 200	3 600	—	3.0~3.5	15	120	HAK32100
125	8/12	±2	0.35		3 200	5 000		3.5~4.0	15	150	HAK32125
	8/12	±2	0.8	7.5	3 600	3 600	—	2~2.5	—	160	AK36125A
	8/12	±1.6	0.95	5	8 000	10 000	57	3.5~3.7	30	180	SLT125
	8/12	±1.6	0.5	8	7 500	12 000	49	30	40	—	DTS125
	8/12	±2	0.3	7.5	720	12 000	75	4	18	160	HST25
160	8/12	±1.6	1.47	12	14 000	20 000	81	3.5~3.7	30	280	SLT160
	8/12	±2	0.9	15	5 000	5 000	—	2~2.5	—	280	AK36160A
	8/12	±2	0.40	—	4 600	8 000	—	3.5~4.0	15	280	HAK32160
	8/12/24	±1.6	1.84	32	16 000	25 000	64	3	40	—	DTS160
	8/12	±2	0.42	22	16 000	20 000	130	4	20	300	HST32
200	8/12/24	±1.6	2.06	70	16 000	25 000	—	3	40	—	DTS200

（一）AK36 系列卧式伺服数控刀架

烟台环球 AK36 系列卧式伺服数控刀架是一种以伺服电动机进行分度，靠压力油松开、刹紧的一种新型刀架，以端齿盘进行精密定位，可实现双向转位和任意刀位就近选刀。具有定位精度高、结构紧凑、转位速度快、可承受较大切削力以及适用范围广等特点。图 4-14 为 AK3650 刀架外形尺寸图、图 4-15 为 AK3663 刀架外形尺寸图，表 4-42 为其他 AK36 系列伺服刀架连接尺寸。

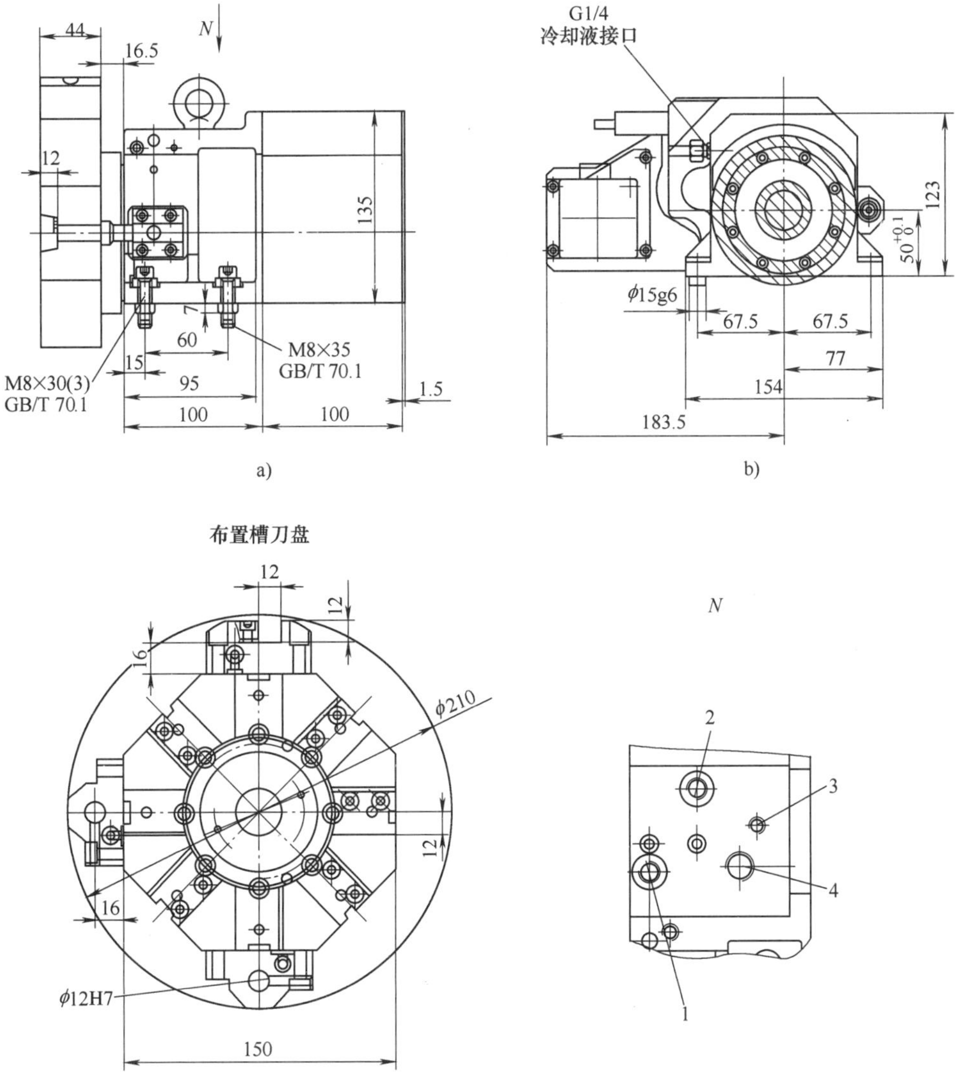

c)　　d)

图 4-14　AK3650 刀架外形尺寸图

a）主视图　b）左视图　c）右置槽刀视图　d）N 向视图

（二）HAK32 系列数控刀架

常州宏达 HAK 系列伺服刀架采用电动机驱动、液压锁紧、三齿盘分度定位的工作原理。具有换刀速度快、就近选刀、锁紧后液力失压仍能正常切削的特点，是高档数控车床的常用附件。表 4-43 为常州宏达 HAK32 系列伺服刀架连接尺寸表。

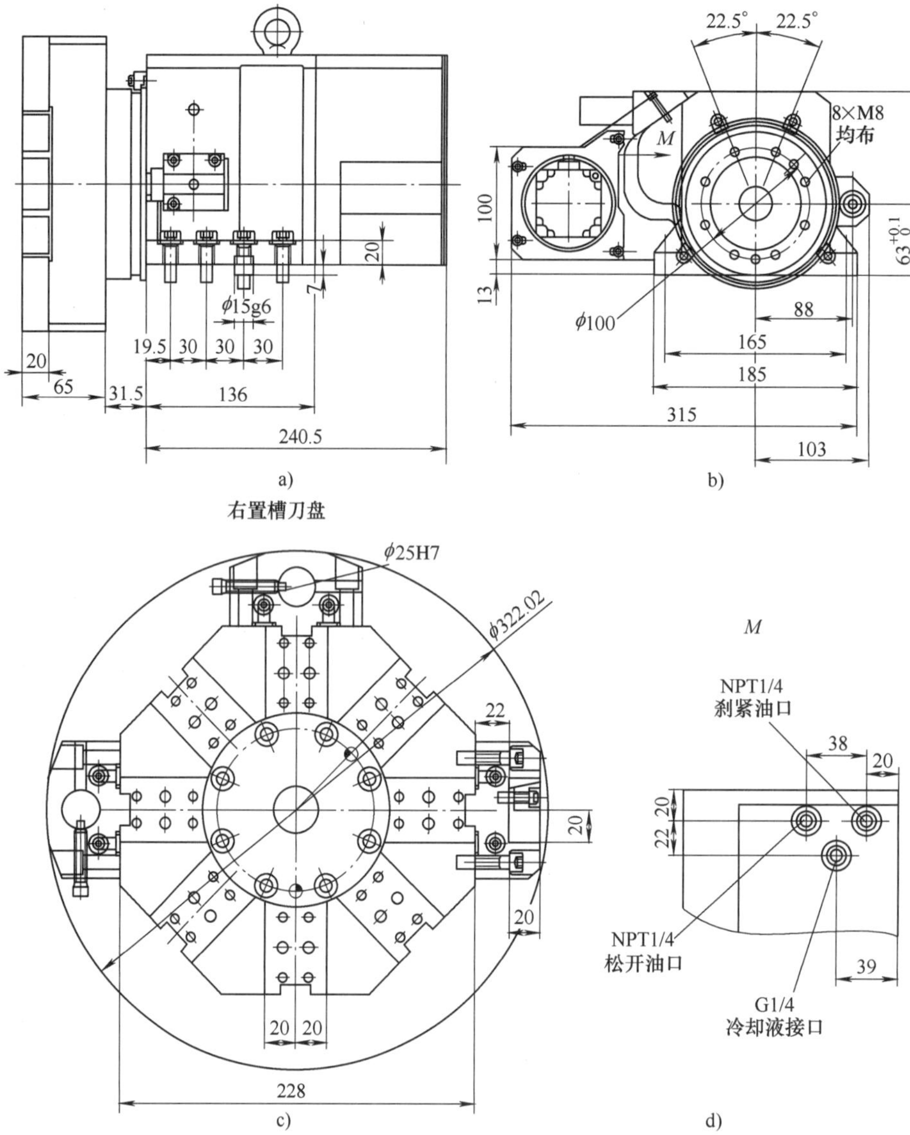

图 4-15　AK3663 刀架外形尺寸图

a）主视图　b）左视图　c）右置槽刀盘视图　d）*M* 向视图

（三）HAK37 系列直驱伺服刀架

常州宏达 HAK37 系列直驱伺服数控刀架，具有刚性高，响应速度快，控制精度高的特点。实现从低速至高速的快速平滑运行、双向转位、就近选刀、多工位、内置冷却，是高档数控车床的常用附件。表 4-44 为常州宏达 HAK37 系列刀架连接尺寸表。

（四）DTS 系列伺服刀架

大连高金 DTS 系列伺服刀架是靠伺服电动机分度，相隔多刀位换刀时刀盘可连续旋转，换刀速度快。三联齿盘的松开与锁紧是靠一个与刀盘主轴中心垂直方向移动的气（油）缸通过断面凸轮机构实现，该机构是通过力矩放大，既保证了足够的锁紧力，又不加大气（油）缸的直径尺寸。换刀时刀盘不抬起，中心供水，密封性好。表4-45 为大连高金 DTS 系列伺服刀架连接尺寸表。

表 4-42　AK36 系列数控刀架连接尺寸表　（单位：mm）

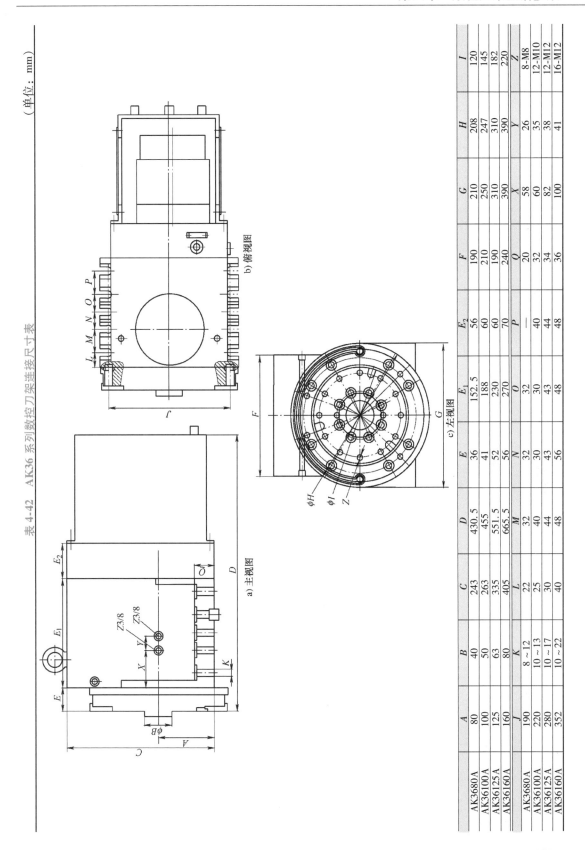

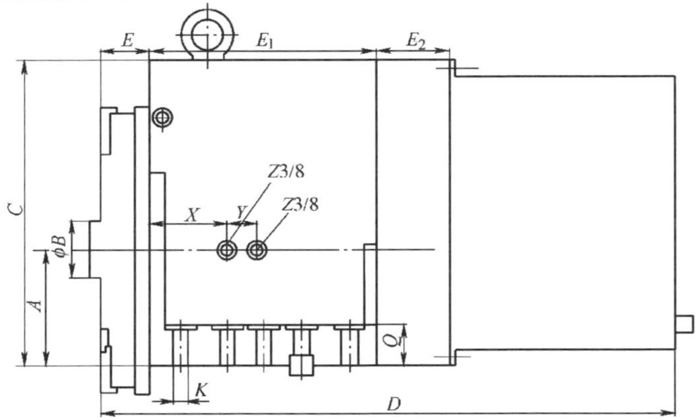

a) 主视图

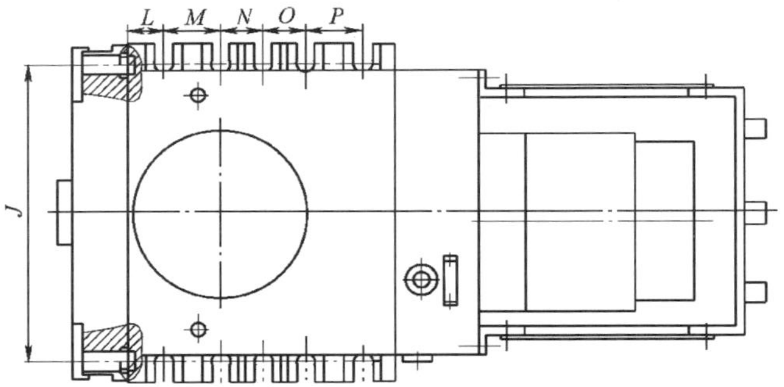

b) 俯视图

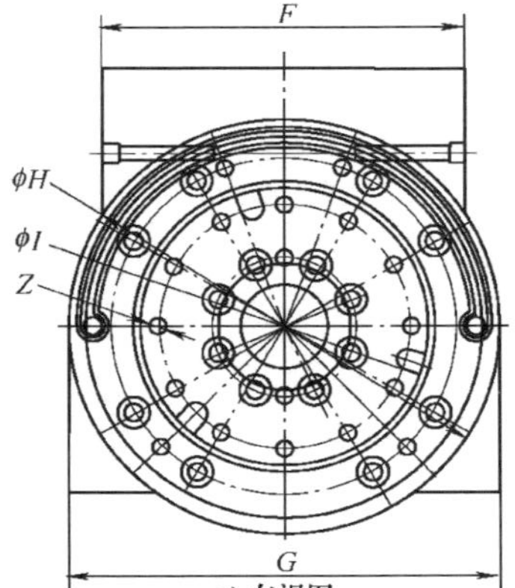

c) 左视图

	A	B	C	D	E	E_1	E_2	F	G	H	I
AK3680A	80	40	243	430.5	36	152.5	56	190	210	208	120
AK36100A	100	50	263	455	41	188	60	210	250	247	145
AK36125A	125	63	335	551.5	52	230	60	190	310	310	182
AK36160A	160	80	405	665.5	56	270	70	240	390	390	220
	J	K	L	M	N	O	P	Q	X	Y	Z
AK3680A	190	8 ~ 12	22	32	32	32	—	20	58	26	8-M8
AK36100A	220	10 ~ 13	25	40	30	30	40	32	60	35	12-M10
AK36125A	280	10 ~ 17	30	44	43	43	44	34	82	38	12-M12
AK36160A	352	10 ~ 22	40	48	56	48	48	36	100	41	16-M12

表 4-43 常州宏达 **HAK32** 系列数控刀架连接尺寸表 （单位 mm）

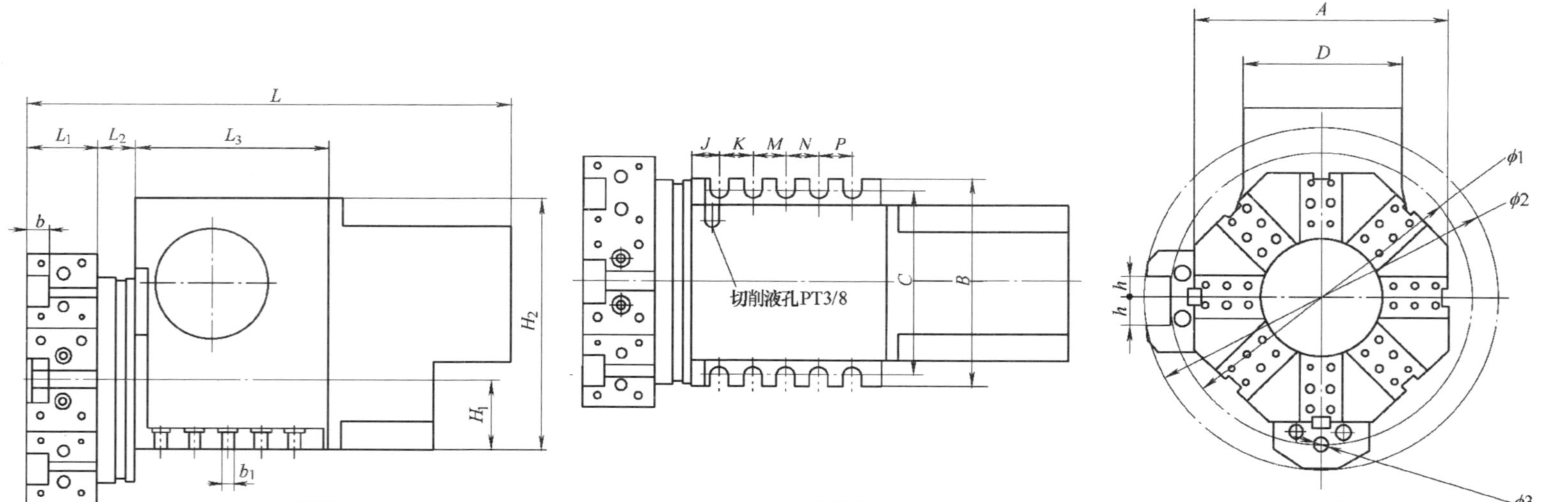

a) 主视图　　b) 俯视图　　c) 左视图

	A	B	C	D	H_1	H_2	b_1	b	h	L	L_1
HAK32063	230	190	168	143	63	230	11	20	20	468	55
HAK32080	260	210	188	158	80	250	11	25	25	484	62
HAK32100	300	238	213	180	100	300	13	25	25	542	80
HAK32125	380	308	280	238	125	345	18	32	32	611	90
HAK32160	480	390	352	316	160	450	22	40	40	822	120
	L_2	L_3	J	K	M	N	P	$\phi1$	$\phi2$	$\phi3$	
HAK32063	31	176	25	30	30	30	—	226	338	25	
HAK32080	36	176	25	32	32	32	—	310	366	32	
HAK32100	40	195	32	40	30	30	—	360	420	32	
HAK32125	51	220	32	44	43	43	—	460	530	40	
HAK32160	72	330	48	48	56	48	48	580	660	50	

表 4-44　常州宏达 **HAK37** 系列数控刀架连接尺寸表　（单位：mm）

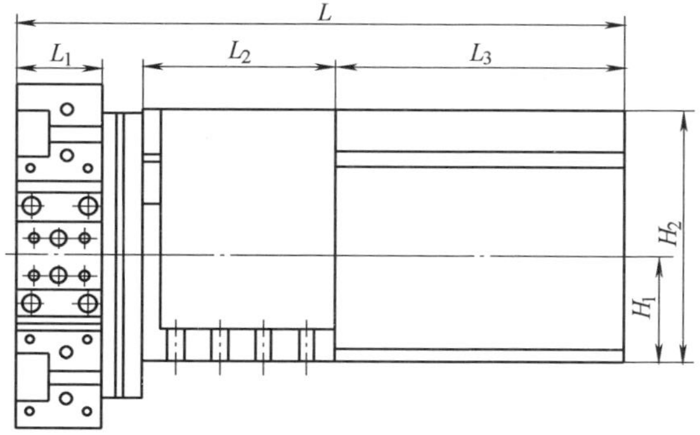

a) 主视图

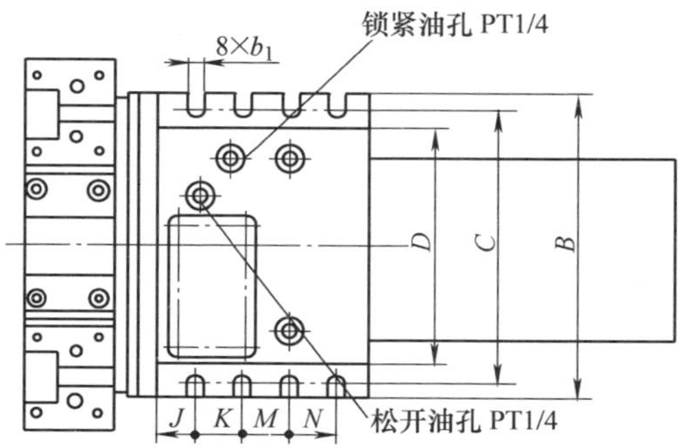

b) 俯视图

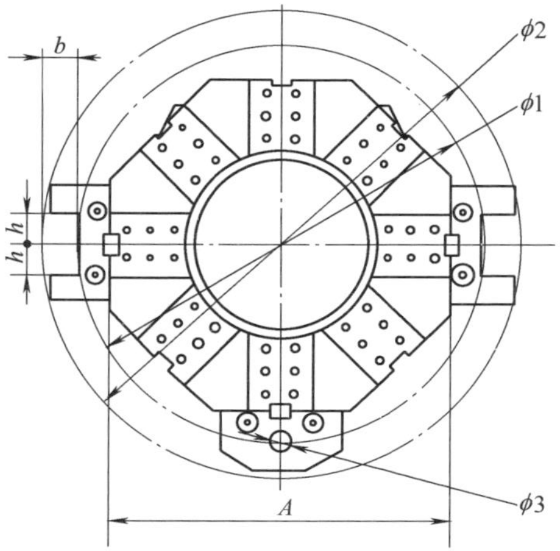

c) 左视图

	A	B	C	D	H_1	H_2	b_1	b	h	L
HAK37080	260	215	190	165	80	190.5	11	25	25	455.5
HAK37100	300	245	210	160	100	230	13	25	25	460
	L_1	L_2	L_3	J	K	M	N	$\phi1$	$\phi2$	$\phi3$
HAK37080	76	142	212	25	32	32	32	310	370	32
HAK37100	80	150	212	32	40	30	30	360	420	32

表 4-45 大连高金 DTS 系列数控刀架尺寸表 （单位：mm）

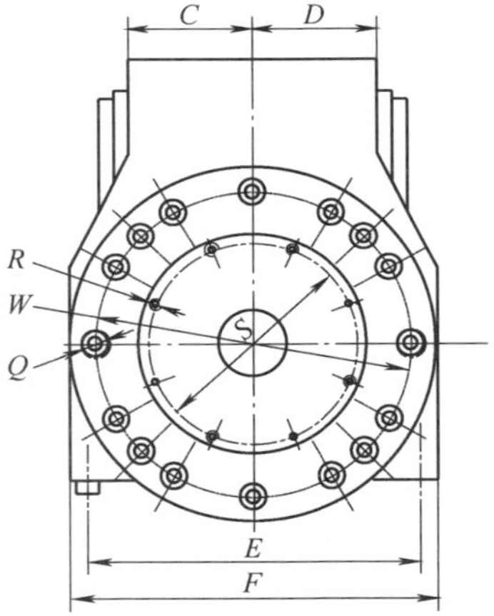

a) 主视图

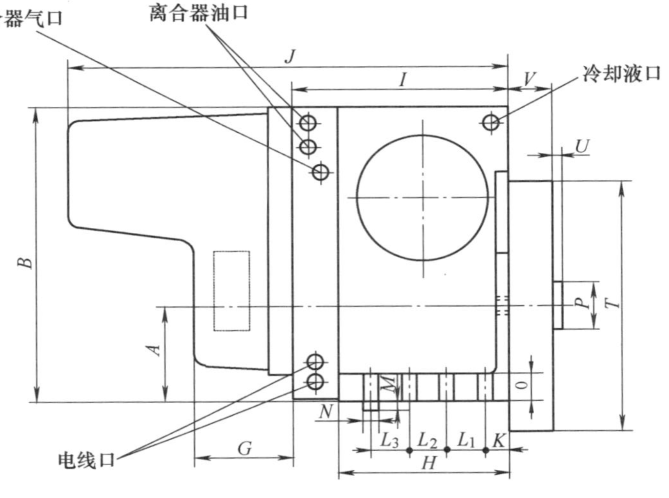

b) 左视图

	A	B	C	D	E	F	G	H	I	J	K	L_1	L_2	L_3	M	N	O	P	Q	R	S	T	U	V	W
DTS63	63	233	67. 25	67. 25	165	185	76	128	176	356	19. 5	30	30	30	12	ϕ15	18	ϕ30	ϕ11	M8	ϕ90	ϕ177	8	30. 5	ϕ150
DTS80	80	250	71	71	190	210	76	137	176	356	22	32	32	32	12	ϕ17	22	ϕ40	ϕ14	M8	ϕ120	ϕ210	8	36	ϕ180
DTS100	100	306	92. 5	92. 5	220	250	76	155	220	400	25	40	30	30	13	ϕ20	32	ϕ50	ϕ14	M10	ϕ145	ϕ248	8. 5	41	ϕ219
DTS125	125	331	100	100	280	310	76	184. 5	220	400	30	44	43	45	17	ϕ26	34	ϕ63	ϕ18	M12	ϕ182	ϕ310	10. 5	52	ϕ268
DTS160	160	410	157	157	352	390	163	275	330	520	40	48	56	48	22	ϕ32	36	ϕ80	ϕ35. 5	M12	ϕ220	ϕ390	10	56	ϕ364
DTS200	200	450	157	157	420	470	163	340	340	520	48	60	80	60	26	ϕ38	40	ϕ100	ϕ35. 5	M16	ϕ300	ϕ465	12	62	ϕ410

第四节　动 力 刀 架

刀架是数控车床及车铣复合加工中心的关键功能部件，可实现数控车床及车铣复合加工中心的刀具储备、自动交换和夹持刀具进行切削等功能。动力刀架以伺服刀架作基体，配置伺服动力源而成，刀盘转位快、液压锁紧力大。每个刀位可安装固定切削刀具，亦可安装旋转切削刀具，可使复杂工件通过一次装夹完成车削内外圆、断面、铣槽、攻螺纹、铣多边形及雕刻图形等多种工序，是车削中心的重要组成部分。图 4-16 为双伺服电动机动力刀架，A 为卧式刀架、B 为冷水法兰盘、C 为 VDI 式刀盘、D 为动力装置。

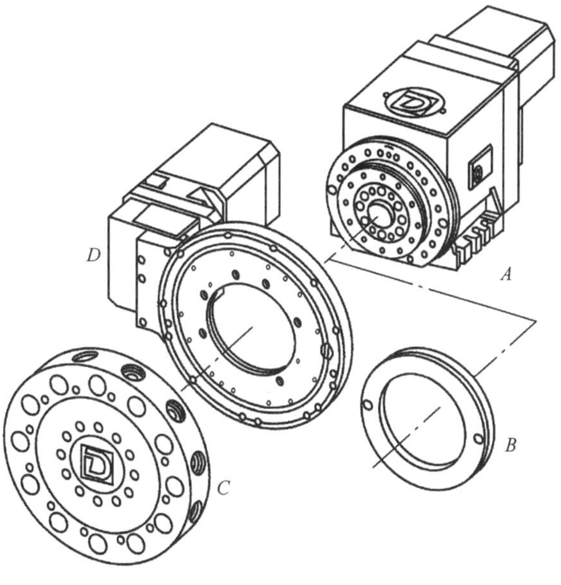

图 4-16　双伺服电动机结构示意图

一、动力刀架规格参数

表 4-46 为国内大陆厂家动力刀架规格参数表，采用 DIN 69880 标准。其中：HAK33 是常州宏达生产的动力刀架，SLTD 是常州新墅生产的动力刀架，DTSA 是大连高金生产的动力刀架，AK33 是烟台环球生产的动力刀架。

二、SLTD 动力刀架

表 4-47 是 SLTD 动力刀架尺寸，它是以 SLT 系列伺服刀架为平台，外加动力模块组成的，布局紧凑合理。刀具动力由单独主轴伺服电动机提供，可适应各种主轴电动机，最大功率可达 11kW。8 ~ 12 工位，各工位均可装配动力刀具，仅在工作位提供动力，刀座符合 DIN69880 和 DIN1809 国际标准。

表 4-46 国内大陆厂家动力刀架规格参数表

中心高/mm	工位数	重复定位精度/(″)	相邻工位换刀时间/s	最大转动惯量/kg·m²	最大不平衡重力矩/N·m	工作油压/MPa	刀柄直径/mm	动力刀具转速/(r/min)	最大切削转矩/N·m	型号
63	8	±1.6	0.25	—	16	2.2~3.0	25	4 500	14	HAK33063
	8	±1.6	0.23	0.5	12	2.8~3.2	25	6 000	15	SLT63D/8
80	8~12	±1.6	0.25	—	22	2.5~3.0	30	4 500	19	HAK33080
	8~12	±1.6	0.45	1.5	20	2.8~3.2	30	5 000	20	SLT80D/12
	8~12	±1.6	0.18	—	—	3.180	—	6000	23.5	DTSA80
	8~12	±2	0.57	1.3	15	2~2.5	30	5 000	20	AK3380D
100	8~12	±1.6	0.30	—	32	2.5~3.0	40	4 500	28	HAK33100
	8~12	±1.6	0.35	4	50	3.5~3.7	40	4 000	35	SLT100D/12
	8~12	±1.6	0.22	—	—	3.220	—	5 000	23.5	DTSA100
	8~12	±2	0.45	4.5	40	2~2.5	30	4 000	40	AK33100D
125	8~12	±1.6	0.54	7	80	3.5~3.7	50	3 500	48	SLT125D/12
	8~12	±1.6	0.26	—	—	3.262	—	5 000	35	DTSA125
	8~12	±2	0.95	1	60	2~2.5	50	3 000	60	AK33125D
160	8~12	±1.6	0.72	15	100	3.5~3.7	50	3 200	60	SLT160D/12
	8~12	±1.6	0.64	—	—	3.646	—	4 000	47.5	DTSA160

表 4-47 SLTD 动力刀架尺寸表

（单位：mm）

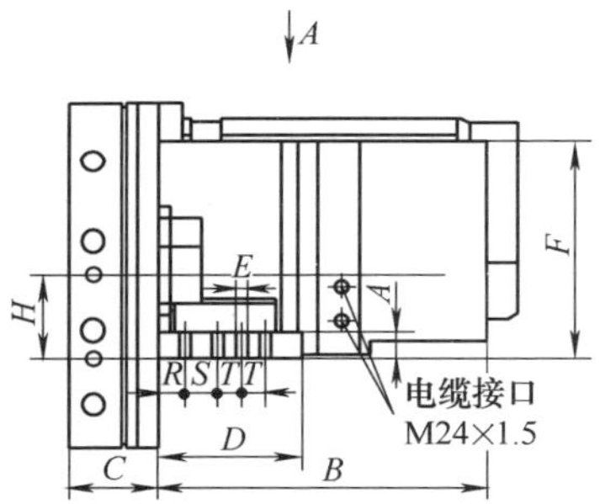

a) 主视图

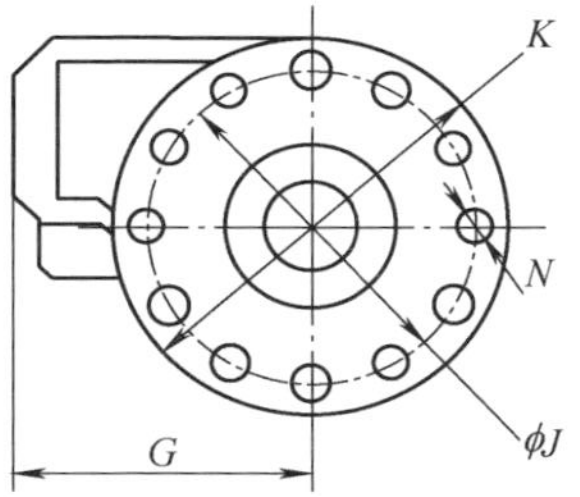

b) 左视图

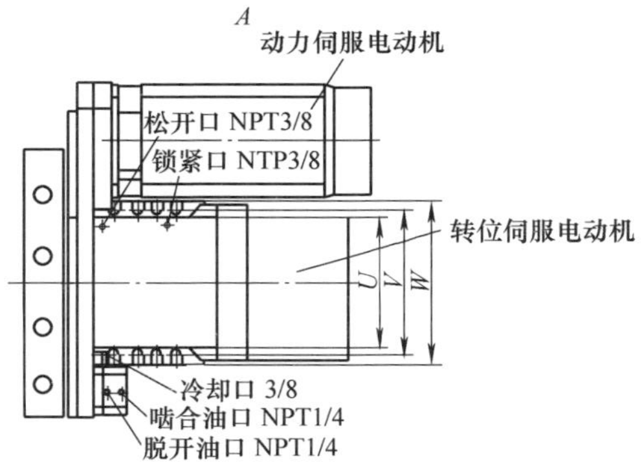

c) A 向视图

	H	A	B	C	D	E	F	G	J	K	N	R	S	T	U	V	W
SLT63D/12	63	20	370	75	150	8×11	205	270	240	300	25	24	30	40	170	165	185
SLT80D/12	80	25	385	96	160	8×11	260	290	270	340	30	25	32	32	185	190	210
SLT100D/12	100	30	410	110	190	8×13.5	260	310	340	412	40	34	40	30	210	220	250
SLT125D/12	125	35	455	110	210	10×17.5	290	335	370	452	50	32	44	43	252	280	310
SLT160D/12	160	42	510	135	270	10×22	380	395	460	540	50	48	48	56	306	352	390

三、DTSA 动力刀架

表4-48 为大连高金 DTSA 系列动力刀架尺寸表，共有四个规格产品，中心高 80 ~ 160mm，刀座符合 DIN69880，可选用 VDI 动力刀座，其对应尺寸见图 4-17 DTSA 伺服动力刀架结构图。其中 *A*1 是离合器锁紧之液压接入口 G1/8，*B*1 是离合器脱开之液压接入口 G1/8″，*C*1 是通气/漏油口 G1/8，1*b*、1*c*、1*d* 是切削液接入口 G3/8，1*e* 是安装固定孔，1*f* 是电线孔，10 是刀塔转动盘，10*a* 是刀盘安装孔，10*b* 是刀盘转动轴心（刀盘中心定位），7 是刀塔定位环销。

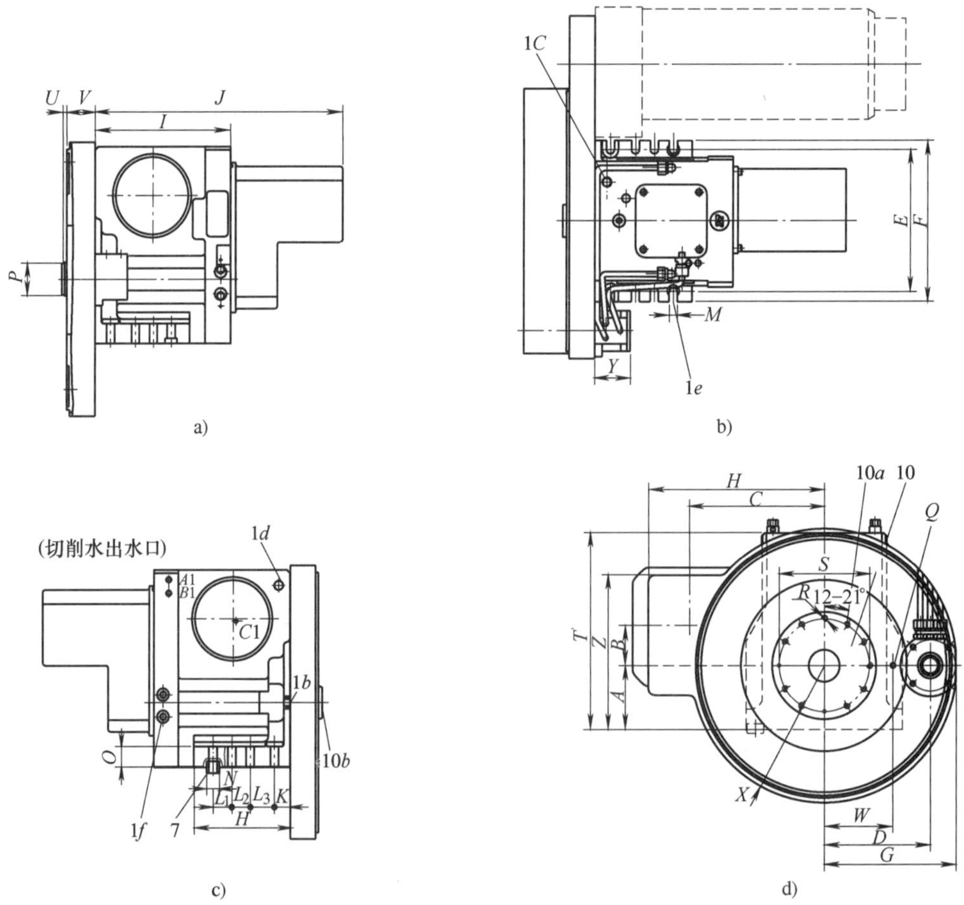

图 4-17　大连高金 DTSA 伺服动力刀架结构图

a）主视图　b）俯视图　c）左视图　d）右视图

表 4-48　大连高金 DTSA 动力刀架尺寸表　　（单位：mm）

	A	B	C	D	E	F	G	H	I	J	K	L1	L2	L3	M
DTSA80	80	49	187	135	190	210	164	277	176	356	22	32	32	32	11
DTSA100	100	62	219	170	220	250	211	280	20	400	25	30	30	40	13
DTSA125	125	71	245	200	280	310	242	329	220	400	30	43	43	44	17
DTSA160	160	123	342	245	352	390	292.5	476	330	520	40	48	104	48	22

	N	O	P	Q	R	S	T	U	V	W	X	Y	Z		
DTSA80	17*h*6	22	40*h*5	8	12-M18	120	250	7	37	90	*R*165	63	219		
DTSA100	20*h*6	32	50*h*5	8	12-M10	145	306	6	45	109.5	*R*212.5	57	240		
DTSA125	26*h*6	34	63*h*5	11	12-M12	182	331	8	54	134	*R*239	53.5	285		
DTSA160	32*h*6	36	80*h*5	14	12-M12	220	410	10	56	182	*R*295	76	416		

四、HAK33 动力刀架

表 4-49 是常州宏达数控科技股份有限公司生产的动力刀架结构图和主要参数表，刀座符合 DIN69880，可选用 VDI 动力刀座。

表 4-49　常州宏达 HAK33 系列动力刀架尺寸表　　（单位：mm）

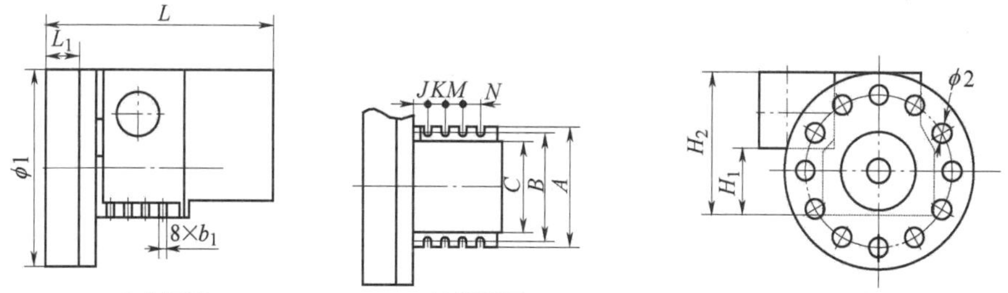

a) 主视图　　b) 俯视图　　c) 左视图

	A	B	C	H_1	H_2	b_1	J	K	M	N	φ1	φ2	L_1	L
HAK33063	90	168	143	63	230	11	25	30	30	30	295	20	43	430
HAK33080	210	188	158	80	250	11	25	32	32	32	340	30	56	496
HAK33100	238	213	180	100	300	13	32	40	30	30	410	40	65	540

五、AK33 动力刀架

AK33 是烟台环球生产的动力刀架，它是在 AK36 系列液压伺服刀架基础上增加动力模块，自行研发的新型动力刀架，刀座符合 DIN69880，可选用 VDI 动力刀座。图 4-18 ~ 图 4-20 为刀架外形尺寸图。

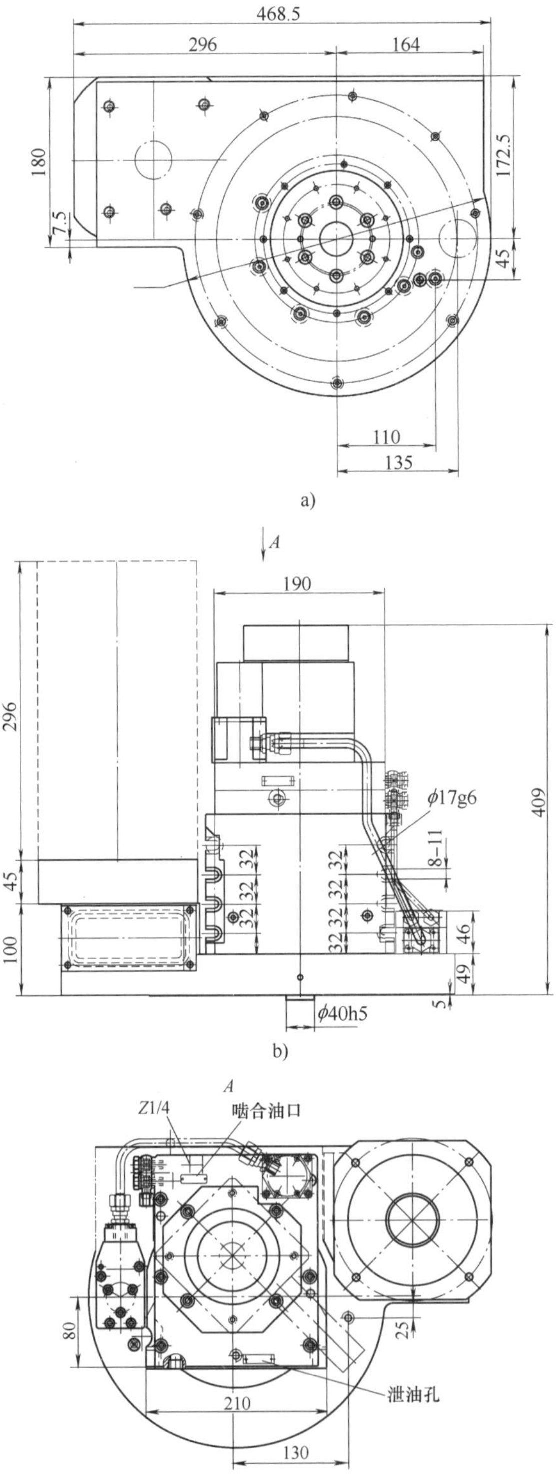

图 4-18　烟台环球 AK3380D 外形尺寸图

a）主视图　b）俯视图　c）A 向视图

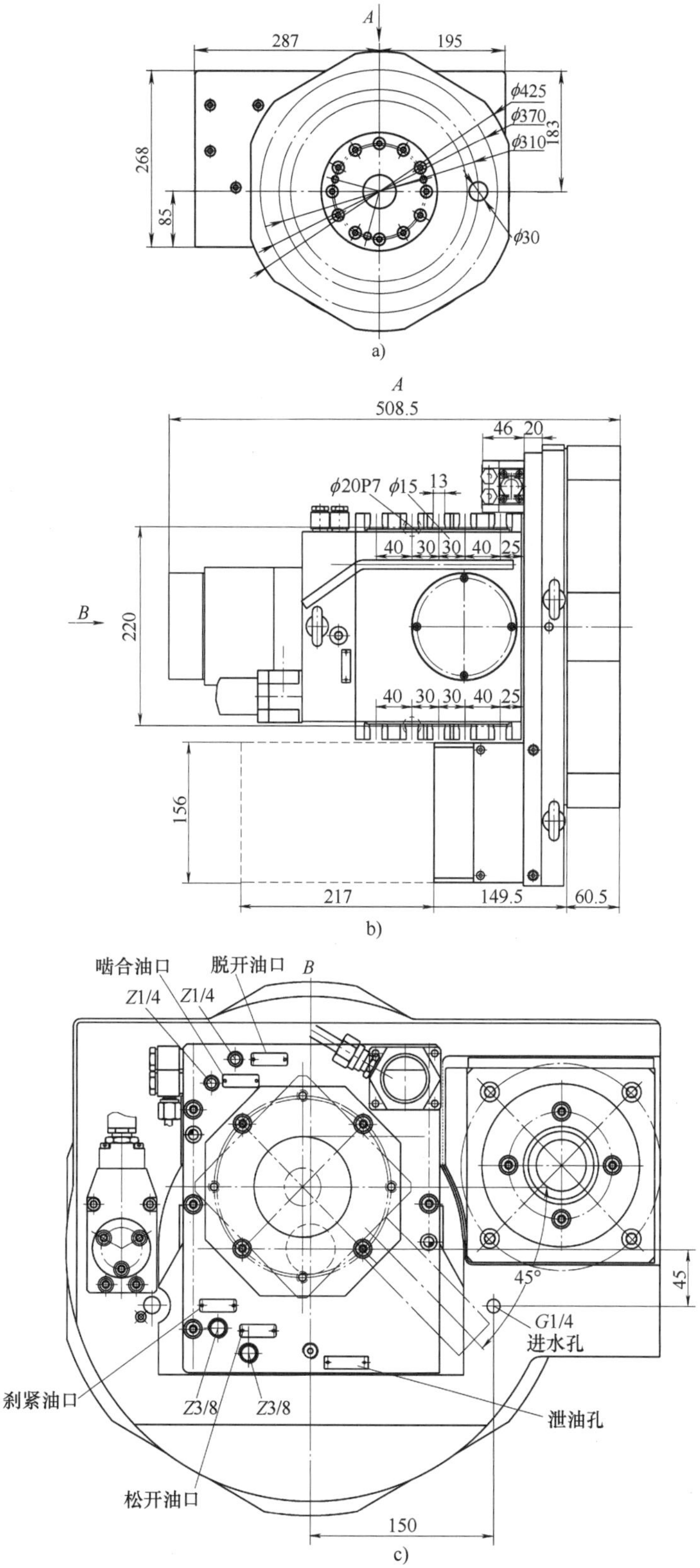

图 4-19　烟台环球 AK33100D 外形尺寸图

a）主视图　b）A 向视图　c）B 向视图

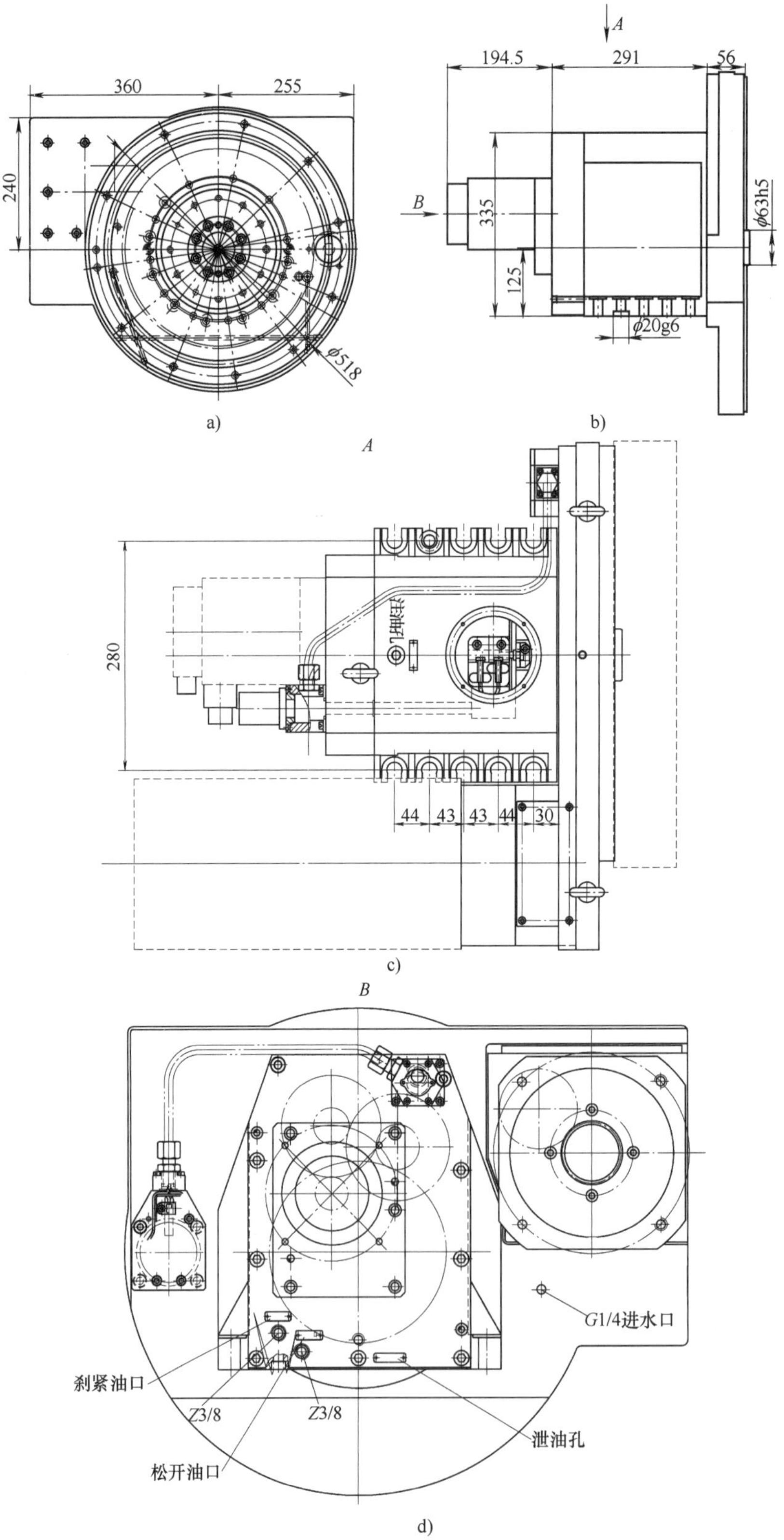

图 4-20 烟台环球 AK33125D 外形尺寸图
a）主视图 b）左视图 c）A 向视图 d）B 向视图

第五章　检测、测试及可靠性分析

数控机床的发展越来越快，对作为精密数控机床的关键附件——数控刀架，要求也越来越高，特别是其精度。关于数控刀架的精度检测国内早在2007年就已公布，数控立式刀架以及数控卧式刀架的国家标准分别是GB/T20959—2007 GB/T20960—2007。此外，有关数控刀架的试验在国内相关公司已经陆续开展。本章主要根据数控刀架的国家标准，收集国内相关企业的数控刀架试验以及汇集各种类型的数控刀架的检测指标、检测方法，归纳成几何精度检测、功能试验以及可靠性评价等。

第一节　刀架精度检测与功能试验

一、检测、试验项目及测试标准

刀架类型比较多，按照GB/T20959—2007、GB/T20960—2007的试验项目和试验要求，对立式和卧式的数控刀架进行几何精度检测、功能试验，检验指标见表5-1～表5-3。

（一）几何精度检验项目

表5-1　几何精度检验项目

刀架类型	精度指标
卧式数控刀架	重复定位精度
	工具孔轴线在工作位置的偏移
	定心轴径的径向圆跳动
	轴肩支承面的轴向跳动
	轴肩支承面对底面的垂直度
	刀槽在工作位置的偏移
	工具安装面在工作时： a）轴向定位槽对底面平行度 b）安装面对回转轴线的平行度 c）径向定位槽对底面的平行度
立式数控刀架	重复定位精度
	工具孔轴线在工作位置的偏移
	燕尾槽对底面的平行度
	燕尾槽到底面高度同位置的等距度
	各燕尾槽定位侧面在工作位置的平行度
	燕尾槽定位侧面对底面的垂直度
	燕尾槽定位侧面对刀架回转中心的位置偏移

（二）功能试验

表 5-2　立式刀架功能试验

序号	试验项目	检验指标
1	运转性能试验 a）空运转试验 b）偏重试验	运转正常、定位准确、锁紧可靠以及无故障
2	噪声检测	刀架运转时，不应有不正常的尖叫声和冲击声，运转试验中，刀架的噪声声压级≤76dB
3	密封防水试验（抽查）	刀架应有良好的密封防水性能，经喷淋试验后，刀架性能不应降低。对无法密封的刀架，内部不应有积液现象
4	静态加载试验（抽查）	刀架按规定静态加载试验，不应产生不能恢复的变形，试验中其弹性变形量≤0.060mm，试验后刀架的精度应符合规定

表 5-3　卧式刀架功能试验

序号	试验项目	检验指标
1	运转性能试验 a）空运转试验 b）偏重试验	运转正常、定位准确、锁紧可靠以及无故障
2	噪声检测	刀架运转时，不应有不正常的尖叫声和冲击声，运转试验中，刀架的噪声声压级≤76dB（A）
3	切削液渗漏检测（抽查）	刀架切削液输入系统应密封良好，按规定的密封检验，刀架各处不应有渗漏
4	密封防水试验（抽查）	刀架应有良好的密封防水性能，经喷淋后，刀架性能不应降低。对无法密封的刀架，内部不应有积液现象
5	静态加载试验（抽查）静刚度检测	按规定的静态加载试验，不应产生不能恢复的变形，试验中其弹性变形≤0.060mm，试验后刀架的精度仍应符合规定

（三）扩展性试验

国标 GB/T20959—2007 和 GB/T20960—2007 试验要求，主要考虑立式、卧式数控刀架的几何精度检测和基本性能测试，试验设备相对简易。参考已有的数控刀架产品标准，调研数控刀架近期研究成果，兼顾主机厂的要求和关注的技术参数，提出了用于数控刀架新产品开发时需要进行的新试验项目——扩展性试验项目，如表 5-4 所示。

表 5-4　扩展性试验项目

序号	试验项目	检验指标
1	刀架多点温度测量	刀架电动机温度测量，液压油温度，室温等多点温度测量
2	刀架 Y 轴位移测量	刀架刀盘沿 Y 轴方向的运动精度检测，刀架弹性变形量
3	刀架换刀定位精度、重复定位精度	刀架刀盘旋转的定位精度检测
4	刀架刀盘振动	对刀盘在轴向运动时的振动以及换刀开始和结束时由冲击引起的振动
5	刀架箱体振动测量	对刀盘在轴向运动时的振动以及换刀开始和结束时由冲击引起刀架箱体的振动
6	动态力加载试验	模拟动态切削力进行动态加载

二、刀架精度检测与功能试验系统设计

（一）几何精度检测与性能测试技术参数

根据表 5-1 ~ 表 5-4 的分析，各类数控刀架的精度检测项目和性能测试参数有所不同，需要测量的物理量有温度、压力、加速度、噪声，几何精度检测有尺寸精度及位置精度。每个参数量对应若干通道，各类试验台测试参数及其指标统计如表 5-5 所示。

表 5-5　试验台测试参数统计表

参数名	测量点	量程	精度
温度	6	-10 ~ 100℃	1% FS
压力	2	0 ~ 1MPa	1% FS
加速度	4	±5g	5%
噪声	4	30 ~ 114dB	5%
定位精度	1	0 ~ 20″	2″
重复定位精度	1	0 ~ 10″	2″
变形量	3	0 ~ 0. 1mm	2μm

（二）硬件需求分析

根据试验台所要采集的参数技术指标，要求硬件设备精度高、结构紧凑、能够满足如下需求：

1）稳定性和可靠性高，具有较强的抗干扰能力。

2）操作简单方便，易于系统维护和管理。

3）具有良好的容错机制，保证系统能够稳定的工作。

4）模块种类和尺寸规格尽量统一，以减少备件的种类。

5）具有一定的可扩展性，适应发展的需要。

6）便携性好，便于进行客户跟踪。

（三）试验台测控软件需求分析

1）数据采集功能。数据采集是实施试验系统监测的关键基础部分。采用不同类型的传感器，对数控刀架的刀盘振动、刀架箱体振动、伺服电动机温度、噪声等，对动力头温度、轴向圆跳动、径向圆跳动等，对负载系统的温度、转速、转矩和冷却水温度等，对电液伺服加载装置的振动、液压、油温等数据进行实时采集，通过数据采集卡将采集的数据传输给上位工控机。

2）试验运行状态实时显示功能。要求系统实时显示试验系统运行状态，包括：数控刀架刀位号、动力头刀位号等信息。电涡流测功机和电液伺服加载试验时载荷大小、动态力频率幅值、动力头转速等信息。动力伺服刀架、电涡流测功机和电液伺服加载装置的振动、温度等监测数据。

3）数据储存、查询和分析功能。在进行可靠性试验过程中，对温度、振动、位移等性

能参数定时采集。刀位号、施加负载大小每变化一次，系统将记录一次负载信息及时间，最后将采集的数据储存在数据库中，以便于进行数据的查询。同时，还要有对数据进行初步统计和分析的功能。

4）控制功能。主要对液压动力刀架的电液伺服动态切削力加载装置，以及测功机转矩加载装置的控制，对试验过程中的超温、超压和超载等进行报警等。

5）报表打印功能。根据实际需求，将采集的原始数据以及统计整理后的数据以一种格式显示或者打印出来，其中包括试验系统实时数据的报表以及以往数据的报表，对试验过程中状态的监测记录。

第二节　测试试验台设计

一、设计原理

数控刀架作为高档数控机床的主要功能部件，其运转性能的高低将直接影响甚至决定机床的总体精度和性能。自 2009 年重大专项提出以来，各高校和附件厂在研究分析影响转台精度性能参数基础上提出相应测试项目和参数，开发了各类数控刀架功能试验台，对数控刀架的各项性能参数及精度评价指标的全面测量，能够满足对数控刀架综合性能的实时在线监测，并能快速给出分析结果，同时展开了可靠性的试验研究。数控刀架试验台的研发对数控刀架自主产业化进程具有重要意义。

结合当前国内外对刀架运转性能的研究情况以及刀架的发展趋势，刀架运转综合性能检测平台的设计与开发应遵循下列要求：

1）满足卧式（立式）数控刀架性能测试的基本要求。

2）测试平台应易于操作和使用，尽量使用目前最优的测试方案，且方便日常维护。

3）测试平台应尽可能采用标准化部件，以提高测试系统的可靠性和互换性。

4）测试系统的数据采集软件部分应界面友好，可操作性强，便于操作人员快速掌握其使用方法。

5）测试平台精度要求。测试平台的精度应根据刀架实际需要确定各性能测量分系统的精度。

6）测试系统经济性要求。考虑测试平台的制造成本和使用成本，最终制定出适合自身测试要求的方案。

7）测试平台的寿命和稳定性要求。尽量采用模块化部件，采用技术成熟、可靠性高的元器件，增长测试系统的无维护使用周期。

数控刀架试验台由低速测量通道和高速测量通道组成，常规的温度、位移、压力等低速测量采用低速 A/D 数据采集卡，高速变化的振动、噪声等传感器要采用高速的数据采集卡测量，有一些特殊的测量传感器仪表是采用标准通信输出，如 USB、CAN、RS232/485 的接口，则应该有相应的接口通道。对于一些研究性的项目，有的数控刀架试验台还有加载系统，如电液伺服动态切削力加载装置以及电涡流测功机转矩加载装置等。数控刀架功能试验台系统硬件组成如图 5-1 所示。

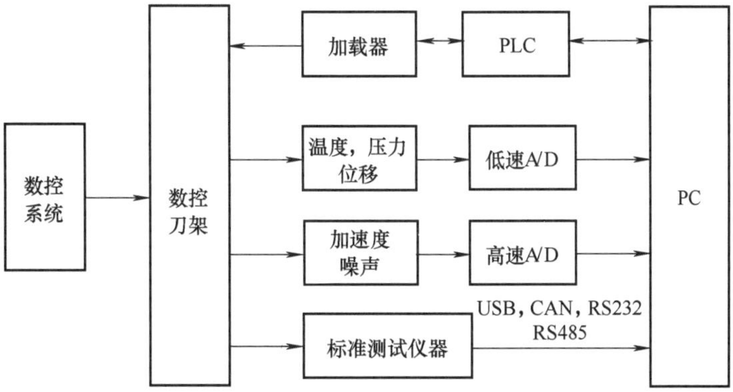

图5-1　数控刀架功能试验台系统硬件组成

二、测量仪及常用传感器选型

（一）温度传感器选型

刀架在工作时发热点很多，要尽可能全面测量，才能反映刀架在工作时的温度变化情况。在可靠性试验中，对刀架电动机的温度进行监测，以防止温度过高损坏电气元件。刀盘松开夹紧和动力头啮合脱开的液压油温度不能高于50℃，防止对管道或者密封圈损坏。对动力头的温度进行监测，以防止温度过高损伤动力刀座内部元件。

热电偶温度传感器因动态特性好，可用于快速变化的温度测量，如工件、刀具温度场的变化。常见的热电偶可以根据温度范围选择合适的类型，热电偶在选择信号调理电路的时候，要注意冷端补偿，也可以选择带信号调理电路的数据采集卡。热电偶分为R、B、S、K、E、J和T几种，根据不同的测量温度进行选取。热电偶温度传感器技术指标如表5-6所示。

表5-6　热电偶温度传感器技术指标

技术指标	参　数	技术指标	参　数
接口形式	二线制	量程	-200～800℃
信号输出形式	电压	精度	A级

在试验台中，一些变化缓慢的温度测量，可以选择铂电阻。如伺服电动机防止烧毁、电动机绕组温度测量及室温的测量等。铂电阻温度因具有传感器检测精度和良好的稳定性，以及广泛的温度检测范围，成为了最常用的检测中低温（0～500℃）的慢速温度测量传感器。在刀架试验台中，铂电阻常规的静态温度测量技术指标如表5-7所示。

表5-7　铂电阻静态温度传感器技术指标

技术指标	参　数	技术指标	参　数
接口形式	三线制接口/二线制	量程	0～250℃
信号输出形式	Pt100或4～20mA	精度	A级
工作电源	+24VDC		

在温度检测系统中，热电偶和铂电阻温传感器都可以采用不同的温度变送器（见图5-2），

在温度变送器中信号经过调理放大，成为标准 4～20mA 信号，被送到数据采集卡，在数据采集卡中经 A/D 转换后，模拟电压信号被转换成可以被工控机处理的数字信号，最后，安装在工控机上的检测系统软件从数据采集卡中读取数据，完成了温度检测系统中数据的采集。

如果需要测量旋转机械的温度场变化，如刀具切削时的温度场，应采用非接触测量的方法，可以选择红外热像仪。

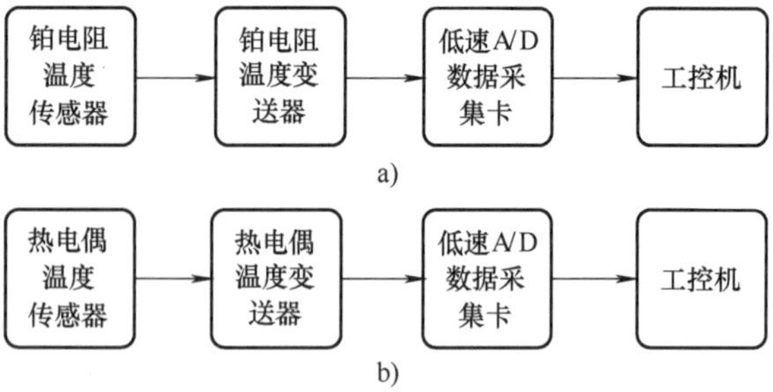

图 5-2　温度测试系统组成

a）铂电阻温度测试系统　b）热电偶温度测试系统

（二）刀架几何精度检测系统

在国标中，多处的检测有偏移量测量，或是对重复定位进行测量，都需要位移传感器。对位移的检测方法可谓多种多样，按照是否与被检测物体接触可以分为接触式和非接触式。

1）数显千分表。传统的微小位移的测量，最常见的可以用机械式千分表进行测量。随着计算机数据采集的应用，可以采用远传的千分表，使用时，千分表安装通过磁座固定，为测量轴向圆跳动、径向圆跳动，磁座夹头固定千分表，千分表接触头垂直于被测位置，接触后置零。若多个千分表的数据进行采集，可以通过专用适配器连接，以 USB 接口的形式连接工控机。选用的数显千分表技术指标如表 5-8 所示。

表 5-8　数显千分表技术指标

技术指标	参　数	技术指标	参　数
测量范围	0～6.5mm	精度	0.001mm
测量方式	接触测量	置零方式	手动
供电方式	24VDC	接口形式	USB

2）光栅位移传感器。刀架结构复杂，对刀架刀盘沿 Y 轴方向的运动精度检测时，可选择光栅位移传感器。检测时，光栅位移传感器装在特制的三角形支架上。在刀盘上安装刀具的位置，装上一根特制检棒，传感器的触头与检棒接触，并在刀盘的带动下随检棒做上下运动，完成检测。光栅位移传感器的技术要求如表 5-9 所示。

表 5-9　光栅位移传感器技术指标

技术指标	参　数	技术指标	参　数
接口形式	USB/二线制	量程范围	-1～1mm
输出信号	RS232/RS485，4～20mA	精度等级	0.1μm
工作电源	+24VDC		

3）激光位移传感器。测试刀架 Y 轴位移，或加载下刀架的变形量，可以选用激光位移传感器测量，它由激光器、激光检测器和测量电路组成，能够精确地非接触测量被测物体的位移、厚度、振动、距离及直径等精密的几何量，技术指标如表 5-10 所示。常见的激光位移传感器组成数据采集系统，如图 5-3 及图 5-4 所示。

表 5-10　激光位移传感器技术指标

技术指标	参数范围	技术指标	参数范围
接口形式	二线制/USB	量程范围	-1~1mm
信号输出	0~10V/4~20mA, RS232/485	精度等级	0.1μm
工作电源	+24VDC		

图 5-3　激光位移传感器模拟式输出测试系统组成

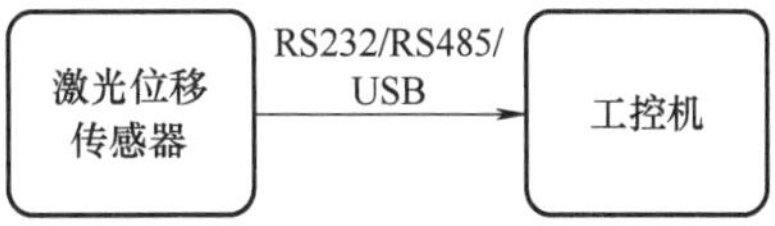

图 5-4　激光位移传感器数字式输出测试系统组成

（三）压力传感器选型

刀架切削液输入系统应密封良好，刀架各处不应有渗漏，刀架切削液输入口接通压力为0.5MPa 的切削液，连续供给，压力传感器精度要求 1% FS。为便于观察，选用带数显的压阻式压力变送器，其技术参数如表 5-11 所示。

表 5-11　压力变送器技术参数

技术指标	参　数	技术指标	参　数
输出信号	4~20mA	重复性	典型值 ±0.15%
测量范围	0~1MPa	接口形式	标准螺纹 M20x1.5/M10×1
非线性	±0.25%	工作电源	15~28V
迟滞性	±0.1%	精度等级	±0.2% FS

（四）定位精度及重复定位精度测量

定位精度及重复定位精度是影响数控刀架性能的关键参数，为提高定位精度及重复定位精度的测量精度，可以选用自准直仪或选用激光干涉仪进行测量。

1. 自准直仪

1）光电自准直仪。利用光学技术检测刀架换刀定位精度，设备结构简单，而且环境因素引起的误差小。例如 Collapex 系列光电自准直仪，采用高精度面阵探测器，软件界面可显示光学目标的真像，无测试盲区及伪分辨率等问题，在测试精度、分辨率、灵敏度及稳定性方面达到国际一流水平。在刀架换刀定位精度检测系统中，用来作为反光镜的是 24 棱镜，可用于检测有 24 个工位的刀架。

2）数字自准直仪。数字自准直仪通过 USB 口直接和工控机相连接，数字自准直仪通过计算从被检物体表面反射回来的光线，在面阵探测器上形成的光点与光源点之间的位置误差，得出被检物在做分度运动时的分度误差。数字自准直仪输出的数据可以通过 USB 口直接输入到工控机中，用专业的分析软件读取并处理。

2. 激光干涉仪

激光干涉仪实现垂直度、平面度、线性度及角度的测量，在数控机床上能完成三轴的定位精度、重复定位精度及反向间隙的测量和补偿。为测量数控刀架的定位精度及重复定位精度，需要配备回转轴分度测量仪（基准转台）、温度补偿单元及电源等部件。激光干涉仪系统测量原理如图 5-5 所示，技术指标如表 5-12 所示。

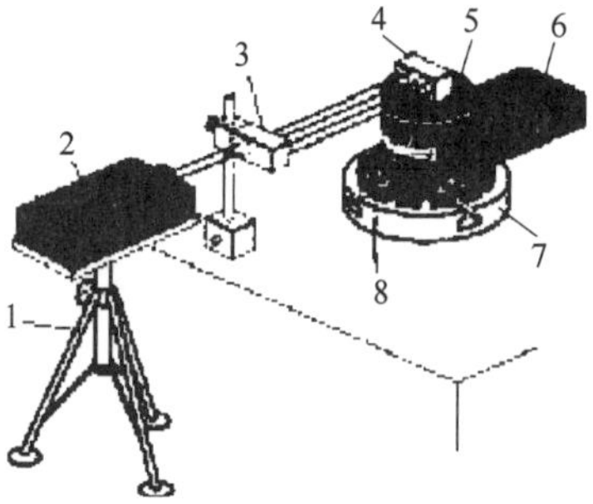

图 5-5 激光干涉仪测量原理图

1—三脚架 2—XL 激光头 3—角度干涉镜 4—角度反射镜 5—反射镜安装板
6—正被校准的 RX10 基准转台 7—回转轴 8—夹板

表 5-12 激光干涉仪主要技术指标

技术指标	参数范围	技术指标	参数范围
测量范围/m	0～80	最大测量速度/(m/s)	4.0
系统精度/ppm	±0.5	最高采样频率/kHz	50
激光稳频精度/ppm	±0.05	预热时间/min	6
分辨率/μm	0.001	工作温度/℃	0～40

注：1ppm = 10^{-4}%。

（五）振动测量

数控刀架的振动分为两部分：第一部分是数控刀架转位、换刀时旋转的振动；第二部分是数控机床刀具切削工件产生的振动。

1. 测振传感器

位移传感器一般适用于振动频率在 100Hz 以内的振动测量，如微小变形、跳动。加速度传感器适合 1kHz 以上高频振动测量，适用于对机器部件的受力、载荷或应力需作分析的场合。速度传感器适合 10～1 000Hz 的中频振动测量。在机床振动测量中，常用位移传感器和加速度传感器。

2. 测振传感器及其测试系统组成

1）位移传感器。旋转机械中振动测量常用的是电涡流传感器和激光位移传感器。

电涡流传感器：线性范围大，灵敏度高，频率范围宽，抗干扰能力强，不受油污，非接触式测量。被广泛用来测量汽轮机、压缩机、电动机等旋转轴系的振动、轴向位移、转速等，也可以用来测量轴位移或轴承的磨损情况。

激光位移传感器能够精确非接触测量被测物体的位置、位移等变化。可以测量位移、厚度、振动、距离和直径等精密的几何测量。它可以达到 0.01% 高分辨率，0.1% 高线性度，9.4kHz 高响应，适应恶劣环境。

2）加速度传感器。加速度传感器有应变式的、电容式的和压电式的。在机床行业，由于压电加速度传感器方便测试和数据分析，通常采用压电式加速度传感器，表 5-13 为某加速度传感器测量的技术指标。

表 5-13　压电式加速度传感器技术指标

技术指标	参数范围	技术指标	参数范围
接口形式	BNC 接头	量程范围/g	±5
信号输出	±5V	精度等级/%	5
工作电源	恒流源供电	动态特性/Hz	1～3 000

压电加速度传感器的信号调理电路分为电压放大器和电荷放大器。加速度传感器测试系统组成如图 5-6 和图 5-7 所示。

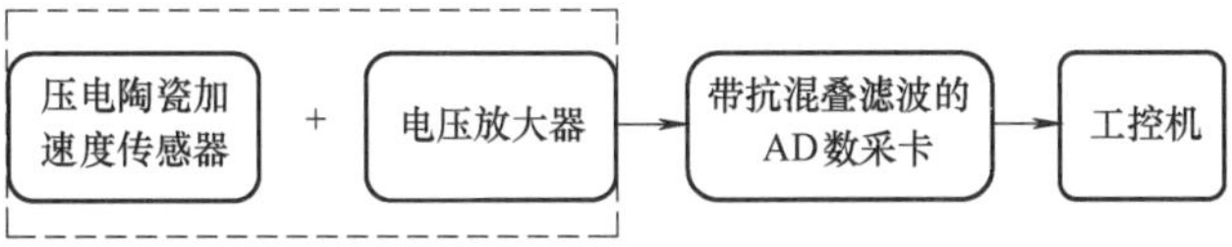

图 5-6　集成式压电加速度传感器测试系统

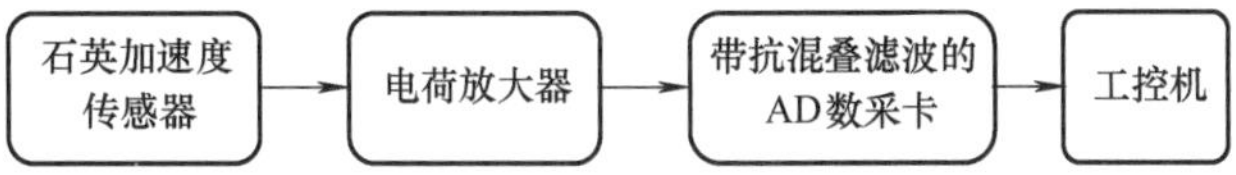

图 5-7　分离式压电加速度传感器测试系统

加速度传感器分单向加速度传感器和 x、y、z 三个方向加速度传感器，在加速度的测试中，应注意加速度方向，选择合适的传感器。

3）振动分析仪。手持式测振仪，可选择加速度、速度和位移等振动测量参数，具有测量数据管理、多种时域分析、频域分析、倒频谱分析、波德图和趋势分析等多种功能。一般测振仪带有软件和 USB 通讯接口，便于用户接入计算机进一步分析、报警记录、诊断和报告文本输出。

3. 无线传感器振动测量技术

在大多数适用场合，加速度传感器一般采用有线传输的方式与数据采集卡相接，但是在连续转动的旋转机械的振动测量中，有线传输的传感器使用受到了限制，所以无线传输模块的传感器应运而生，常见的无线传感器组成的测试系统如图 5-8 所示。

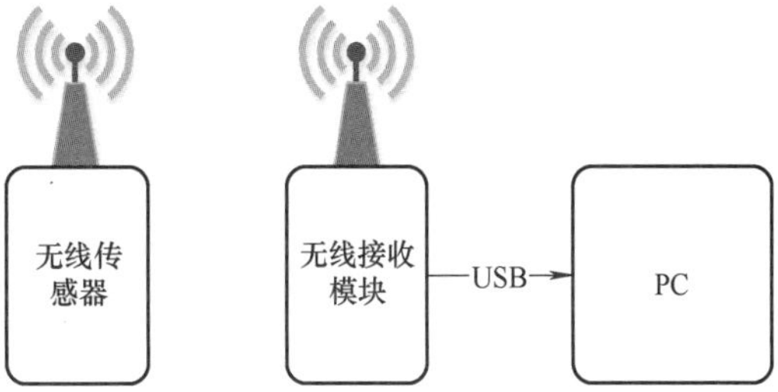

图 5-8　无线传感器测量系统组成

刀盘在工作过程中旋转，如果选用有线的传感器，在旋转圈数过多时就会损坏传感器的导线。刀盘在完成换刀过程中，齿盘从啮合状态脱开，需要刀盘轴向运动，在分度运动开始和结束的时候，齿盘啮合锁紧刀盘会有冲击，这种冲击引起的振动需要一个具有 x、y、z 三向的传感器才能完全检测出来。

（六）噪声测量

GB/T 50087—2013《工业企业噪声控制设计规范》严格规定了生产车间的噪声范围。而由中华人民共和国国家质量监督检疫总局和中国国家标准化管理委员会联合发布的《中华人民共和国国家标准》中的《金属切削机床噪声声压级测量方法》（GB/T16769—2008）

中严格规定了机床噪声的检测标准。根据 JB/T 11173. 2011 和 JB/T11561—2013 要求，数控刀架在最高转速下运转要求能够稳定运转，当刀架运转时，不应有异常的尖叫声和冲击声噪声，且运转试验中，噪声声压不能大于 76dB（A）。

1）测量传声器。声级计是噪声测量中最常用最简便的测试仪器，不仅可进行声级测量，而且还可和相应的仪器配套进行频谱分析和振动测量等。在机床行业，可以选择 A 计权一般用途声级计。常用声级计如图 5-9 所示。

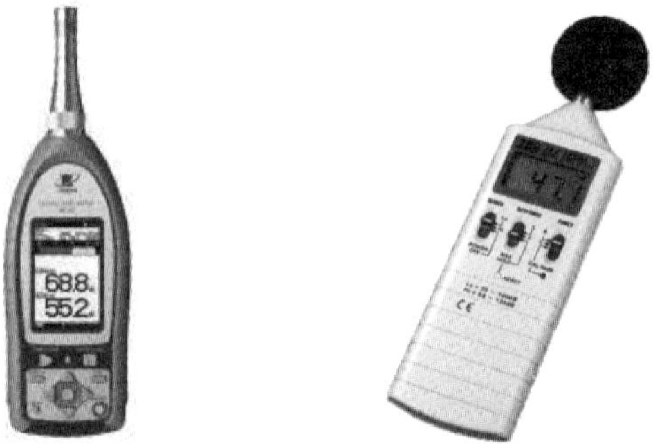

图 5-9　声级计

对声音进行分析，一般可以使用声传感器及其后续采集电路。传声器按其变换原理，可分成电容式、压电式及电动式等类型，电容式传声器由于测量精度高，价格昂贵，目前常用于高精度测量或标定的场合。压电声传感器采用集成信号调理电路，使用方便，价格相对便宜，使用广泛，具体测量技术指标如表 5-14 所示。

表 5-14　压电噪声传感器测量技术指标

技术指标	参数范围	技术指标	参数范围
接口形式	BNC 接头	量程范围/dB	30 ~ 114
信号输出	±5V	精度等级/%	5
工作电源	恒流源供电	动态特性/Hz	20 ~ 9 000

噪声测试系统的组成如图 5-10 所示。

2）测点布置。声传感器的测点布置：根据《金属切削机床噪声声压级测量方法》（GB/T16769—2008）布置。

将刀架（不带刀盘）进行空运转，在运转条件下，对刀架的噪声声压级进行检测。

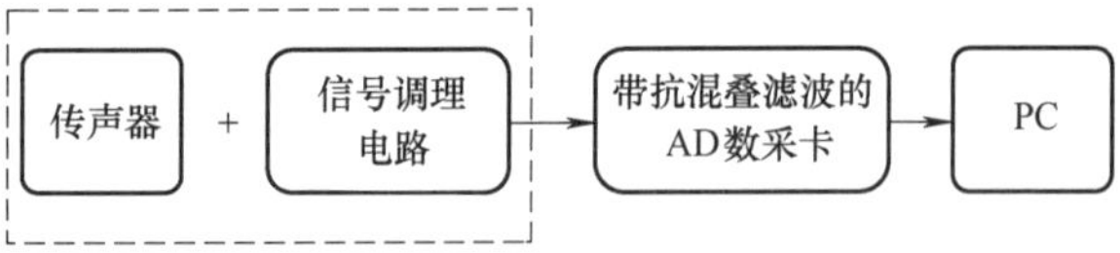

图 5-10　噪声测试系统的组成

测量部位的选取：测量点距地面 1. 55 ±0. 75m，距离机床周边的水平距离为 1m。操作者位置测量点距离地面的高度，以站立操作为主的机床为 1. 55 ±0. 75m，以坐式操作为主的机床为 0. 8 ±0. 5m。

测量噪声时，将传声器置于测量点，并水平面向噪声源。当机床上某个位置有一个以上的噪声源时，声级计还应在水平面内以这些噪声源的中间位置为基准方向，左右旋转一定的角度来测量，以便测得最大的噪声。

作为一般噪声源，测点应在所测机械规定表面的四周均布，且不少于四点。如相邻测点测出声级相差 5dB 以上，应在其间增加测点，噪声声级应取各测点的算术平均值。如果机械噪声不是均匀地向各方向辐射，除了找出 A 声级最大的一点作为评价该机器噪声的主要依据外，同时还应当测出若干个点（一般多于五点）作为评价的参考。

3）校准。声级计或声传感器的校准：为了保证噪声的测量精度和测量数据的可靠性，使用声级计或声传感器时，每次测量之前，必须先标定，常用的校准方法是活塞式发声器。

一般测量前后两次校准数值差不得超过 1dB。

4）本底噪声的修正。本底噪声的修正：根据《金属切削机床噪声声压级测量方法》（GB/T16769—2008）修正。

测量时间的选取：测量各种动态设备的噪声，当测量最大值时，应取起动时或工作条件变动时的噪声，当测量正常平均噪声时，应取平稳工作时的噪声，当周围环境的噪声很大时，应选择环境噪声最小时（比如深夜）测量。

本底噪声的修正：由于测试噪声时不可能完全静音，所以在测试时，需要测量出环境的噪声后，再进行正常设备测试，对测量结果进行修正。测量时背景噪声的影响可用表 5-15 给出的数值作修正。例如噪声在某点的声压级为 100dB，背景噪声为 93dB，则实际声压级应为 99dB。

表 5-15　机床噪声测量值的修正　（单位：dB）

测量值与背景噪声之差值	>10	8～10	6～8	≤6
修正值	0	0.5	1	
机床噪声值	测量值	测量值－0.5	测量值－1	无效（需重新测量）

刀架噪声检测主要检测动力刀具由于高速旋转引起的噪声。检测过程中，动力刀具的转速从 1 000r/min 开始，转速逐渐增加，每次增加 1 000r/min，一直到 7 000r/min。然后再把转速从 7 000r/min 降下来。如此升速减速两次。评判指标：所测量的噪声分别值 <76dB。

三、数据采集卡选型

为进行基于计算机的测控系统设计，通常要选择数据采集卡。选择数据采集卡时，主要注意几个要素：

1）并行测试或巡回（串行）测试。

2）A/D 转换器的转换频率。

3）A/D 转换器的位数。

4）总线形式。

5）控制系统。

并行或巡回（串行）测试：并行是指单个传感器单独使用独立的 A/D 转换器，而巡回测试是指多个传感器共用一个数据采集卡的 A/D 转换器。对于测试精度要求高的参数，一般采用并行测量，比如加速度、噪声、应变或军用的大多数参数的测量。巡回（串行）测试一般用于缓慢变化的信号低速数据采集，如温度、压力、流量、位移等。

A/D 转换器的转换频率：测试中，对于高速数据采集，比如加速度、噪声、应变等并行测量，转换速度要求 50kHz/通道，而对于一般的低速的串行测量或巡回测量，单个参数的测试速度在 100～1 000Hz 都满足要求。

A/D 转换器的位数：A/D 转换器的位数有 10 位、12 位、16 位及 24 位，对于常规的低速测量，一般采用 12 位 A/D 转换器，可以达到测试要求。对于高精度的测试，一般是采用 16 位或 24 位 A/D 转换器。

总线形式：从测控技术的发展来看，集中式测控系统已逐渐被主从式或网络化测控系统所代替，因此设计试验台的测控系统应该考虑数据采集系统的总线问题。计算机测试系统中总线有内总线和外总线，内总线如 PCI 总线，通常用于集中测试，而外总线则多用于分布式测试及网络化测试系统。各种总线的特点如表 5-16 所示。

表 5-16　计算机总线测试系统对比

内总线名称	特　点	应　用
EISA 总线	用于内总线 EISA 卡，高速数据采集	集中式数据采集系统
PCI 总线	用于内总线 PCI 卡，高速数据采集	集中式数据采集系统
外总线名称	**特　点**	**应　用**
RS232 总线	低速传输速度 9 600bps，短距离，15m 以内	短距离慢速测量，主从式测试系统，已逐渐被淘汰。
RS-485 总线 RS-422 总线	低速传输速度 9 600bps，短距离，1 200m 以内	长距离慢速测量，可形成大型工业系统测控网络
USB2.0 总线	高速，480Mbps，短距离，5m 以内	便携式少通道（小于 64 通道）高速测量测量系统
现场总线	不同总线距离、传输速度不同	慢速大系统、大型工业测控网
VXI 总线	专用的仪器总线，远距离，高速，可串、并行测量	通道数小于 2 000 以内大型测控网络
PXI 总线	专用的仪器总线，远距离，高速，可串、并行测量	通道数小于 5 000 以内大型测控网络
LXI 总线	专用的仪器总线，远距离，高速，可串、并行测量	通道数无限制的大型测控网络

模拟信号的高速信号如振动加速度、噪声、应变等，需选用高速 24 位 A/D 数采卡，50kHz/通道，具有抗混叠滤波器的并行数据采集卡。而低速信号采集，如温度、位移等，可采用低速数采卡，多个传感器共用一个 A/D 转换器，A/D 转换器的采样频率可在 10k ~ 100kHz。

数采卡与计算机的总线有关，根据实际需求，可选用 PCI 总线、USB 总线、PXI 或 LXI 总线等。如要求价格低廉，可选择 PCI 总线。如追求后续的可扩展性和便携性，可选择 USB 总线；若要建立高速大型的网络化测试系统，可选择 PXI 总线和 LXI 总线。如果测试系统中有标准仪器，利用 USB 或经过 CAN 总线、RS485 总线转换接入 USB，可与计算机直连。

控制系统：在数控刀架试验台中，如需要加载控制，可选择电涡流转矩控制器等，也可自行开发加载设备，通过电动机传递转动和转矩、或通过液压系统进行电液转换加载。控制器作为从机，与作为主机的工控机通过 CAN/RS485/USB/ PROFIBUS 等总线进行通信，形成主从复合式和网络化的测控系统。

数控刀架试验台的测控系统根据不同功能、类型进行设计，依据测控距离、测控参数的数量、后续扩展性、成本等合理选择总线方式、控制器和数据采集板卡，组成性价比高的测控系统。

四、工控机

工控机要求主频达到2.3GHz以上，内存在32GB以上，1TB以上硬盘。主机接口包括四个以上PCI插槽，四个USB接口并带有RS232接口，两个以太网接口，便于后期扩展。

五、全功能动力刀架综合测试系统

大连理工大学精密与特种加工教育部重点实验室所设计的全功能动力刀架综合测试系统较为成熟，完成了如图5-11所示的六项刀架性能指标的测试。包括：动力刀架温度、换刀过程中产生的刀盘振动、噪声、刀架箱体振动、*Y*轴位移精度及换刀定位精度等性能的检测。

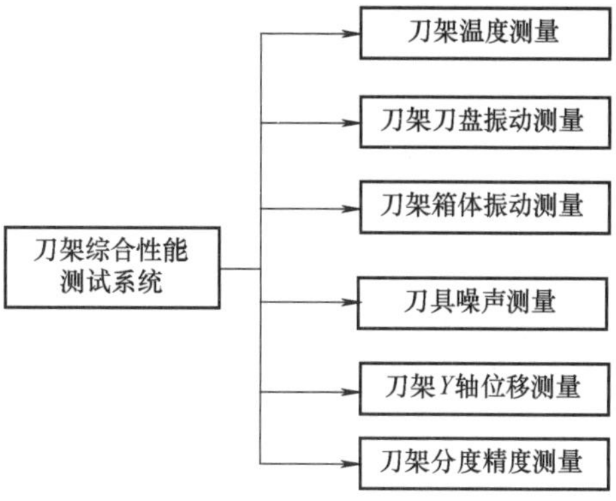

图5-11 动力刀架综合性能测试系统测试要求

该测试系统由传感器、数据采集和数据处理系统组成。将刀架检测项目中的各物理量转换成电信号，输入到数据采集系统。数据采集系统主要由数据采集和信号调理设备构成，将传感器输出的模拟信号调理并进行转换，并传送到数据采集卡或串口等数据采集设备。数据处理系统以工控机为核心，以基于LabVIEW的检测系统软件为数据处理平台，实现检测结果的存储、分析处理和历史数据的回放等。刀架综合性能系统如图5-12所示。

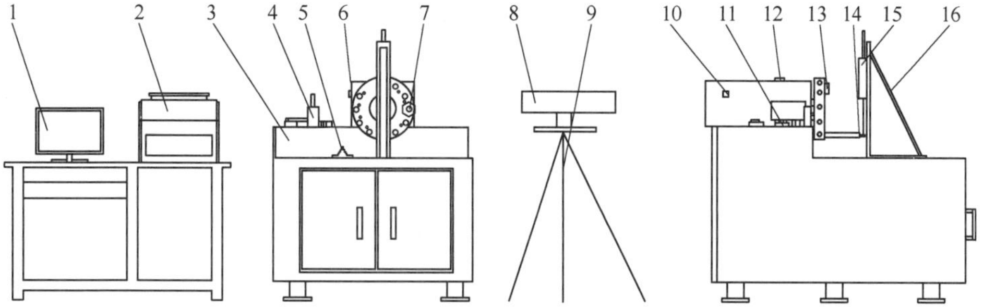

图5-12 动力刀架综合性能测试系统基本组成

1—工控机 2—打印机 3—试验台台身 4—JM1801无线网关 5—噪声传感器 6—刀盘 7—动力刀具 8—数字自准直仪 9—支架 10—温度传感器 11—温度变送器 12—PCB356A15三轴加速度传感器 13—JM5840无线加速度节点 14—检棒 15—光栅位移传感器 16—光栅位移传感器支架

其中传感器件检测刀架工作时的各项检测项目，数据采集装置将传感器件输出的数据调理转化后送入工控机。工控机是整个检测系统的最终环节，处理所有检测到的数据。

图5-13是大连理工大学设计的基于PCI总线的动力刀架综合性能测试系统原理图，图5-14是试验台实物。该系统的数据采集基于PCI卡，加速度、噪声等各个参数采用单独的测试硬件和测试软件。

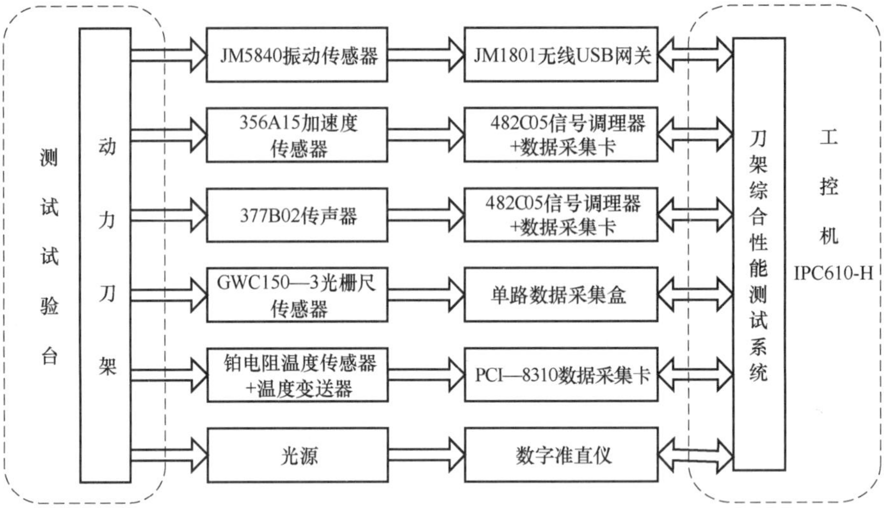

图 5-13　基于 PCI 总线的动力刀架综合性能测试系统硬件整体结构

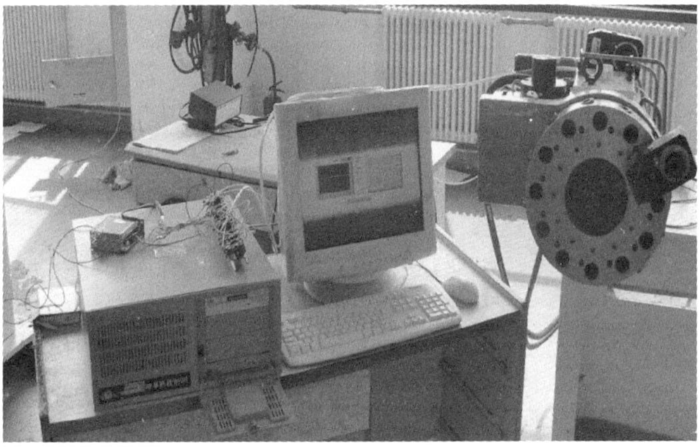

图 5-14　基于 PCI 总线的动力刀架综合性能测试系统实物图

图 5-15 是在图 5-13 基础上，改进的基于 PXI 数控刀架测试系统原理图，其中 PXI 总线的系列产品如：PXIe—1062Q8 槽机箱，PXIe—8135CPU 控制器、PXIe—4492 高速 A/D、PXIe—6238 低速 A/D。如温度等低速信号测量的传感器，选用 4 ~ 20mA 的标准电流输出，与多功能数据采集卡之间连接。加速度和噪声传感器的输出形式则为 ±5V 的电压输出，与高速并行数据采集卡连接。GWC150—3 光栅微位移传感器，通过 RS232/USB 协议与工控机连接，无线通信的传感器则通过 USB 的网关与计算机传递数据。基于 PXI 总线的测试系统是采用虚拟仪器的设计方法，数据采集硬件可以使用相同公司产品，软件可以用 LabVIEW 编程，多项试验可以同时进行，最后的测试报表可以根据用户需要进行编写，该系统扩展性好，用户界面友好，操作方便，是目前仪器开发的主要方式。

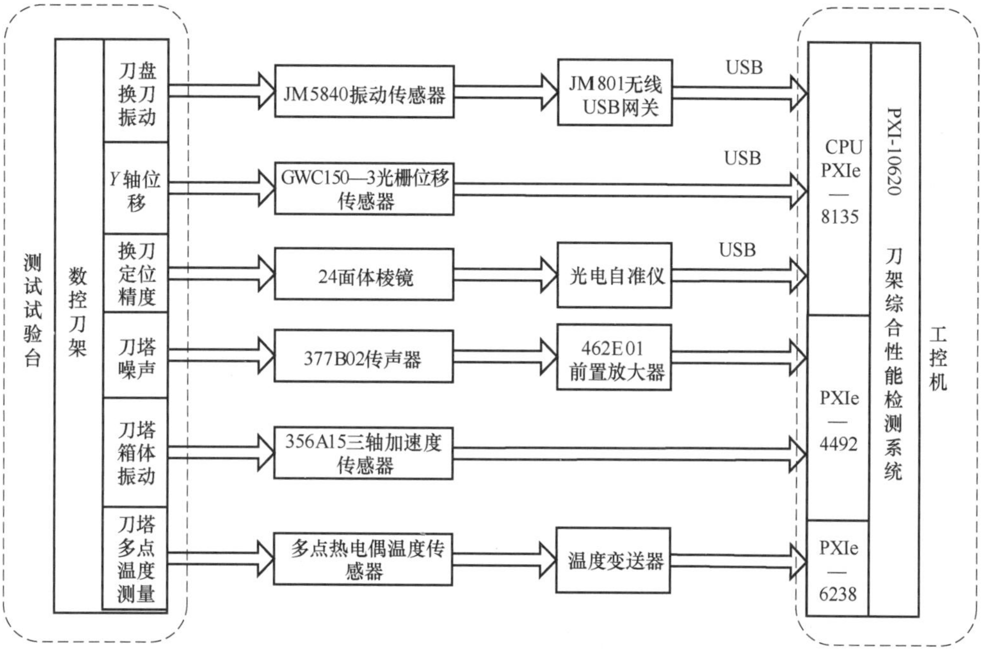

图 5-15　基于 PXI 总线的数控刀架测试系统

六、动力伺服刀架试验台

吉林大学的杨兆军团队设计了多种数控刀架的试验台，本节以一套 AK33100D 动力伺服刀架试验台为例，对动力伺服刀架的工况进行分析，说明数控刀架试验台测控系统的设计方法。该系统在设计时，分析了在普通车削、镗削、钻削等加工中动力伺服刀架所受的三个方向的切削力，并将其整合成了一个合力。动力伺服刀架中动力头进行钻削和铣削加工时所受的切削载荷以切削转矩为主，因此针对以上工况，对试验系统进行设计，使其满足既能模拟动态力的加载，同时也能模拟切削转矩的加载。试验系统照片如图 5-16 所示，系统设计流程如图 5-17 所示。

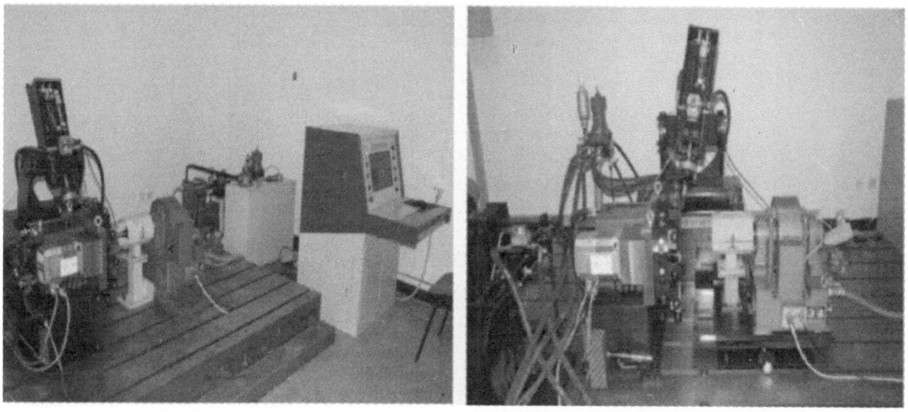

图 5-16　动力伺服刀架可靠性试验系统

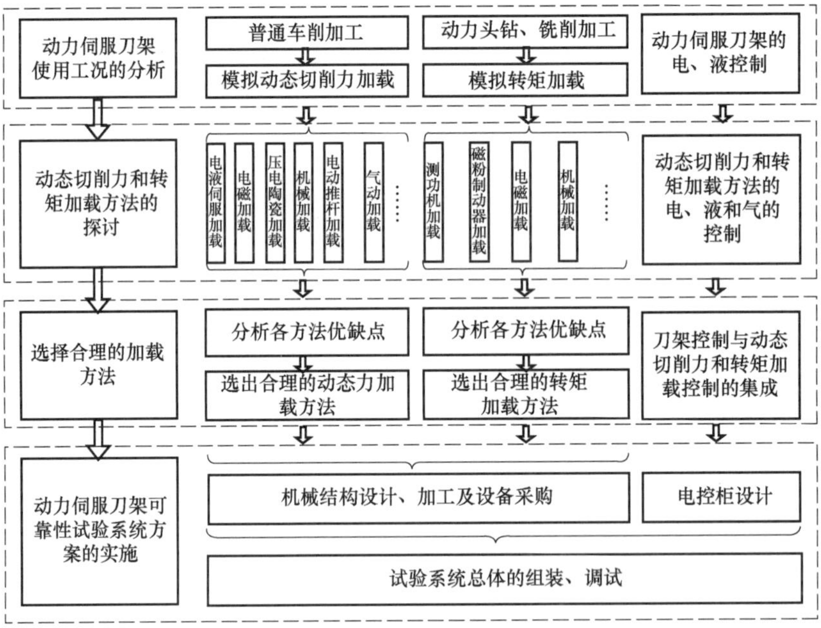

图 5-17　系统设计流程

根据实现的功能试验系统的硬件组成部分如图 5-18 所示。

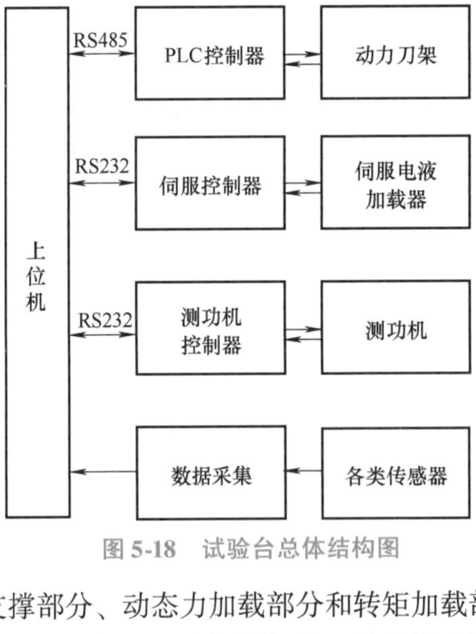

图 5-18　试验台总体结构图

机械部分主要包括：支撑部分、动态力加载部分和转矩加载部分。监控系统对三部分进行监测，包括被测对象动力伺服刀架、电液伺服加载以及电涡流测功机。控制系统主要是对试验对象动力伺服刀架、加载系统和系统监测进行控制。

（一）试验系统机械部分

1. 支撑部分

试验系统中的支撑部分包括：动力伺服刀架支撑装置、动态力加载支撑装置（电液伺服加载装置）及转矩加载支撑装置（电涡流测功机）。

2. 力加载部分

采用了可靠性高、易于控制、易于实现多种角度调节的电液伺服系统进行模拟动态切削力的加载。

动力刀架综合性能测试系统原理框图如图 5-19 所示。

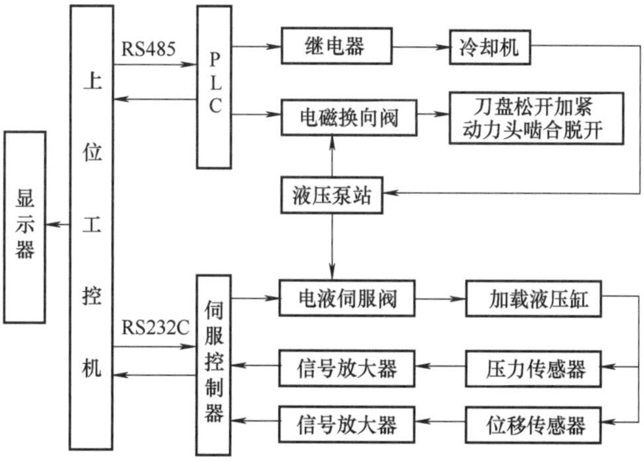

图 5-19 动力刀架综合性能测试系统原理框图

试验对象为 AK33100D 型动力伺服刀架，液压回路提供以下功能：一是动力伺服刀架的刀盘松开夹紧和动力头的啮合脱开；二是电液伺服动态力加载。

根据动力伺服刀架可靠性试验系统的要求，电液伺服加载系统的主要技术参数如表 5-17 所示。

表 5-17 电液伺服动态加载系统参数

序 号	项 目	参 数	备 注
1	液压站最大压力/MPa	21	
2	加载力范围/kN	最大静态 10 最大动态 5	
3	加载频率范围/Hz	0 ~ 80	
4	电液伺服阀额定流量/(L/min)	19	美国 MOOG
5	拉压力传感器/kN	0 ~ 15	interface1810
6	位移传感器/mm	0 ~ 100	海德汉 T101M

3. 转矩加载部分

动力伺服刀架的动力头在实际加工中主要进行非中心孔的钻削和铣削。其负载主要以切削转矩为主，为此对动力头进行模拟转矩加载。采用控制简单、易于转矩加载的电涡流测功机。选择凯迈（洛阳）机电有限公司的 CW25—2400/10000 型电涡流测功机，为了便于测功机与动力头上的模拟刀柄进行连接，采用了挠性联轴器和 xy 移动工作台。将测功机安装在 xy 移动工作台上，进行测功机输出端与动力头上的模拟刀柄的同轴度调节，调节好同轴度后，将 x 轴方向固定。通过调节 y 轴方向来实现测功机与动力头上的模拟刀柄连接与断开。

（二）试验系统的监测与控制

动力伺服刀架可靠性试验系统的监测与控制部分的主要功能是实现对实验过程的实时监

控和试验系统的控制。监控系统主要对三部分进行监测，包括被测对象动力伺服刀架、电液伺服加载以及电涡流测功机；控制系统主要是对试验对象动力伺服刀架、加载系统和系统监测进行控制。

1. 试验系统测控系统应具有的功能

1）数据采集功能。本系统需要对动力伺服刀架的刀盘振动、刀架箱体振动、伺服电动机温度及噪声等，对动力头温度、轴向圆跳动、径向圆跳动等，对电涡流测功机的温度、转速、转矩和冷却水温度等，对电液伺服加载装置的振动、液压、油温等数据进行实时采集，通过 PCI 数据采集卡将采集的数据传输给上位工控机。

2）试验运行状态实时显示功能。要求系统实时显示试验系统运行状态，包括：动力伺服刀架刀位号、动力头刀位号等信息；电涡流测功机和电液伺服加载试验时载荷大小、动态力频率幅值、动力头转速等信息；动力伺服刀架、电涡流测功机和电液伺服加载装置的振动、温度、等监测数据。

3）数据储存、查询和分析功能。在进行可靠性试验过程中，温度、振动、位移等性能参数定时采集；刀位号、施加负载大小每变化一次，系统将记录一次负载信息及时间，最后将采集的数据储存在数据库中，以便于进行数据的查询。同时，还要具有对数据进行初步统计和分析的功能。

4）报表打印功能。根据实际需求，将采集的原始数据以及统计整理后的数据以一种格式显示或者打印出来，其中包括试验系统实时数据的报表以及以往数据的报表，对试验过程中状态的监测记录。

5）控制加载系统，根据实验要求，对动力伺服刀架、电液伺服加载以及电涡流测功机进行控制。

2. 测控需求分析

本试验系统的监测主要分三部分，即被测对象动力伺服刀架可靠性性能参数的监测、电液伺服动态切削力加载装置的监测以及电涡流测功机转矩加载装置的监测。

（1）动力伺服刀架的监测

对试验对象动力伺服刀架进行的监测主要是对其可靠性性能参数的监测，例如：温度监测、振动监测、噪声监测及功率监测等。最终得到可靠性性能参数随可靠性试验进行而变化的规律，及其影响的因素。

1）温度监测。对动力伺服刀架温度监测，以避免由于温度而影响加工工件的精度，或可能造成刀架或者电动机内部元器件的损毁。

AK33100D 型动力伺服刀架属于是双伺服驱动型，刀盘转位和动力头的旋转各采用伺服电动机驱动。在可靠性试验中，对两个伺服电动机的温度进行监测，以防止温度过高损坏电气元件。刀盘松开夹紧和动力头啮合脱开的液压油温度不能高于 50℃，防止对管道或者密封圈损坏。对动力头的温度进行监测，以防止温度过高损伤动力刀座内部元件。

驱动刀盘和动力头的两个伺服电动机采用贴片式温度传感器，粘贴在电动机壳体外面进行温度的监测。本文采用 KZW/P—201S 型三线制贴片温度传感器，其量程为 $-50\sim200$℃，精度：$(0.15+0.002|t|)$℃（$|t|$为实测温度的绝对值）。刀盘松开夹紧与动力头啮合脱开的液压油温度可以通过油温计直接测量油箱中油的温度，采用 WRN · M—104 型棒形热电偶温度传感器，其量程为 0 ~ 1 000℃，直径 3×400mm。

动力头温度测量采用 IRTP300L 型非接触式红外测温传感器，测量动力刀座前端面的温度。该传感器是一种集信号处理以及环境温度补偿电路的多用途经济型红外测温探头，测量温度范围：0～300℃，环境温度：－10～70℃，信号输出：0～5V。

2）振动监测。刀架从接受转位信号、换刀转位、刀盘夹紧到刀架进行加工阶段，在不同阶段，会有不同的振动源产生振动。刀盘转位时由于刀盘上安装的多把重量不同的刀座和刀具，刀盘在高速运转时会产生偏心力矩而产生振动；换刀结束，刀盘夹紧时由于定位精度不够精确，刀盘在夹紧时会顺时针或者逆时针窜动，以便动齿盘和定齿盘啮合，窜动时也会产生振动；在进行车削加工或者动力头的钻削或铣削加工中，都会产生受迫振动和自激振动。振动监测主要监测刀盘和刀架箱体在不同阶段的振动情况。

在刀盘转位和夹紧阶段，振动和窜动通过刀盘与刀架箱体中间的连接件传递到刀架箱体的振动将会衰减很多。在加工过程中，由于动齿盘和定齿盘啮合，所以在切削过程中产生的振动，也将会传递到箱体，振动信号的衰减相对刀盘转位和夹紧阶段要小。

刀盘振动监测和刀架箱体振动监测，都采用加速度振动传感器，通过电磁座吸附在刀盘表面和箱体表面。本文采用 ULT2004 型振动传感器，其量程：±50g，灵敏度：100mV/g，采样频率范围：0.5～9 000Hz，分辨率 0.000 2g。

在模拟刀杆上通过电磁座安装振动传感器，每隔 10s 随机换刀一次测量刀盘振动信号。

3）噪声检测。在国家标准 GB/T20960—2007《数控卧式转塔刀架》中规定刀架运转时，不应有不正常的尖叫声和冲击声，空运转试验中，刀架的噪声声压级≤76dB（A）。

监测空运转试验和加载试验两种可靠性试验下的噪声，检测位置为试验台的四周和上方距离 1m 处的噪声。采用 HS5661 型精密数字声级计，测量范围 25～90dB，具有 RS232 接口与外部设备连接。

4）换刀定位精度监测。刀架的定位精度和重复定位精度一直是企业衡量刀架性能的重要参数，而且目前国产刀架发展的瓶颈也在于此，定位精度和重复定位精度采用数字光电自准直仪，用 USB 数据线将仪器主机连接到电脑上。

5）动力头轴向圆跳动和径向圆跳动。数控机床中主轴的回转运动误差将直接影响加工零件的表面质量、粗糙度及形状精度。主轴的回转精度作为评定机床精度的重要指标之一。而动力伺服刀架中的动力头回转精度也同样及其重要，回转精度主要指动力头的轴向圆跳动与径向圆跳动。采用两个非接触红外位移传感器，分别沿 x 方向与 y 方向（x 方向与 y 方向成 90°±5°）同时监测动力头的径向圆跳动。

经过分析，本试验台的传感器测试参数如表 5-18 所示。

表 5-18　动力伺服刀架可靠性性能参数的监测

序号	名　称	待测参数范围	精度要求	选　型
1	动力伺服刀架参数			
（1）	动力伺服 刀架刀盘振动	±50g， 100mV/g	0.5～9 000Hz， 分辨率 0.000 2g	ULT2004 型 振动传感器
（2）	刀架箱体振动	±50g， 100mV/g	0.5～9 000Hz， 分辨率 0.000 2g	ULT2004 型 振动传感器
（3）	刀盘伺服 电动机温度	－50～200℃	（0.15＋0.002|t|）℃	KZW/P—201S 型三线制贴片 铂电阻温度传感器

（续）

序号	名　称	待测参数范围	精度要求	选　型
(4)	动力头伺服电动机温度	-50~200℃	(0.15+0.002|t|)℃	KZW/P—201S型三线制贴片铂电阻温度传感器
(5)	动力头温度	0~300℃，环境温度：0~70℃	1%FS	IRTP300L型非接触式红外测温传感器，信号输出：0~5V
(6)	刀盘和动力头啮合脱开液压油温度	0~1 000℃，直径3mm	一级	WRNM—104热电偶温度传感器
(7)	刀架噪声	25~90dB	±1.5dB 10~20kHz	HS5661型精密数字声级计，带RS232接口
(8)	换刀定位精度	±6″	±2″	数字光电自准直仪
(9)	换刀重复定位精度	±2″	±2″	数字光电自准直仪
(10)	动力头轴向圆跳动和径向圆跳动	±0.5mm	0.1μm	两个非接触红外位移传感器
(11)	环境温度	0~70℃，	(0.15+0.002|t|)℃	KZW/P—201S型三线制铂电阻温度传感器
2	电液伺服动态切削力加载装置的监测			
(1)	动态切削力加载力	最大静态10kN 最大动态5kN	2%FS	压力*面积实现测量液压压力 $P<20$MPa
(2)	切削力加载时间			
(3)	动力头转速	0~200r/min		
3	动力头转矩加载器			
(1)	测功机温度	0~300℃	(0.15+0.002|t|)℃	KZW/P—201S型三线制铂电阻温度传感器
(2)	测功机噪声	25~90dB	±1.5dB，30~9 000Hz	HS5661型精密数字声级计，RS232接口
(3)	测功机冷却水入口水温	0~100℃	(0.15+0.002|t|)℃	KZW/P—201S型三线制铂电阻温度传感器

（2）电液伺服动态切削力加载的监测

电液伺服动态切削力加载的监测是对加载动态力参数和液压泵站的监测。加载动态力的参数包括加载力大小（基值+幅值）、加载动态力频率、加载波形以及加载时间等信息。液压泵站需要监测液压油回路压力、液压油温度、油液面位置及泵站电动机温度等信息。

（3）电涡流测功机转矩加载的监测

电涡流测功机转矩加载的监测过程是对转矩加载参数和测功机性能参数进行监测。转矩加载的参数包括转速、加载的转矩大小等；测功机性能参数的监测包括测功机温度、振动、噪声和冷却水的温度等。

（4）试验系统的控制

动力伺服刀架可靠性试验系统的控制采用上位工控机的统一控制，按照功能分为两部分：试验系统监测的控制以及加载系统和刀架的控制。从控制系统上下级关系，又可分为上位工控机，下位可编程控制器 PLC、伺服控制器、测功机控制仪以及 PCI 采集卡等。

1）下位 PLC 主要用于控制刀盘伺服电动机、动力头伺服电动机、继电器和电磁换向阀。本试验系统采用欧姆龙新一代小型经济型 PLC，型号为 CP1E—N40DR—A，拥有 40 个 I/O 点，其中 24 个输入点和 16 个输出点，最多可以安装三个扩展 I/O 单元。

2）本试验系统中转矩加载装置采用的是凯迈（洛阳）机电有限公司的 CW25—2400/10000 型电涡流测功机，其配套的是 CMU3 型测控仪。测功机控制仪控制电涡流测功机对动力头施加转矩，并采集转速、转矩以及功率等信号，同时显示在屏幕上。

综上所述，动力刀架试验台测控系统的原理图如图 5-20 和图 5-21 所示。

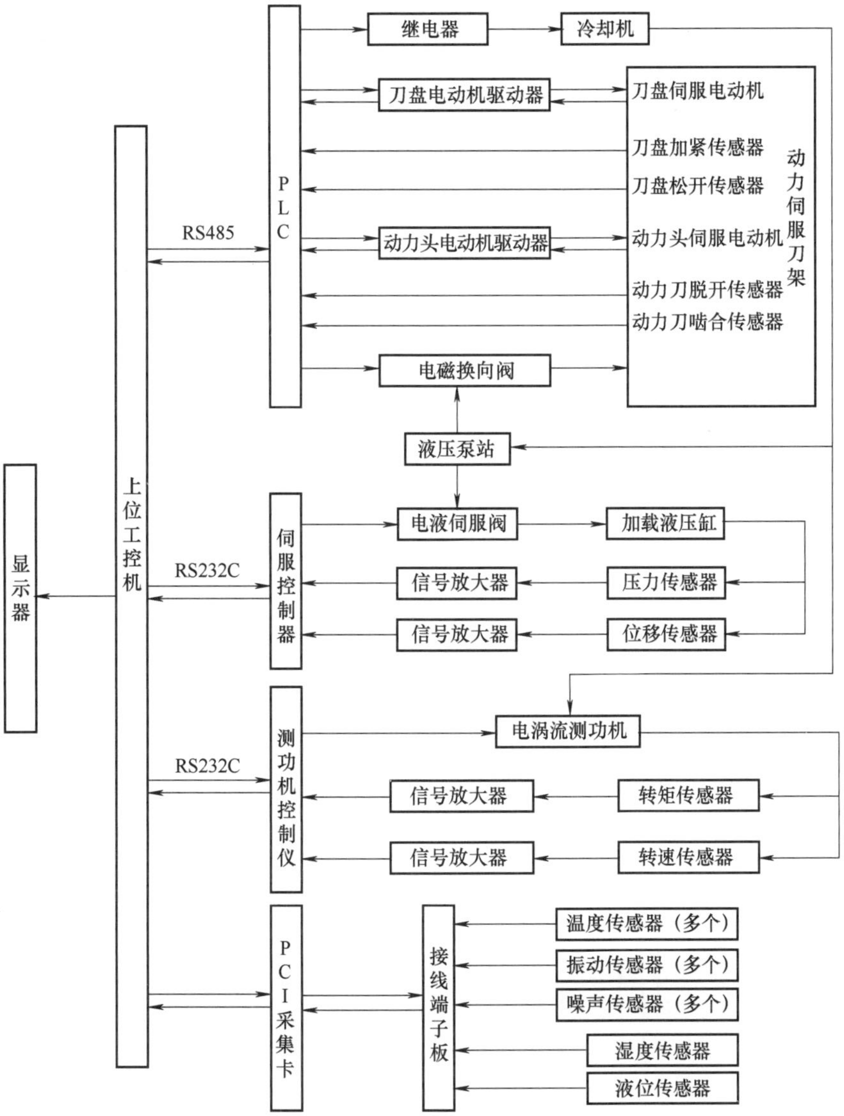

图 5-20　动力伺服刀架试验台测控系统硬件原理框图

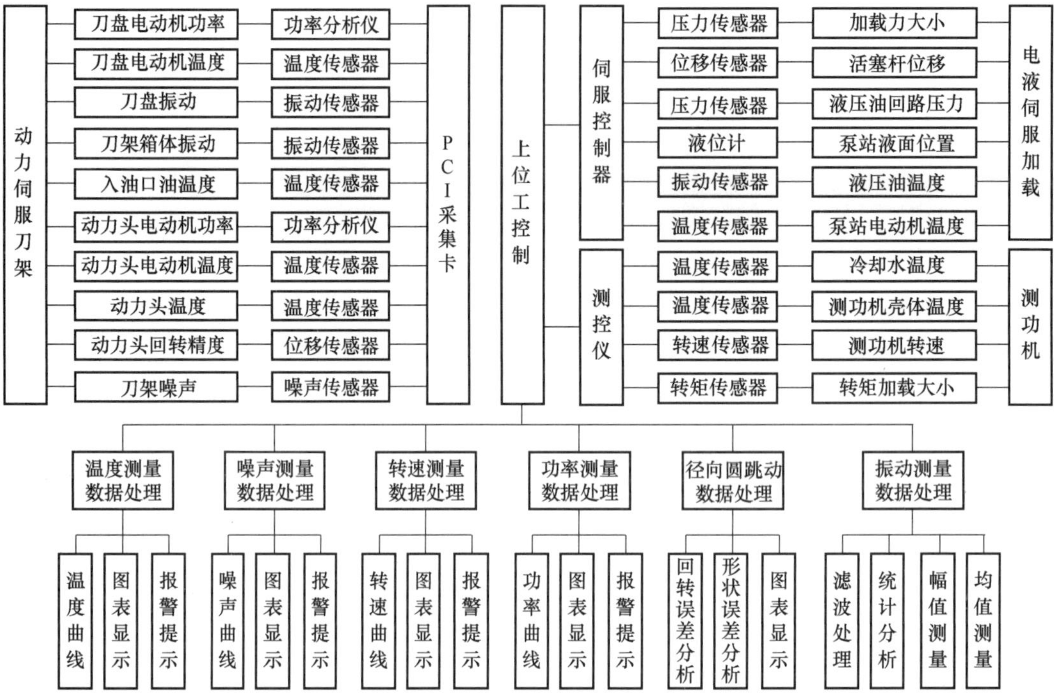

图 5-21　动力伺服刀架试验台测试系统软硬件原理框图

（5）上位机测控软件。上位工控机的人机界面是由 Visual Basic 编制，人机界面按照功能主要分四个区：动态显示区、试验操作区、故障报警区和数据管理区。上位工控机与下位可编程控制器、伺服控制器和测功机控制仪分别通过 RS232C 进行串口通讯，PCI 数据采集卡安装在工控机卡槽中，通过外接端子板与传感器连接。人机界面功能框图如图 5-22 所示：

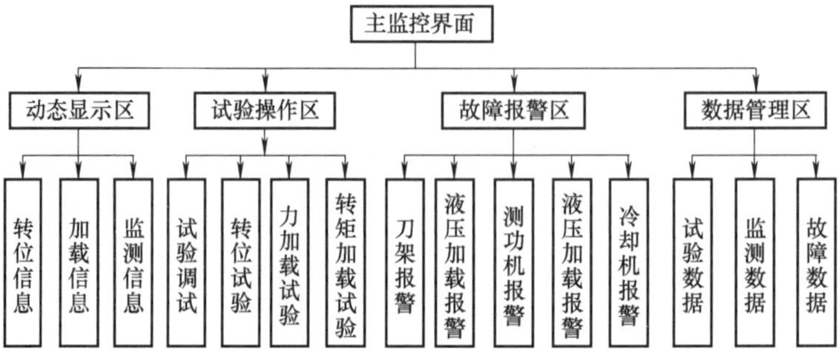

图 5-22　人机界面功能框图

AK33100D 型动力伺服刀架试验台实物如图 5-23 所示。

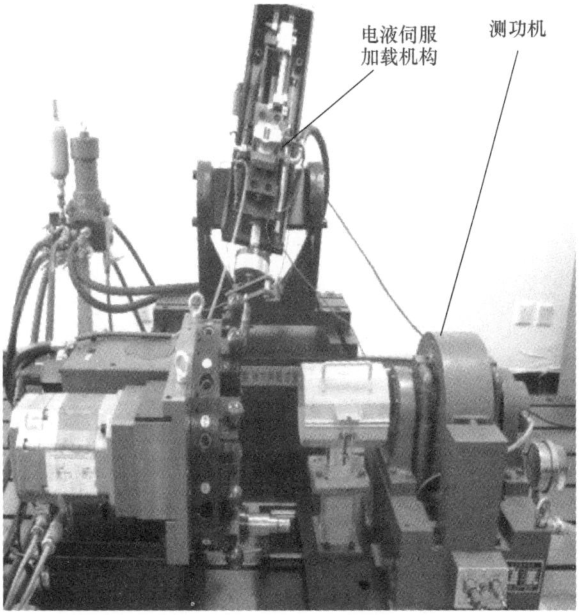

图 5-23　AK33100D 型动力伺服刀架试验台

第三节　几何精度指标与检测方法

一、精度指标与检测方法

数控刀架所有检测的精度指标（GB/T20959—2007 及 GB/T20960—2007），如表 5-1 所示。

二、数控刀架通用精度指标

不同类型的数控刀架需要检测的精度指标既有不同之处又有相似之处，此节所列出的精度检测方法基本一致，故统一归纳。

（一）重复定位精度

根据数控立式和卧式转塔刀架检测国家的标准，列出两类数控刀架的重复定位精度的检测方法。

数控立式转塔刀架和数控卧式转塔刀架的重复定位精度的常用机械检测方法如表 5-19 和表 5-20 所示。

表 5-19　数控立式转塔刀架重复定位精度检测

重复定位精度（在图 *a*、*b* 方向上检测）（数控立式转塔刀架）
允许误差/mm：*a* 和 *b* 均为 0.005
检测方法：根据 GB/T20959—2007 中的要求，专用检验棒安装在数控刀架装刀位置，指示器按照如图示 *a*、*b* 方向触及检验棒表面的同时定位刀架，记录下指示器读数。旋转刀架再恢复至原检测工位位置检测，记录下该指示器的读数。如此反复检测五次得到五次工位检测读数差值的最大绝对值作为该工位的误差值，且检测每个工位。*a*、*b* 方向的误差分别检测。以最大误差值作为该数控刀架的重复定位精度

（续）

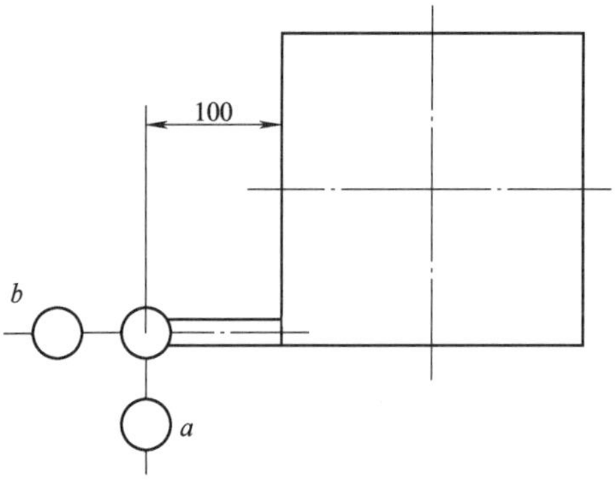

a) 4 工位

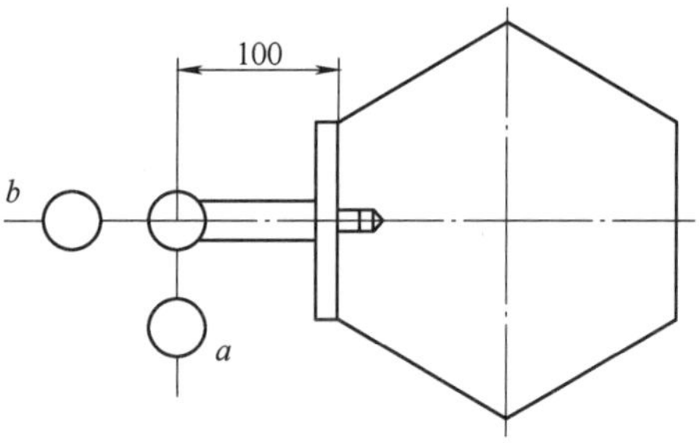

b) 6 工位

检测工具：专用检验棒、指示器

表 5-20　卧式转塔刀架重复定位精度的检测

重复定位精度（数控卧式转塔刀架）
允许误差（″）：Ⅰ型 4，Ⅱ型 8
检测方法：根据 GB/T20960—2007 中的要求，将基准盘固定在定心轴径和轴肩支承面上，通过调节角度检测装置和基准盘来找准零位。旋转刀架，使之转位并恢复至检测工位位置，记录下该指示器的读数。如此反复检测五次，得到五次工位检测读数差值作为该工位的误差值，且依次检测每个工位。以最大误差值作为该数控刀架的重复定位精度
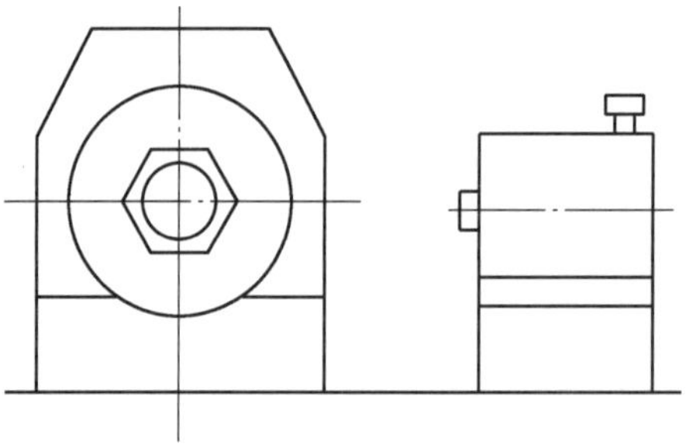
检验工具：基准盘、角度检测装置

（二）偏移量检测

数控立式转塔刀架和数控卧式转塔刀架的工具孔轴线在工作位置的偏移检测方法如表 5-21 和表 5-22 所示。

表 5-21　数控立式转塔刀架工具孔轴线在工作位置偏移的检测

工具孔轴线在工作位置的偏移（在图 *a* 垂直面内、*b* 水平面内上检测）（数控立式转塔刀架）
允许误差/mm：*a* 和 *b* 均为 0.020
检测方法：根据 GB/T20959—2007 中的要求，将指示器固定，指示器测头垂直触及检验棒表面（紧靠刀台端面），旋转数控刀架进行检测，同时记录下每个工具孔的读数，并且检测每个工位位置上检验棒的偏移量，*a* 与 *b* 分别计算，以指示器最大读数值作为工具孔轴线在工作位置的偏移量

（续）

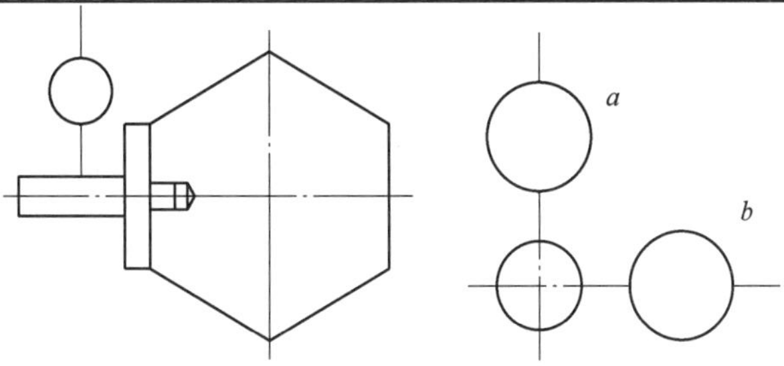

a) 测量示意图1　　b) 测量示意图2

检测工具：指示器、检验棒

表 5-22 数控卧式转塔刀架工具孔轴线在工作位置的偏移的检测

工具孔轴线在工作位置的偏移（在图 a 垂直面内、b 水平面内上检测）（数控卧式转塔刀架）
允许误差/mm：a 和 b 均为 0.020
检测方法：根据 GB/T20960—2007 中的要求，将指示器固定，指示器测头垂直触及插入工具孔中的检验棒表面，旋转数控刀架进行检测，同时记录下每个工具孔的读数，并且检测每个工位位置上检验棒的偏移量，a 与 b 分别检测，以指示器在各工位读数的最大差值作为工具孔轴线在工作位置的偏移量

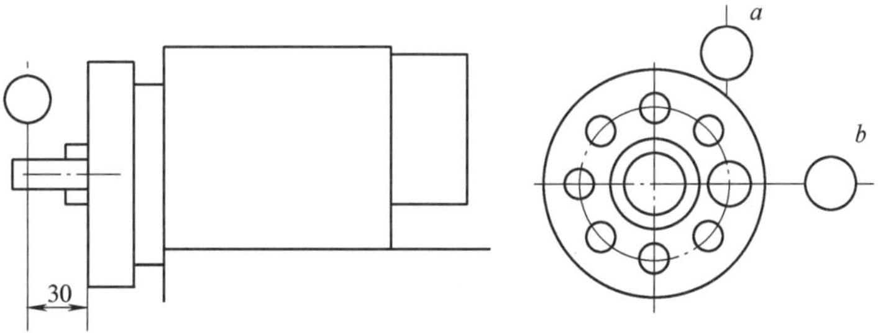

a) 主视图　　b) 左视图

检测工具：指示器、专用检验棒

三、卧式数控刀架精度指标

本节列出的卧式数控刀架精度指标的检测方法，与立式数控刀架精度指标的检测方法完全不同，故单独介绍以示区别。本节所介绍的卧式数控刀架精度指标主要包括定心轴径的径向圆跳动、轴肩支承面相关精度、刀槽在工作位置的偏移以及工件安装面工作时的相关精度等。

（一）径向圆跳动检测方法

数控卧式转塔刀架定心轴径的径向圆跳动检测方法如表 5-23 所示。

表 5-23 数控卧式转塔刀架定心轴径的径向圆跳动的检测

定心轴径的径向圆跳动
允许误差/mm：0.020
检测方法：根据 GB/T20960—2007 中的要求，将指示器固定，指示器测头垂直触及轴径表面，旋转轴径检验各工位，读取各工位指示器的读数，以指示器在各工位读数的最大差值作为定心轴径的径向圆跳动

（续）

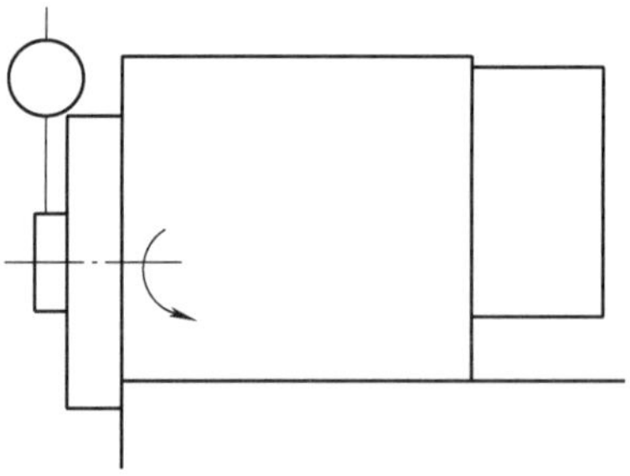
检测工具：指示器

（二）轴肩支承面相关精度

卧式数控刀架中轴肩支承面相关精度一共有两个，一个为轴肩支承面的端面跳动，另一个为轴肩支承面对底面的垂直度。表 5-24 为数控卧式转塔刀架轴肩支承面端面跳动的检测方法。

表 5-24　数控卧式转塔刀架轴肩支承面端面跳动的检测

轴肩支承面的端面跳动
允许误差/mm：0. 020
检测方法：根据 GB/T20960—2007 中的要求，将指示器固定，指示器测头垂直触及轴肩支承面边缘，旋转轴肩检验各工位，读取各工位指示器的读数。以指示器在各工位读数的最大差值作为轴肩支承面相关精度
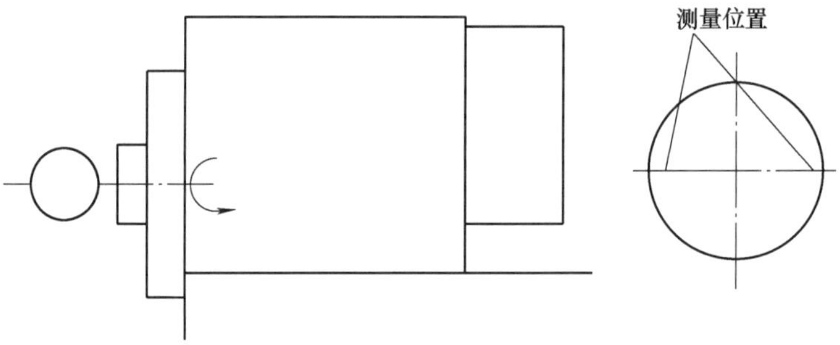 a) 测量示意图1　b) 测量示意图2
检测工具：指示器

表 5-25 为数控卧式转塔刀架轴肩支撑面对底面的垂直度的检测方法。

表 5-25　数控卧式转塔刀架轴肩支承面对底面的垂直度的检测

轴肩支承面对底面的垂直度
允许误差/mm：0. 015/100
检测方法：根据 GB/T20960—2007 中的要求，刀架通过垫板置于检验平板上，在专用表座上固定两个指示器，以直角尺为标准器将指示器调零，通过移动专用表座使指示器测头垂直触及轴肩支承面上、下边缘处，并记录两指示器读数差。每个工位都应检验。以各工位读数差的最大值作为轴肩支承面对底面的垂直度

（续）

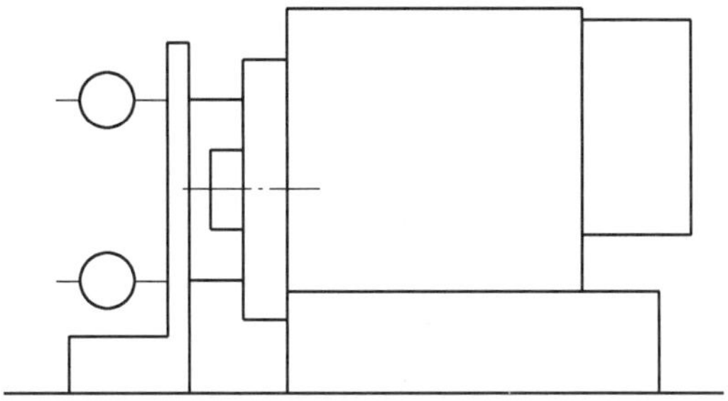

检测工具：指示器、垫板、平板、角度尺、专用表座

（三）刀槽在工作位置的偏移

表5-26为数控卧式转塔刀架刀槽在工作位置的检测方法介绍。

表5-26　数控卧式转塔刀架刀槽在工作位置的偏移的检测

刀槽在工作位置的偏移
允许误差/mm：0.050
检测方法：根据GB/T20960—2007中的要求，在数控刀架刀槽上安装固定专用检具，将指示器固定，指示器测头触及专用检具定位面上（紧靠刀尖处），旋转数控刀架并在各工位处停下记录下专用检具定位面指示器读数。以指示器在各工位位置读数的最大值作为刀槽在工作位置的偏移
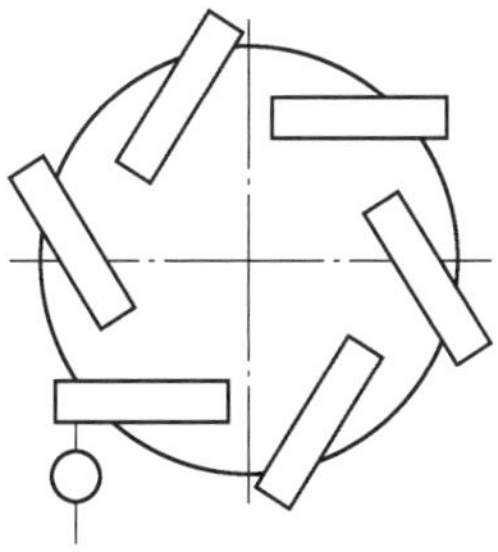
检测工具：指示器、专用检具

（四）工具安装面工作时的相关精度

工具安装面在工作时，需检测 a 轴向定位槽对底面平面度、b 安装面对回转轴线的平行度、c 径向定位槽对底面的平行度等。表5-27为数控卧式转塔刀架刀槽在工作位置的平行度的检测方法。

表5-27　数控卧式转塔刀架刀槽在工作位置的平行度的检测

工具安装面在工作位置的平行度
允许误差/mm：a 0.020　b 0.020　c 0.030
检测方法：根据GB/T20960—2007中的要求，将指示器固定，指示器测头触及定位槽以及安装面。只需移动指示器沿着固定基准进行检测。对于a)、b）两种情况，其固定基准平行于数控刀架回转轴线，而c）情况，其固定基准垂直于数控刀架回转轴线，对每一安装面进行检验，旋转数控刀架并在各工位处停下，记录定位槽以及安装面指示器读数，三种情况的误差分别进行计算。以指示器在各工位位置读数差的最大值为相应的平行度

（续）

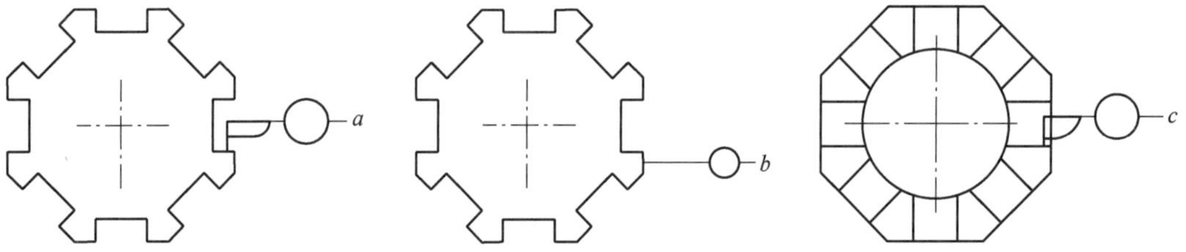 a) a情况 b) b情况 c) c情况
检测工具：指示器、基准平板

四、立式数控刀架精度指标

燕尾槽相关精度包括：燕尾槽对底面的平行度（见表5-28）、燕尾槽到底面高度同位置的等距度（见表5-29）、各燕尾槽定位侧面在工作位置的平行度（见表5-30）、燕尾槽定位侧面对底面的垂直度（见表5-31）、燕尾槽定位侧面对刀架回转中心的位置偏移（见表5-32）。

（一）燕尾槽对底面的平行度

表5-28 数控立式转塔刀架燕尾槽对底面平行度的检测

燕尾槽对底面的平行度
允许误差/mm：0.020/100
检测方法：根据GB/T20959—2007中的要求，将检验棒平放在燕尾槽上，固定指示器，指示器的测头触及检验棒上的母线位置，指示器沿检验棒轴线来回移动进行检测并记录读数差，旋转数控刀架并在各工位处停下记录下所测检验棒读数差。以各燕尾槽中最大读数差值作为燕尾槽对底面的平行度
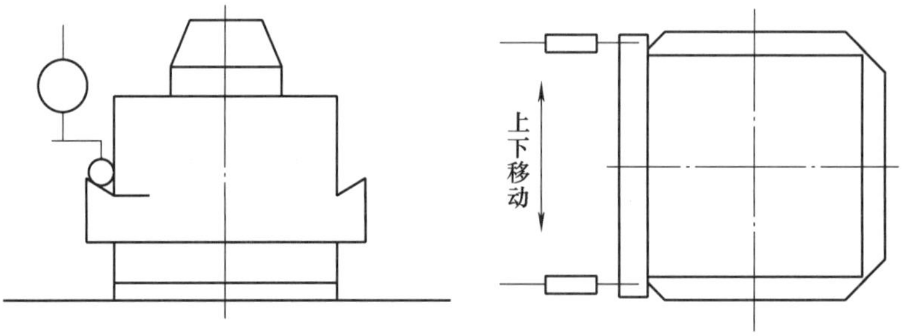 a) 测量示意图1 b) 测量示意图2
检测工具：指示器、检验棒、平板

（二）燕尾槽到底面高度同位置的等距度

表5-29 数控立式转塔刀架燕尾槽到底面高度同位置的等距度的检测

燕尾槽到底面高度同位置的等距度
允许误差/mm：0.025
检测方法：根据GB/T20959—2007中的要求，将检验棒平放在燕尾槽上，固定指示器，指示器的测头垂直触及检验棒上的母线位置（刀台方中间位置），记录读数，旋转数控刀架并在各工位处停下记录下所测检验棒读数。以各燕尾槽中读数的最大值作为燕尾槽到底面高度同位置的等距度

（续）

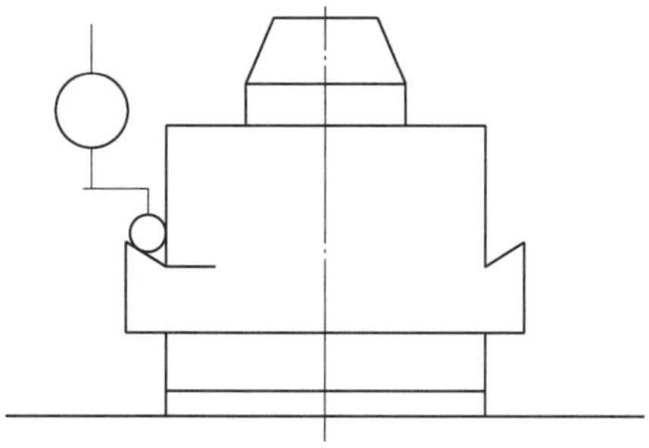

检验工具：指示器、检验棒、平板

（三）各燕尾槽定位侧面在工作位置的平行度

表 5-30　数控立式转塔刀架各燕尾槽定位侧面在工作位置平行度的检测

各燕尾槽定位侧面在工作位置的平行度
允许误差/mm：0.020/100
检测方法：根据 GB/T20959—2007 中的要求，将刀架安装在于平板上，以任一侧面作为基准调整刀架与平板基准槽平行。旋转刀架，移动指示器检验各定位侧面。以各侧面指示器读数差的最大值作为各燕尾槽定位侧面在工作位置的平行度

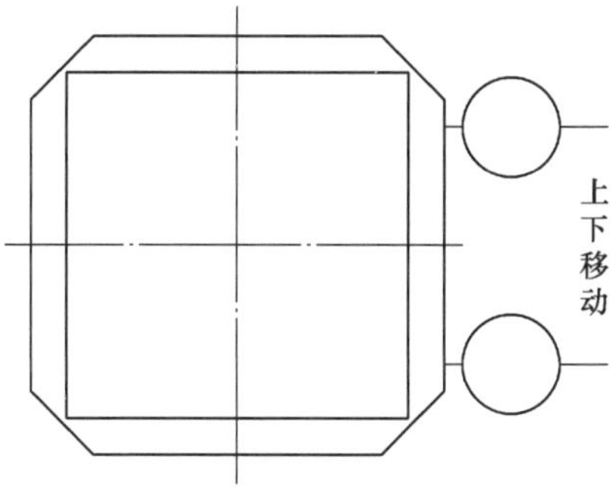

检测工具：指示器、专用检验平板

（四）燕尾槽定位侧面对底面的垂直度

表 5-31　数控立式转塔刀架燕尾槽定位侧面对底面垂直度的检测

燕尾槽定位侧面对底面的垂直度
允许误差/mm：0.020
检测方法：根据 GB/T20959—2007 中的要求，将刀架安装在专用检测平板上，在其一侧固定放置一直角尺，将指示器一端触及燕尾槽定位侧面一端连接在直角尺的竖直边，并且指示器的测头轴线垂直直角尺竖直边，沿着直角尺的竖直边上下移动进行检测，记录移动检测过程中最大读数差。旋转数控刀架并在各工位处停下记录指示器读数差。以各侧面最大读数差作为燕尾槽定位侧面对底面的垂直度，检测时每个工位都应检验

（续）

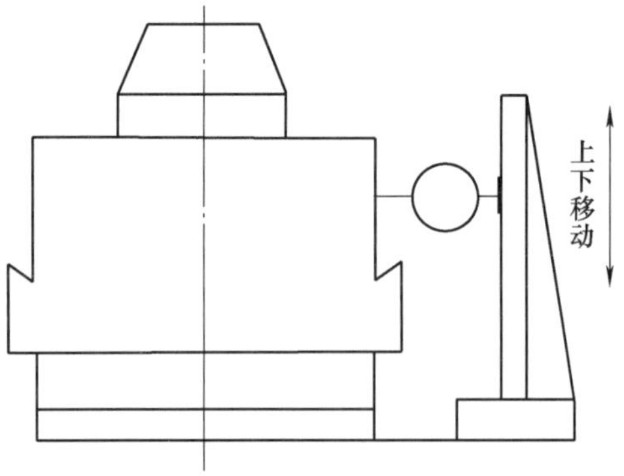

检测工具：指示器、直角尺、平板

（五）燕尾槽定位侧面对刀架回转中心的位置偏移

表 5-32　数控立式转塔刀架燕尾槽定位侧面对刀架回转中心位置偏移的检测

燕尾槽定位侧面对刀架回转中心的位置偏移
允许误差/mm：0.030
检测方法：根据 GB/T20959—2007 中的要求，指示器测头触及定位侧面中部位置，并固定在能脱离接触又能恢复原定位置的基准器上，转动刀架进行检测，并记录指示器读数差。以各定位侧面最大读数差作为燕尾槽定位侧面对刀架回转中心的位置偏移
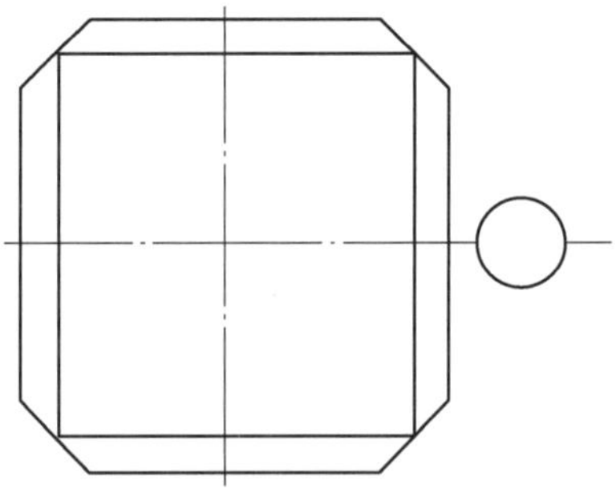
检测工具：指示器、基准器具

第四节　立式刀架功能试验方法

根据数控立式转塔刀架国标（GB/T20959—2007）要求完成以下功能试验。

一、运转性能试验

国标（GB/T20959—2007）规定：刀架按以下试验方法进行空运转试验和偏重试验，试验中运转正常，定位准确，锁紧可靠以及无故障。

（一）空运转试验

在刀架每一工位上固定模拟刀杆，刀杆尺寸应为刀架使用最大刀体尺寸，悬伸长度要符合刀架实际使用的可能情况，在保证每一工位都逐位转换、越位转换的前提下，进行刀架松开、转位和锁紧的连续试验。在 8h 内，刀架规格 <315mm 的刀架转位次数≥2 000 次；刀架规格≥315mm 的刀架转位次数不得少于 1 000 次。

（二）偏重试验

按上述空运转试验条件，撤去一刀杆使得其产生偏重，进行运转试验。在 2h 内，刀架规格 <315mm 的刀架转位次数≥500 次；刀架规格≥315mm 的刀架转位次数≥250 次。

二、噪声检测

将刀架进行空运转，在运转条件下，刀架的噪声声压级的检测按 GB/T 16769 的规定。

三、密封防水试验（抽查）

将数控刀架进行空运转，用 GB 4208—1993 中 13.2.5 规定的试验条件进行防水试验，试验后拆开刀架检查。

1）对密封刀架，内部不应有水渍。

2）对采用不同泄漏方式的刀架，应保证泄漏方式的可靠，通过观察证明进水应能排出，无积液现象。

四、静态加载试验（抽查）

刀架处于锁紧状态，在刀架装刀工作位置处固定模拟刀杆，在模拟刀杆上施加如表 5-33 规定的力矩，施加力时应避免冲击。施加力的位置和变形量的测量位置如图 5-24、图 5-25 所示。

其中模拟刀杆要有足够的刚度，其伸出刀台至作用线的距离 $l \approx 1.5h$。

表 5-33　刀杆施加力矩数值（立式刀架）

刀台尺寸 A/mm		100	125	160	200	250	315	400
力矩/N·m	切向 $F_Q L_Q$	200	320	500	800	1 250	2 000	3 200
	上方 $F_S L$	360	630	1 000	1 600	2 500	4 000	6 300
	下方 $F_X L$	160	200	320	500	800	1 250	2 000

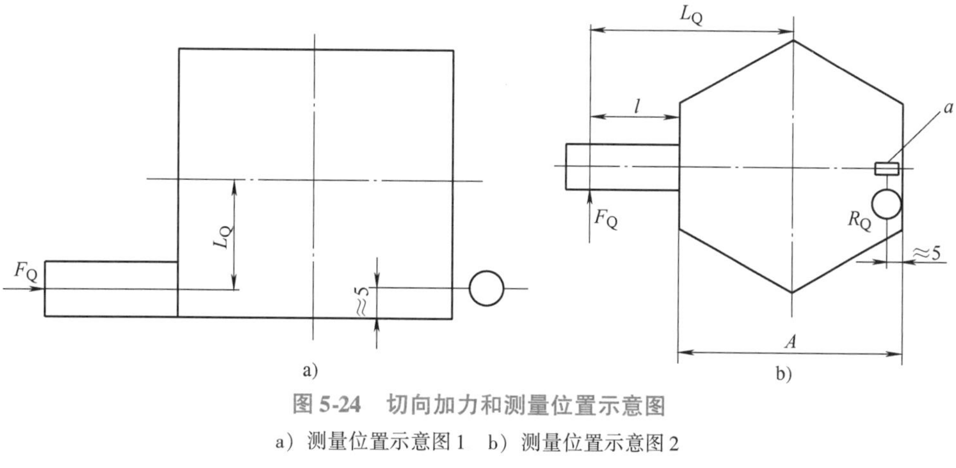

图 5-24　切向加力和测量位置示意图

a）测量位置示意图 1　b）测量位置示意图 2

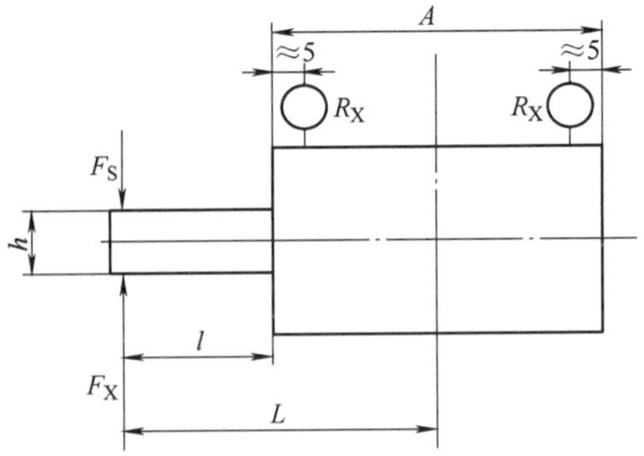

图 5-25　上、下方加力和测量位置示意图意图

R_Q、R_X、R_S 为变形量检测测点位置，与所施力 F_Q、F_X、F_S 一一对应。a 固定于刀台方上方，能够保证指示器测头垂直触及附加物，h 是矩形刀方截面高度。

第五节　卧式刀架功能试验方法

根据数控卧式转塔刀架国标（GB/T20960—2007）要求完成以下功能试验。

一、运转性能试验

国标（GB/T20959—2007）规定：刀架按以下试验方法进行空运转试验和偏重试验，试验中运转正常，定位准确，锁紧可靠以及无故障。

（一）空运转试验

在刀架上施加如表 5-34 规定的质量（含刀盘质量），除刀盘自重外，再加的质量应均匀加在装刀位置处。在保证每一工位都逐位转换、越位转换的前提下，进行刀架松开、转位和锁紧的连续运转试验。在 8h 内，刀架中心高＜160mm 的转位次数≥2000 次；刀架中心高≥160mm的转位次数≥1000 次。

表 5-34　刀架施加质量

中心高 H/mm		50	63	80	100	125	160	200
承重（含刀盘质量）/kg	I 型	25	40	60	120	180	280	450
	II 型	16	27	40	80	120	200	315

（二）偏重试验

在刀盘上装刀位置处固定表 5-35 规定的偏重力矩所需的质量，然后按每一工位都逐位转换、越位转换进行运转试验。在 2h 内，刀架中心高＜160mm 的转位次数不少于 500 次；刀架中心高≥160mm 的转位次数不少于 250 次。

表 5-35　刀架施加的偏重力矩

中心高 H/mm		50	63	80	100	125	160	200
偏重力矩/N · m	I 型	6	10	15	40	60	120	400
	II 型	4	7	10	25	40	80	250

二、噪声检测

将刀架（不带刀盘）进行空运转，在运转条件下，刀架的噪声声压级的检测按 GB/T

16769 的规定。

三、切削液渗漏检测（抽查）

将刀架切削液输入口接通压力为 0.5MPa 的切削液，连续供给。

1）刀架静止状态，放置 1h 后检验，在刀架各密封连接部位不应有渗漏。

2）刀架转位，不应有液体喷溅，允许有切削液自流现象。

四、密封防水试验（抽查）

将数控刀架进行空运转，用 GB 4208—1993 中 13.2.5 规定的试验条件进行防水试验，试验后拆开刀架检查。

1）对密封刀架，内部不应有水渍。

2）对采用不同泄漏方式的刀架，应保证泄漏方式的可靠，通过观察证明进水应能排出，无积液现象。

五、静态加载试验（抽查）

在刀盘上处于工作位置的装刀处，按图 5-26 所示位置施加如表 5-36 规定的力矩，施加力矩时应避免冲击。变形测量位置应在加力相反方向同半径（R）的适当位置，试验后刀架运转正常，复检精度符合要求。

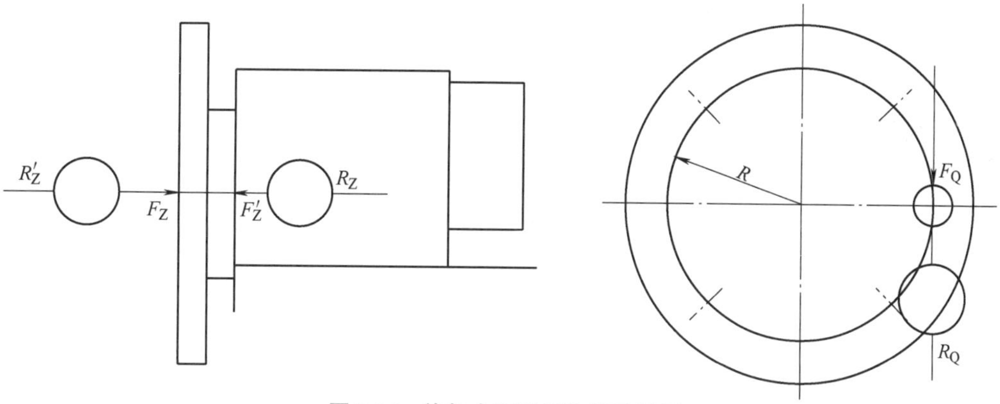

图 5-26　施加力和测量位置示意图

a）轴向加载　b）切向加载

表 5-36　施加力矩数值

中心高 H/mm		50	63	80	100	125	160	200
I 型/N · m	切向 F_QR	300	600	1 250	2 500	3 600	5 000	8 000
	轴向 F_ZR	300	600	1 250	2 500	3 600	5 000	8 000
	轴向 $F_Z'R$	150	250	400	800	1 200	1 600	2 500
II 型/N · m	切向 F_QR	300	600	1 000	1 500	2 500	4 000	6 300
	轴向 F_ZR	300	600	1 000	1 500	2 500	4 000	6 300
	轴向 $F_Z'R$	120	200	320	500	800	1 250	2 000

注：R 为工具孔分布圆半径，即力作用线到刀架回转中心的距离。

第六节　刀架可靠性分析

可靠性是指产品在规定的条件下和规定的时间内完成规定功能的能力。此定义中包含了产品、规定的条件、规定的时间以及规定的功能这四个要素。为了提高产品的可靠性，在可靠性设计阶段就必须对系统及组成系统单元可能的故障进行详细的分析，以便发现薄弱环节，提出改进措施。

功能部件产品通常关心的是产品功能的维持性或使用的持续期，功能部件可靠性定义五要素：

1）产品是功能部件。

2）规定条件是指功能部件工作环境和工况。

3）规定时间是指功能部件工作寿命。

4）规定功能是指功能部件指定的性能和功能。

5）能力是指功能部件性能和功能的维持性或使用的持续期。

可靠性，是产品在用户使用或运行过程中反映出来的质量特性，可靠性重点考虑产品使用的时间因素和环境因素，也可以反过来描述为在什么样的运行环境下，正常运行了多长时间。从专业术语上来说，产品的可靠性越高，产品无故障工作的时间就越长。

通常可靠性的高低用特征量 MTBF（Mean Time Between Failures）来描述，是指相邻两次故障之间的平均工作时间，即平均故障间隔时间（或平均无故障运行时间）。用户在选择产品进行应用时，对是否继续采用某类产品的最先决条件就是可靠性指标的对比，因此可靠性是衡量产品是否具有可用性的标志。

对用户来讲，产品的可靠性越高，用户越满意，但是更高的可靠性，必然导致更高的经济成本，更高的成本是生产方考虑经济性所不能接受的。

因此，从用户的要求和达到用户的满意出发，避免影响用户使用的故障发生，降低成本、提高响应速度，成为产品可靠性增长技术的关键。本节重点介绍故障模式及影响分析、故障树分析的有关内容。

一、故障及故障分析

故障、故障模式及故障（失效）分析是故障模式影响与危害性分析以及故障树分析的基础，为此，先了解与其有关的概念。

GJB451 对故障的定义为产品不能执行规定的状态，通常称功能故障。故障表现为产品执行规定功能状态的不能起动或中断，其中预防性维修、其他计划性活动或者缺乏外部资源导致的非预期停止等情况在考核产品可靠性指标时应予以排除，包括与产品配套装置故障引起的故障、超出设计规定的使用条件诱发的故障、操作失误等人为因素导致的故障等，属于非关联故障，在可靠性的评定过程中不需要考虑。另外，产品易损件的更换或损坏、必要的调整和调校亦属计算可靠性量值时应予排除的故障。与故障定义相应的“失效”的定义是产品丧失完成规定功能能力的事件。从上述定义可以看出，一般情况下，“故障”与“失效”是同义词，在含义上没有绝对的不同，一般“失效”用于不可修复产品，“故障”用于可修复产品。

故障（失效）模式是指相对于给定的规定功能，故障产品的表现形式。它一般是能被观察到的一种故障现象，如电路的短路、机械产品的工件断裂、过度损耗等。研究故障模式是为了找到故障的原因，它是“故障模式、影响及危害性分析”（FMECA）方法的基础。因为 FMECA 的本质就是建立在故障模式的基础上，同时它也是其他一些故障分析方法（如故障树分析）的基础之一，有必要弄清楚产品在各功能级上的全部故障模式。

在产品研制的整个阶段，需要掌握产品的全部故障模式。一般来说，产品的故障模式可通过统计、试验逐步积累资料。具体而言，可按下述办法完成所有模式的鉴别，对新品元器件，一般选用相似产品作为新品的故障模式并作为新品可靠性设计的基础。对已知或常用的元器件，可以实际结果为依据。对于复杂的元器件或多个零件组成的部件，可将此部件作为系统处理。对于那些潜在的故障模式，可借助于该产品某些物理参数或测试加以推断。

刀架常见的故障模式如表 5-37 所示。

表 5-37 刀架常见的故障模式

1. 零部件损坏	2. 元器件损坏	3. 液、气、油部件、元件损坏
4. 电动机损坏	5. 线路、电缆短路	6. 线路、电缆断路
7. 熔断器损坏	8. 紧固件松动	9. 锁紧部件松动
10. 预紧机构松动	11. 零部件松动	12. 线路与电缆连接不良
13. 液、气、油渗漏	14. 液、气、油堵塞不畅	15. 运动部件间隙过大
16. 运动部件间隙过小	17. 运动部件速度失调	18. 液压元件流量不当
19. 压力调整不当	20. 行程不当	21. 电动机过载
22. 运动部件无动作	23. 运动部件卡死	24. 转位、位移不到位
25. 转位、位移无动作	26. 回零不准	27. 定向不准
28. 运动部件窜动	29. 运动部件制动失灵	30. 运动部件爬行
31. 电动机起动不起来	32. 刀台不转位	33. 温升过高
34. 噪声超标	35. 运动部件动作冲击大	36. 振动或抖动
37. 发出异响	38. 气、液控制失灵	39. 机电互锁机构失灵
40. 传感部件失灵	41. 检测系统失灵	42. 元器件功能丧失
43. 电动机不能正常工作	44. 元器件参数漂移	45. 性能参数下降
46. 几何精度超差	47. 定位精度超标	48. 工作精度超标
49. 润滑不良	50. 误报警	51. 不能正常操作

故障（失效）分析是指当产品发生故障后，通过对产品及其结构、使用和技术文件等进行逻辑系统地研究，以鉴别故障模式、确定故障原因和故障机理的过程。从上述定义可以看出，故障分析的实质是对发生和可能发生故障的系统及其组成单元，从材料、结构设计、生产工艺、理化及电学等方面，采用物理的、化学的手段指示产品故障内在机理，并提出针对性纠正措施，从而提高和改善产品可靠性的过程。

产品故障的原因既有内因也有外因，从各个方面进行综合考虑，故障物理学（或可靠性物理学）对产品的故障提出了一些模型：应力强度模型、界限模型、耐久模型及故障率模型等。有些产品的故障容易进行物理分析，但有些产品的故障需要比较精密的手段，例如长寿命、高可靠性的刀架，就必须通过先进的测试手段才能分析。采用工艺、材料、结构的改进可以分析故障原因，提高寿命。

二、刀架的 FMECA 分析

（一）FMECA 相关概念

FMECA（Failure Mode Effect and Criticality Analysis）为故障模式、影响及危害性分析缩写。FMEA 是 FMA（故障模式分析）与 FEA（故障影响分析）的组合，目的是分析产品中每一个可能的故障模式并确定其对产品及上层产品所产生的影响，以及把每一个故障模式按其影响严重程度予以分类的一种分析技术。关于一个故障模式发生的概率，FMECA 不要求精确计算，一般可分为五个等级，即：

（1） A 级（经常发生），即一种故障模式出现概率大于总故障概率的 20%。

（2） B 级（很可能发生的），即一种故障模式出现概率为总故障概率的 10% ~20%。

（3） C 级（偶然发生的），即一种故障模式出现概率为总故障概率的 1% ~10%。

（4） D 级（很少发生的），即一种故障模式出现概率为总故障概率的 0.1% ~1%。

（5） E 级（极不可能发生的），即一种故障模式出现概率小于总故障概率 0.1%。

在确定一个故障模式的危害程度等级及这个故障模式发生的概率等级之后，可做出危害度矩阵图。它是用来确定每一故障模式的危害程度并与其他故障模式相比较，表示故障模式的危害度分布的图形。它的构成方法是将故障模式危害度等级作为横坐标，以故障模式概率等级作为纵坐标，将每一设备或故障模式标志编码填入矩阵的相应位置，然后从该位置点到坐标原点连接直线。从原点开始，离原点越远的故障模式其危害度越严重，越需先采取改正措施。危害度矩阵图形式如图 5-27 所示。

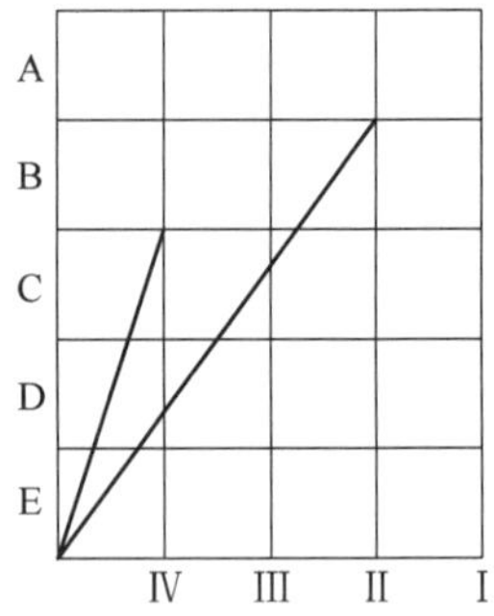

图 5-27　危害度矩阵图

（二） FMECA 的实施步骤

FMECA 的实施步骤如下：

1） 弄清系统的全部情况。主要包括系统的功能和相应的可靠性框图，可能具有的工作模式及其变化规律，所处的环境及可能的变化，故障数据等。

2） 正确划分系统的功能级。一般可根据系统内部的功能分工，按系统结构和位置将系统大致分为五个功能级，即回路级→单元级→组件（部件）级→子系统级→系统级。前一级的失效影响就是后一级的故障模式。

3） 建立所分析系统的失效模式清单。

4） 分析造成各种故障模式的原因。

5） 分析各种故障模式可能导致的局部影响和最终影响。

6） 研究并提出各故障模式及其故障影响的检测方法，也就是对故障采用什么方法进行判别，故障判据是什么。

7） 针对各种故障模式、原因和影响提出可能的预防措施和改正方法。

8） 确定各种故障影响的危害程度等级。

9） 确定各种故障模式的发生概率等级。

10） 画出各故障模式危害度矩阵图估计危害度。

11） 填写 FMEA（或 FMECA）报告表，表格的安排可参照表 5-38。

表 5-38　FMECA 工作单

系统日期：　　　　产品等级：

页次：　　　　参考图纸填表：

任务批准：

序号	零件名称	故障模式	故障原因	任务阶段	故障影响			检测方法	预防措施	严酷度分类	概率等级	危害度
					自身	对上一级	最终					

这个报告表包括在一个更为广泛的文件中，也可单独存在。全面广泛的文件包括一个详细的分析记录和一个摘要。摘要包括对分析方法和分析级别、假设和基本规定的简短说明。

为设计师、维修工程师、计划工作人员和使用者提出的建议。最初已经单独发生而又引起严重影响的失效，以及已经作为 FMEA（或 FMECA）的结果被采纳的设计变更。

三、实例分析

以 AK31 系列刀架为例，AK31 系列全功能数控转塔刀架是烟台环球机床附件集团引进意大利 Baruffaldi 公司先进技术并获得许可所生产制造的，是普及型和高级型数控车床的核心配套附件。AK31 数控转塔刀架具有结构紧凑、定位精度高、刀盘无须抬起实现转位刹紧、双向回转和任意刀位就近选刀等特点，使零件经过一次装夹自动完成车削外圆、端面、圆弧、螺纹、切槽和切断等工序。

1. 功能分析

AK31 刀架采用三联齿盘作为分度定位元件。由电动机驱动后，通过一对齿轮和一套行星齿轮系进行分度运动。角度编码器控制主轴转位位移，预分度接近开关与锁紧接近开关发出预定位及锁紧信号，预分度电磁铁实现预定位动作，三联齿盘实现精定位夹紧，直至转位工作结束，主机开始进行工作。

换刀动作如下：系统发出指令→齿盘松开→刀架旋转分度→到达目标工位并发信给系统→预定位→齿盘锁紧精定位→系统确认后进行。

2. 绘制功能框图、任务可靠性框图

1）绘制功能图，AK31 型数控刀架分系统功能层次图与结构层次对应图如图 5-28 所示。

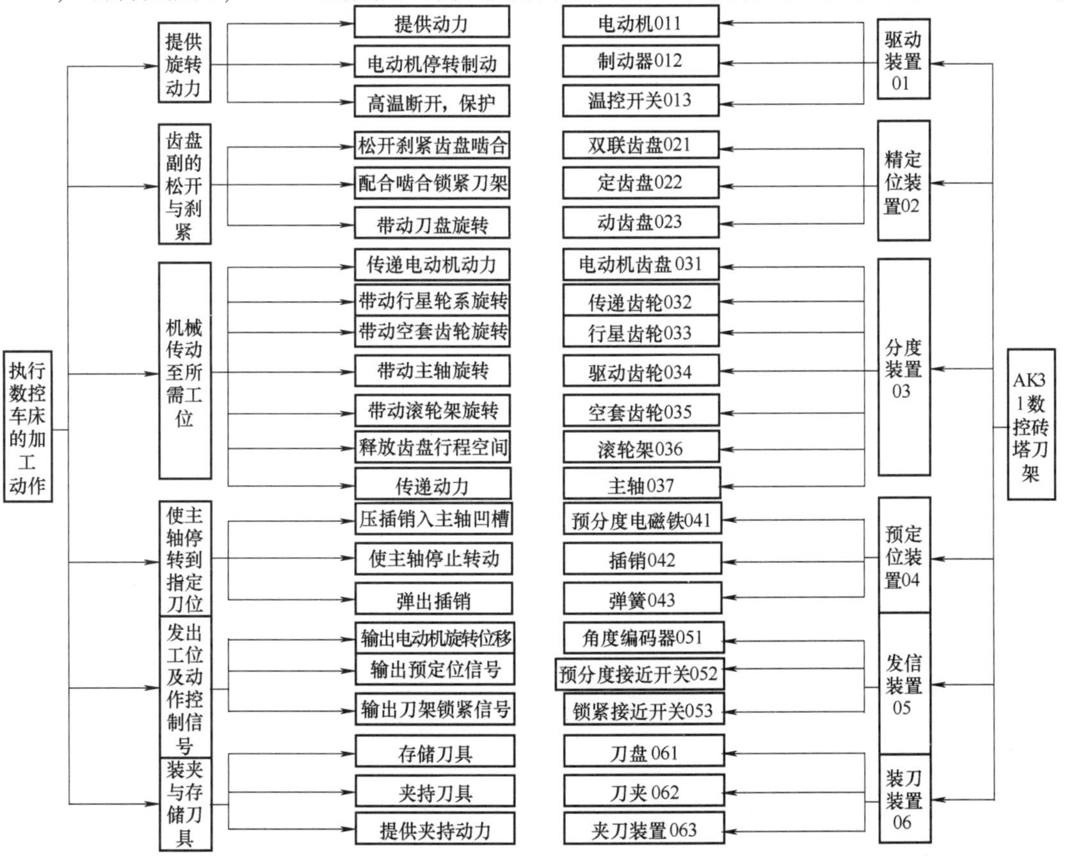

图 5-28 功能层次与结构层次对应图

2）绘制任务可靠性框图，AK31 型数控刀架的任务可靠性框图如图 5-29 所示。

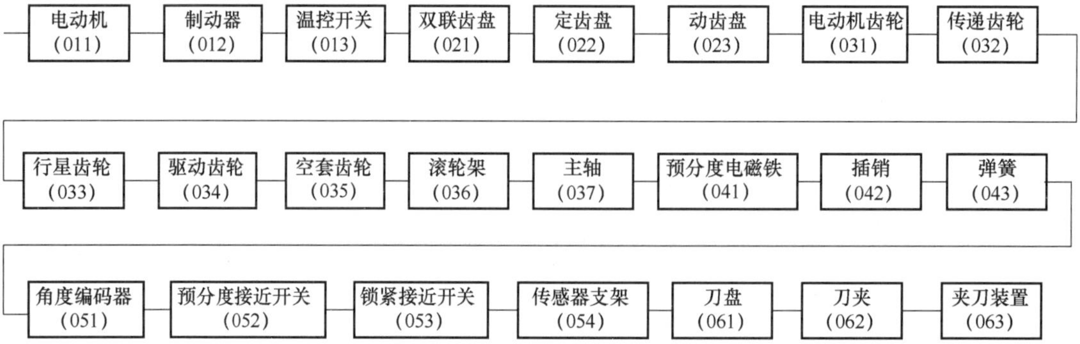

图 5-29 AK31 刀架的任务可靠性框图

3. 约定层次

初始层次为：AK31 数控转塔刀架。

约定层次为：驱动装置 01、精度定位装置 02、分度装置 03、预定位装置 04、发信装置 05、装刀装置 06、密封与防护装置 07。

最低层次为：电动机 011、制动器 012、…刀架体 074 等。

4. 严酷度定义

根据数控转塔刀架的分系统，每个功能故障模式对整个系统的最终影响程度，确定其严酷度。严酷度类别及定义见表 5-39。

表 5-39 严酷度定义表

严酷度类别	严重程度定义
Ⅰ	引起数控转塔刀架完全丧失工作能力
Ⅱ	引起转塔刀架的精度严重超差
Ⅲ	引起数控转塔刀架的精度下降，但没有超过允许的范围
Ⅳ	对刀架的工作没有影响，但会导致非计划性维修

5. 故障模式分析

数控转塔刀架的故障模式主要从烟台环球售后维修记录中分析获得。故障的等级分为 A、B、C、D 和 E 五个等级，其具体定义见表 5-40。

表 5-40 故障等级定义

A 级（经常发生）	一种故障模式出现的概率大于总故障概率的 20%
B 级（很可能发生的）	一种故障模式出现的概率为总故障概率的 10% ~20%
C 级（偶然发生的）	一种故障模式出现的概率为总故障概率的 1% ~10%
D 级（很少发生的）	一种故障模式出现的概率为总故障概率的 0.1% ~1%
E 级（极不可能发生的）	一种故障模式出现的概率小于总故障概率的 0.1%

6. 填写功能 FMECA 表

根据 AK31 转塔刀架的特点，将 FMEA 与 CA 表结合成“AK31 数控转塔刀架系统功能 FMECA 表”。

7. 绘制危害性矩阵图

根据表5-40结果，绘制数控刀架的定性危害性矩阵图（见图5-30）。

A				(6)
B			(3)	(7)
C		(2)	(4)	(8)
D	(1)		(5)	(9)
E				(10)
	Ⅳ	Ⅲ	Ⅱ	Ⅰ

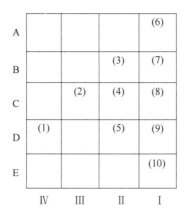

图5-30　数控转塔刀架危害性矩阵图

（1）0704（2）0102（3）0301/0701（4）0303/0304/0705（5）0201/0601/0602（6）0502/0503
（7）0501/0702（8）0101/0302/0403/0504/0703（90）0401（10）0402

8. 结论与建议

1）从表5-40和图5-30中得知，AK31型数控转塔刀架共有21个故障模式，其中严酷度为Ⅰ类的有11个，Ⅱ类的有8个，但考虑故障模式发生概率的因素，危害性最大的是故障模式识别号0502（刀架锁不紧）、0503（刀架卡死）、0501（编码器坏）、0702（刀架异响），对它们均可定为关键的故障模式。

2）建议针对识别号为0502的故障模式，需要做到：①增加传感器入厂检验项，严格控制外购件质量；②控制传感器存储、运输维护过程，细化传感器入厂后的存储维护；③严格按照装配工艺执行。在日常使用中需要做到：保证传感器电压稳定；定期对传感器信号进行稳定性检查，发现问题及时停车，调整或者更换，保证刀架运行正常。

3）针对识别号为0503的故障模式，与0502的注意点相同：①增加传感器入厂检验项，严格控制外购件质量；②控制传感器存储、运输维护过程，细化传感器入厂后的存储维护；③严格按照装配工艺执行刀架使用中的任何调整应由专业人员进行，保证调整后完整性。

4）针对识别号为0501的故障模式，需要做到：①增加编码器的入场检验，严格控制外购件的质量；②控制编码器存储、运输维护过程、细化编码器入厂后的存储维护；③装配过程保证接线的正确性。到发生故障时，可以采取以下补偿措施：用户按照使用说明书进行润滑油的加注，避免过量；密封处出现渗漏应立即进行处理，防止故障扩大化；用户使用过程中严格按照操作规范进行，避免误操作；定期检查刀架运行情况，出现转动情况异常时，迅速查找原因，妥善处理。

第七节　刀架的故障树分析

一、故障树分析

故障树（Fault Tree Analysis，简称FTA）分析是一种对复杂系统进行可靠性、安全性分析及预测的方法。它通过对可能造成产品故障的硬件、软件、环境和人为因素等进行分析，画出故障树，从而确定产品故障原因的各种可能组合方式和（或）其发生概率的一种分析技术。FTA是一种演绎分析的方法，它是先从系统的故障（称为顶事件）开始，逐级向下分析构成此系统的子系统、组件（部件）、单元等有些什么样的故障会造成这一后果。它既可作定性分析，又可作定量计算，是一种“上”到“下”的分析方法，因而这个方法的侧重点是考虑整个系统，它既考虑某个单元故障，也可考虑几个单元同时出现故障时它们对系统的影响。FTA应随着研制的展开不断完善和反复迭代。设计更改时，应对FTA进行相应的修改。

GB4888《故障树名词术语和符号》、GB7829《故障树分析程序》、GJB/Z768A《故障树分析指南》是进行FTA工作的基础与依据。

故障树分析是系统可靠性和安全性分析的工具之一。故障树分析包括定性分析和定量分析。定性分析的主要目的是寻找导致与系统有关的不希望事件发生的原因和原因的组合，即寻找导致顶事件（系统故障）发生的所有故障模式，它是通过简化故障树、建立故障树数学模型和求最小割集的方法进行定性分析。定量分析的主要目的是当给定所有底事件（元器件、单元失效）发生的概率时，求出顶事件发生的概率、重要度、灵敏度和其他定量指标。在分析的基础上，识别设计薄弱环节，采取措施，提高产品可靠性。

故障树是一种特殊的倒立树状逻辑因果关系图，它用规定的事件符号、逻辑门符号和转移符号描述系统中各种事件之间的因果关系。逻辑门的输入事件是输出事件的“因”，逻辑门的输出事件是输入事件的“果”。

二、故障树的建造

（一）建树前的准备

在建造故障树（以下简称建树）之前，要对所分析的系统有深刻的了解。为此需要广泛收集有关系统的设计、运行、流程图、设备技术规范等技术事件及资料，并进行深入细致的分析研究。通常要对系统进行故障模式、影响及危害度分析。

建树工作在整个FTA过程中，是一项既庞大又繁杂的工作。也是一项最基本、最实际、最有意义的工作。因为建树是否完善直接影响到定性分析和定量计算结果的准确性，所以说建树工作是FTA的关键。参加建树的工程技术人员应对于所研究的系统及各个组成部分有透彻的了解，最好由系统设计、制造和可靠性等方面的专家密切合作共同建树。建树过程往往是一个多次反复、逐步完善的过程。

（二）建树的方法

建树的方法有演绎法、判定表法和合成法等。演绎法主要用于人工建树，判定表法和合成法主要用于计算机辅助建树。

以下主要介绍人工建树。演绎法建树应从顶事件开始由上而下，循序渐进逐级进行，步骤如下：

1）确定顶事件，选定一个最关心的、最不希望发生的故障事件作为分析的目标。

2）分析顶事件，寻找引起顶事件发生的、直接的、必要和充分的原因。将顶事件作为输出事件，将所有直接原因作为输入事件，并根据这些事件实际的逻辑关系用适当的逻辑门相联系。

3）分析每一个与顶事件直接相联系的输入事件。如果该事件还能进一步分解，则将其作为下一级的输出事件，如同上述对顶事件那样进行处理。

4）重复上述步骤，逐级向下分解，直接到所有的输入事件不能再分解或没必要再分解为止。这些输入事件即为故障树的底事件。

（三）建树的基本规则

规则Ⅰ：确定顶事件。

规则Ⅱ：预先给定建树的边界条件。

规则Ⅲ：故障事件应有明确定义。

规则Ⅳ：循序渐进的建树。

规则Ⅴ：要对故障事件进行分类。

规则Ⅵ：建树时不允许门与门直接相连。

（四）故障树的简化

根据建树规则建立起来的故障树，可能比较庞大繁杂，层次过多或过细的故障树对定性分析和定量计算都是不方便的。因此，在故障树建成之后，要对这棵树进行逻辑等效简化。简化故障树应遵循如下规则：

规则Ⅰ：根据逻辑门等效变换规则，把原故障树变换成规范化故障树。

规则Ⅱ：去除明显的逻辑多余事件。也就是说，那些不经过逻辑门直接相连的一串事件只保留最下面的一个事件。

规则Ⅲ：去除明显的逻辑多余门。凡相邻两级逻辑门类型相同者均可简化。若与（或）门之下有与（或）门，则下一级的与（或）门及其输出事件均可去除，它们的输入事件直接成为保留与（或）门的输入事件。

规则Ⅳ：善于利用转移符号，使每一颗故障树和子树的层次不致太多，便于阅图者阅读。

数控刀架故障树的建立是一个逻辑推理的过程。手册中的数控刀架故障树是在历史故障数据及工程专家经验的基础上，及上一节 FEMACA 分析中得到的刀架使用过程中高频的故障模式作为顶事件，然后通过对刀架各个功能部位故障和人为方面的潜在错误操作对刀架功能的影响等方面进行全面的分析，以各直接故障原因为主要中间事件分别进行分析，一直分解到底层的深层次原因为止，逐步地演绎出整个数控刀架的故障树，为数控刀架故障诊断及可靠性的提升提供有力的依据。下面以刀架锁不紧、刀架卡死、刀架转不停、刀架换刀故障、刀架异响、刀架漏水、编码器故障及刀架体故障共八个故障树顶事件进行数控刀架故障树的建立。

三、故障树分析实例

以刀架锁不紧故障现象为例进行故障树的建立。选取刀架锁不紧为故障树顶事件，引起此顶事件发生的直接原因如：刀架电动机不反转、锁紧力不够、刀架内部锈蚀和刀架过位，作为故障树的第一层故障原因，针对其原因事件继续进行故障溯源，逐次分析，获得导致各故障事件发生的所有原因事件，将结果事件与基本事件符号分别对各原因事件进行表示，最后将所有事件通过逻辑门符号依次连接，完成刀架锁不紧故障树的建立。

依据刀架锁不紧的故障树建树过程，分别对上述八个故障现象进行故障树分析，所得故障树如图 5-31 ~ 图 5-38 所示。

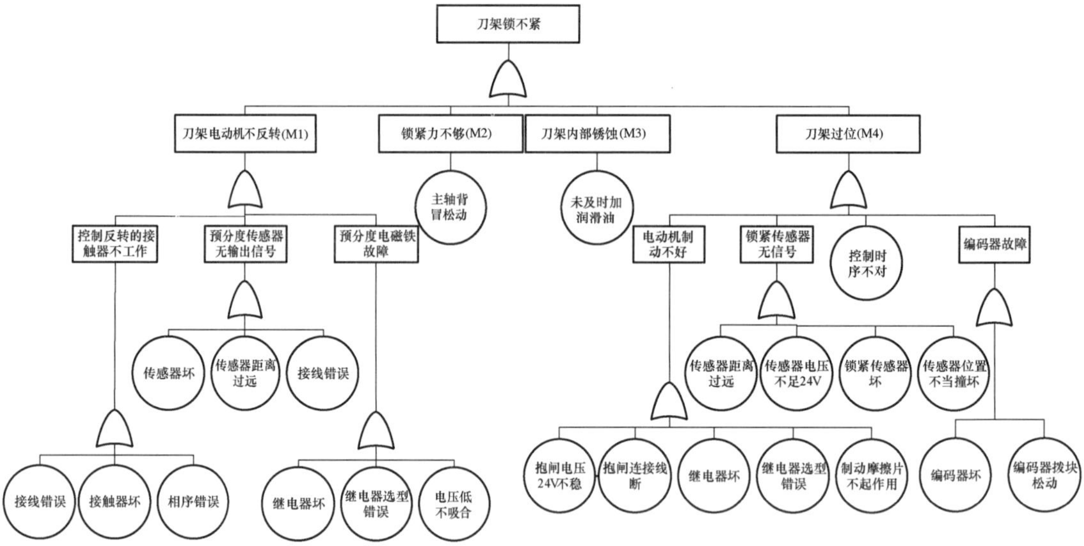

图 5-31　数控刀架不锁紧故障树

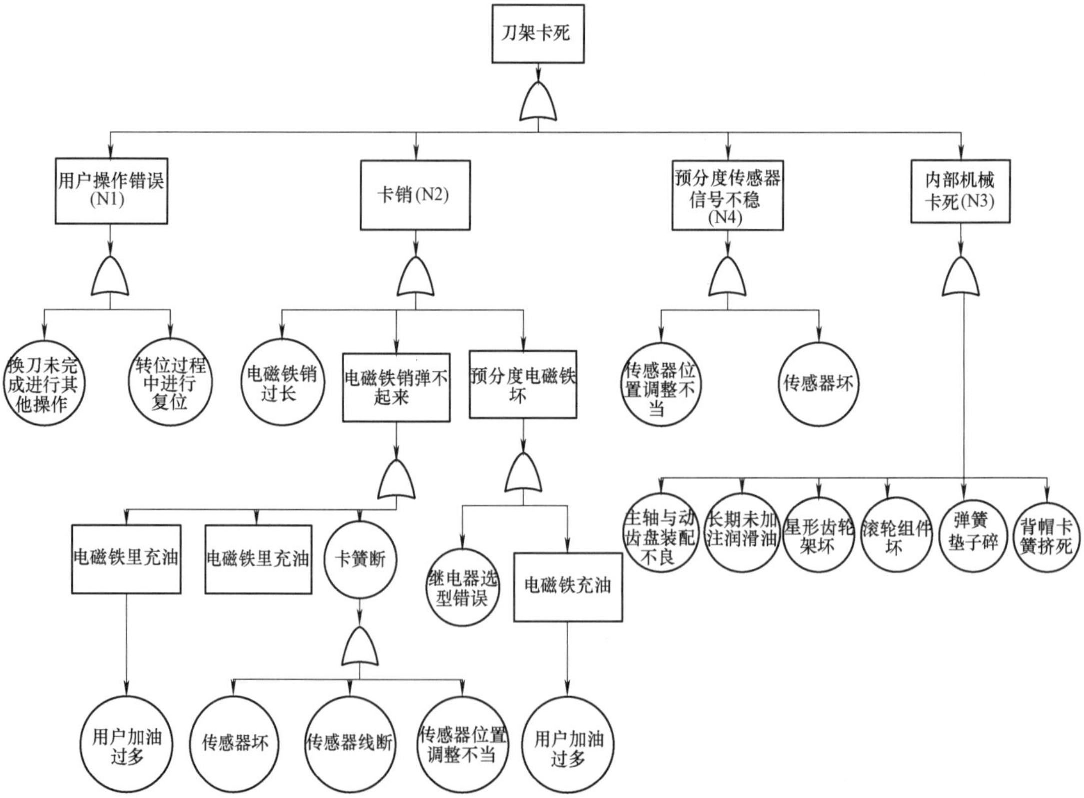

图 5-32　数控刀架卡死故障树

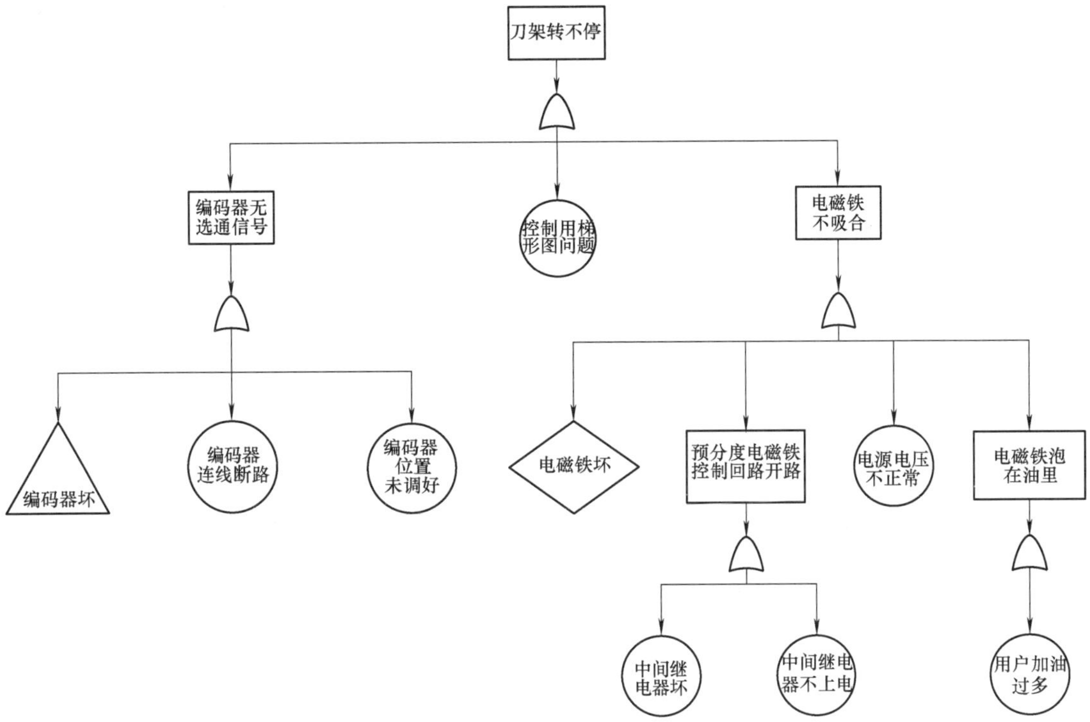

图 5-33　数控刀架转不停故障树

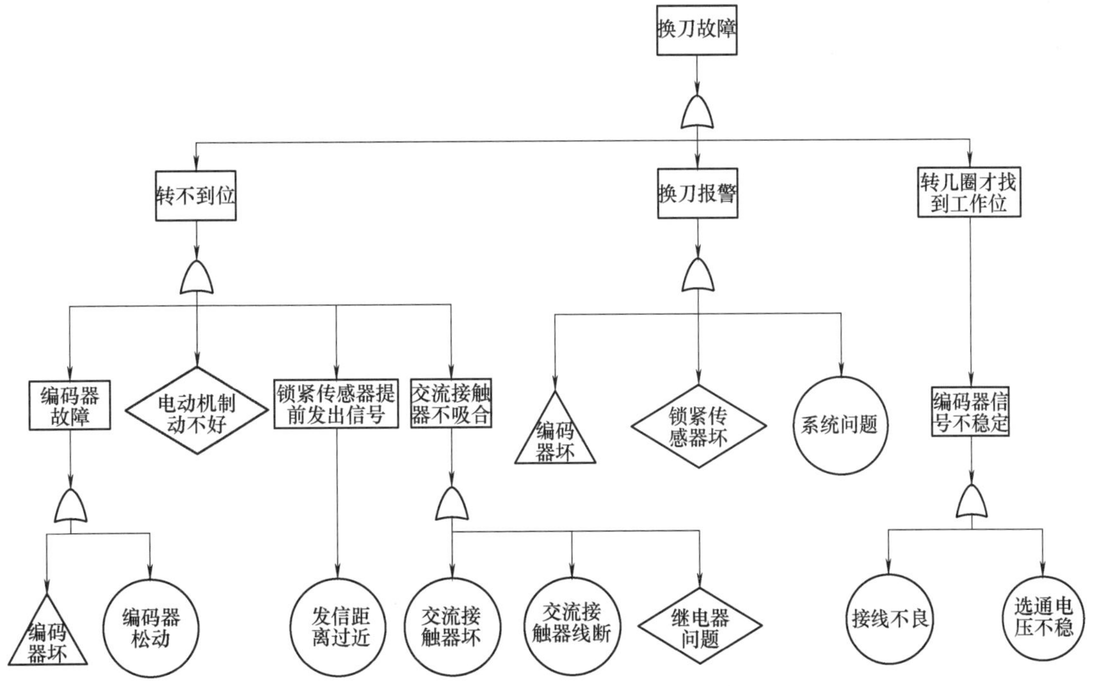

图 5-34　数控刀架换刀故障故障树

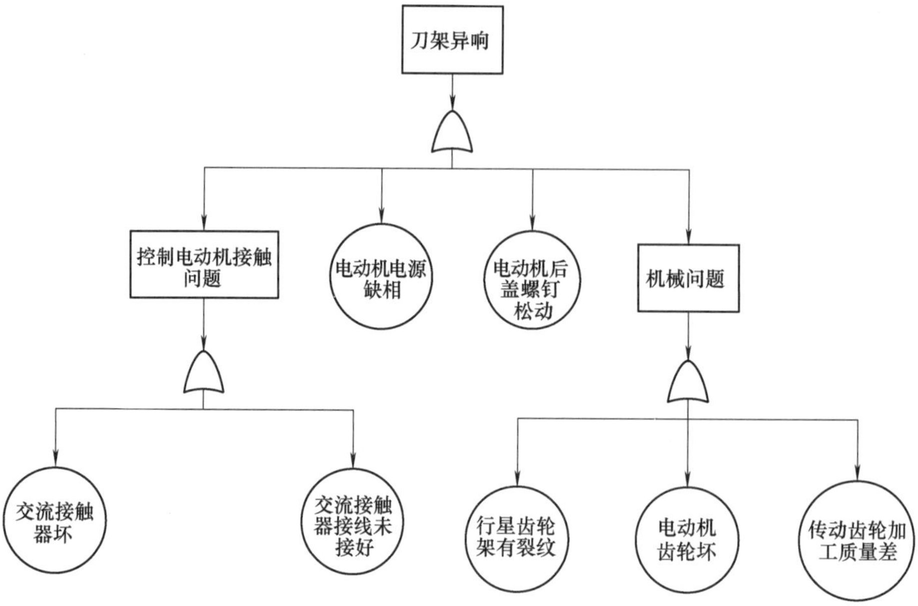

图 5-35　数控刀架异响故障树

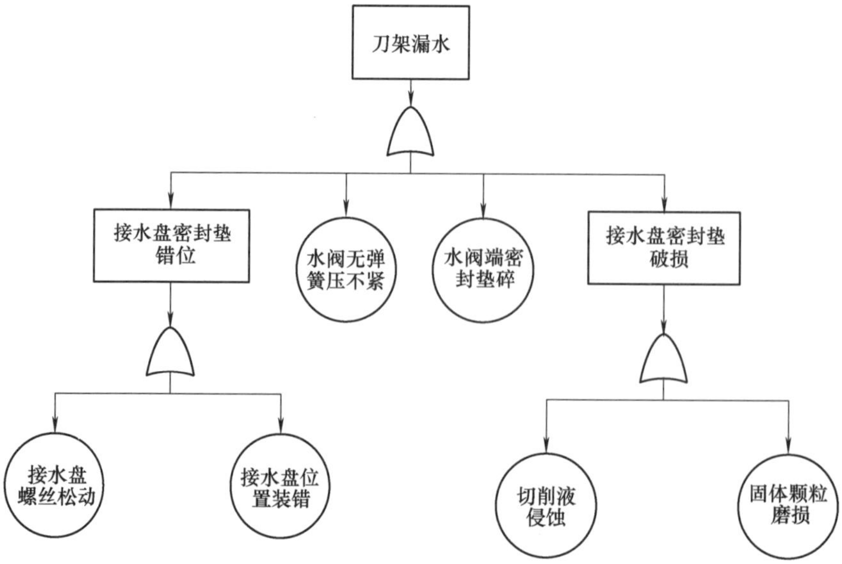

图 5-36　数控刀架漏水故障树

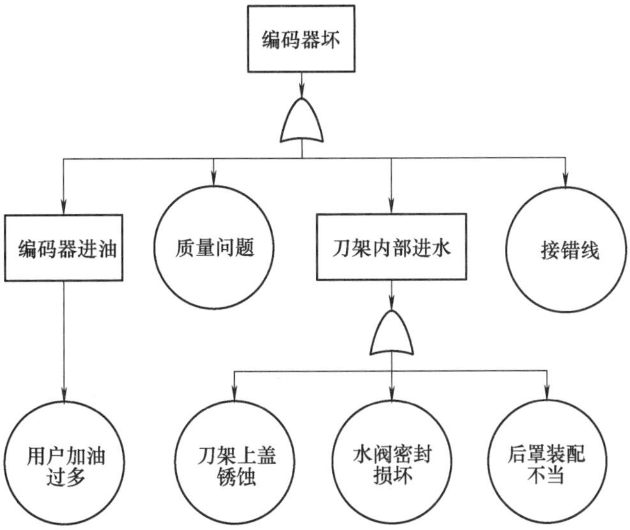

图 5-37 数控刀架编码器坏故障树

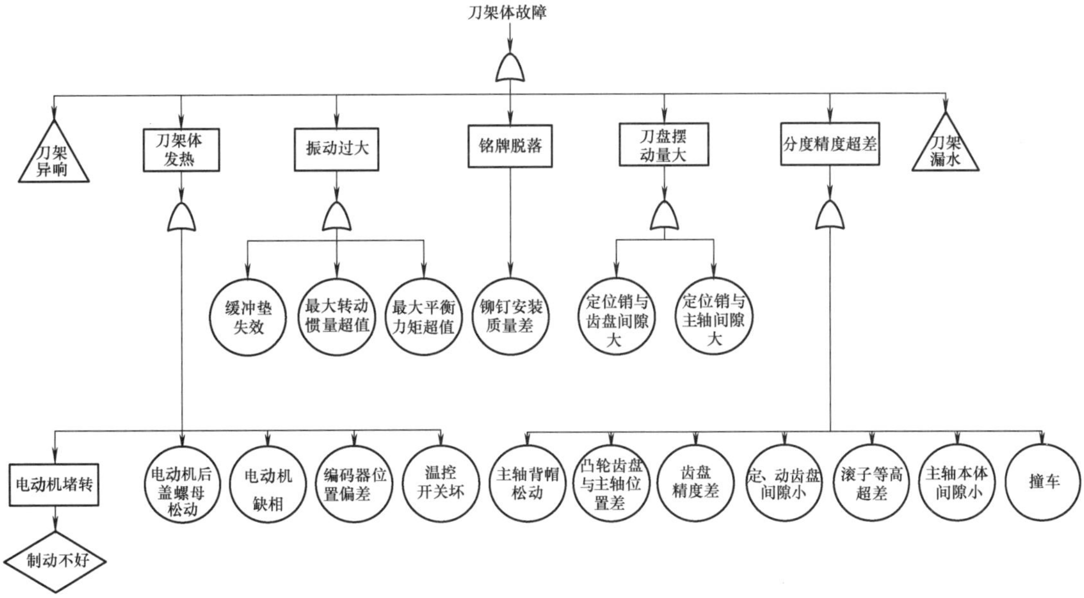

图 5-38 数控刀架壳体故障故障树

（一）数控刀架故障树定性分析

为找出故障树中所有顶事件的最小割集，最小割集中所有底事件的发生，必然引起顶事件的发生。由于上述数控刀架故障树中的逻辑门均为“或门”，所以数控刀架各故障树顶事件的最小割集均为一阶最小割集，即任一底事件的发生均可导致顶事件的发生。以刀架锁不紧和刀架卡死故障树为例，其最小割集的逻辑表达式如下。

刀架锁不紧故障树逻辑表达式为：

$$T_{\text{锁}} = M_1 + M_2 + M_3 + M_4 = US_i, i = (1, 2, \cdots\cdots 22) \tag{5-1}$$

式中　S_i——刀架锁不紧故障树所有底事件。

刀架卡死故障树逻辑表达式为：

$$T_{卡} = N_1 + N_2 + N_3 + N_4 = U K_i, i = (1, 2, \cdots\cdots 19) \tag{5-2}$$

式中　K_i——刀架卡死故障树所有底事件。

其他故障模式故障树的最小割集分析及逻辑表达式不再给出。

（二）数控刀架故障树定量分析

1. 故障树顶事件故障概率计算

以刀架锁不紧故障树为例，进行顶事件的发生概率计算。结合收集到的故障历史数据，并咨询相关工程技术人员，得到的故障底事件的模糊数如表5-41所示。根据表中模糊数据及顶事件的最小割集求解结果，通过模糊运算式，可以得到刀架锁不紧故障树顶事件的概率模糊数为：

$$P_{T_{锁}} = (0.4740, 0.5222, 0.5663) \tag{5-3}$$

则置信度为λ时的故障树顶事件的模糊数概率为：

$$P_{T_{锁}}^{\lambda} = (0.470 + 0.0482\lambda, 0.5663 - 0.0441\lambda) \tag{5-4}$$

当置信度 $\lambda = 1$ 时，刀架锁不紧顶事件的发生概率为：

$$P_{T_{锁}}^{\lambda} = 0.5222 \tag{5-5}$$

刀架锁不紧故障树底事件模糊数如表5-41所示。

表5-41　刀架锁不紧故障树底事件模糊数

事　件	描　述	模糊数（m，a，b）$\times 10^3$
S1	接线错误	(12.1，2，2)
S2	接触器坏	(18.4，5，5)
S3	相序错误	(16.2，4，4)
S4	预分度传感器坏	(86，10，10)
S5	预分度传感器发信距离不当	(53.5，5，5)
S6	控制定位的继电器坏	(20.3，2，2)
S7	控制定位的继电器选型错误	(16.8，4，4)
S8	电压低	(27.5，2，2)
S9	抱闸电压不稳	(16.7，2，2)
S10	抱闸接线断	(12.1，2，2)
S11	控制刹紧的继电器坏	(20.3，2，2)
S12	控制刹紧的继电器选型错误	(16.8，4，4)
S13	制动摩擦片不起作用	(20.7，5，5)
S14	锁紧传感器发信距离不当	(55.3，5，5)
S15	锁紧传感器电压不足24V	(17.5，2，2)
S16	锁紧传感器坏	(82，7，7)
S17	用户撞车	(38.6，2，2)
S18	编码器坏	(87，12，12)
S19	编码器拨块松动	(18.4，4，4)
S20	主轴背帽松动	(18.4，4，4)
S21	未及时加注润滑油	(52.7，5，5)
S22	控制时序不对	(12.1，2，2)

同理根据各底事件的概率模糊数可求得其他各故障树顶事件的发生概率区间模糊数及置信度 $\lambda=1$ 时的失效概率分别如下所示：

刀架卡死故障树概率：

$$P_{T_{卡}}=(0.3709,0.4216,0.4630),P_{T_{卡}}^{\lambda}=0.4216 \tag{5-6}$$

刀架转不停故障树概率：

$$P_{T_{转}}=(0.3539,0.3972,0.4389),P_{T_{转}}^{\lambda}=0.3972 \tag{5-7}$$

刀架换刀故障故障树概率：

$$P_{T_{换}}=(0.3539,0.3972,0.4389),P_{T_{换}}^{\lambda}=0.3972 \tag{5-8}$$

刀架异响故障树概率：

$$P_{T_{响}}=(0.3452,0.3873,0.4271),P_{T_{响}}^{\lambda}=0.3873 \tag{5-9}$$

刀架漏水故障树概率：

$$P_{T_{漏}}=(0.3586,0.4021,0.4467),P_{T_{漏}}^{\lambda}=0.4021 \tag{5-10}$$

编码器坏故障树概率：

$$P_{T_{编}}=(0.4113,0.4652,0.5023),P_{T_{编}}^{\lambda}=0.4652 \tag{5-11}$$

2. 故障树原因事件重要度计算

故障树中各原因事件对顶事件的影响程度各不相同，为了有针对性及区别性提出改进与控制措施，有必要对各原因事件的重要度进行计算。以刀架锁不紧故障为例，首先计算主要中间事件的重要度，即直接导致故障树顶事件发生的中间事件 M1、M2、M3 及 M4 的重要度。根据式$(P_T,P_{Ti})=(aT-aT_i)+(bT-bT_i)+(cT-cT_i)$，计算得到刀架锁不紧故障树主要中间事件的重要度分别为：

$$D(P_{T锁},P_{M4})=0.7204,D(P_{T锁},P_{M1})=0.0478 \tag{5-12}$$

$$D(P_{T锁},P_{M2})=0.00266,D(P_{T锁},P_{M3})=0.0794 \tag{5-13}$$

按照主要中间事件对顶事件影响程度的排序，可知引起刀架锁不紧故障事件发生的直接原因是刀架过位（M4）和刀架电动机不反转（M1）；更进一步对中间事件 M4 的底事件进行分析，计算得到各底事件影响程度见表 5-42。

表 5-42　中间事件 M4 的底事件重要度

底　事　件	描　　述	影响程度 D
S9	抱闸电压不稳	0.033 6 (10)
S10	抱闸接线断	0.024 1 (11)
S11	控制刹紧的继电器坏	0.041 0 (6)
S12	控制刹紧的继电器选型错误	0.033 7 (9)
S13	制动摩擦片不起作用	0.041 7 (5)
S14	锁紧传感器发信距离不当	0.116 1 (3)
S15	锁紧传感器电压不足 24V	0.035 3 (8)
S16	锁紧传感器坏	0.177 0 (2)
S17	用户撞车	0.086 6 (4)
S18	编码器坏	0.188 6 (1)
S19	编码器拨块松动	0.036 9 (7)
S22	控制时序不对	0.024 1 (12)

由表5-42可知对刀架锁不紧故障事件影响程度较大的原因底事件分别为：编码器坏、锁紧传感器坏及发信距离调整不当。同理对其他主要中间事件的底事件进行分析，得到影响程度较大的事件有：预分度传感器坏、发信距离调整不当以及用户未按时按量加注润滑油。

同时对刀架卡死故障树进行原因事件重要度的分析，得到其主要中间事件的重要度如下所示：

$$D(P_{T卡},P_{N2})=0.5284,D(P_{T卡},P_{N4})=0.2706 \tag{5-14}$$

$$D(P_{T卡},P_{N3})=0.1813,D(P_{T卡},D_{N1})=0.0091 \tag{5-15}$$

可知导致刀架卡死故障事件的直接原因是预分度电磁铁销卡住（N2）和预分度传感器信号不稳（N4）。进一步对中间事件N2的底事件进行分析，得到故障影响程度见表5-43，可知影响刀架卡死故障事件程度较大的分别是：锁紧传感器发信距离调整不当、用户加油过多以及电磁卡簧断。同理分析其他中间事件的底事件，影响程度较大的有：预分度传感器坏、发信距离调整不当以及操作人员误操作等。

表5-43　中间事件N2的底事件重要度

底　事　件	描　　述	影响程度D
K3	电磁铁销过长	0.038 5（6）
K4	用户加油过多	0.066 1（2）
K5	锁紧传感器坏	0.020 9（7）
K6	锁紧传感器线断	0.048 5（4）
K7	锁紧传感器发信距离不当	0.136 7（1）
K8	卡簧断	0.056 3（3）
K9	预分度继电器选型错误	0.040 0（5）

同时对其他各故障树进行定量分析得到对顶事件影响程度较大的底事件分别如下：

1）刀架转不停故障：编码器坏、控制用梯形图错误、预分度电磁铁坏、用户加油过多。

2）刀架换刀故障：编码器坏及其装配不良、交流接触器坏、锁紧传感器坏。

3）刀架异响故障：传动齿轮加工质量差、电动机后盖螺母松动、电动机电源缺相、交流接触器坏。

4）刀架漏水故障：水阀端面密封垫碎、固体颗粒磨损和切削液侵蚀造成的接水盘密封垫损坏、接水盘密封垫装配错误。

5）编码器坏：编码器质量问题、编码器接线错误烧坏、用户加油过多。

6）刀架体故障：电动机温控开关坏、主轴背帽松动、齿盘精度差、定位销与主轴间隙大、电动机制动不好以及缓冲垫失效。

第八节　刀架可靠性加速寿命试验分析

可靠性试验是对产品的可靠性进行调查、分析和评估的一种手段。通过对试验结果的统计分析和失效（故障）分析，评价产品的可靠性，找出可靠性的薄弱环节，推荐改进建议，以便提高产品的可靠性。它是可靠性工程技术的重要支柱之一。

本节将对可靠性试验进行简单介绍，并介绍故障数据处理方式和可靠性评价指标。

一、可靠性试验概述

对产品可靠性的各种特征指标进行测量、评定和验证，并发现产品可靠性薄弱环节，提出改进的依据。可靠性试验所涉及的内容相当广泛，根据试验的对象、地点、目的以及方法等分为不同种类。

- 按试验地点
  - 现场试验
  - 内场（实验室）试验
- 按产品过程
  - 设计阶段—研制试验
  - 定型试验—鉴定试验
  - 生产阶段—验收试验
  - 使用阶段—评定试验
- 按产品过程
  - 筛选试验
  - 寿命试验
    - 存储寿命试验
    - 工作寿命试验
  - 环境试验
- 按寿命结束方式
  - 完整试验
  - 结尾试验
    - 定时结尾试验
      - 有替换
      - 无替换
    - 定数结尾试验
      - 有替换
      - 无替换

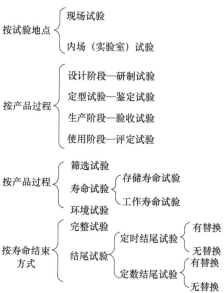

内场试验是在试验室内模拟实际使用条件或在规定的工作及环境条件下进行的试验。使用现场试验是在实际使用状态下所进行的试验，对产品的工作状态、环境条件、维修情况和测量条件等均需记录。有计划地把现场使用作为使用现场试验来收集数据、信息是很重要的。这种办法用的费用少，数据采集信息多，并且环境是真实的。使用方法及承制方都应重视现场使用信息的收集及分析工作。内场和现场两种试验的比较如表 5-44 所示。

表 5-44　内场与现场可靠性试验的比较

序号	比较内容	内场试验	现场试验
1	试验条件	可以严格控制，但在实验室中很难全部模拟产品真实的环境及使用情况	结合用户使用进行，其环境条件和使用情况真实
2	试验数据	数据的收集和分析比较方便，容易获得所需的信息	数据记录的完整性和准确性较差
3	受试产品的限制	由于试验设备的限制，大型系统和设备无法做	可以做
4	故障发现与纠正	可以较早地通过试验及发现故障，进行纠正	产品出厂使用后再发现问题、纠正晚
5	子样数	少	结合用户使用，子样多
6	费用	综合环境应力试验设备较昂贵，试验时人、财、物开支较大	结合用户使用进行试验，费用较少

数控车床刀架的可靠性评价，首先是对其故障数据进行收集和整理；其次通过参数估计，假设检验等方法确定故障数据的分布模型；最后根据所确定的分布模型计算可靠性评价

指标，评价可靠性水平。本次可靠性试验是针对数控车床的刀架进行考核，共计得到619个故障数据，本次试验属于有替换定时截尾试验。机床的工作方式为单班生产。

二、故障数据处理

收集可靠性数据，是可靠性工作的重要组成部分。原则上应按如下步骤收集机床的故障数据：

1）根据刀架故障记录表对每台受试机床进行跟踪记录。

2）由用户和生产厂售后服务人员负责采集故障数据。一旦发生故障，立即根据故障判据和故障类型进行记录，恢复正常工作状态后继续观察。

3）进行中途检查。每隔一定时间，负责此项工作的有关人员到现场了解情况，并就具体问题进行指导。

对在考核试验中所获得的该刀架的基本信息和故障信息，采用表5-45进行记录。

表5-45 记录表

刀架型号： 刀架名称：
出厂编号： 制造单位：
出厂日期： 使用日期： 评定日期：至

日期	班次	刀架工作时间		因故障停机开始时间	恢复使用时间	操作者（签名）
		起止	累计			

由概率论可知，正态分布和对数正态分布的概率密度函数曲线呈单峰形，指数分布的概率密度函数曲线呈单调下降形，而威布尔分布和伽玛分布的概率密度函数曲线根据其参数的不同或呈单峰形或呈单调下降形。由此可知，根据由观测值所拟合出的曲线形状可初步判断出某一随机变量服从何种分布。

下面由刀架故障间隔时间的观测值来拟合其概率密度函数。将故障间隔时间的观测值$t\in[1,9\ 368]$分为10组，组距Δt_i为936.6h，如表5-46所示。

表5-46 刀架故障频率分组表

组号	区间上	区间下	组中值	频数	频率	累计
1	0	936.6	468.3	246	0.397 415	0.397 415
2	936.6	1 873.2	1 404.9	176	0.28 433	0.681 745
3	1 873.2	2 809.8	2 341.5	126	0.203 554	0.885 299
4	2 809.8	3 746.4	3 278.1	44	0.071 082	0.956 381
5	3 746.4	4 683	4 214.7	14	0.022 617	0.978 998
6	4 683	5 619.6	5 151.3	6	0.009 693	0.988 691
7	5 619.6	6 556.2	6 087.9	3	0.004 847	0.993 538
8	6 556.2	7 492.8	7 024.5	1	0.001 616	0.995 153
9	7 492.8	8 429.4	7 961.1	1	0.001 616	0.996 769
10	8 429.4	9 366	8 897.7	2	0.003 231	1

以每组时间的中值为横坐标，每组概率密度的观测值$\hat{f}(x)$为纵坐标，由表5-47拟合出的概率密度函数曲线散点图如图5-39所示。

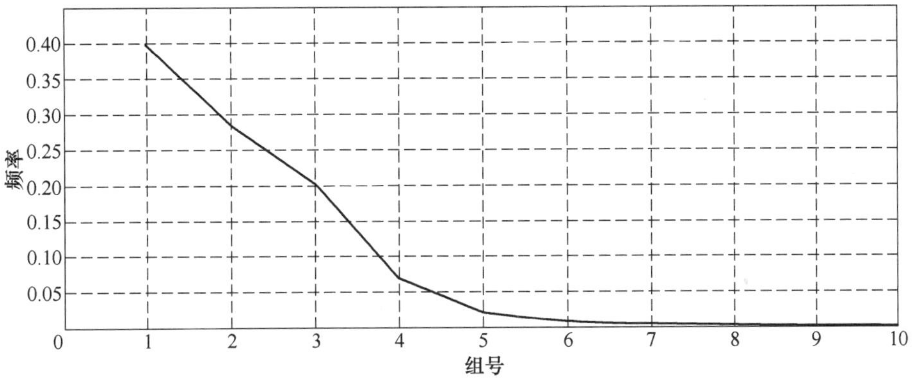

图5-39　概率密度函数曲线散点图

其中$\hat{f}(t)$的计算如下：

$$\hat{f}(x)=\frac{n_i}{n} \tag{5-16}$$

式中　n_i——每组故障间隔时间中的故障频数；

n——故障总频数，本试验为619次。

三、故障间隔时间的经验分布函数

数控机床故障间隔时间的理论分布函数可定义为：

$$F(t)=P\{T<t\} \tag{5-17}$$

式中　T——故障间隔时间总体；

t——任意故障间隔时间。

设t_1，t_2，…，t_n为故障间隔时间的观测值，由该组观测值所得到的故障间隔时间的顺序统计量为$t_{(1)}$，$t_{(2)}$，…，$t_{(n)}$，则该机床故障间隔时间的经验分布函数为：

$$F_{(n)}(t)=\begin{cases}0, & t<t_{(1)}\\ i/n, & t_{(i)}\leqslant t<t_{(i+1)},i=1,2,\cdots,n\\ 1, & t\geqslant t_{(n)}\end{cases} \tag{5-18}$$

当样本容量n足够大时，用样本观测值所求出的经验分布函数$F_{(n)}(t)$与理论分布函数$F(t)$之差的最大值便足够的小，此时可由$F_{(n)}(t)$来估计$F(t)$。

故障间隔时间的分布函数$F(t)$同其密度函数$f(t)$之间的关系为：

$$f(t)=F'(t) \tag{5-19}$$

若故障间隔时间的概率密度函数$f(t)$呈峰值形，即存在极值。如正态分布和对数正态分布，则

$$f'(t)=0 \tag{5-20}$$

$$\text{即 } F''(t)=0 \tag{5-21}$$

由此可知，若故障间隔时间的概率密度函数$f(t)$呈峰值形，则其分布函数$F(t)$将出现

拐点。

若故障间隔时间的概率密度函数$f(t)$呈单调下降趋势，则

$$f'(t)<0 \tag{5-22}$$

$$即\ F''(t)<0 \tag{5-23}$$

由此可知，若故障间隔时间的概率密度函数$f(t)$呈单调下降趋势，则其分布函数$F(t)$在正半轴上将是凸的。

同理可得，若故障间隔时间的概率密度函数$f(t)$呈单调上升趋势，则其分布函数$F(t)$在正半轴上将是凹的。

由上述讨论可知，由经验分布函数$F_{(n)}(t)$可估计理论分布函数$F(t)$，而由$F(t)$的形状可初步判断$f(t)$的形状，所以由$F_{(n)}(t)$的形状亦可初步判断$f(t)$的形状。

下面由表5-46来拟合经验分布函数$F_{(n)}(t)$的形状如图5-40所示。其中以组中值为横坐标，以累计失效频率为纵坐标。

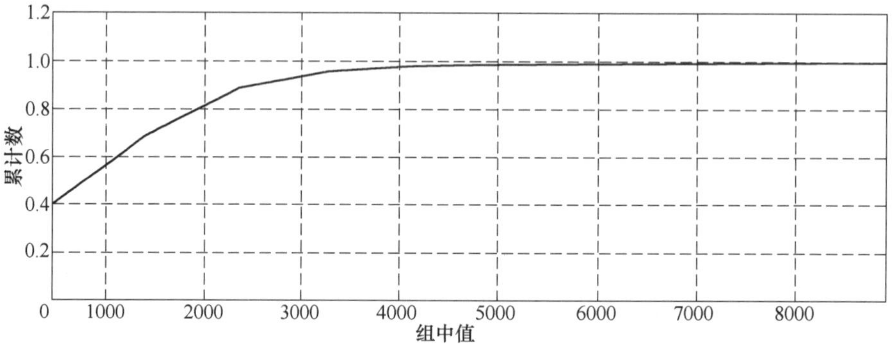

图5-40　累计失效频率曲线图

由图5-40可知，故障间隔时间的经验分布函数$F_{(n)}(t)$为上凹，无拐点。可见，该机床故障间隔时间所服从的分布不会是正态分布或对数正态分布，而可能是指数分布或威布尔分布。

四、故障间隔时间分布模型的拟合检验

由上述讨论可知，刀架故障间隔时间可能服从威布尔分布或伽玛分布。当威布尔分布的形状参数$\alpha=1$时，便简化为指数分布，即威布尔分布或伽玛分布包含了指数分布。手册中假设故障间隔时间服从威布尔分布，通过最小二乘法进行参数估计，并运用相关系数法来检验威布尔分布，从而确定该刀架故障间隔时间的分布规律。

（一）威布尔分布

威布尔分布的概率密度函数为：

$$f(t)=\begin{cases}\dfrac{\beta}{\alpha}\left(\dfrac{t-\gamma}{\alpha}\right)^{\beta-1}\exp\left[\dfrac{t-\gamma}{\alpha}\right]^{\beta}, & t\geqslant\gamma\\0, & t<\gamma\end{cases} \tag{5-24}$$

分布函数为：

$$F(t)=\begin{cases}\int_0^t f(t)\,\mathrm{d}t = 1-\exp\left[-\left(\frac{t-\gamma}{\alpha}\right)^{\beta}\right],\ t\geqslant\gamma\\ 0,\ t\leqslant\gamma\end{cases} \tag{5-25}$$

在式（5-24）和式（5-25）中，β 为形状参数，$\beta>0$；α 为尺度参数，$\alpha>0$；γ 为位置参数，$\gamma>0$。在产品的故障分析中，β 与产品的故障机理相联系，不同的 β 值伴随着不同的故障机理。当 $\beta<1$ 时，呈早期故障期的寿命分布；当 $\beta=1$ 时，呈偶然故障期的寿命分布；当 $\beta>1$ 时，呈耗损故障期的寿命分布。α 与工作条件的负载有关，负载大，则相应的 α 小；反之亦然。γ 的变化影响概率密度曲线的平移位置，产品在 $t=\gamma$ 之前不发生故障，在 $t=\gamma$ 以后发生故障。

在实际应用中，往往假设在 $t=0$ 时产品便发生故障。这样，式（5-24）和式（5-25）便分别简化为：

$$f(t)=\frac{\beta}{\alpha}\left(\frac{t}{\alpha}\right)^{\beta-1}\exp\left[-\left(\frac{t}{\alpha}\right)^{\beta}\right],\ t\geqslant 0 \tag{5-26}$$

$$F(t)=1-\exp\left[-\left(\frac{t}{\alpha}\right)^{\beta}\right],\ t\geqslant 0 \tag{5-27}$$

手册以二参数威布尔分布来研究故障间隔时间的分布规律。

（二）威布尔分布的线性回归分析

设一元线性回归方程为：

$$y=A+Bx \tag{5-28}$$

对于两参数威布尔分布，对式（5-27）进行线性变换，可得：

$$y=\ln\ln\frac{1}{1-F(t)} \tag{5-29}$$

$$x=\ln t \tag{5-30}$$

$$A=-\beta\ln\alpha \tag{5-31}$$

$$B=\beta \tag{5-32}$$

若能将故障间隔时间的观测值 t_1，t_2，…，t_n，按式（5-29）和式（5-30）转化为式（5-28）中的 x，y，那么便可由最小二乘法求得回归直线的截距 A 和斜率 B，从而便可由式（5-31）和式（5-32）估计威布尔分布的两参数 α 和 β。

x_i 值可由式（5-30）算得，即

$$x_i=\ln t_i \tag{5-33}$$

y_i 值可计算，在计算之前，需先估计 $F(t_i)$ 的值。一般用中位秩估计 $F(t_i)$，即

$$\hat{F}(t_i)\approx\frac{i-0.3}{n+0.4} \tag{5-34}$$

这样，由最小二乘法可得：

$$\hat{B}=\frac{l_{xy}}{l_{xx}} \tag{5-35}$$

$$\hat{A}=\bar{y}-\hat{B}\bar{x} \tag{5-36}$$

式中　$l_{xx}=\sum_{i=1}^{n}(x_i-\bar{x})^2=\sum_{i=1}^{n}x_i^2-n\bar{x}^2$

$$l_{yy} = \sum_{i=1}^{n}(y_i - \bar{y})^2 = \sum_{i=1}^{n} y_i^2 - n\bar{y}^2$$

$$l_{xy} = \sum_{i=1}^{n}(x_i - \bar{x})(y_i - \bar{y}) = \sum_{i=1}^{n} x_i y_i - n\overline{xy}$$

$$\bar{x} = \frac{1}{2}\sum^{n} x_i$$

$$\bar{y} = \frac{1}{n}\sum_{i=1}^{n} y_i$$

再由式（5-31）和式（5-32），可得：

$$\hat{\beta} = \hat{B} \tag{5-37}$$

$$\hat{\alpha} = \exp(-\hat{A}/\hat{B}) \tag{5-38}$$

下面通过最小二乘法对威布尔分布的两参数进行估计。

由式（5-34）和式（5-35）得：$\hat{B} = 1.175$，$\hat{A} = -8.66071$；

再由（5-36）和式（5-37）得：$\hat{\beta} = 1.175$，$\hat{\alpha} = 1588$。

所以线性回归方程为：$y = -1.175x - 8.66071$

（三）威布尔分布的线性相关性检验

对于威布尔分布的拟合效果，手册采用相关系数法进行检验。相关系数为：

$$\hat{\rho} = \frac{l_{xy}}{\sqrt{l_{xy} l_{yy}}} \tag{5-39}$$

当$|\hat{\rho}| > \rho_{(n-2,\alpha)}$时，认为 x 与 y 之间的线性相关性显著。其中，$\rho_{(n-2,\alpha)}$为相关系数 ρ 的临界值，可查表求出，亦可用近似公式计算。手册采用近似公式，取显著性水平 $\alpha = 0.1$，则：

$$\rho_{(n-2,\alpha)} = \frac{1.645}{\sqrt{\nu + 1}} \tag{5-40}$$

式中　$v = n - 2$。

下面通过相关系数法对威布尔分布进行假设检验。由式（5-39）得，$\hat{\rho} = 0.997\,769$。因为 $n = 619$ 所以 $\rho_{(n-2\nu)} = 0.065\,97$。由此得出：$\hat{\rho} > \rho_{(n-2\nu)}$，认为 y 与 x 的线性相关性显著，刀架故障间隔时间服从威布尔分布。

（四）威布尔分布的假设检验

此处对上文所推导的刀架故障间隔时间分布函数进行 d 检验（柯尔莫哥洛夫 - 斯米尔诺夫检验，或 $k - s$ 检验）。

常用假设检验法有 d 检验法和 χ^2 检验法，但 d 检验法比 χ^2 检验法精细，而且还适用于小样本的情况。d 检验法是将 n 个试验数据按由小到大的次序排列，根据假设的分布，计算每个数据对应的 F_0（x_i），将其与经验分布函数 F_n（x_i）进行比较，其中差值的最大绝对值即检验统计量 D_n的观察值。将 D_n与临界值 $D_{n,\alpha}$进行比较。满足下列条件，则接受原假设，否则拒绝原假设。

$$D_n = \sup_{-\infty < x + \infty} |F_n(t_i) - F_0(t_i)| = \max\{d_i\} < D_{n,\alpha} \tag{5-41}$$

式中 $F_0(x)$——原假设分布函数，即

$$F_0(x)=1-\exp\left[-\left(\frac{t}{2646}\right)^{1.175}\right] \tag{5-42}$$

$F_n(x)$——样本大小为 n 的经验分布函数：

$$F_n(x)=\begin{cases}0, & x<x_i\\ \dfrac{i}{n}, & x_i<x<x_{i+1},(x_1<x_2<\cdots<x_n)\\ 1, & x\geqslant x_n\end{cases} \tag{5-43}$$

$D_{n,\alpha}$——临界值，当 $D_n<D_{n,\alpha}$时，接受原假设，即认为该产品无故障工作时间服从威布尔分布。

（五）故障间隔时间概率密度函数与分布函数的确定

由式（5-25）和式（5-26），得刀架故障间隔时间的概率密度函数$f(t)$、分布函数$F(t)$分别为：$\hat{\beta}=1.175$，$\hat{\alpha}=1587.831$

$$f(t)=\frac{\beta}{\alpha}\left(\frac{t}{\alpha}\right)^{\beta-1}e^{-\left(\frac{t}{\alpha}\right)^{\beta}}=\frac{1.175}{1587.831}\left(\frac{t}{1587.831}\right)^{0.175}\exp\left(-\left(\frac{t}{1587.831}\right)^{1.175}\right) \tag{5-44}$$

$$F_0(x)=1-\exp\left[-\left(\frac{t}{1587.831}\right)^{1.175}\right] \tag{5-45}$$

$f(t)$和$F(t)$的曲线如图 5-41 和图 5-42 所示。

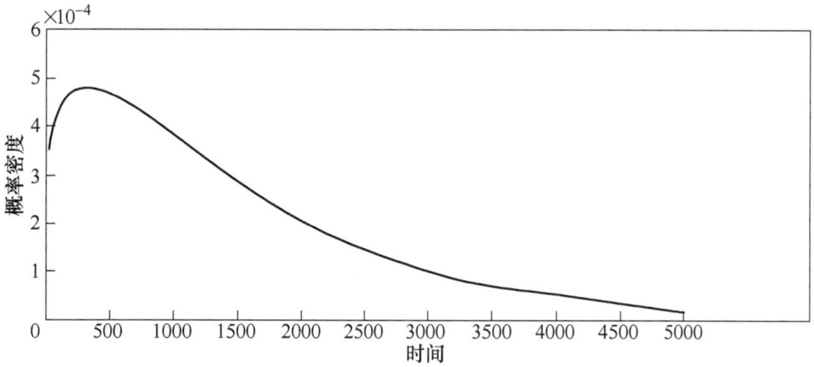

图 5-41 概率密度函数曲线

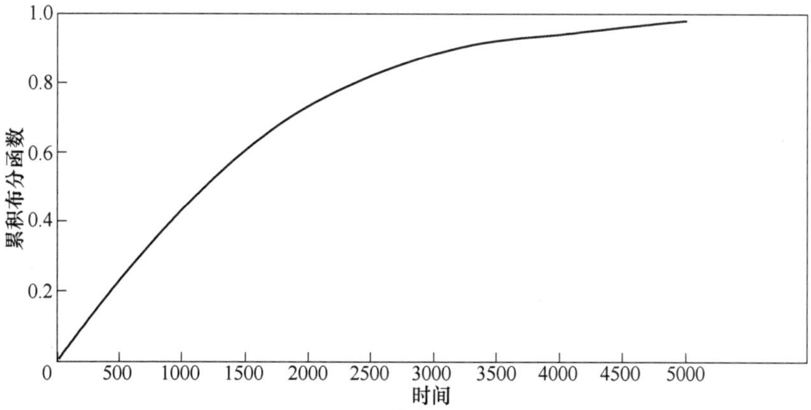

图 5-42 分布函数曲线

失效率函数为：

$$\lambda(t)=\frac{f(t)}{1-F(t)} \tag{5-46}$$

这样，刀架的故障率函数为：

$$\lambda(t)=\frac{\beta}{\alpha}\left(\frac{t}{\alpha}\right)^{\beta-1}=\frac{1.175}{1587.831}\left(\frac{t}{1587.831}\right)^{0.175} \tag{5-47}$$

λ(t)的曲线如图 5-43 所示。

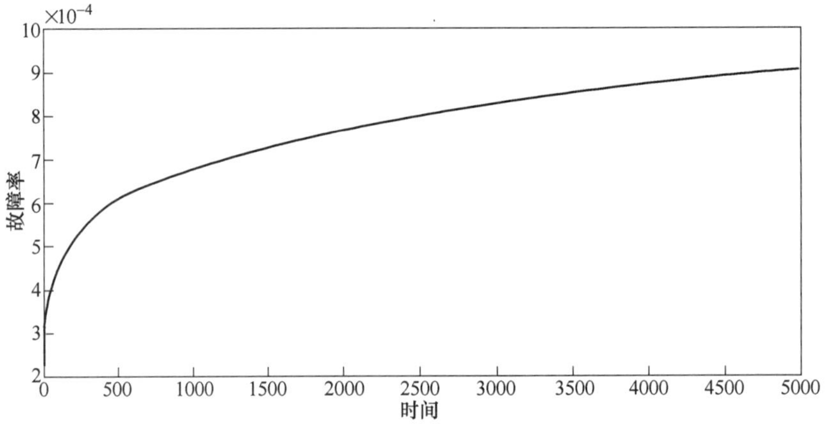

图 5-43　瞬时故障率函数曲线

可靠度函数为：

$$R(t)=e^{-\left(\frac{t}{\alpha}\right)^{\beta}}=e^{-\left(\frac{t}{1587.831}\right)^{1.175}} \tag{5-48}$$

可靠度函数 $R(t)$ 的曲线如图 5-44 所示。

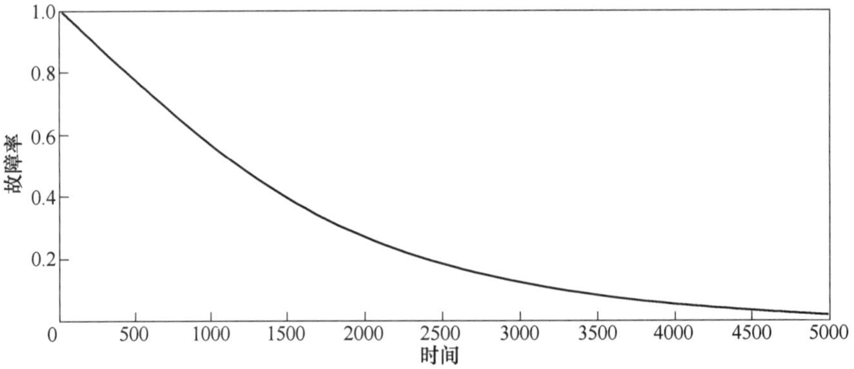

图 5-44　可靠度函数曲线

五、可靠性评价指标

常用的刀架可靠性评价指标有平均故障间隔时间 MTBF、平均修复时间 MTTR、平均首次故障时间、固有可用度、精度保持时间 T_k。

（一）平均无故障时间（MTBF）

平均无故障时间，是指数控刀架样机连续发生两次故障之间的平均工作时间，其侧重于数控刀架样机的无故障性，是当前国内外公认的可靠性评价指标。平均故障间隔时间 MTBF 值的点以及区间估计，对数控刀架系统可靠性评价有非常重要的意义。

MTBF 在实际应用中最为常用，MTBF 观测值用以下公式进行计算：

$$\mathrm{MTBF}=\frac{1}{N}\sum_{i=1}^{n}t_i=\frac{\sum_{i=1}^{n}t_i}{\sum_{i=1}^{n}r_i} \tag{5-49}$$

式中　n——随机抽样测试的刀架台数，一般 $5\leqslant n\leqslant 20$；

t_i——评定周期内第 i 台刀架的累计工作时间（h）；

r_i——评定周期内第 i 台刀架发生的累计关联故障数。

MTBF 点估计值用公式：

$$\mathrm{MTBF}=\int_0^{\infty}t\cdot f(t)\mathrm{d}t=E(t)=d\left(1+\frac{1}{\beta}\right) \tag{5-50}$$

目前，国家“高档数控机床与基础制造装备”科技重大专项正在逐步实施，对数控装备（数控机床、数控系统和功能部件）的可靠性技术研究以及产品可靠性提升和考核给予高度关注。重大专项中共性技术课题的第一项就是“可靠性设计与性能试验技术”，即“提供在数控机床、重型装备、数控系统及功能部件上能付诸应用的可靠性设计方法、试验分析方法和精度保持措施，在高速、精密数控机床、重型装备、数控系统及主要功能部件上验证应用”。在研究内容和考核指标中提出可靠性评价方法和评价指标以及可靠性增长的要求，“使本专项支持的一种或多种数控机床主机平均无故障时间（MTBF）达到 900h”。

（二）平均修复时间（MTTR）

作为数控刀架产品维修性的一种基本参数，平均修复时间（Mean Time To Repair，简称 MTTR）或平均恢复前时间（Mean Time To Restoration）是从数控刀架样机中发现故障到恢复其规定性能所需的修复时间的平均值。它反映了数控刀架产品的维修性，即对其所发生故障进行维修的难易程度。数控刀架平均修复时间 MTTR 估计值的度量方法为：在规定的条件下和规定的时间内，数控刀架样机在任意规定的维修级别上，修复性维修总时间与在该级别上被修复数控刀架样机的故障总数之比。

（三）故障率（λ）

故障率是指工作到某一时刻 t 尚未失效的产品在其后单位时间内发生故障的概率，即故障率函数 $\lambda(t)$。通常多用故障率观察值 $\hat{\lambda}(t)$ 或平均故障率的观察值 $\overline{\lambda}(t)$ 来表示，其表达式分别为

$$\text{故障率观察值}\hat{\lambda}(t)=\frac{\text{在 }t\text{ 后单位时间内出现故障的产品数}}{\text{工作到 }t\text{ 时尚未失效的产品数}} \tag{5-51}$$

$$\text{平均故障率}\overline{\lambda}(t)=\frac{\text{在规定的观察期间由一台或多台产品发生的故障数}}{\text{在规定的观察期间由一台或多台产品的累积工作时间}} \tag{5-52}$$

由于故障率是表达一个产品（机床、装置或零部件）在单位时间（或行程、运行次数）内的故障数，故其单位可用 1/h、1/月、1/km 或 1/次等。

故障率数据有如下两个用途：

1）确定刀架利用率。根据刀架的各类型故障及其相应的各故障平均修复时间（MTTR）

可得出由于故障而引起的工时损失，由此可算出利用率

$$U = \frac{1}{1 + \sum_{i=1}^{m} [\lambda_i (MTTR)_i]} \tag{5-53}$$

式中 U——预期的刀架利用率；

λ_i——第 i 类故障的故障率（1/h）；

m——该刀架发生的主要故障类。

2）确定刀架各类故障的分布特性。由各类故障的故障率λ_i，即可按下式求出其分布特性 α，它通常以% 表示各类故障发生的频繁程度。

$$a_i = \lambda_i \Big/ \sum_{i=1}^{m} \lambda_i \tag{5-54}$$

（四）平均首次故障时间（MTTFF）

首次故障时间是产品首次进入可用状态直至首次故障发生的总持续工作时间。平均首次故障时间（Mean Time To First Failure，简称为 MTTFF）也可称为首次故障前工作时间，是描述产品首次发生故障状况的一个可靠性特征量。

（五）固有可用度

数控刀架的可信性水平是通过其可用性描述的，可用性是可靠性、维修性和维修保障性的综合反映。可用性特征量包括有固有可用度（A_i）和使用可用度（A_o）等，目前关于数控刀架产品，其可用性考核仅考虑固有可用度A_i。固有可用度又称有效度，是指在规定的使用条件下，数控刀架保持其规定功能的概率。

（六）精度保持时间

精度保持时间（T_k）是产品在遵守使用规则的条件下，其精度保持在精度标准规定范围内的时间。数控刀架精度保持时间反映了数控刀架产品的耐久性和可靠性寿命。其评价时间从数控刀架的可靠性试验开始时算起，在评价周期内，对数控刀架样机的精度项目进行监测。数控刀架精度保持时间观测值以抽取的数控刀架样品中精度保持时间最短的一台刀架的精度保持时间为准。

参考文献

［1］全国金属切削机床标准化技术委员会．数控立式转塔刀架：GB/T 20959—2007［S］．北京：中国标准出版社，2007.

［2］全国金属切削机床标准化技术委员会．数控卧式转塔刀架：GB/T 20959—2007［S］．北京：中国标准出版社，2007.

［3］何佳龙．数控车床动力伺服刀架可靠性系统研制及试验研究［D］．长春：吉林大学，2014.

［4］崔政．基于试验的国产数控刀架性能研究［D］．南京：东南大学，2016.

［5］宗立华．数控刀架的可靠性试验方法研究［D］．长春：吉林大学，2011.

［6］贾德峰．动力刀架结构参数优化及综合性能检测研究［D］．大连：大连理工大学，2010.

第六章　附件选用及安装调试与维护

数控卧式刀架的附件包含刀盘和刀座，用于与刀架配套完成各种切削工作，是数控刀架乃至机床功能部件的重要组成部分。刀架附件在充分发挥数控刀架基本性能、扩大数控刀架的使用性能、保证零件加工精度以及提高生产效率等方面都起着重要作用。

第一节　刀架附件分类方法及标准

数控卧式刀架的附件一般包括安装固定件、刀盘、刀座和刀具等，在刀盘或刀座有特殊需求时可以进行选择适宜的附件。本节介绍刀盘和刀座的种类、以及相关的标准。

一、刀盘分类

安装刀具的刀座通过刀盘与卧式刀架连接，用于连接动力刀座或固定刀座，并且承受切削力。为保证加工精度，要求刀盘刚度高。

以夹刀方式可分为：德式快换刀座 VDI 式刀盘（DIN 69880），日韩标准的槽刀盘及 BMT（Base Mount Tooling）刀盘。

二、刀座分类

刀具通过刀座与刀盘连接，再与数控刀架连接，形成完整的功能部件，完成切削加工任务。根据不同的应用场合和使用功能，刀座分为无动力刀座（固定刀座）和动力刀座。根据结合面可分为 VDI 刀座（DIN69880、GB/T 19448—2004）、BMT（Base Mount Tooling）刀座和燕尾刀座（DIN69881）。国家标准 GB/T 19448—2004 只规定了其中 VDI 固定刀座的圆柱刀柄形式，故本节将刀夹统一称之为刀座。

燕尾刀座在欧美应用较广，主要用于立式刀架，其应用特点是：

1）用于立式或者卧式车床。

2）刀具利用燕尾实现快速定位，并具有高刚度。

3）显著提高加工精度。

4）刀架一般依照传动位置可以分为四个，六个及八个方向刀位。

5）适合大型工件强力车削加工。

6）符合 DIN69881 规范。

（一）刀座种类

用于数控卧式刀架的刀座有：VDI 固定刀座（无动力刀座）、VDI 动力刀座、BMT 固定刀座和 BMT 动力刀座。

（二）固定刀座

分类方法有：

1）根据结构和外型区分：0°（轴向）、90°（径向）以及万向刀座。

2）根据加工方向区分：左手型、右手型，依照加工位置，主轴的顺时针或者逆时针旋转，来选择左手或者右手固定刀座。

3）根据加工需求区分：外径、端面、万向、U Drill（内径）、内孔（侧固、ER、莫式）及钻孔夹头。

4）根据接合面区分：VDI（德式快换 DIN69880）、BMT（Base Mount Tooling）及燕尾（DIN69881）。

固定刀座可分为：B 型径向外径刀座、C 型轴向外径刀座、BC 型径轴向外径刀座、D 型万向外径刀座、E 型轴向内径刀座、F 型莫式刀座、G 型钻孔夹头刀座及 T 型径向侧固式内孔刀座。

（三）动力刀座

动力刀座各部分按照功能的不同，可分为连接安装结构、驱动接口、切削功能单元和刀具夹持接口等四个功能模块。

1. 刀座连接安装结构

动力刀座和刀盘连接形式有 VDI、BMT 和 CDI 等形式。

VDI 动力刀座采用标准化 DIN69880 刀柄连接结构，刀柄上有锯齿面，通过斜楔将刀座固定在刀盘上，利用锯齿面和定位销定位，切削液通过定位销孔提供。优点是快速换刀、标准化连接，供应商多，选择范围广泛。缺点是刀座刚性和在刀架上的固定刚性差，重复定位精度差，调整难度大，夹紧力小。

BMT 为非标准连接，采用四个键定位，通过四个螺钉固定，扳手安装，附加孔提供冷却。优点是刀座本身以及在刀架上的固定刚性好，比 VDI 的重复定位精度高。缺点是安装形式出现时间较晚，目前还没有统一的标准，各个厂家都有各自不同的 BMT 接口，互换性差，生产厂家还比较少，多为日韩系机床厂商使用。

CDI 连接形式属于山特维克企业面向高端的特殊定制产品，采用内置 Capto 系统精确定位，四个螺钉夹紧保证刚度。

2. 驱动接口

电动机的动力经过齿轮传动系统传到动力刀座的尾端，通过动力驱动接口传到刀具。驱动接口是动力刀座与刀架离合器结构连接驱动的部件，其中最广泛采用的是标准化的 DIN 1809、DIN 5480 接口和 DIN 5482 接口。DIN 1809 为凸榫式“一”字形键结构传动，结构简单，但存在一定的反向间隙，有冲击。DIN 5480 和 DIN 5482 为渐开线花键结构传动，没有反向间隙，传动平稳。

（1）VDI 系统。动力接口（联轴器）形式：

1）一字型：意大利 Duplomatic 轴向入刀式刀架专用驱动齿 DIN1809，如图 6-1a）所示。

2）零点定位齿型（渐开线栓花键）：德国 SAUTER 刀架改良型专用驱动齿 DIN5480/5482，见图 6-1b）及图 6-1c）。

3）梅花型：意大利 BARUFFALDI 刀架专用驱动齿 SPUR MT TOEM，如图 6-1d）所示。

4）T 字齿：美国 HASS 刀架专用驱动齿，如图 6-1e）所示。

5）特殊一字型：韩国 Hyundai Kia 刀架专用驱动齿，如图 6-1f）所示。

除上述接口外，不同刀架和刀座制造企业还采用伞齿轮接口、齿盘型接口和梅花型接口等形式。梅花型接口根据不同的生产企业还有 Baruffaldi TOEM MT、DuplomaticIT、OKUMA

1step、OKUMA 1step 等形式，上述接口主要应用于特定企业定制产品，没有凸榫式和花键式驱动接口使用广泛。

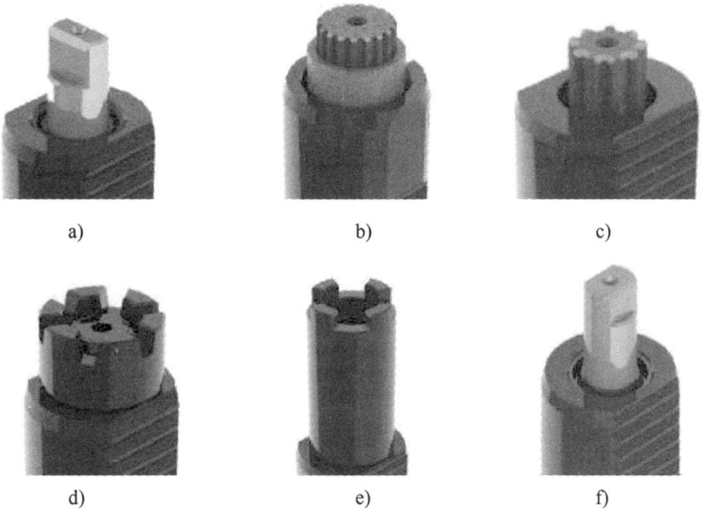

图 6-1 联轴器（离合器）形式

a）DIN1809VDI 意大利 Duplomatic b）DIN5480 VDI 德国 SAUTER c）DIN5482 VDI 德国 SAUTER
d）MT VDI 意大利 BARUFFALDI e）哈斯 VDI 美国 HAAS f）现代起亚 VDI 韩国 Hyundai Kia

（2）BMT 系统。动力接口（联轴器）形式有：

1）一字型：韩国 DoosanDOOSAN（PUMA 系列）刀架专用，DIN 1809。

2）零点定位齿型：DIN 5480。

3）特殊一字型：日本森精机 MORISEIKI（NL 系列）刀架专用。

3. 切削功能单元

切削功能单元主要采用齿轮传动，将动力由驱动接口传递给刀具夹持接口。除直动力刀座和直角动力刀座外，目前刀座生产企业还研发了以下几种多功能单元：

1）具有拉削功能的拉刀功能单元。

2）具有动力驱动接口轴线方向与刀具夹持接口轴线方向角度可调的旋转头功能单元。

3）具有双向夹持刀具功能的双向加工头单元。

4）具有多孔同时钻削功能的多轴钻削头功能单元。

专用功能单元的出现，极大扩展了刀架的加工范围，专用功能单元是动力刀座制造企业在国内外机床展览会上的重要参展产品，代表了刀座制造企业的研发制造能力以及创新能力。

4. 刀具夹持接口

刀具夹持接口用于夹持切削刀具，常见的夹持接口有 DIN 6499 弹簧夹头、DIN 6388 弹簧夹头、DIN6358 铣削头等标准化的夹持接口。除此之外，不同刀架和刀座制造企业还开发了其他的非标夹持接口。主要有：标准 ER 系列、内牙 ER 系列、TER 弹性攻牙系列、FMA 面铣刀系列、FMB 面铣刀系列及 HSK 系列。

5. VDI 与 BMT 动力刀架的差异

动力刀座和刀盘连接形式为 BMT 方式（非标准连接），其他功能模块与 VDI 动力刀座一样，与 VDI 动力刀座的差异见表 6-1。

表 6-1　VDI 动力刀座及 BMT 动力刀座的差异

	VDI 系统	BMT 系统
与刀盘连接方式	利用齿排与机台压合	四个螺钉与机台接合
刚性	略低	较高
灵活性	较高	略低

6. 动力刀座分类方法

1）轴向动力刀座：输出与输入方向相同。

2）径向动力刀座：输出与输入有 90°的转换方向。

3）轴向偏心动力刀座：输出与输入同方向，但是会偏移部分位置，适合有干涉的地方使用或者增加加工距离。

4）径向后缩动力刀座：输出与输入有 90°转向，但是输出部分有向尾盖退后，可以减少干涉加工。

5）万向动力刀座：输出和输入方向可以调整，可以方便选择你要加工的位置进行加工。

7. 动力刀座的选用

选用动力刀座前需要提供以下信息：

1）机床信息：机床的制造商及型号，机床的输出功率、转矩和转速，机床的刀架类型及输入接口（VDI 、BMT 或其他）。

2）加工应用信息：零件材料种类、背吃刀量、切宽和进给及所采用的转速（r/min）。

3）刀座信息：动力刀座的类型（轴向、径向、0°～90°可调、双输出及特殊固定角度等）。

4）输出类型：ER 夹头，刀柄输出（BT、HSK、WELDON 及其他）。

5）其他特殊要求：是否内冷，转速比等。

三、相关标准

（一）国家标准

国家标准（GB/T 19448—2004 圆柱柄刀夹）规定：适用于刀具不转动（固定刀座）的机床上，尤其是车削加工机床上使用的圆柱柄刀夹，分为八个部分对刀座进行规定：

第 1 部分：圆柱柄、安装孔 – 供货技术条件。

第 2 部分：制造专用刀夹的 A 型半成品。

第 3 部分：装径向矩形车刀的 B 型刀夹。

第 4 部分：装轴向矩形车刀的 C 型刀夹。

第 5 部分：装一个以上矩形车刀的 D 型刀夹。

第 6 部分：装圆柱柄刀具的 E 型刀夹。

第 7 部分：装锥柄刀具的 F 型刀夹。

第 8 部分：Z 型，附件。

（二）DIN 标准

1. 刀座与刀盘的连接方式

DIN69880：直柄工具夹具，VDI 刀座采用。

DIN69881：燕尾导轨工具夹具，分为 A 型带四角横向夹紧器、B 型带四角长度夹紧器、C 型带四角多面夹紧器和 D 型带圆柱形夹紧器。

2. VDI 动力刀座动力驱动接口

DIN1809：直柄工具用传动舌，用于 VDI 动力刀座传动轴接口标准。

DIN5480：渐开线花键轴连接，规定了模数从 0.5 到 10 定制渐开线花键的基础尺寸和试验尺寸、配合与公差、齿面定中的检验和量规、加工用刀具（齿轮滚刀、插齿刀、拉刀）等，共分为 16 个部分。

DIN5482：标准的带渐开线齿面的内花键和外花键，包含：外形尺寸、滚刀的齿形和测量球或测量棒测量方法等三部分。

3. 刀具夹持

DIN 6388：工具夹紧用 1∶10 锥度的弹簧夹头（标准 ER 筒夹式）。

DIN 6499：工具柄用调整角 8°的弹簧夹头（ER 弹簧夹头刀柄）。

DIN 6358：侧传动的圆柱柄的 7∶24 锥度转接套筒（HSK）。

第二节　刀盘结构类型及选用

一、VDI 式刀盘

VDI 式刀盘，采用德国标准，刀具孔分为径向和轴向两种形式。齿形刹紧柱紧固刀座，刀座用 DIN69880 和 DIN69881 标准，分为径向、轴向、组合、圆柱孔及莫氏孔等多种形式刀座。VDI 式刀盘优点是：可实现刀具快换，通过刀具系统的选用，方便完成车、铣、钻、铰丝等功能，可以机外对刀，便于刀具管理；缺点是刀盘的技术复杂程度高，刚性较弱，成本较高。图 6-2 为 VDI 式刀盘，图 6-3 为安装 VDI 式刀盘的数控刀架。

图 6-2　VDI 式刀盘图

图 6-3　安装 VDI 式刀盘动力刀架

如图6-4所示，VDI刀座的刀柄上有锯齿面，通过斜楔将刀座固定在刀盘上，利用锯齿面和定位销定位，切削液通过定位销孔提供。

烟台环球机床附件集团有限公司于20世纪90年代从欧洲引进VDI式刀盘生产技术，研发出适合我国国内市场的AK31系列数控刀架，满足了国内市场需求，取得了较好的经济效益。根据加工过程中所需刀具的不同，VDI式刀盘配备不同型号的刀座，这些刀座接口采用统一的标准定制，使刀座达到通用安装和互换的目的。表6-2、表6-3为常见的8工位、12工位VDI式刀盘及参数。

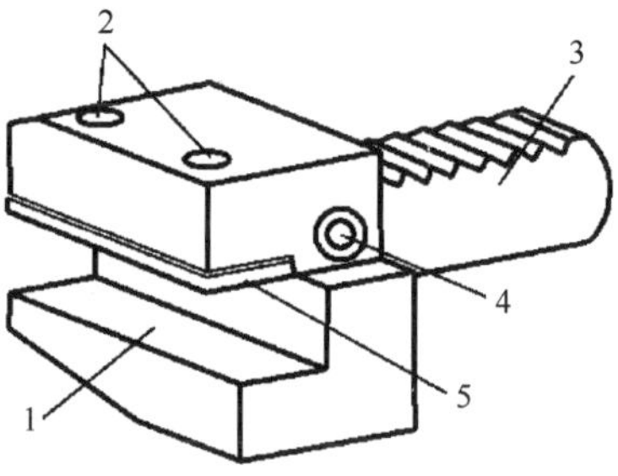

图6-4 VDI刀座的结构

1—刀具安装槽 2—车刀锁紧螺钉 3—VDI刀杆 4—球形可调节式切削液喷口 5—车刀压紧块

表6-2 8工位VDI式刀盘参数 （单位：mm）

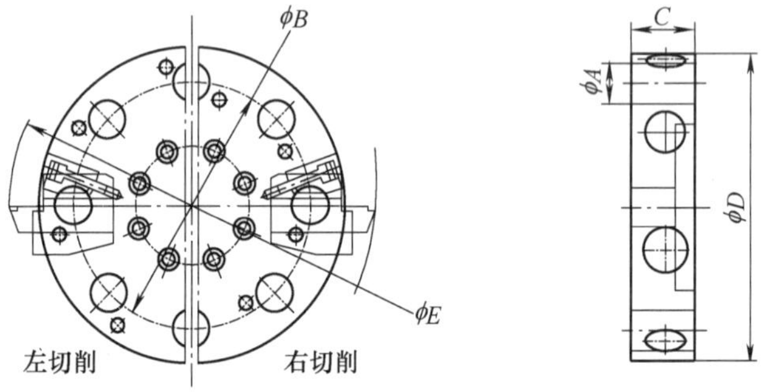

a) 主视图 b) 左视图

代 码	A	B	C	D	E	型 号
TD—VDI—S—50—8—16—160	16	160	34	205	230	BTP—50
TD—VDI—S—63—8—20—240	20	240	42	295	332	BTP—63
TD—VDI—S—80—8—30—270	30	270	57	340	380	BTP—80
TD—VDI—S—100—8—40—340	40	340	65	410	475	BTP—100
TD—VDI—S—125—8—50—400	50	400	80	480	564	BTP—125
TD—VDI—S—160—8—60—460	60	460	96	560	649	BTP—160

表6-3 12工位VDI式刀盘参数 （单位：mm）

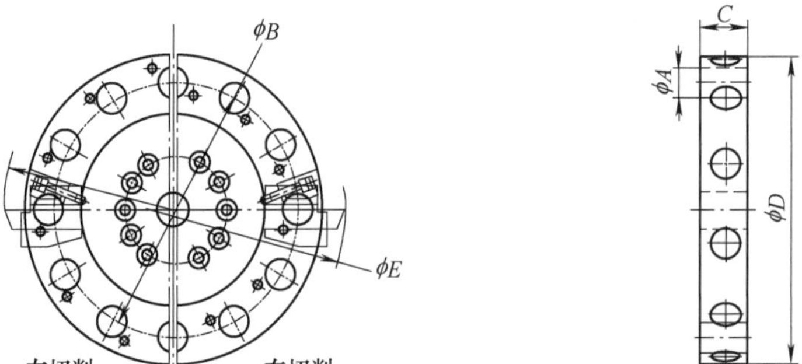

a) 主视图 b) 左视图

（续）

代　　码	A	B	C	D	E	型　　号
TD—VDI—S—50—12—16—160	16	160	34	205	230	BTP—50
TD—VDI—S—63—12—20—240	20	240	42	295	332	BTP—63
TD—VDI—S—80—12—30—315	30	315	57	380	425	BTP—80
TD—VDI—S—100—12—40—340	40	340	65	410	475	BTP—100
TD—VDI—S—125—12—50—400	50	400	80	480	555	BTP—125
TD—VDI—S—160—12—60—460	60	460	96	560	649	BTP—160

二、槽刀盘

槽刀盘以日本为代表，刀盘上的径向夹刀槽可正、反两边夹刀，端面可安装镗刀座和轴向车刀座。此刀盘出厂已配好刀座，用户无须另配刀座。槽刀盘的技术简单成本较低，对刀具的夹装技术要求低。

数控车床在不同工序加工时需要切换不同类型的刀具来实现加工，如车刀、镗刀等，在车床粗加工和精加工时采用的刀具也不同。在车削端面和外圆弧等工序时常将刀具径向安装，在车削内孔和内孔圆弧等工序时常进行轴向装刀。图 6-5、图 6-6 为槽刀盘及安装槽刀盘的数控刀架。

图 6-5　槽刀盘

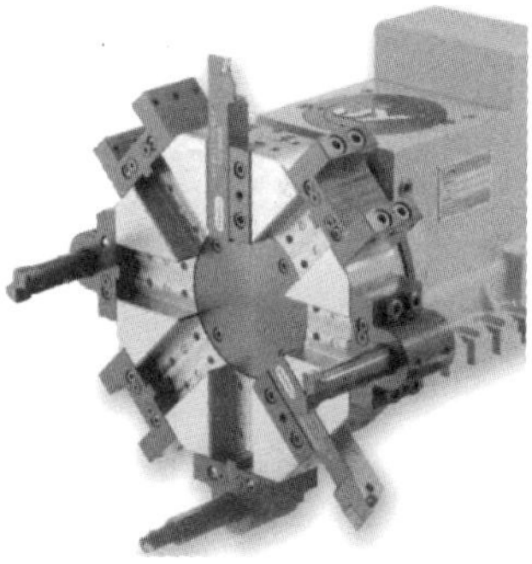

图 6-6　槽式数控刀架

槽刀盘常见的刀具安装方式有：轴向安装刀具、径向安装刀具。能够同时提供多种类型刀具的安装，也可根据实际工况需求增加或减少相应刀座的数量，达到优化刀盘结构以充分利用工位数的目的。表 6-4、表 6-5 为常见 8 工位、12 工位槽刀盘及参数。

表 6-4　8 工位刀盘参数　　（单位：mm）

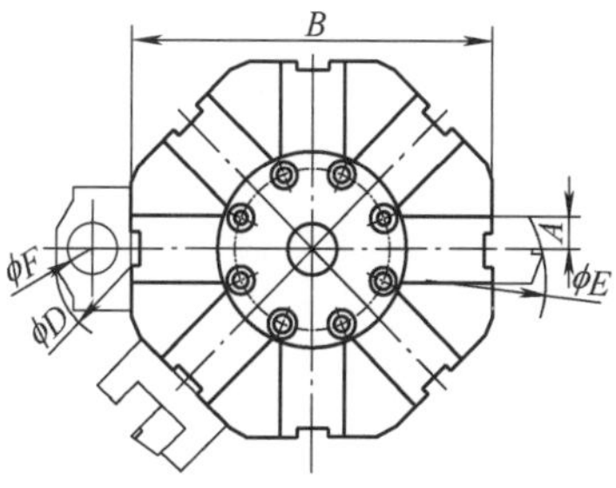

a) 主视图

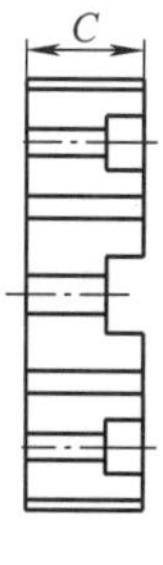

b) 左视图

（续）

代　码	A	B	C	D	E	F	型　号
TD—50—8—16	16	180	52	251	238	25	BTP—50
TD—50—8—20	20	200	55	306	292	32	BTP—50
TD—63—8—16	16	200	52	271	256	25	BTP—63
TD—63—8—20	20	220	62	326	294	32	BTP—63
TD—80—8—20	20	250	62	356	324	32	BTP—80
TD—80—8—25	25	280	82	400	360	40	BTP—80
TD—100—8—25	25	304	82	424	384	40	BTP—100
TD—100—8—32	32	350	97	504	440	50	BTP—100
TD—125—8—32	32	380	97	534	470	50	BTP—125
TD—125—8—40	40	400	97	543	500	50	BTP—125
TD—160—8—40	40	480	126	643	616	60	BTP—160

表 6-5　12 工位刀盘参数　（单位：mm）

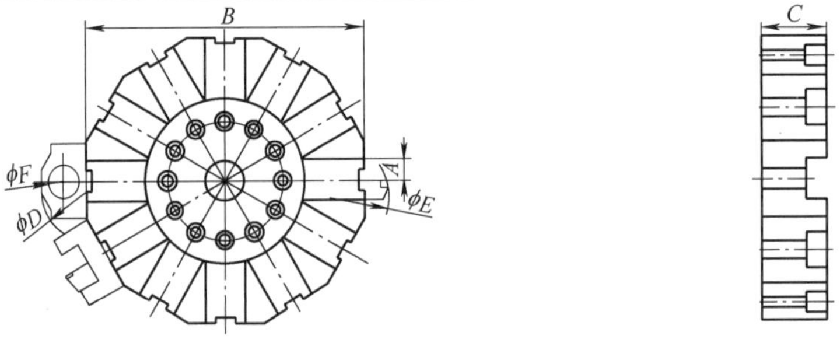

a) 主视图　b) 左视图

代　码	A	B	C	D	E	F	型　号
TD—63—12—16	16	236	52	307	270	25	BTP—63
TD—80—12—20	20	286	62	392	348	32	BTP—80
TD—100—12—25	25	350	82	470	420	40	BTP—100
TD—125—12—32	32	436	97	590	525	50	BTP—125
TD—160—12—40	40	565	126	729	645	60	BTP—160

三、BMT 刀盘

与 VDI 式刀盘相同，BMT 刀盘主要用于带动力模块刀架和动力刀架上，刀盘上可安装车刀和镗刀等非动力刀具，以及钻头、铣刀和丝锥等动力刀具。

VDI 式刀盘采用标准化 DIN69880 刀柄连接结构，具有快速换刀、标准化连接，但是刀座刚性和在刀架上的固定刚性差，重复定位精度差，调整难度大，夹紧力小。而 BMT 刀盘改进了 VDI 式刀盘刚性较弱的缺点，增加四个螺钉锁在刀盘上面，增加了刚性，但是拆卸没有 VDI 式刀盘快速。虽然 BMT 接口的标准化程度没有 VDI 高，通用性也不如 VDI 接口，但欧美等国家生产的车削中心已经转向 BMT 式的车铣复合机床。BMT 刀盘的简要形式及尺寸见表 6-6。

各个厂家所生产的 BMT 刀盘标准并不统一，其结构尺寸多根据主机需求定制，在此不做过多介绍，可参考各家产品说明书。

表 6-6　BMT 刀盘简要形式及尺寸　（单位：mm）

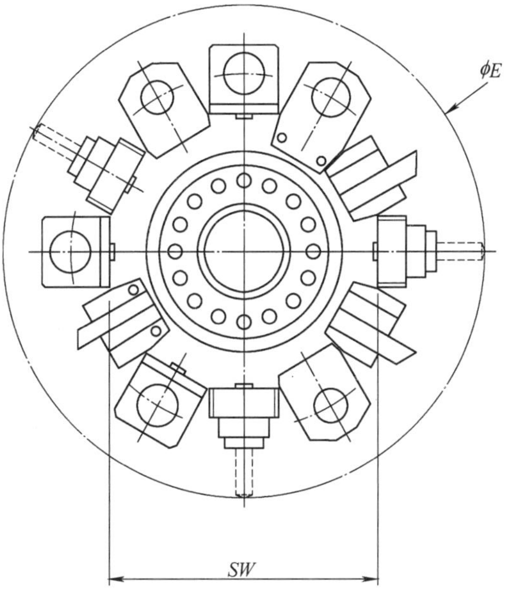

BMT 尺寸	45	55	65	75	85
刀盘尺寸 SW	290	330	380	430	520
刀具回转直径 ϕE	500	580	625	715	930

第三节　VDI 固定刀座

VDI 固定刀座的类型有：径向刀座（B1 ~ B8）、轴向刀座（C1 ~ C4）、万向刀座（D1、D2）、内径刀座（E ~ E4）和叶片刀座等五大类。径向刀座、轴向刀座在车削加工时位置示意图如图 6-7 ~ 图 6-10 所示。

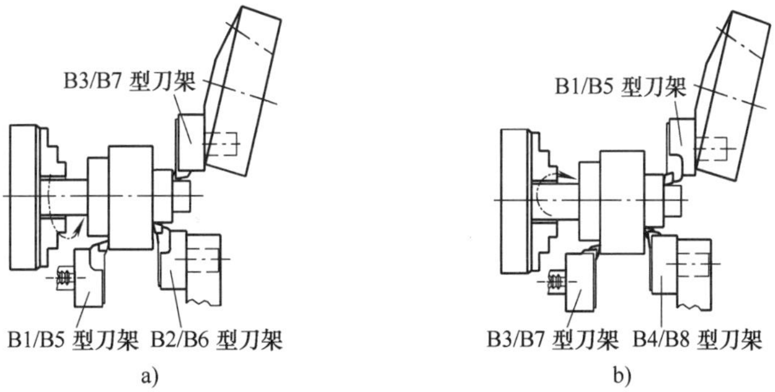

图 6-7　逆/顺时针方向径向刀座

a）逆时针　b）顺时针

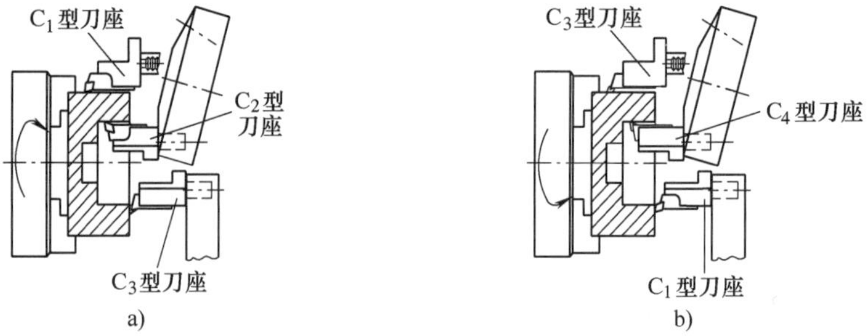

图 6-8　逆/顺时针方向轴向刀座

a）逆时针　b）顺时针

一、径向刀座

径向刀座装在 VDI 式刀盘面上，刀具装在刀座上刀尖方向与刀盘半径方向一致。根据刀具在零件加工时的位置需求，刀座有左手、右手、长型和短型等多种类型，如图 6-9、图 6-10 及表 6-7 ~ 表 6-14 所示，以下列举方刀杆刀具常用的 VDI 径向刀座。

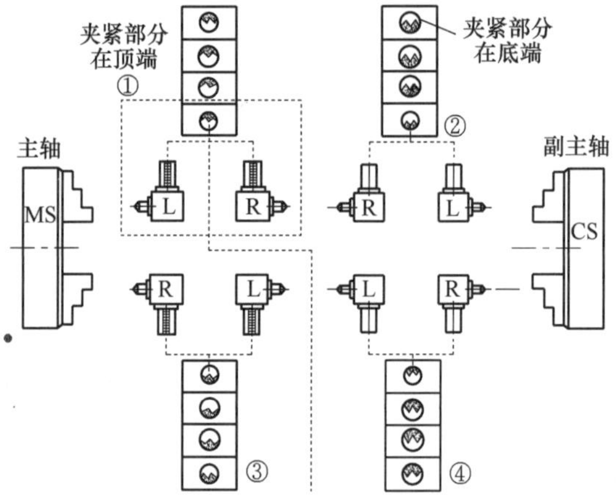

图 6-9　刀座在刀架上的分配

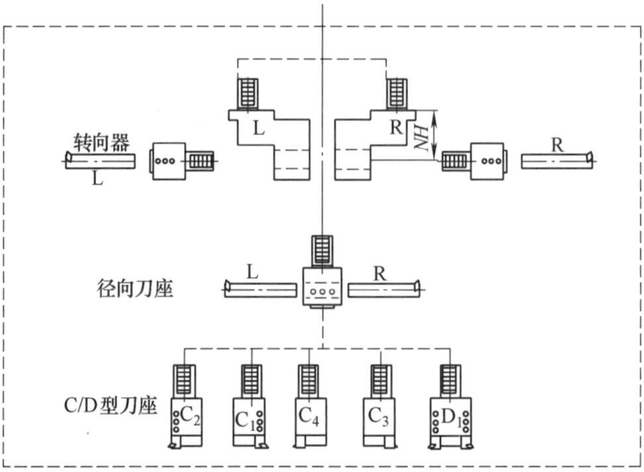

图 6-10　局部视图

（一）B1 型径向右刀座（见表 6-7）

表 6-7　VDIB1 型径向右刀座尺寸系列（DIN69880 标准）　　　单位：(mm)

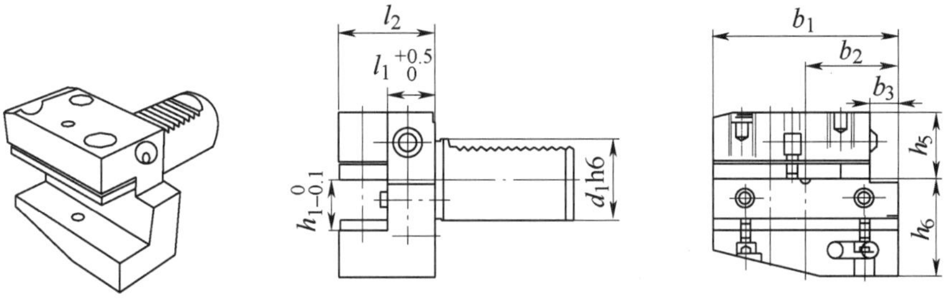

a) 实物图　　b) 主视图　　c) 左视图

d_1	b_1	b_2	b_3	h_1	h_5	h_6	l_1	l_2
16	42	23	5	12	20	22	13	24
16	42	23	5	12	20	22	23	34
20	55	30	7	16/12	25	30	16	30
20	55	30	7	16/12	25	30	26	40
20	55	30	7	16/12	25	30	18	30
20	55	30	7	16/12	25	30	26	40
30	70	35	10	20/16	28	38	22	40
30	70	35	10	20/16	28	38	42	60
30	70	35	10	20/16	28	35	32	50
40	85	42. 5	12. 5	25/20	32. 5	48	22	44
50	100	50	16	32/25	35	60	30	55

（二）B2 型径向左刀座（见表 6-8）

表 6-8　VDIB2 型径向左刀座尺寸系列（DIN69880 标准）　　　(单位：mm)

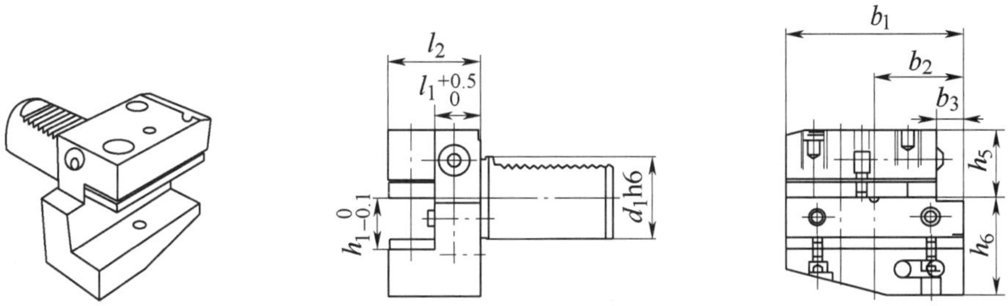

a) 实物图　　b) 主视图　　c) 左视图

d_1	b_1	b_2	b_3	h_1	h_5	h_6	l_1	l_2
16	42	23	5	12	20	22	13	24
16	42	23	5	12	20	22	23	34
20	55	30	7	16/12	25	30	16	30
20	55	30	7	16/12	25	30	26	40
20	55	30	7	16/12	25	30	18	30
20	55	30	7	16/12	25	30	26	40
30	70	35	10	20/16	28	38	22	40
30	70	35	10	20/16	28	38	42	60
30	70	35	10	20/16	28	35	32	50
40	85	42. 5	12. 5	25/20	32. 5	48	22	44
50	100	50	16	32/25	35	60	30	55

（三）B3 型径向右刀座（刀具反装，见表 6-9）

表 6-9　VDIB3 型径向右刀座（刀具反装）尺寸系列（DIN69880 标准）（单位：mm）

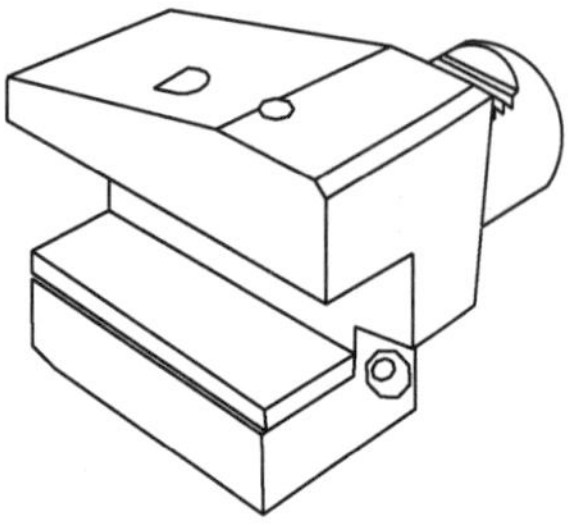

a) 实物图

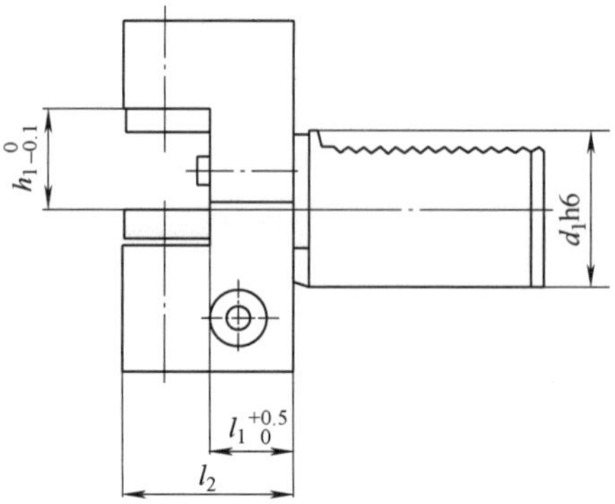

b) 主视图

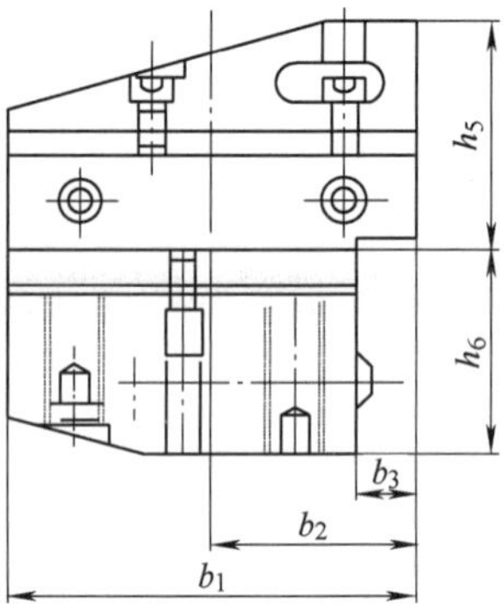

c) 左视图

d_1	b_1	b_2	b_3	h_1	h_5	h_6	l_1	l_2
16	42	23	5	12	20	22	13	24
16	42	23	5	12	20	22	23	34
20	55	30	7	16/12	25	30	16	30
20	55	30	7	16/12	25	30	26	40
20	55	30	7	16	25	30	18	30
20	55	30	7	16	25	30	26	40
30	70	35	10	20/16	35	38	22	40
30	70	35	10	20/16	35	38	42	60
40	85	42.5	12.5	25/20	42.5	48	22	44
50	100	50	16	32/25	50	60	30	55

（四）B4 型径向左刀座（刀具反装，见表 6-10）

表 6-10　VDIB4 型径向左刀座（刀具反装）尺寸系列（DIN69880 标准）　（单位：mm）

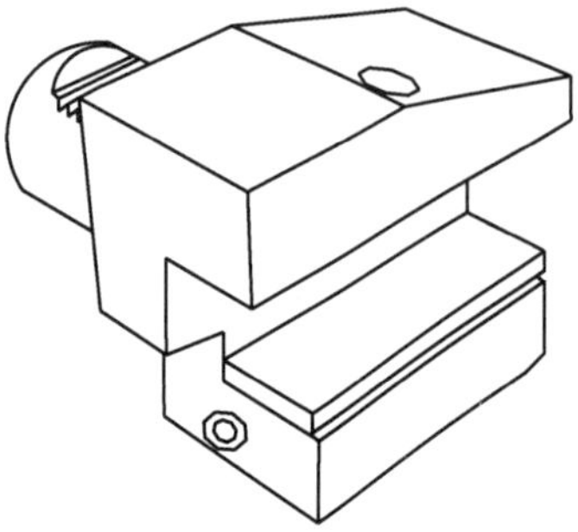

a) 实物图

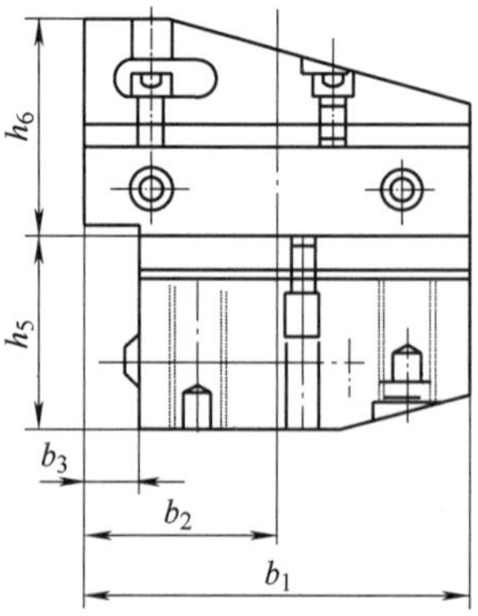

b) 主视图

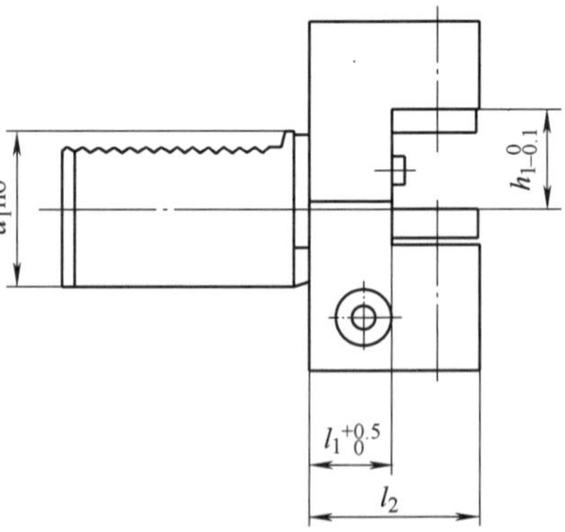

c) 左视图

（续）

d_1	b_1	b_2	b_3	h_1	h_5	h_6	l_1	l_2
16	42	23	5	12	20	22	13	24
16	42	23	5	12	20	22	23	34
20	55	30	7	16/12	25	30	16	30
20	55	30	7	16/12	25	30	26	40
20	55	30	7	16	25	30	18	30
20	55	30	7	16	25	30	26	40
30	70	35	10	20/16	35	38	22	40
30	70	35	10	20/16	35	38	42	60
40	85	42.5	12.5	25/20	42.5	48	22	44
50	100	50	16	32/25	50	60	30	55

（五）B5 型径向右刀座（加长型，见表 6-11）

表 6-11　VDIB5 型径向右刀座（加长型）尺寸系列（DIN69880 标准）（单位：mm）

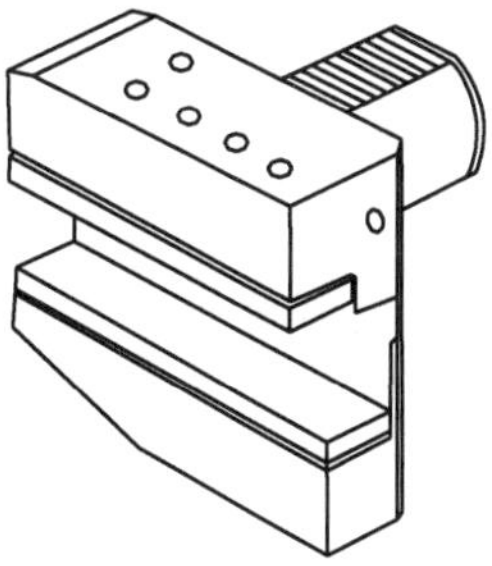

a) 实物图

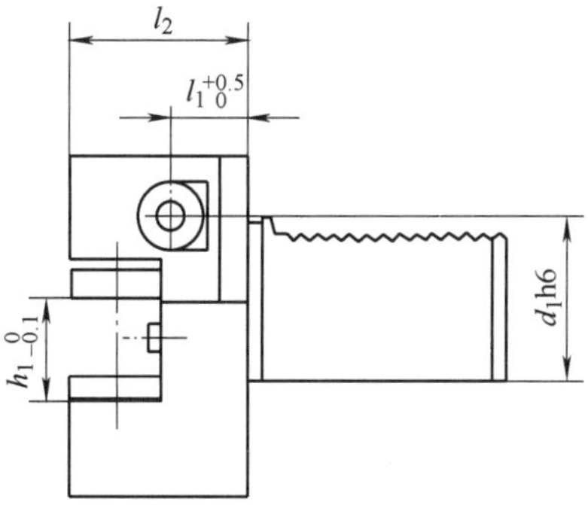

b) 主视图

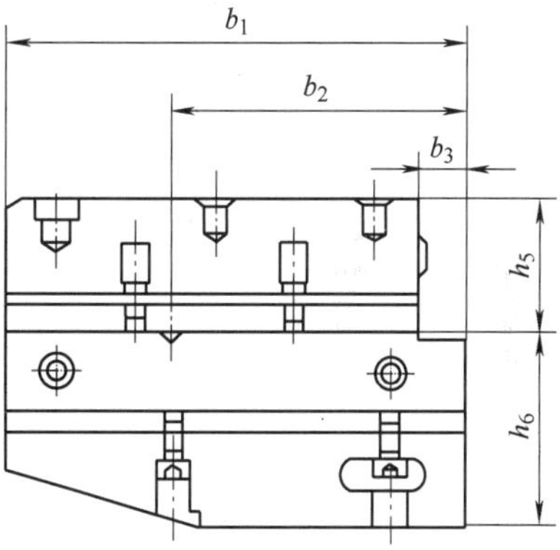

c) 左视图

d_1	b_1	b_2	b_3	h_1	h_5	h_6	l_1	l_2
16	58	39	5	12	20	22	13	24
16	58	39	5	12	20	22	23	34
20	75	50	7	16/12	25	30	16	30
20	75	50	7	16/12	25	30	26	40
20	75	50	7	16	25	30	18	30
30	100	65	10	20/16	28	38	22	40
30	100	65	10	20/16	28	38	42	60
40	118	75.5	12.5	25/20	32.5	48	22	44
50	130	80	16	32/25	35	60	30	55

（六）B6 型径向左刀座（加长型，见表 6-12）

表 6-12　VDIB6 型径向左刀座（加长型）尺寸系列（DIN69880 标准）（单位：mm）

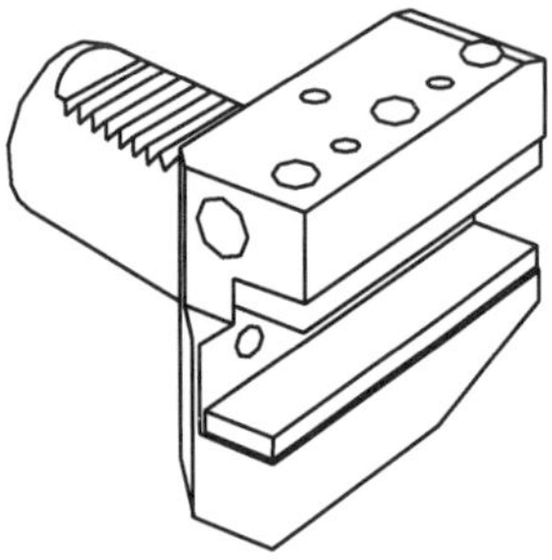

a) 实物图

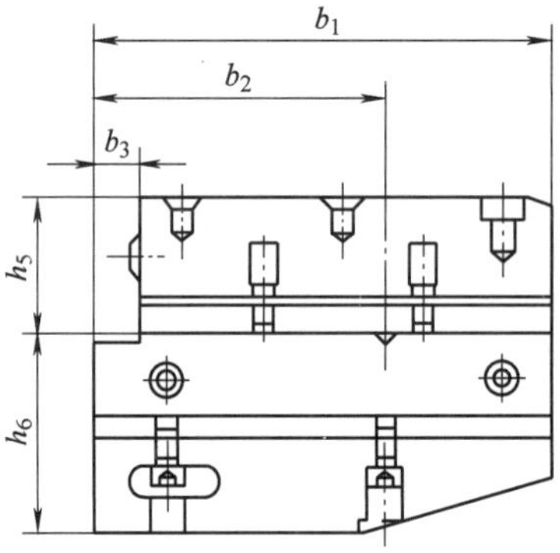

b) 主视图

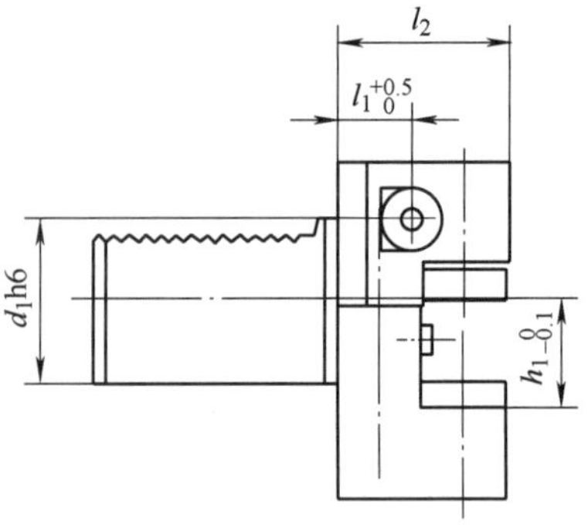

c) 左视图

d_1	b_1	b_2	b_3	h_1	h_5	h_6	l_1	l_2
16	58	39	5	12	20	22	13	24
16	58	39	5	12	20	22	23	34
20	75	50	7	16/12	25	30	16	30
20	75	50	7	16/12	25	30	26	40
30	100	65	10	20/16	28	38	22	40
30	100	65	10	20/16	28	38	42	60
40	118	75.5	12.5	25/20	32.5	48	22	44
50	130	80	16	32/25	35	60	30	55

（七）B7 型径向右刀座（加长、刀具反装，见表 6-13）

表 6-13　VDIB7 型径向右刀座（加长、刀具反装）尺寸系列（DIN69880 标准）　　（单位：mm）

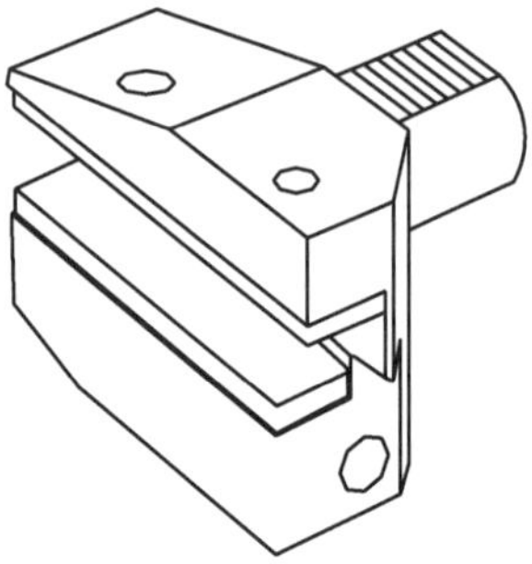

a) 实物图

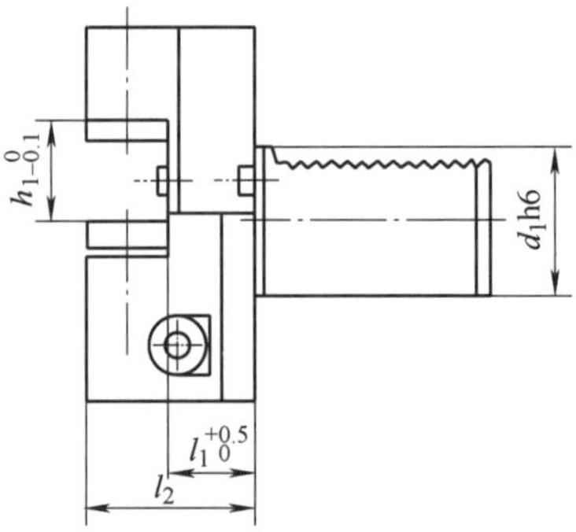

b) 主视图

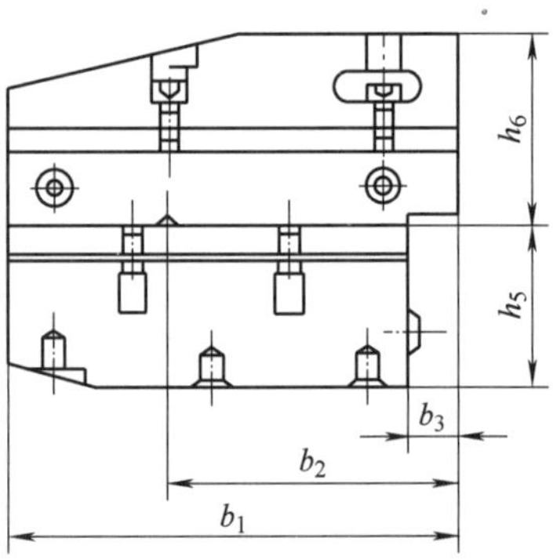

c) 左视图

（续）

d_1	b_1	b_2	b_3	h_1	h_5	h_6	l_1	l_2
16	58	39	5	12	20	22	13	24
16	58	39	5	12	20	22	23	34
20	75	50	7	16/12	25	30	16	30
20	75	50	7	16/12	25	30	26	40
20	75	50	7	16	25	30	18	30
30	100	65	10	20/16	28	38	22	40
30	100	65	10	20/16	28	38	42	60
40	118	75.5	12.5	25/20	42.5	48	22	44
50	130	80	16	32/25	50	60	30	55

（八）B8 型径向左刀座（加长、刀具反装，见表 6-14）

表 6-14　VDIB8 型径向左刀座（加长、刀具反装）尺寸系列（DIN69880 标准）　　（单位：mm）

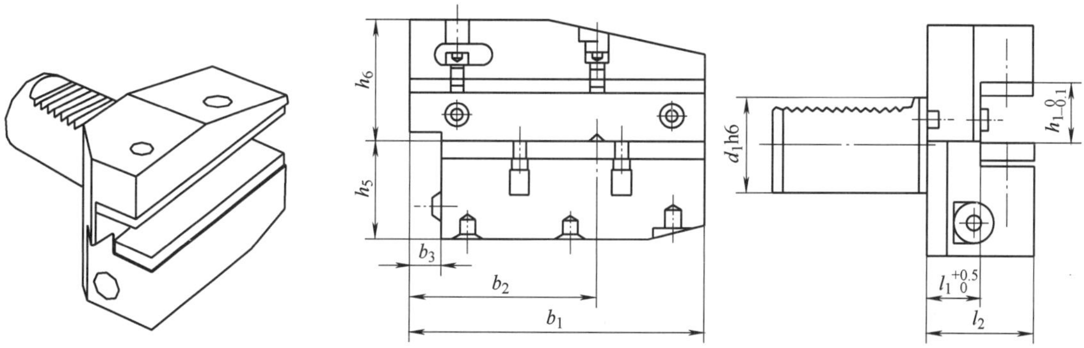

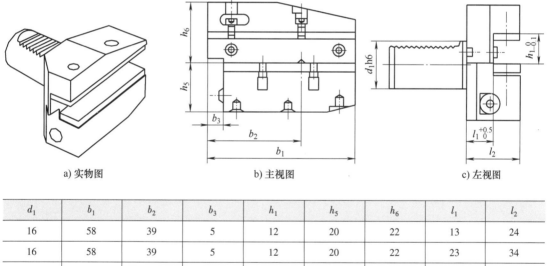

a) 实物图　　b) 主视图　　c) 左视图

d_1	b_1	b_2	b_3	h_1	h_5	h_6	l_1	l_2
16	58	39	5	12	20	22	13	24
16	58	39	5	12	20	22	23	34
20	75	50	7	16/12	25	30	16	30
20	75	50	7	16/12	25	30	26	40
30	100	65	10	20/16	28	38	22	40
30	100	65	10	20/16	28	38	42	60
40	118	75.5	12.5	25/20	42.5	48	22	44
50	130	80	16	32/25	50	60	30	55

二、轴向刀座

轴向刀座与径向刀座不同在于改变了刀具安装时的方向，使刀具与刀架回转中心线平行。不同类型的轴向车刀刀座见表 6-15 ~ 表 6-19。

（一） C1 型轴向右刀座（见表 6-15）

表 6-15　VDIC1 型轴向右刀座尺寸系列（DIN69880 标准）　（单位：mm）

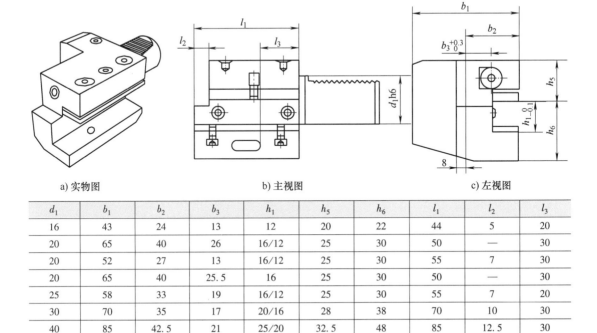

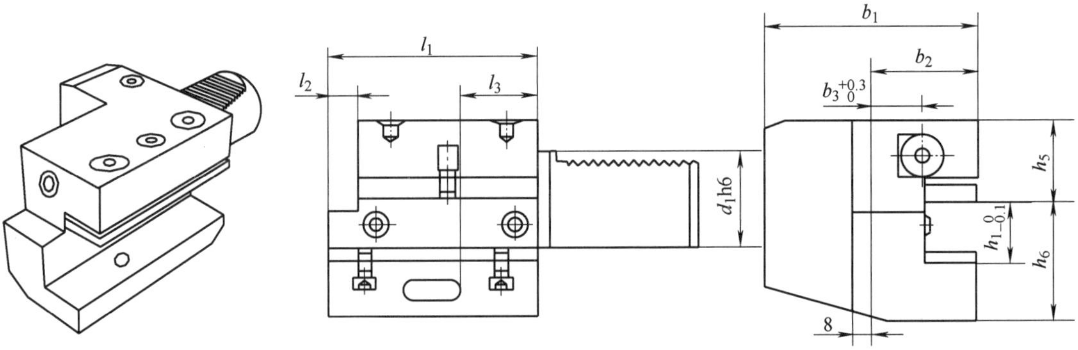

a) 实物图　b) 主视图　c) 左视图

d_1	b_1	b_2	b_3	h_1	h_5	h_6	l_1	l_2	l_3
16	43	24	13	12	20	22	44	5	20
20	65	40	26	16/12	25	30	50	—	30
20	52	27	13	16/12	25	30	55	7	30
20	65	40	25. 5	16	25	30	50	—	30
25	58	33	19	16/12	25	30	55	7	20
30	70	35	17	20/16	28	38	70	10	30
40	85	42. 5	21	25/20	32. 5	48	85	12. 5	30
50	100	50	26	32/25	35	60	100	16	40

（二） C2 型轴向左刀座（见表 6-16）

表 6-16　VDIC2 型轴向左刀座尺寸系列（DIN69880 标准）　（单位：mm）

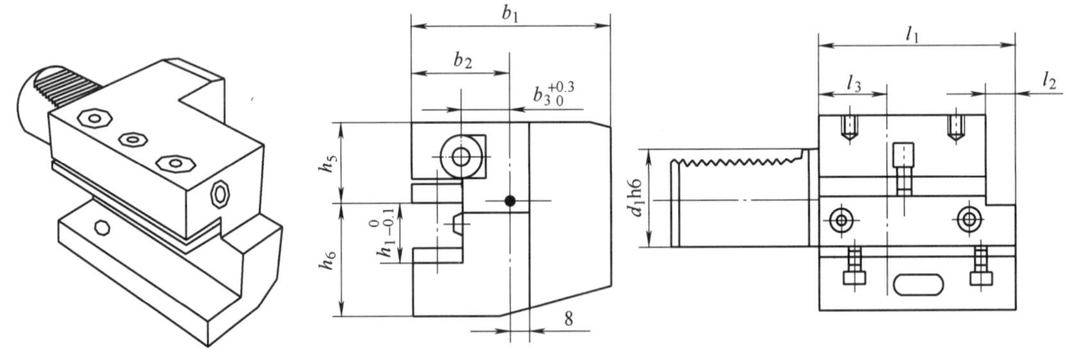

a) 实物图　b) 主视图　c) 左视图

d_1	b_1	b_2	b_3	h_1	h_5	h_6	l_1	l_2	l_3
16	43	24	13	12	20	22	44	5	20
20	65	40	26	16/12	25	30	50	—	30
25	58	33	19	16/12	25	30	55	7	20
30	76	41	23	20/16	28	38	70	10	30
40	90	47. 5	25. 5	25/20	32. 5	48	85	12. 5	30
50	105	55	30. 5	32/25	35	60	100	16	40

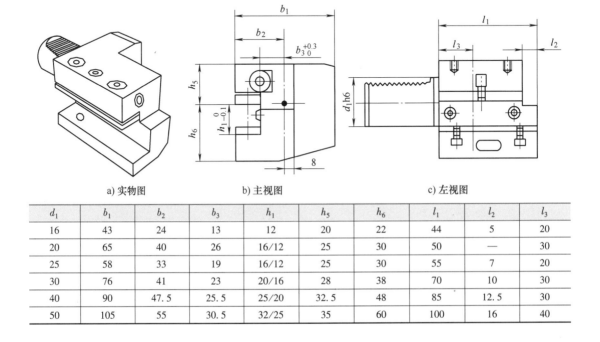

(三) C3 型轴向右刀座（刀具反装，见表 6-17）

表 6-17　VDIC3 型轴向右刀座（刀具反装）尺寸系列（DIN69880 标准）

（单位：mm）

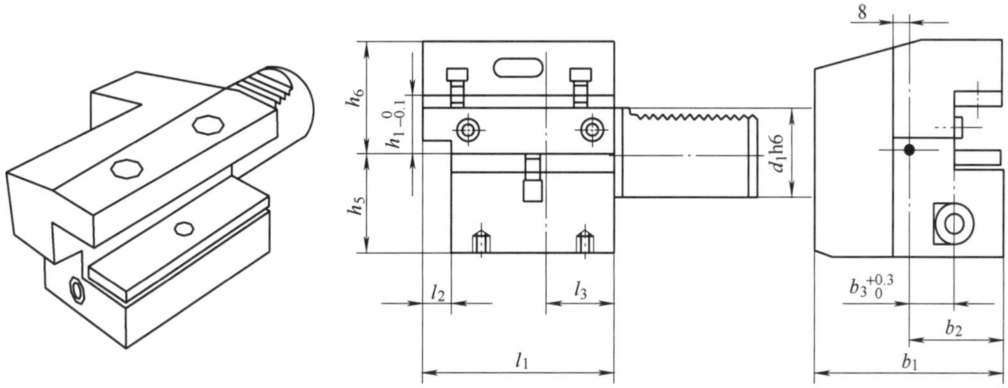

a) 实物图　　b) 主视图　　c) 左视图

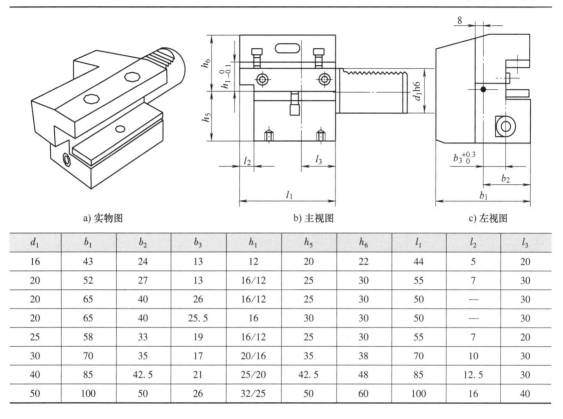

d_1	b_1	b_2	b_3	h_1	h_5	h_6	l_1	l_2	l_3
16	43	24	13	12	20	22	44	5	20
20	52	27	13	16/12	25	30	55	7	30
20	65	40	26	16/12	25	30	50	—	30
20	65	40	25. 5	16	30	30	50	—	30
25	58	33	19	16/12	25	30	55	7	20
30	70	35	17	20/16	35	38	70	10	30
40	85	42. 5	21	25/20	42. 5	48	85	12. 5	30
50	100	50	26	32/25	50	60	100	16	40

(四) C4 型轴向左刀座（刀具反装，见表 6-18）

表 6-18　VDIC4 型轴向左刀座（刀具反装）尺寸系列（DIN69880 标准）

（单位：mm）

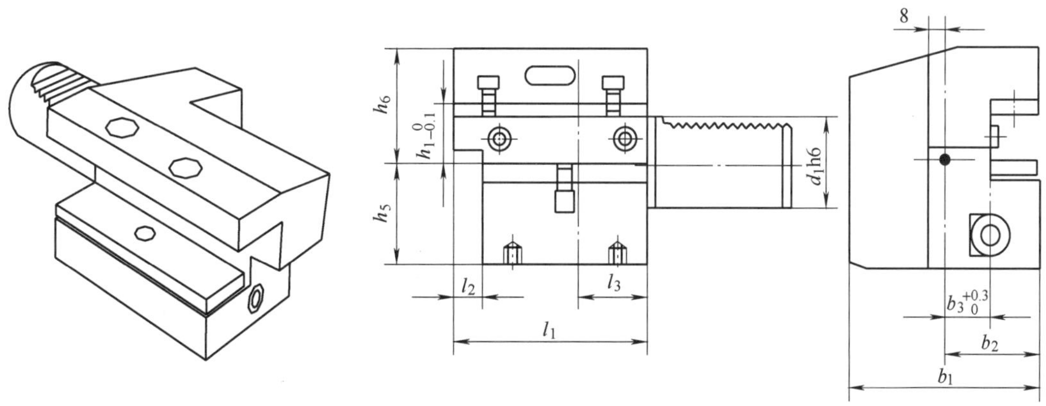

a) 实物图　　b) 主视图　　c) 左视图

（续）

d_1	b_1	b_2	b_3	h_1	h_5	h_6	l_1	l_2	l_3
16	43	24	13	12	20	22	44	5	20
20	65	40	26	16/12	25	30	50	—	30
20	65	40	25.5	16	30	30	50	—	30
25	58	33	19	16/12	25	30	55	7	20
30	76	41	23	20/16	35	38	70	10	30
40	90	47.5	25.5	25/20	42.5	48	85	12.5	30
50	105	55	30.5	32/25	50	60	100	16	40

三、多面方形刀座

万向刀座既可以安装轴向车刀又可以安装径向车刀。不同型号万向刀座尺寸类型如表6-19 和表6-20 所示。

（一）D1 型多面方形刀座（见表6-19）

表 6-19　VDID1 型多面方形刀座尺寸系列（DIN69880 标准）　（单位：mm）

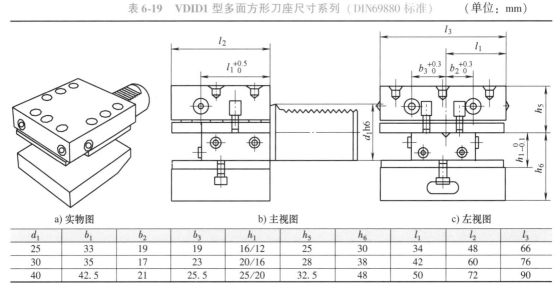

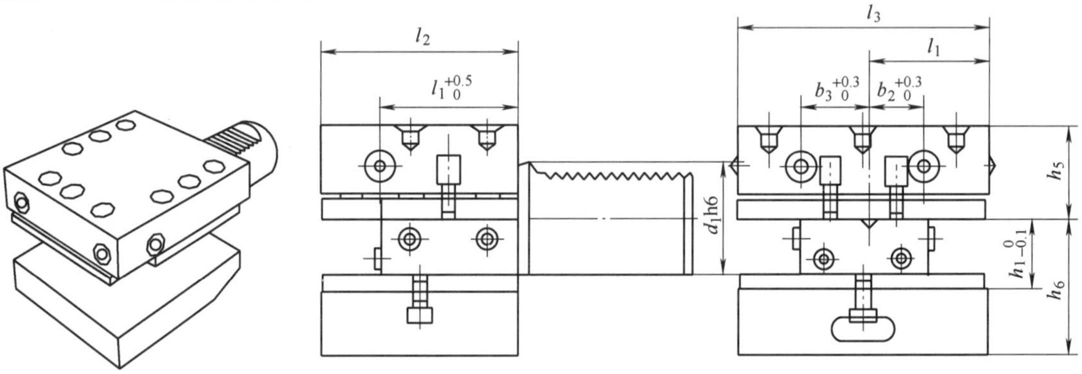

a) 实物图　b) 主视图　c) 左视图

d_1	b_1	b_2	b_3	h_1	h_5	h_6	l_1	l_2	l_3
25	33	19	19	16/12	25	30	34	48	66
30	35	17	23	20/16	28	38	42	60	76
40	42.5	21	25.5	25/20	32.5	48	50	72	90

（二）D2 型多面方形刀座（刀具反装，见表6-20）

表 6-20　VDID2 型反刀多面方形刀座尺寸系列（DIN69880 标准）　（单位：mm）

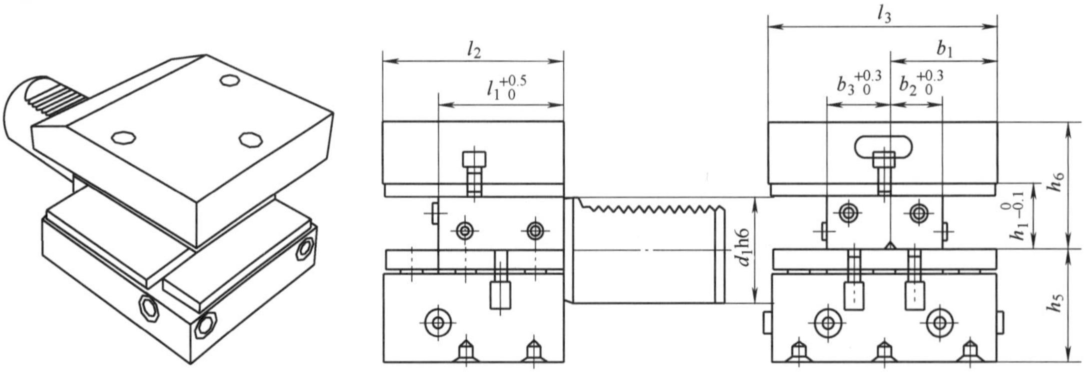

a) 实物图　b) 主视图　c) 左视图

（续）

d_1	b_1	b_2	b_3	h_1	h_5	h_6	l_1	l_2	l_3
25	33	19	19	16/12	25	30	34	48	66
30	35	17	23	20/16	35	38	42	60	76
40	42.5	21	25.5	25/20	42.5	48	50	72	90

四、内径刀座

内径刀座安装的刀具多为圆柱型刀柄，用于车削内孔及螺纹。不同类型刀座尺寸如表6-21～表6-26所示。

（一）E1型圆柱孔刀座（钻浅孔，见表6-21）

表6-21　VDIE1型内冷式镗孔刀座尺寸系列（DIN69880标准）　（单位：mm）

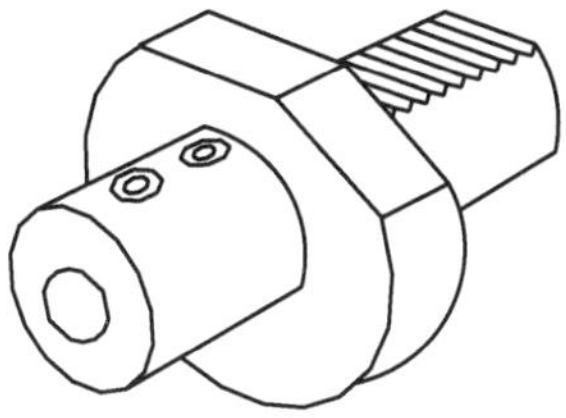

a) 实物图

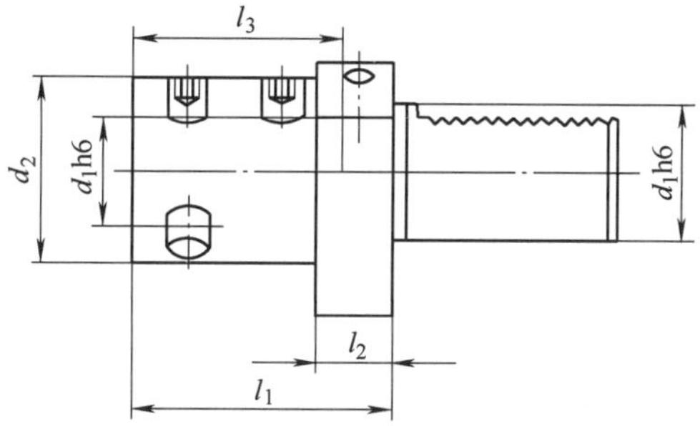

b) 主视图

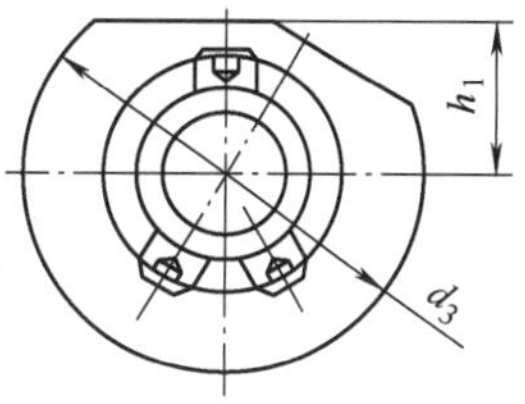

c) 左视图

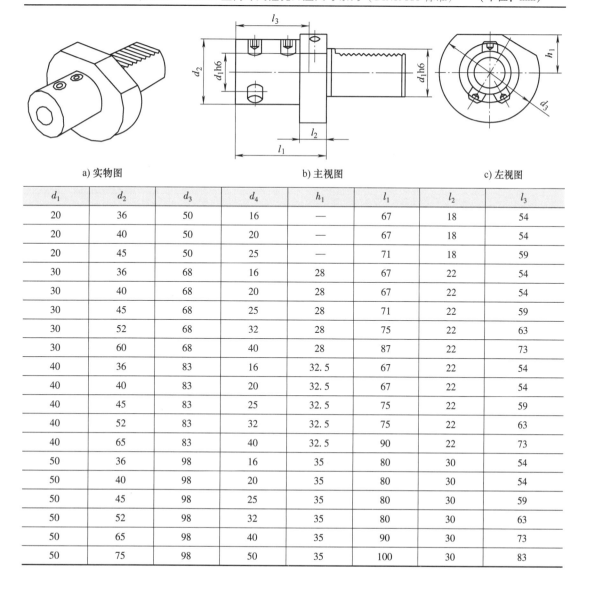

d_1	d_2	d_3	d_4	h_1	l_1	l_2	l_3
20	36	50	16	—	67	18	54
20	40	50	20	—	67	18	54
20	45	50	25	—	71	18	59
30	36	68	16	28	67	22	54
30	40	68	20	28	67	22	54
30	45	68	25	28	71	22	59
30	52	68	32	28	75	22	63
30	60	68	40	28	87	22	73
40	36	83	16	32.5	67	22	54
40	40	83	20	32.5	67	22	54
40	45	83	25	32.5	75	22	59
40	52	83	32	32.5	75	22	63
40	65	83	40	32.5	90	22	73
50	36	98	16	35	80	30	54
50	40	98	20	35	80	30	54
50	45	98	25	35	80	30	59
50	52	98	32	35	80	30	63
50	65	98	40	35	90	30	73
50	75	98	50	35	100	30	83

(二) E2 型圆柱孔刀座(镗、铣类,见表 6-22)

表 6-22 VDIE2 型圆柱孔刀座(镗、铣类)尺寸系列(DIN69880 标准)

(单位:mm)

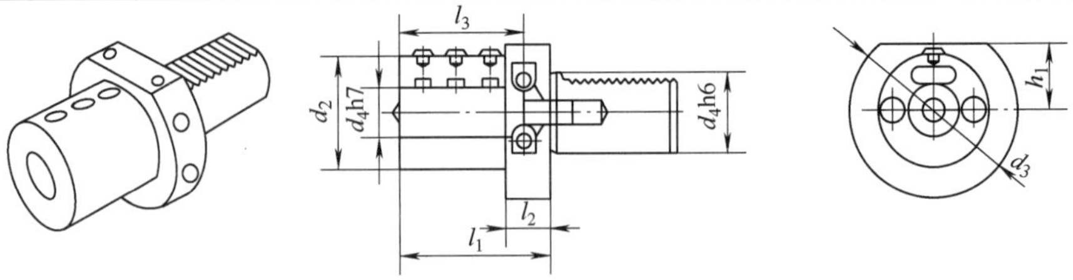

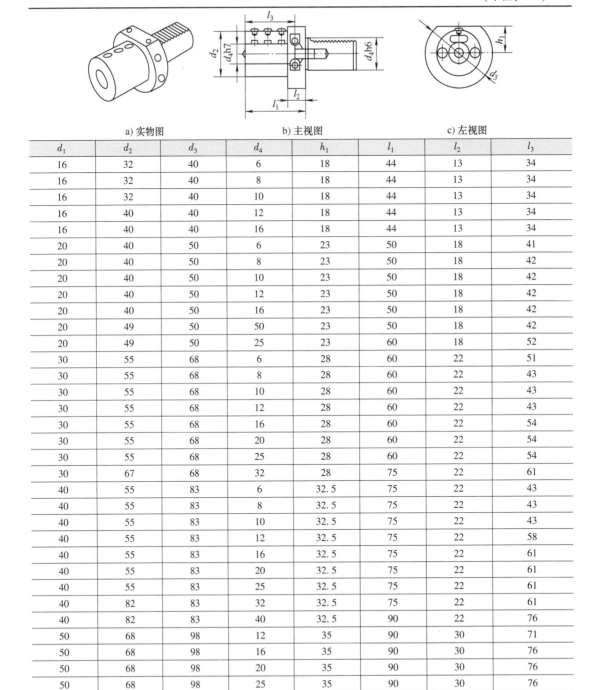

a) 实物图 b) 主视图 c) 左视图

d_1	d_2	d_3	d_4	h_1	l_1	l_2	l_3
16	32	40	6	18	44	13	34
16	32	40	8	18	44	13	34
16	32	40	10	18	44	13	34
16	40	40	12	18	44	13	34
16	40	40	16	18	44	13	34
20	40	50	6	23	50	18	41
20	40	50	8	23	50	18	42
20	40	50	10	23	50	18	42
20	40	50	12	23	50	18	42
20	40	50	16	23	50	18	42
20	49	50	50	23	50	18	42
20	49	50	25	23	60	18	52
30	55	68	6	28	60	22	51
30	55	68	8	28	60	22	43
30	55	68	10	28	60	22	43
30	55	68	12	28	60	22	43
30	55	68	16	28	60	22	54
30	55	68	20	28	60	22	54
30	55	68	25	28	60	22	54
30	67	68	32	28	75	22	61
40	55	83	6	32. 5	75	22	43
40	55	83	8	32. 5	75	22	43
40	55	83	10	32. 5	75	22	43
40	55	83	12	32. 5	75	22	58
40	55	83	16	32. 5	75	22	61
40	55	83	20	32. 5	75	22	61
40	55	83	25	32. 5	75	22	61
40	82	83	32	32. 5	75	22	61
40	82	83	40	32. 5	90	22	76
50	68	98	12	35	90	30	71
50	68	98	16	35	90	30	76
50	68	98	20	35	90	30	76
50	68	98	25	35	90	30	76
50	68	98	32	35	90	30	76
50	98	98	40	35	90	30	76
50	98	98	50	35	100	30	86

（三）E2 型振动阻尼镗杆刀座（见表 6-23）

表 6-23　VDIE2 型振动阻尼镗杆刀座尺寸系列（DIN69880 标准）　（单位：mm）

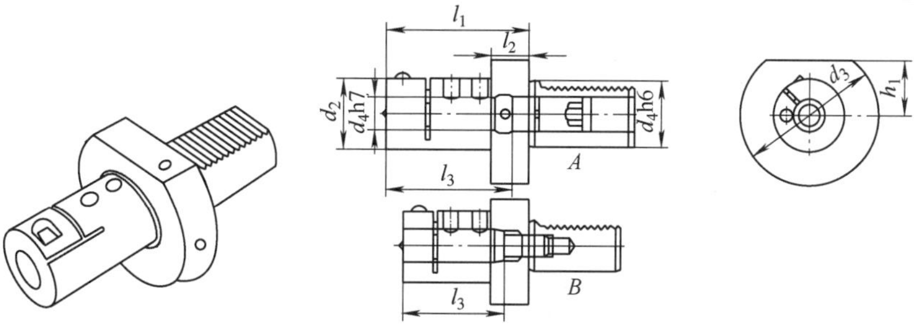

a) 实物图　b) A/B 型主视图　c) 左视图

d_1	d_2	d_3	d_4	h_1	l_1	l_2	l_3	type
30	32	68	6	28	67	22	44	A
30	34	68	8	28	67	22	44	A
30	38	68	10	28	75	22	55	A
30	38	68	12	28	75	22	55	A
30	42	68	16	28	75	22	61	A
30	42	68	20	28	75	22	61	B
30	48	68	25	28	75	22	61	B
30	56	68	32	28	75	22	61	B
40	33	83	6	32. 5	75	22	45	A
40	34	83	8	32. 5	75	22	45	A
40	38	83	10	32. 5	75	22	55	A
40	38	83	12	32. 5	75	22	55	A
40	42	83	16	32. 5	75	22	55	A
40	42	83	20	32. 5	85	22	76	A
40	48	83	25	32. 5	85	22	76	B
40	56	83	32	32. 5	85	22	76	B
40	65	83	40	32. 5	97	22	90	B

（四）E 型内/外冷式圆柱形刀座（见表 6-24）

表 6-24　VDIE 型内/外冷式圆柱形刀座尺寸系列（DIN69880 标准）　（单位：mm）

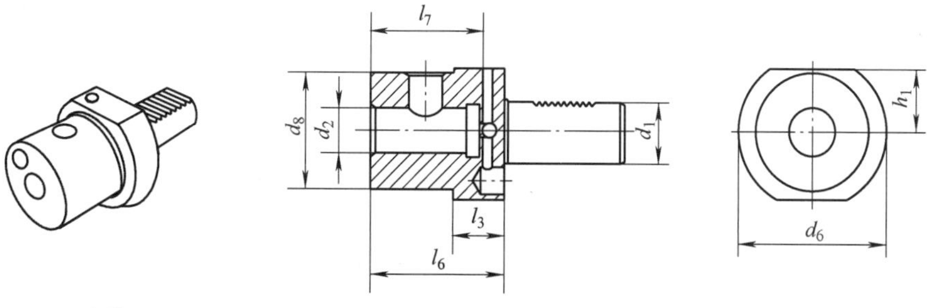

a) 实物图　b) 主视图　c) 左视图

（续）

d_1	d_2	d_6	d_8	h_1	l_3	l_6	l_7
20	6	50	45	23	22	60	40
20	8	50	45	23	22	60	40
20	10	50	45	23	22	60	44
20	12	50	45	23	22	60	49
20	14	50	45	23	22	62	49
20	16	50	45	23	22	67	52
20	18	50	45	23	22	67	52
20	20	50	45	23	22	67	52
30	6	68	52	28	22	67	35
30	8	68	52	28	22	67	35
30	10	68	52	28	22	67	39
30	12	68	52	28	22	67	44
30	14	68	52	28	22	67	44
30	16	68	52	28	22	67	47
30	18	68	52	28	22	67	47
30	20	68	52	28	22	67	52
40	6	83	52	32.5	22	67	35
40	8	83	52	32.5	22	67	35
40	10	83	52	32.5	22	67	39
40	12	83	52	32.5	22	67	44
40	14	83	52	32.5	22	67	44
40	16	83	52	32.5	22	67	47
40	18	83	52	32.5	22	67	47
40	20	83	52	32.5	22	67	52

（五）E3 型 B/A 形夹头卡盘刀座（见表 6-25）

表 6-25　VDIE3 型 B/A 形夹头卡盘刀座（DIN69880 标准）　（单位：mm）

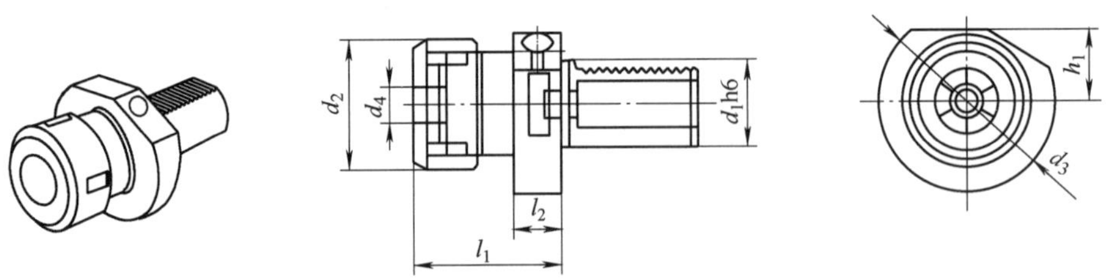

a) 实物图　b) 主视图　c) 左视图

d_1	d_2	d_3	d_4	h_1	l_1	l_2	类型 B	类型 A
16	43	40	2－16	18	57	13	415E	421E
20	43	50	2－16	—	57	18	415E	421E
30	43	68	2－16	28	57	22	415E	421E
30	60	68	2－25	28	75	22	462E	459E

（续）

d_1	d_2	d_3	d_4	h_1	l_1	l_2	类型 B	类型 A
30	72	68	4－32	28	90	22	467E	460E
40	43	83	2－16	32.5	57	22	415E	421E
40	60	83	2－25	32.5	75	22	462E	459E
40	72	83	4－32	32.5	90	22	467E	460E
50	60	98	2－25	35	75	30	462E	459E
50	72	98	4－32	35	90	30	467E	460E

（六）E4 型 ER 形夹头卡盘刀座（见表 6-26）

表 6-26　VDIE4 型 ER 形夹头卡盘刀座尺寸系列（DIN69880 标准）　（单位：mm）

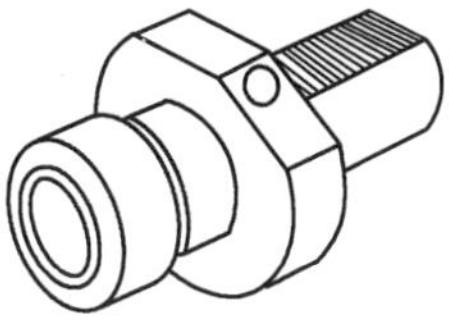

a) 实物图

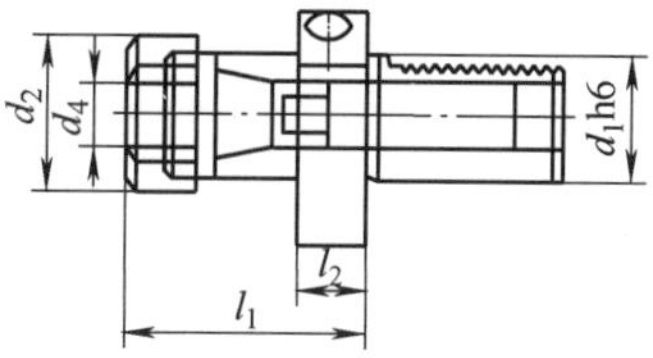

b) 主视图

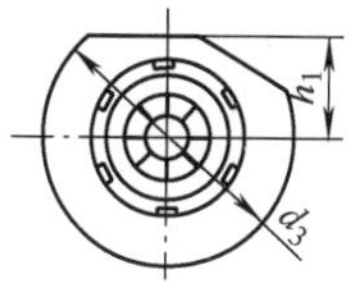

c) 左视图

d_1	d_2	d_3	d_4	h_1	l_1	l_2	类型 ER
16	32	40	1－10	18	44	13	426E（ER 16）
16	35	40	1－13	18	44	13	428E（ER 20）
20	32	50	1－10	—	44	18	426E（ER 16）
20	35	50	1－13	—	59	18	428E（ER 20）
20	42	50	2－16	—	65	18	430E（ER 25）
20	50	50	2－20	—	67	18	470E（ER 32）
30	32	68	1－10	28	48	22	426E（ER 16）
30	42	68	2－16	28	57	22	430E（ER 25）
30	50	68	2－20	28	78	22	470E（ER 32）
30	63	68	3－26	28	80	22	472E（ER 40）
40	35	83	1－13	32.5	59	22	428E（ER 20）
40	42	83	2－16	32.5	57	22	430E（ER 25）
40	50	83	2－20	32.5	78	22	470E（ER 32）
40	63	83	3－26	32.5	80	22	472E（ER 40）
50	50	98	2－20	35	93	30	470E（ER 32）
50	63	98	3－26	35	80	30	472E（ER 40）

五、切断刀座

（一）高度可调切断右刀座（见表 6-27、表 6-28）

表 6-27　VDI 高度可调切断右刀座尺寸系列（DIN69880 标准）　（单位：mm）

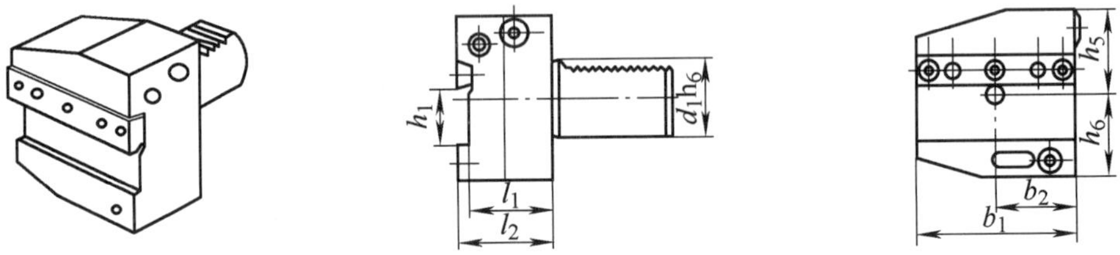

a) 实物图　b) 主视图　c) 左视图

d_1	b_1	b_2	h_1	h_5	h_6	l_1	l_2
30	70	35	26	32	39	44	50
40	85	42. 5	26	43	41. 5	44	50
40	85	42. 5	32	43	41. 5	44	50
50	100	50	26	43	45	44	50
50	100	50	32	43	45	44	50

表 6-28　VDI 高度可调切断右刀座（刀具反装）尺寸系列（DIN69880 标准）　（单位：mm）

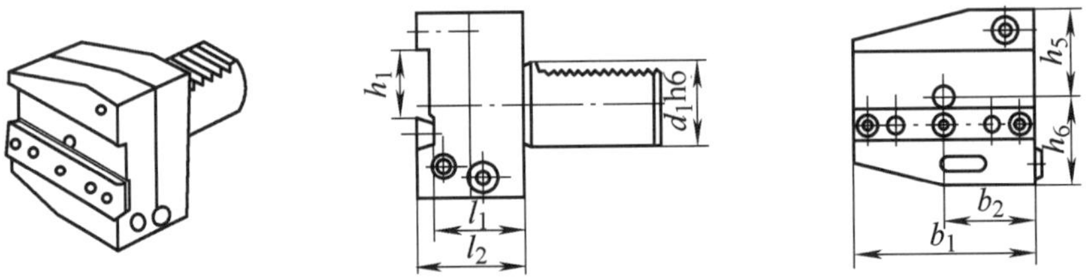

a) 实物图　b) 主视图　c) 左视图

d_1	b_1	b_2	h_1	h_5	h_6	l_1	l_2
30	70	35	26	38	35	44	50
40	85	42. 5	26	43	41. 5	44	50
40	85	42. 5	32	43	41. 5	44	50
50	100	50	26	43	45	44	50
50	100	50	32	43	45	44	50

（二）高度可调切断左刀座（见表 6-29、表 6-30）

表 6-29 VDI 高度可调切断左刀座尺寸系列（DIN69880 标准） （单位：mm）

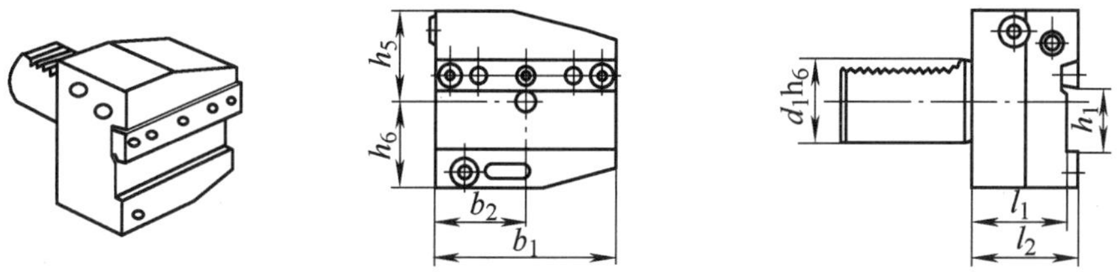

a) 实物图 b) 主视图 c) 左视图

d_1	b_1	b_2	h_1	h_5	h_6	l_1	l_2
30	70	35	26	32	39	44	50
40	85	42. 5	26	43	41. 5	44	50
d1	b1	b2	h1	h5	h6	l1	l2
40	85	42. 5	32	43	41. 5	44	50
50	100	50	26	43	45	44	50
50	100	50	32	43	45	44	50

表 6-30 VDI 高度可调切断左刀座（刀具反装）尺寸系列（DIN69880 标准） （单位：mm）

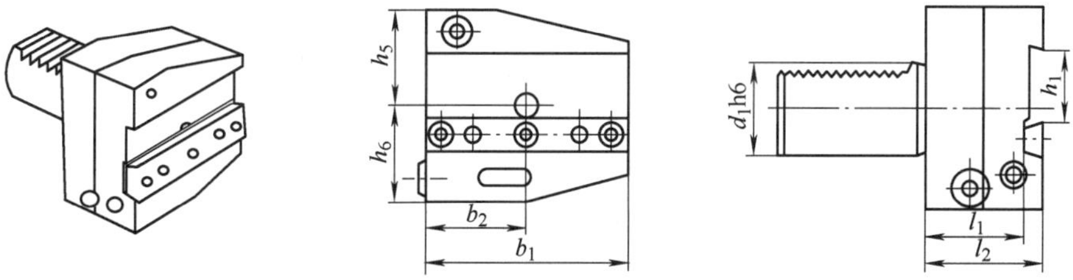

a) 实物图 b) 主视图 c) 左视图

d_1	b_1	b_2	h_1	h_5	h_6	l_1	l_2
30	70	35	26	38	32	44	50
40	85	42. 5	26	41. 5	43	44	50
40	85	42. 5	32	41. 5	43. 5	44	50
50	100	50	26	43	45	44	50
50	100	50	32	43	45	44	50

第四节　槽 式 刀 座

一、端面刀座

端面刀座能够改变刀具的安装方向，使刀具与刀盘或零件的回转方向一致，弥补径向装刀刀具无法伸进孔内加工等缺陷。为满足刀盘设计的功能完整性，设计出端面刀座提供轴向的装刀方式。端面刀座尺寸如表 6-31 所示。

表 6-31　端面刀座尺寸系列　（单位：mm）

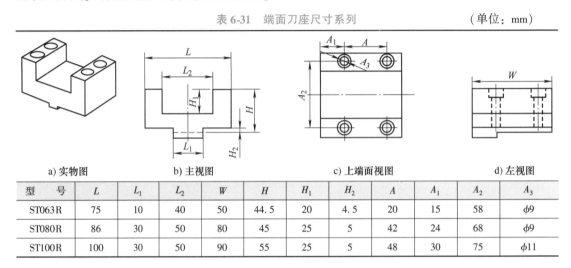

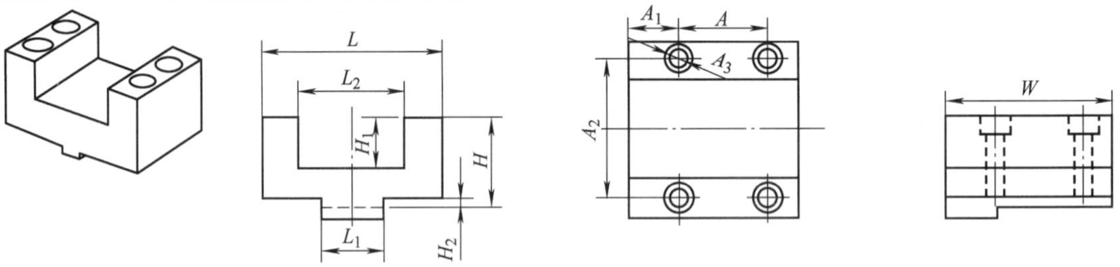

a) 实物图　b) 主视图　c) 上端面视图　d) 左视图

型　号	L	L_1	L_2	W	H	H_1	H_2	A	A_1	A_2	A_3
ST063R	75	10	40	50	44. 5	20	4. 5	20	15	58	$\phi 9$
ST080R	86	30	50	80	45	25	5	42	24	68	$\phi 9$
ST100R	100	30	50	90	55	25	5	48	30	75	$\phi 11$

二、镗刀座

镗刀座是安装镗刀具的刀座，具有为车床镗孔加工夹持刀具的功能。目前，根据镗刀杆形状的不同，应用中的镗刀座主要有圆刀杆镗刀座、方刀杆镗刀座和镗刀套三种类型。镗刀座尺寸如表 6-32 所示。

表 6-32　镗刀座尺寸系列　（单位：mm）

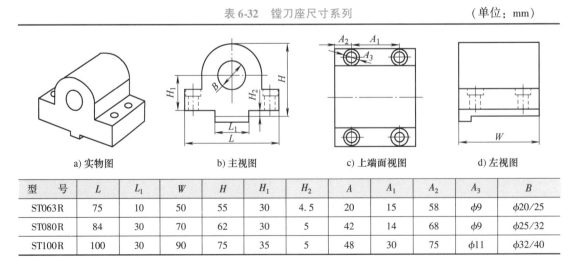

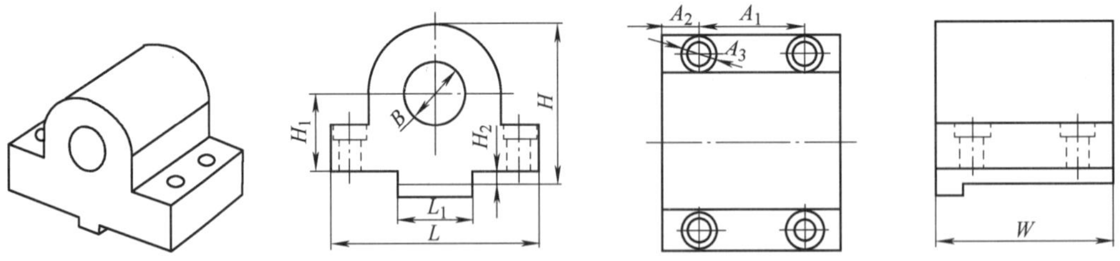

a) 实物图　b) 主视图　c) 上端面视图　d) 左视图

型　号	L	L_1	W	H	H_1	H_2	A	A_1	A_2	A_3	B
ST063R	75	10	50	55	30	4. 5	20	15	58	$\phi 9$	$\phi 20/25$
ST080R	84	30	70	62	30	5	42	14	68	$\phi 9$	$\phi 25/32$
ST100R	100	30	90	75	35	5	48	30	75	$\phi 11$	$\phi 32/40$

三、夹刀片

刀座的功能是将刀具固定在刀盘上，槽刀盘中刀具的固定是通过楔形夹刀片在螺钉的作用下达到锁紧刀具的目的，如表 6-33 所示。夹刀片通过两个螺钉与刀盘连接以固定，通过楔形刀片在螺钉拧紧时产生的挤压力将刀具固定在刀盘或刀座上。

表 6-33　夹刀片尺寸系列　　（单位：mm）

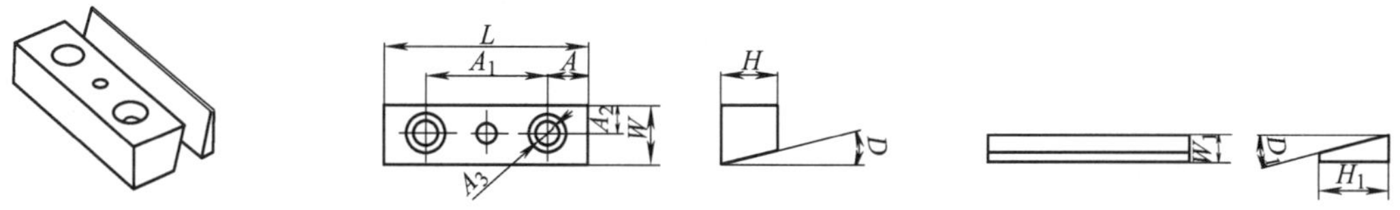

a) 实物图　　b) 夹刀片视图　　c) 楔形刀片视图

型　号	L	H	H_1	W	W_1	A	A_1	A_2	A_3	D	D_1
ST063R	65	16	16	19.5	5.3	15	35	10	$\phi9$	14°	14°
ST080R	74	21	24.8	21	10	15	44	10	$\phi9$	14°	14°
ST100R	90	21	24.8	21	10	15	60	10	$\phi9$	14°	14°

第五节　VDI 动力刀座

动力刀座又叫“动力头”，装于车削中心动力刀架上，可以装夹钻头、铣刀和丝锥等刀架附件。它在动力刀架伺服电动机的驱动下旋转，带动刀具转动，在工件完成车削后进行铣削、钻削和攻螺纹等工序。装备动力头的机床被称为车削中心，具备 Y 轴的四轴以上联动的车削中心称为车铣复合加工中心。

动力刀座作为动力刀架和切削刀具之间重要的接口，在整个刀链系统中扮演着十分重要的角色。动力刀座本身的性能是决定工件最终加工效果的重要因素。图 6-11 为一种动力刀座结构简图。

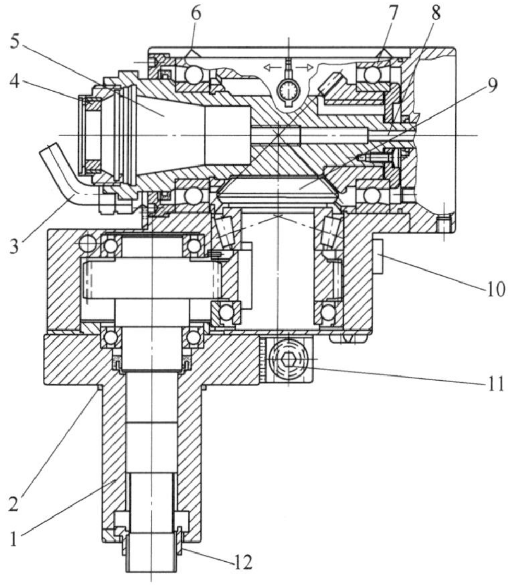

图 6-11　动力刀座结构简图

1—接口柄　2—密封圈　3—切削液外接口　4—内锁紧螺母　5—主轴　6—基准面　7—轴承　8—内冷却通孔　9—传动齿　10—外接切削液口　11—定位装置　12—传动轴连接面

近年来，由于车削中心的使用，一次装夹即可完成零件的加工，使得零件的加工效率得到了提升。现在对动力刀座的要求日益提高，优质的动力刀座应具备如下特点：

1）高刚性、高精度、高转速和大转矩。

2）耐用、低噪声、良好的散热性。

3）对中性好、定位精度和重复定位精度高。

4）密封性好。

动力刀架通过安装动力刀具来实现刀具的动力输出完成钻、铣等工序加工，此过程中电动机的动力经过齿轮传动系统传到动力刀座的尾端，通过动力传动接口传到刀具。

选用动力刀座前需要提供以下信息：

机床信息：机床的制造商及型号、机床的输出功率、转矩和转速、机床的刀架类型及输入接口（VDI 、BMT 或其他）。

加工应用信息：零件材料种类、背吃刀量、切宽和进给及所采用的转速（r/min）。

刀座信息：动力刀座的类型（轴向、径向、0°～90°可调、双输出及特殊固定角度等）。

输出类型：刀柄输出（BT、HSK、WELDON 等）。

其他特殊要求：是否内冷、转速比等。

所有的动力刀座都设计成可以在不同类型传动系统中进行动力传动，其连接齿可分为：DIN 1809 标准连接齿、DIN 5480 和 DIN 5482 标准花键连接齿等。

轴向动力刀座系列尺寸如表 6-34 和 6-35 所示，径向动力刀座系列尺寸如图 6-36 所示，直驱径向动力刀座系列尺寸如表 6-37 所示。

一、轴向动力刀座

表 6-34　轴向动力刀座尺寸系列　（单位：mm）

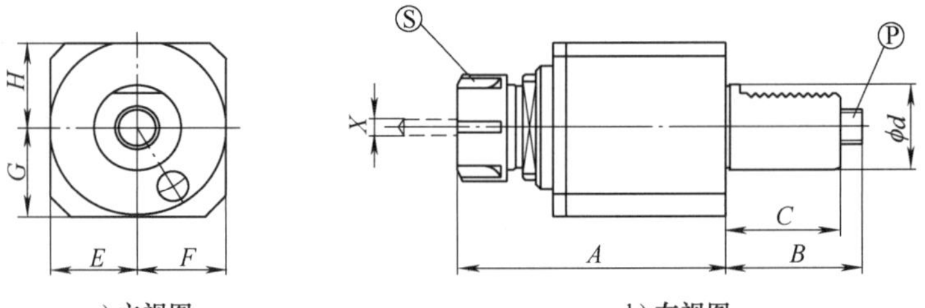

a) 主视图　b) 左视图

型　号	dh6	A	B	C	E	F	G	H	X	S	P
ATH20	20	94	51	40	30	30	27	28	2-13	ER20	W10×0.8×30（DIN5480）
ATH30	30	94	55	45	30	30	30	28	2-13	ER20	B15×12（DIN5482）
ATH40	40	123	63	53	41	41	43	40	2-20	ER32	B17×14（DIN5482）

二、轴向动力刀座（短）

表 6-35　轴向动力刀座（短）尺寸系列　（单位：mm）

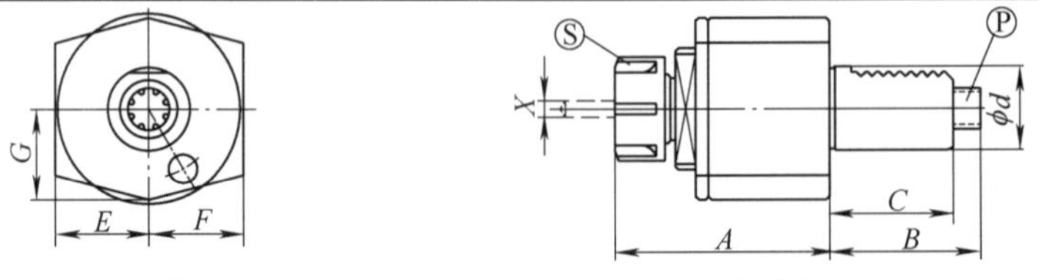

a) 主视图　b) 左视图

（续）

型　号	dh6	A	B	C	E	F	G	H	X	S	P
ATH20—S	20	76	51	40	31	31	35	28	1-10	ER16	W10×0.8×30（DIN5480）
ATH30—S	30	78	55	45	35	35	33	33	2-13	ER20	B15×12（DIN5482）
ATH40—S	40	85	63	53	42.5	42.5	38	38	2-16	ER25	B17×14（DIN5482）

三、径向动力刀座

表 6-36　径向动力刀座尺寸系列　（单位：mm）

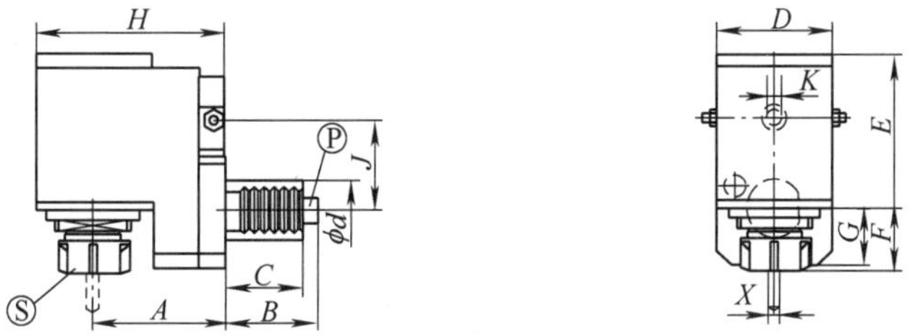

a) 主视图　　b) 左视图

型　号	dh6	A	B	C	D	E	F	G
RTH30—D	30	84	55	45	63	97	49	33
RTH40—D	40	91	63	53	80	109	43	43

型　号	H	J	K	X	S（DIN6499）	P
RTH30—D	119	40	8	2～13	ER20	B15×12（DIN5482）
RTH40—D	131	63	10	2～20	ER20	B17×14（DIN5482）

四、直驱径向动力刀座

表 6-37　直驱径向动力刀座尺寸系列　（单位：mm）

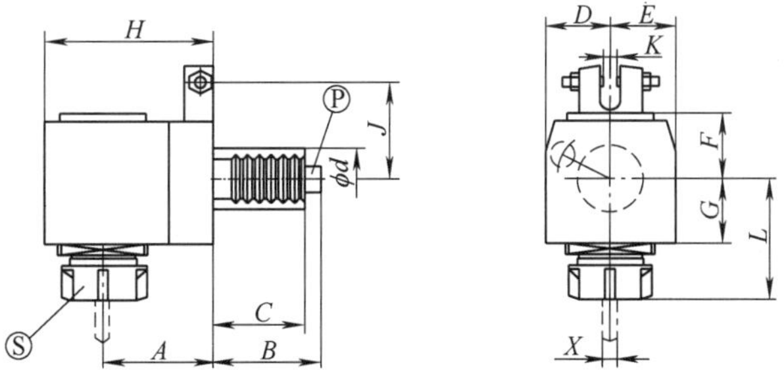

a) 主视图　　b) 左视图

（续）

型　号	dh6	A	B	C	D	E	F	G
RTH20—D	20	45	51	40	29	29	35.5	39.5
RTH30—D	30	55	55	45	33	33	38	41.5
RTH40—D	40	64	63	53	38	38	42.5	45

型　号	H	J	K	L	X	S（DIN6499）	P
RTH20—D	71	40	8	65.5	1-10	ER16	W10×0.8×30（DIN5480）
RTH30—D	85	40	8	75	2-13	ER20	B15×12（DIN5482）
RTH40—D	98	36	10	89	3-20	ER32	B17×14（DIN5482）

第六节　BMT 刀座

BMT 刀座最早是由 Doosan 开发的，主要改进了 VDI 刀座刚性较弱的缺点，增加四个螺钉锁在机台上面，如此一来，增加了刚性，但是拆卸没有 VDI 刀座方便快速。目前欧美车削中心已经逐渐转向 BMT 式车铣复合机床。图 6-12 是 BMT 刀座固定方式，表 6-38 为 BMT 刀盘接口及参数，其中 A 为其主要参数，一般 BMT 固定刀座有分为 BMT45、BMT55、BMT65、BMT75 及 BMT85，BMT45 因为机台较小，较不普遍。

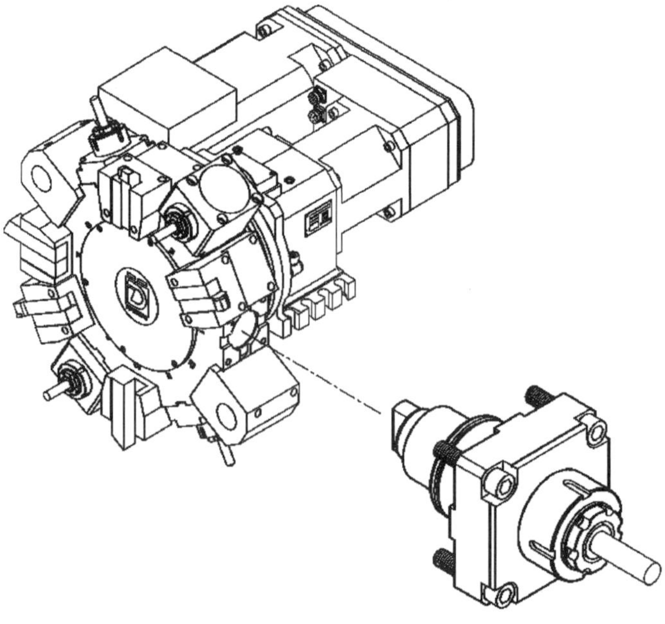

图 6-12　BMT 刀座固定方式

表 6-38　BMT 刀盘接口及参数

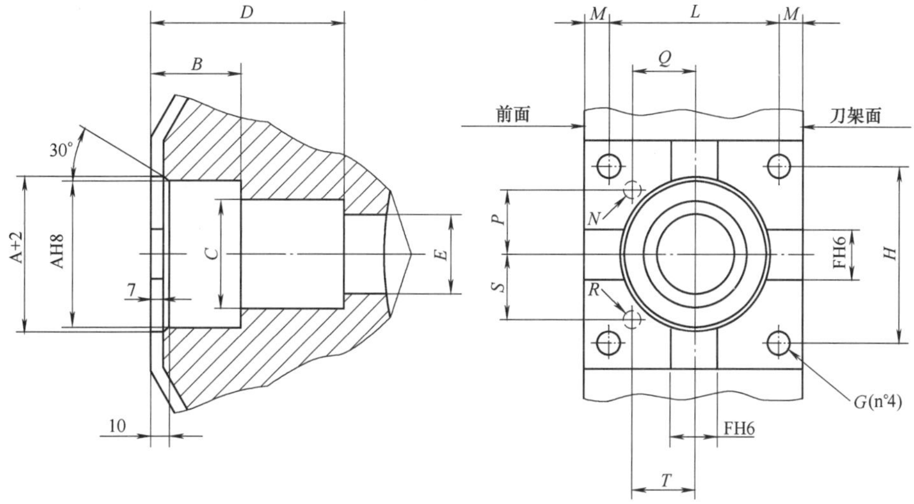

a) 主视图　　b) 左视图

BMT 尺寸	*A*	*B*	*C*	*D*	*E*	*F*	*G*	*H*	*L*	*M*	*N*	*P*	*Q*	*R*	*S*	*T*
45	45	43	36	62	25	15	M8 × 18	58	58	16	7	29. 5	15	—	—	—
55	55	35	41	77	31	15	M10 × 20	64	64	18	—	—	—	8	14	32
65	65	45	46	102	31	18	M12 × 24	73	70	20	—	—	—	9	17	37
75	75	48	56	102	40	25	M12 × 24	90	90	12. 5	9	33	33	—	—	—
85	85	53	66	125	45	25	M12 × 24	100	100	20	9	35	45	—	—	—

一、BMT 固定刀座

固定刀座的类型有：B 型端面及内径刀座、C 型端面及外径刀座、BC 型径轴向外径刀座、D 型万向外径刀座、E 型轴向内径刀座、F 型莫式刀座、G 型钻孔夹头刀座、T 型侧固式内孔刀座、H 型切断刀座、CD 型双边端面及外径刀座。

日韩的固定刀座主要是以 BMT 为主，但它们无法与欧美 BMT 刀座互换，而且不同的日韩企业其刀座也不具备通用性。表 6-39 为常用的 BMT 固定刀座外形图。

表 6-39　常用 BMT 固定刀座外形

Doosan 轴向外径	Doosan 径向外径
	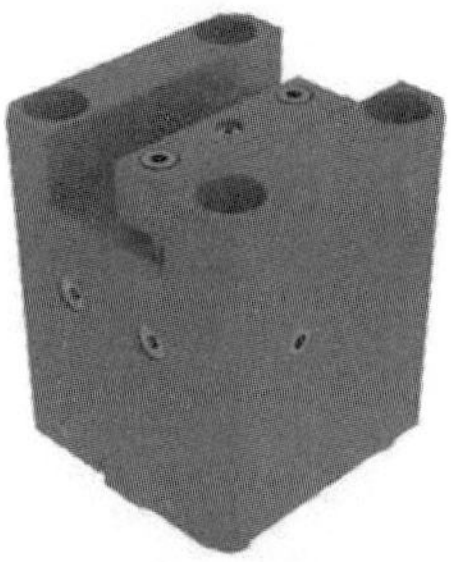

（续）

Doosan 外径	Doosan 内径
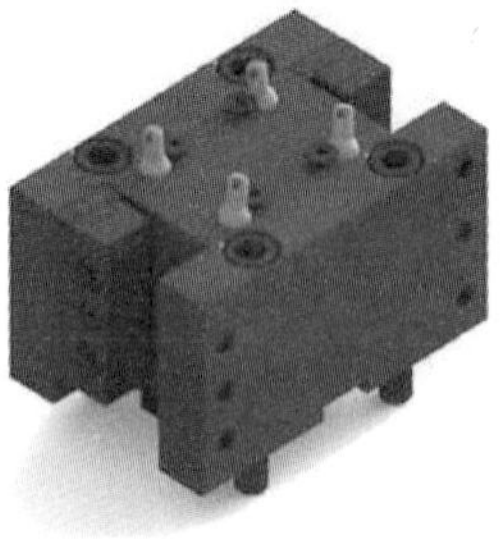	

二、BMT 动力刀座

BMT 动力刀座与 VDI 系列类似，主要类型有：轴向动力刀座、径向动力刀座、轴向偏心动力刀座、径向后缩动力刀座和万向动力刀座等。表 6-40 为典型的轴向和径向动力刀架，动力接口分别采用 DIN 1809 和 DIN 5480。

表 6-40　常用 BMT 动力刀座外形

Doosan 轴向动力刀座	Doosan 径向动力刀座

Sauter 轴向动力刀座	Sauter 径向动力刀座

第七节　数控刀架安装调试与维护

数控刀架是数控机床的重要功能部件之一，在机床的运行工作中起着至关重要的作用，一旦出现问题就可能使工件报废，结合数控刀架的工作原理，对数控刀架在使用过程中可能出现的故障进行系统分析，提出不同的故障现象及相应的诊断和维修方法。

一、数控刀架的安装与调试

数控刀架是一个完整的机电一体化部件，刀架的安装涉及到机械机构、电气系统、润滑系统和液压系统的装配以及数控系统的安装调试等，这些系统的装配必须符合一些相关国家标准。刀架装配的国际标准如表 6-41 所示。

表 6-41　刀架装配国标要求

刀架装配方式	国标名称与代号
液压系统装配	GB/T 23572—2009《金属切削机床液压系统通用技术条件》
电气系统装配	GB 5226. 1—2008《机械电气安全机械电气设备　第 1 部分：通用技术条件》
气动系统装配	GB/T 7932—2003《气动系统通用技术条件》
润滑系统装配	GB/T 6576—2002《机床润滑系统》
数控系统安装调试	JB/T 8832—2001《机床数控系统通用技术条件》
装配通用技术条件	GB/T 25373—2010《金属切削机床装配通用技术条件》

（一）数控刀架的安装要求

数控刀架的安装应符合切削机床通用装配的基本要求。GB/T 25373 —2010《金属切削机床装配通用技术条件》中的基本要求：

1）装配到机床上的零件、部件（包括外购件）均应符合质量要求，不应放入图样未规定的垫片等。

2）装配环境应清洁，精度要求高的部件装配环境应符合相关规定。

3）装配时，零部件应清理干净，用于装配的加工件不应磕碰、划伤和锈蚀，加工件的配合面不应有修锉和打磨等痕迹（制造工艺另有规定的除外）。

4）装配后的螺栓、螺钉头部和螺母的端面应与被紧固的零件平面均匀接触，不应倾斜或留有间隙，螺栓的尾部应略突出于螺母。装配在同一部位的螺钉，其长度应一致。紧固的螺钉、螺栓和螺母不应有松动现象，其紧固力应一致。

5）在螺母紧固后，各种止动垫圈应达到制动要求，根据结构需要可采用在螺纹部分涂低强度或中强度防松胶代替止动垫圈。

6）机床的移动、转动部件装配后，运动应平稳、灵活、轻便和无阻滞现象。变位机构应保证准确、可靠定位。

7）机床上有刻度装置的手轮、手柄装配后的反向空程量应在各类型机床的技术条件中规定。

8）高速旋转的零、组件，装配时应做平衡试验。

数控机床的安装需要满足数控刀架的外形尺寸及中心高要求，以及对一些重要表面的要求。

1. 数控刀架外形尺寸及中心高度要求

数控刀架的外形尺寸和中心高要求在 GB/T20959—2007《数控立式转塔刀架》和 GB/T 20960—2007《数控卧式转塔刀架》中有明确的规定。

GB/T 20959—2007 中规定了立式刀架的形式，根据刀台方外形的不同分为 A 型、B 型和 C 型三种，如图 6-13 所示。A 型为矩形槽刀架，B 型为圆柱孔刀架，C 型为燕尾槽刀架。

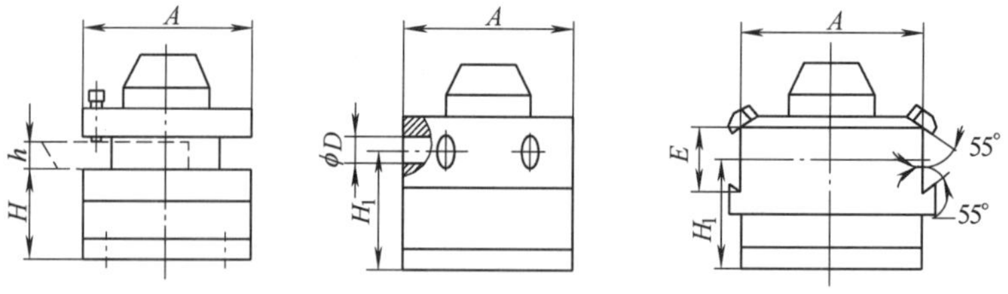

a)　　b)　　c)

图 6-13　立式刀架形式分类

a）A 型　b）B 型　c）C 型

刀架连接尺寸规定：

1）刀架以刀台方对边尺寸为主参数。

2）刀架与机床连接尺寸分为两种，Ⅰ式和Ⅱ式，由制造厂根据产品结构需要选用（Ⅰ式主要用于 A 型和 B 型刀架，Ⅱ式主要用于 C 型或电动机内藏式刀架）。

刀架的连接尺寸如图 6-14 和表 6-42 所示。

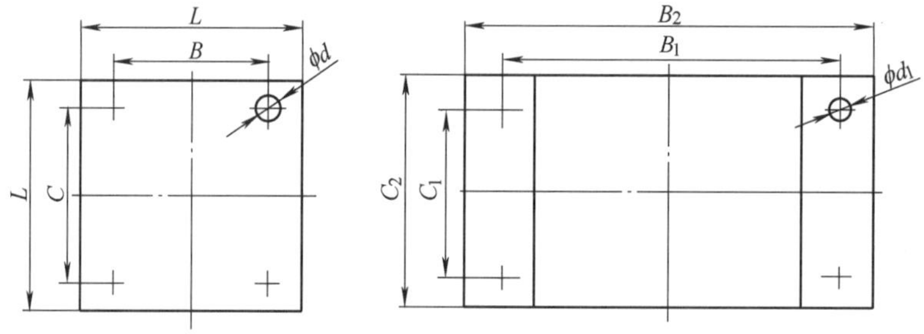

a)　　b)

图 6-14　立式刀架连接尺寸

a）Ⅰ式　b）Ⅱ式

刀台对边尺寸 A 为主参数，分别有 100mm、125mm、160mm、200mm、250mm、315mm、400mm 等系列。

GBT 20960—2007 数控卧式转塔刀架中规定了卧式刀架的形式。根据刀架的功能不同，分为Ⅰ型（双向转位刀架）和Ⅱ型（单向转位刀架）。

表 6-42　立式刀架连接尺寸表　（单位：mm）

A	100	125	160		200		250		315		400
H	51	58	70	80	100	120		140		160	
h	12	16	20		25		32		40		50
H_1	63	74	90	100	125	145	152	172	180	200	210
D（H7）		40		50					60		80
H_2		57	80		100		125		160		180
E		56	72		90		115		140		140

（续）

B	100	100	126	152	150	210	260	356
C	100	120	146	168	177	210	260	356
L	114	136	170	192	200	250	315	400
d	6.6	9	13.5				17.5	26
B_1		113	205		262	328	345	435
B_2		144	230		288	363	384	484
C_1		113	125		165	210	345	435
C_2		144	155		195	290	384	484
d_1		9	11		13.5	17.5	22	26

刀架的连接尺寸规定：

1）刀架以回转轴线中心高为主参数。

2）刀架的连接尺寸如图 6-15 和表 6-43 所示。其中 H—中心高，d—定心轴直径，d_1—定位套直径，D—刀盘连接螺钉分布圆直径，D_1—切削液出口位置分布圆直径，G—切削液进口连接螺钉孔。

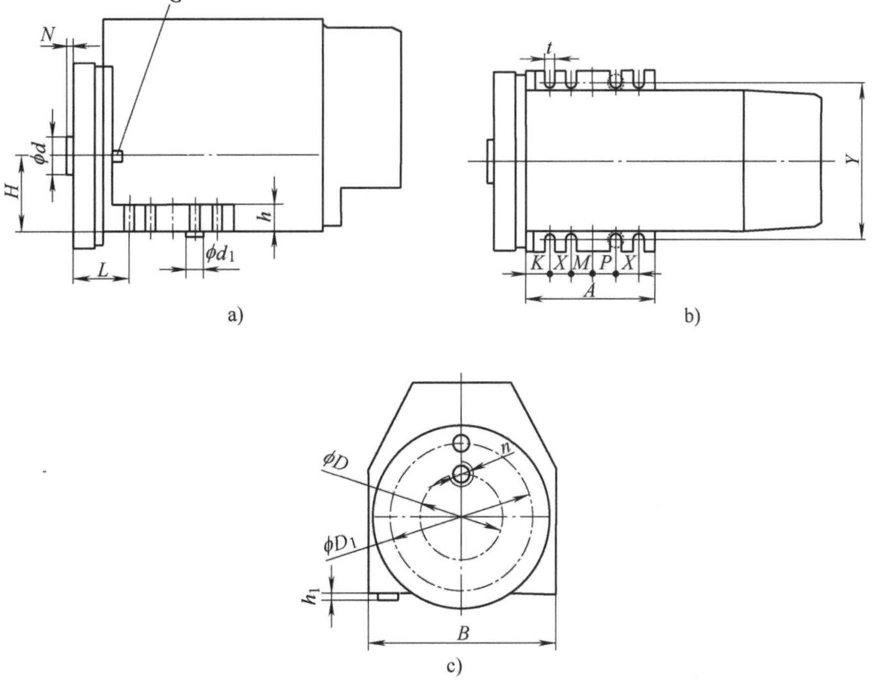

图 6-15　卧式刀架连接尺寸

a）主视图　b）俯视图　c）左视图

刀架的中心高 A 为主参数，分别有 50mm、63mm、80mm、100mm、125mm、160mm 和 200mm 等尺寸。

表 6-43　卧式刀架连接尺寸表　（单位：mm）

中心高 H	50	63	80	100	125	160	200
d（h5）	25	30	40	50	63	80	100

（续）

N_{max}	8	8	8	9	10	10	12
n	6 × M6	8 × M 8	8 × M 8	12 × M10	12 × M12	16 × M12	16 × M16
D	70	90	120	145	182	220	300
D_1	120	150	180	220	280	352	420
G	G1/4	G 1/4	G 3/8	G 3/8	G 3/8	G 3/8	G 1/2
A（参考）	100	150	170	190	230	270	360
B	153	185	210	250	310	330	470
h	12	20	25	30	35	40	40
Y	135	165	190	220	280	352	420
d_1（g6）	15	15	17	20	26	32	—
h_1	7	7.5	7.5	9	9	12	
L	45	50	58	66	82	96	110
K_{min}	15	18	22	25	30	40	48
X	60	30	32	40	44	48	60
M		30	32	30	43	56	80
P		30	32	30	43	48	60
t	9	11	11	13.5	17.5	22	26

注：表中数值适用于Ⅰ型，Ⅱ型宜参照选用。

2. 对重要表面的要求

刀架的重要表面包括连接表面、齿盘表面、刀盘表面。齿盘属于定位装置，精度保持性好，需进行热处理。刀盘表面、刀盘与刀座连接面，需精磨或精铣，还要防锈处理。

（二）数控刀架的安装步骤

刀架的安装是指将刀架安装在机床上的过程。一般情况下，刀架本身的组装由刀架生产厂商完成。

1. 安装准备

1）检验产品包装箱是否完好无损。

2）检验产品包装箱所标示型号、规格是否与图样、明细表、装配作业指导书相符。

3）收集留存合格证、使用说明书、装箱单等装箱技术文件。

4）检验产品装箱技术文件完整性和统一性。

5）检验产品外观有无磕碰、拉伤。

6）检验有无锈蚀和不应有的外观缺陷。

7）检验装箱商品与装箱单的一致性。

8）检验机床电压、液压、气动压强等与刀架使用说明书的要求一致性。

9）测试仪器、量仪应经国家指定的法定计量部门检定或标定，必须有检定合格证或标定证书。

10）刀架控制器（伺服驱动器）的安装环境应满足使用说明书的要求，注意控制器对环境温度和湿度要求，留出与其它部件足够的安装距离，无潮无尘无金属粉尘，通风良好。

11）检验、安装、调试所需设备或工具、量具应完好，工作正常。

12）检查安装基面符合安装条件（平面度、表面粗糙度、安装螺钉孔的规格和深度）。

13）测量或配做调整垫。

14）按照使用说明书要求，加注适量润滑油，不得使用代用润滑油。

2. 安装

1）选择合适的起运工具，并检查吊具和起吊钢绳是否完好。

2）吊运时，必须注意吊运位置及重心位置。

3）起吊时，严禁将身体的任何部位置于起吊的包装箱下面，严禁将起吊的包装箱从人头顶越过。

4）将刀架就位在安装基面上，双刀架机床注意刀架的位置不要装反。

5）按照基准或以螺钉孔为基准调整刀架的安装位置，按顺序依次交叉拧紧螺钉。

6）按使用说明书要求连接相关的电缆或液压、气压管路。

7）检验信号电路连接的正确性，特别是电压要一致，极性要正确，接地保护要连接良好，包括伺服电动机、传感器与伺服控制器之间、伺服控制器与上位机之间。

（三）数控刀架的调试

1. 电器联调

1）首次控制电源通电后，先要复核刀架控制器参数的正确性，如要修改，请谨慎。

2）刀架控制器的输入输出信号，一般是与上位机相连，要注意两者间的电平匹配，如果要加装中间继电器转换，请注意信号的延迟时间。

3）刀架在 PLC 程序控制下运行，确定控制时序与控制程序准确无误，特别是动力伺服刀架，要确保刀架转位与动力头之间互锁的有效性和动力头定位的正确性。

4）正确设定上位机 PLC 参数。

5）按照刀架控制器使用说明，正确设定刀架初始刀位号。注意有传感器和无传感器的不同设置方法。

6）先点动试车，正确后再行试车循环，进行功能检验。

2. 找正

按照数控车床几何精度检验标准的要求，调整刀架的安装位置和调整垫尺寸，检查刀架自身重复定位精度，达到标准要求。

1）刀架工具安装基面对主轴轴线的垂直度。此项检验适合于工具安装基面与主轴轴线垂直的刀架，如图 6-16 所示。

2）刀架工具安装孔轴线对 Z 轴运动的平行度。

a）在 ZX 平面内。

b）在 YZ 平面内。

此项检验适用于工具孔安装轴线与 Z 轴运动轴线平行的刀架，如图 6-17 所示。

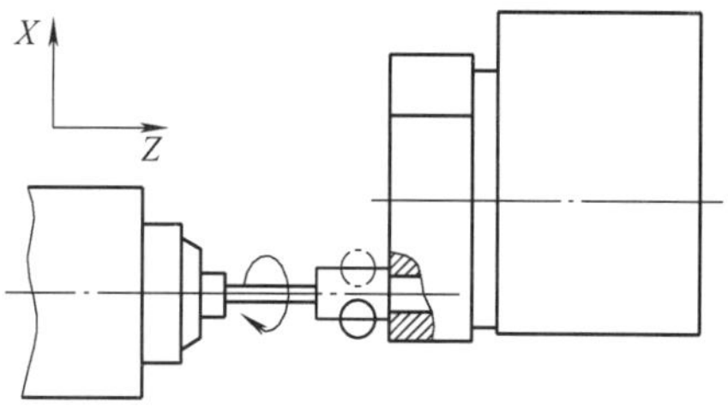

图 6-16　工具安装基面对主轴轴线的垂直度检验示意图

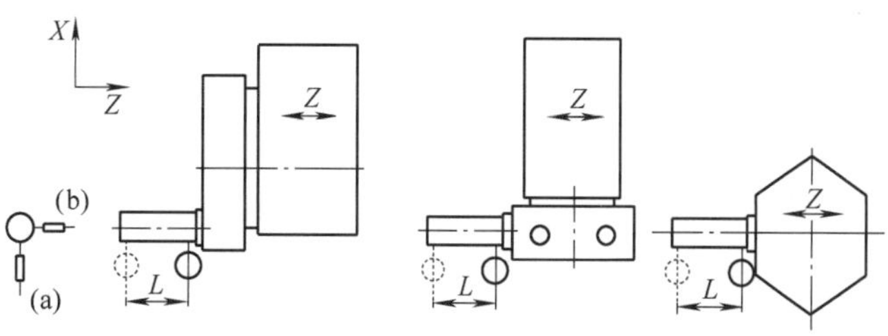

图 6-17　工具孔安装轴线与 Z 轴运动轴线平行度检测示意图

3）刀架工具安装孔轴线对 X 轴运动的平行度。

a）在 ZX 平面内。

b）在 XY 平面内。

此项检验适用于工具孔安装轴线与主轴轴线垂直的刀架，如图 6-18 所示。

4）标准要求的其他项目。

3. 紧固、标记（漆片）

各项精度指标达到要求后紧固全部连接螺栓，按照工艺要求打定位销，做好标记，按照机床装配工艺文件执行后续工序。

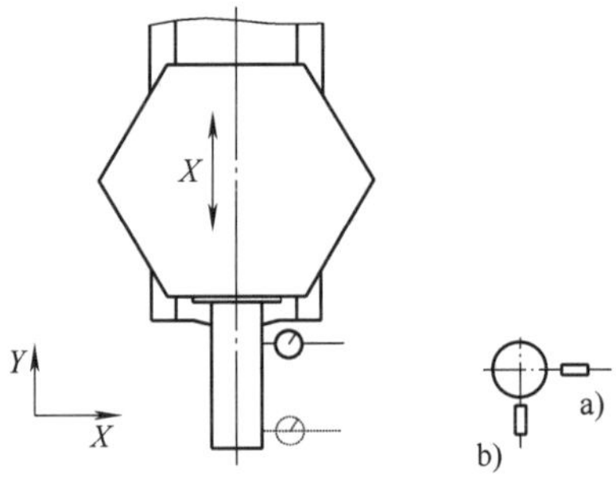

图 6-18　工具安装孔轴线对 X 轴运动的平行度检测示意图

二、刀座的安装与调试

（一）VDI 刀座的安装调试

VDI 刀座如图 6-19 所示，分为直柄/轴向式刀座（由夹头螺母夹持刀具）和直角/径向式刀座（由调整块来调节刀具位置）。

安装和拆卸刀座时需要注意如下几点：

1）为了保证能够达到刀座最佳使用状态，需要清洁刀具安装定位表面。

2）VDI 刀座配置的锯齿形斜楔状锁紧轴是安装在刀架内部的，应先松开，再拆卸刀座。

3）安装时，需要保证是动力刀座的驱动接口与刀架离合器对齐。

4）将动力刀座插入刀架安装孔，直到刀座安装平面与刀架定位平面相接触为止。

5）使用扳手拧紧 VDI 刀座的锯齿形斜楔状锁紧机构。

6）如果刀座配置了调整块（如图 6-20 所示，对应不同的刀盘类型），需要轻轻的拧紧锯齿形锁紧机构，以保证拧紧调整块螺钉的过程中使其对准，当刀座调整好后，其实锯齿形锁紧机构已经被拧紧。

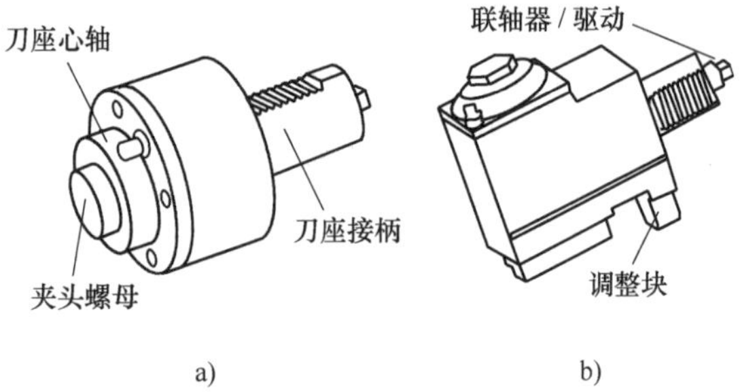

图 6-19　VDI 刀座

a）直柄/轴向　b）直角/径向

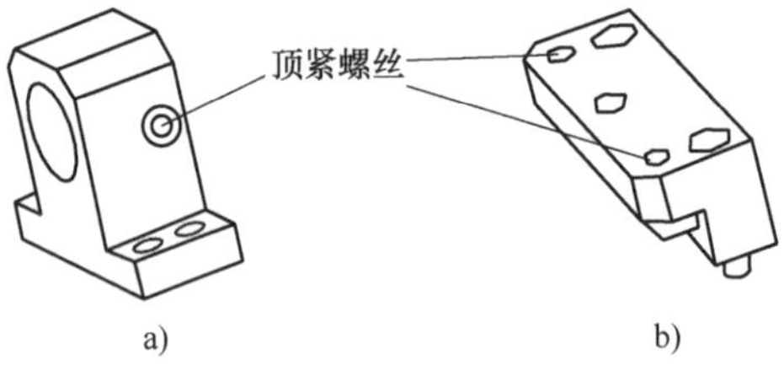

图 6-20　调整块

a）类型 C（盘/面式刀塔）　b）类型 D（星形刀塔）

（二）BMT 刀座的安装调试

BMT 刀座安装步骤：

1）首先为了保证能够达到刀座使用的最理想状态，需要清洁刀具安装面，这样才能保证整个操作过程前后可能达到的最高精度。

2）切削液供给孔的位置到刀具和刀架间的距离必须要相等。

3）调整刀座动力传输联轴器，扁平基准面须与 Z 轴方向成 90°。

4）将动力刀座单元插入刀架安装孔，直到刀座安装面与刀架定位面相互接触为止。

5）使用扳手拧紧四颗紧固螺钉，这里注意螺钉的最大转矩（请参考贴在刀座本体上的转矩标示）。

6）四个专用且预置的定位键可以保证动力刀座自身在 Y 轴方向的精度或者 Z 轴方向的平行度达到 $+10\mu m$，那么，这就意味着，无须进行刀座安装的再调整。

接柄更换的安装说明：

1）卸掉四颗紧固螺栓就使快换接柄与刀座实现分离。

2）擦拭快换接柄短锥部分和平面定位表面，以及刀座安装接口的定位基准面。

3）使用 T 型扳手安装并拧紧四颗紧固螺栓。

4）使用钩形扳手可以防止拧紧螺栓过程中刀座心轴的旋转。

图 6-21 为 BMT 刀盘结构示意图，D_1 为刀盘和刀架本体的主要结合柱面，L_1 为 BMT 接口的两侧端面，D_3 为刀架盘和刀座的配合柱面，L_2 为刀盘对边尺寸，决定了刀盘安装面相对刀盘轴线的距离，H_4 为键槽尺寸。

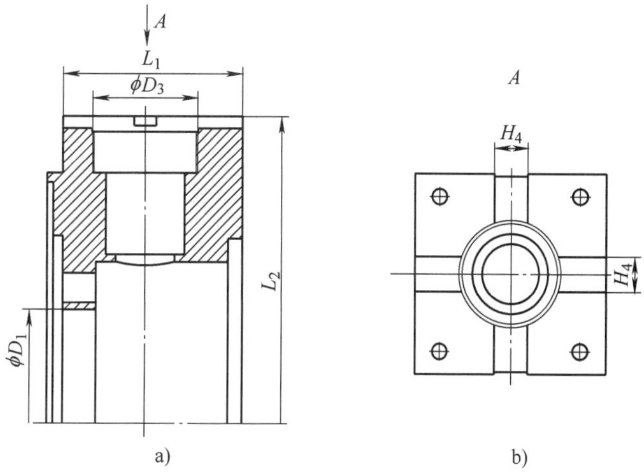

图 6-21　BMT 刀盘结构示意图

a）BMT 刀盘剖视图　b）A 向视图

（三）动力刀座的安装调试

动力刀座安装前，按机床制造厂商的相关规定（特别是机床说明书中关于动力刀座部分的使用说明），首先停止主轴和其他动力部件的运转，且注意不要误起动机床（将起动开关上保险锁，以防误操作）。当动力刀座不使用时，应当卸下刀具（至少在动力刀座的装配、拆卸、运输和储存过程中）或者将刀具进行妥善地包裹，图 6-22 为 VDI 接口安装示意图。

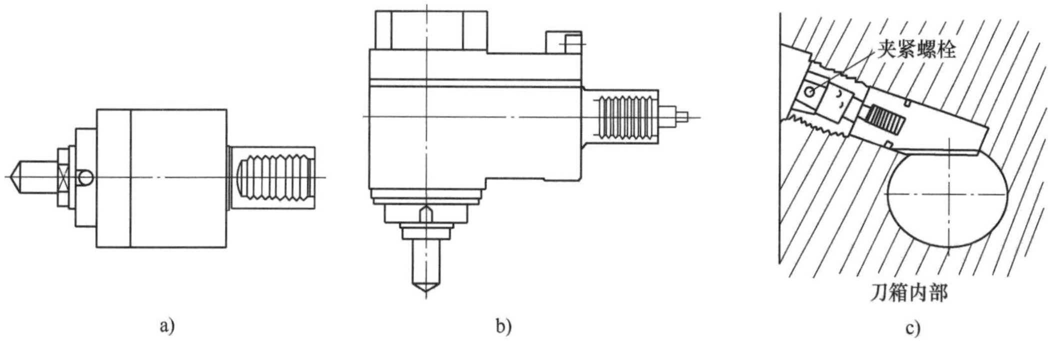

图 6-22　VDI 接口安装示意图

a）轴向刀座　b）径向刀座　c）连接示意简图

1. 动力刀座安装要求

1）准备好必须的安装工具。

2）清洁所有的零部件接触面，包括动力刀座以及动力刀座与机床连接的接触面。

3）将动力刀座安装到机床上（当动力刀座带定位销时，请手工将其销定位于机床上）。

4）机床和动力刀座上的定位装置需一一配对。

5）机床和动力刀座上的支撑装置必须一一配对。

6）将动力刀座固定，接好切削液导管（遵照机床制造商的指导路线）。

7）请将装配用的工具和所有的测量工具等从机床的工作空间拿开。

8）起动功能测试。

2. 动力刀座的对齐调整

VDI 接口（DIN69880）安装步骤如下：将刀具在动力刀座上安装好；将动力刀座的 VDI 柄部插入刀架的 VDI 孔内；用内六角扳手拧紧 VDI 斜楔上的螺钉，使其下部的锯齿面压紧 VDI 柄部的锯齿面。拆卸步骤反之。

图 6-23 为 BMT 接口结构简图，其安装步骤为：将动力刀座的 BMT 柄部插入刀架的孔内，用内六角扳手拧紧四根紧固螺栓，将刀座固定在刀架上即可，将刀具在动力刀座上安装好。拆卸步骤反之。

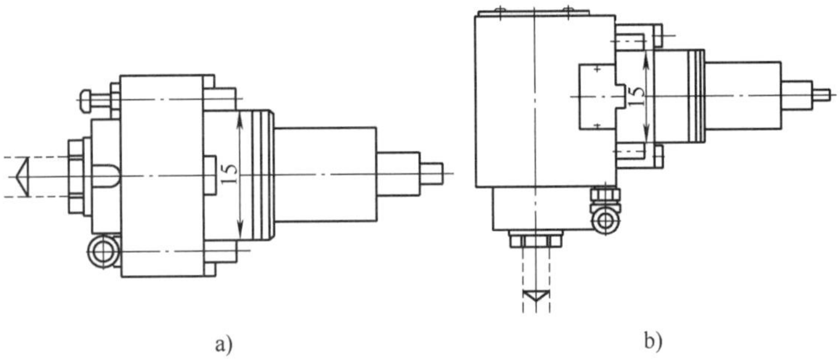

图 6-23 BMT 接口结构简图

a）轴向刀座 b）径向刀座

3. 定位件安装

动力刀座的定位附件可以起到调整动力刀座对齐的作用，它可以调整动力刀座在刀架上的位置，使得刀尖准确地与机床的主轴线对齐。

（1）销钉定位

刀架盘面上采用销钉定位，安装相应的定位销，如有必要，还可适当缩短定位销。动力刀座的定位是通过相应的销钉来调节。刀架边缘定位包括销钉定位和边缘定位块定位，动力刀座的对齐是通过相应的销钉和边缘定位块来调节，如图 6-24 所示。

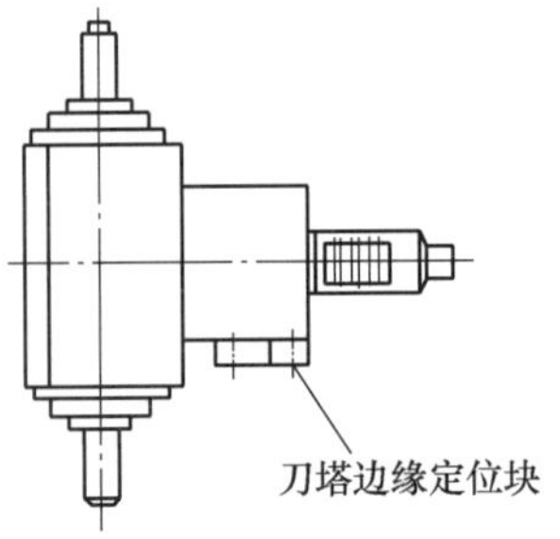

图 6-24 刀架边缘定位块定位

（2）可调定位销定位

表 6-44 为可调定位销工作流程。

表 6-44 可调定位销定位步骤

偏心螺栓	1. 将验棒夹在动力刀座上 2. 将千分表接触验棒的远端，手动旋转验棒，确认千分表读数的中间值。移开千分表 3. 移动 Z 轴，手动再次将千分表接触验棒根部手动旋转验棒，确认千分表读数的中间值。对比先前读数，计算出平行度偏差值 4. 根据偏差调整用内六角扳手调节尾部定位销，同时将千分表移至验棒远端，检测平行度偏差，调节偏心螺栓使刀座心轴与机床主轴的平行度达到精度要求即可
偏心销	1. 将验棒夹在动力刀座上 2. 将千分表接触验棒的远端，手动旋转验棒，确认千分表读数的中间值。移开千分表 3. 移动 Z 轴，手动再次将千分表接触验棒根部手动旋转验棒，确认千分表读数的中间值。对比先前读数，计算出平行度偏差值 4. 松开左右两侧紧固螺栓，调整中间的偏心销，待达到平行精度后，拧紧左右两只紧固螺栓
BMT 可预调键模块	一般情况下出厂前已经预调完成，无须额外调整。

4. 动力刀座功能测试与调试运行

在每次安装好动力刀座后，需检查动力刀座安装是否正确，固定是否牢靠。工具、装配及测量的器具是否已经从机床中取出。机床刀架在安装了动力刀座以后是否在工作行程的每个位置均能无干涉的自由移动。如在检查中发现存在干涉点，则移去障碍物或者让刀具轨迹绕开干涉点（修改相应的加工程序），如果干涉点未知，则仔细专业地检查动力刀座的外表和内部损伤。

上述检查完成后以额定转速的 50% 进行试运行，查看动力刀座是否摇晃，是否出现很大的噪声。若无上述现象，动力刀座就安装完毕。若出现上述问题，则检查各装配步骤一直到动力刀座在机床上固定为止。特别小心地去除动力刀座的接柄上和动力刀座以及机床转塔接口部分表面的异物。如果情况还未改善，则应与产品公司技术人员联系。

调试运行前应检查所有零部件的规定状态，检查步骤如下：

1）动力刀座上或者附件上是否有外表损伤（如裂缝、锈蚀、变形、螺钉未拧紧及密封圈损伤等）。

2）零部件是否缺少。

3）零部件定位是否完整。

4）动力刀座的固定是否按照机床制造商的规定执行。

5）所有相应的调节螺钉完全可用，并处于合适的状态。

6）所有的动力刀座的调节定位块均已正确完好地安装并调节完毕。

7）动力刀座所有的供给（如切削液、压缩空气）均已正确完好地连接完毕。

三、维护与保养

刀架的维护与保养主要包括刀架自身的清洁和润滑，由于刀架属于半密封或完全密封的状态，所以在密封良好的前提下，刀架的维护与保养较为简单。

（一）数控刀架的密封

刀架的密封一方面是为了防止刀架内部润滑油脂的渗出，保证机械结构紧密性；另一方面防止刀架外部环境中的水、粉尘等杂质浸入刀架内部，造成机械结构的磨损腐蚀。密封从原理上可分为静密封和动密封，前者主要通过控制密封件两耦合面间的间隙实现密封，如液压缸的活塞杆和外壁的密封。后者利用运动副的配合间隙起密封作用。

伺服动力刀架的静密封结构（定齿盘与本体之间等）可以靠精细加工表面的相互压紧来实现，在不能完全压紧处通过增加弹性填充物来实现。伺服动力刀架动密封（活塞与本体之间等）可以通过接触式密封结构或非接触式密封结构来实现。在实际应用中，通常采用油封密封结构。油封密封结构的密封原理为利用油封零件形状形成涡流产生密封压力以及油封零件与被密封轴径之间由于紧配合产生的机械压力阻止箱体内油的泄漏。另外，在轴径旋转时，油封零件与轴径之间小缝有节流降压效果。图 6-25 为烟台环球 AK22 系列刀架密封气路原理图。AK22 系列采用气密封，通过往腔内接入 0.1 ~ 0.15MPa 的干燥压缩空气以达到防水、防尘的目的，压缩空气接口尺寸为 Z1/4″。

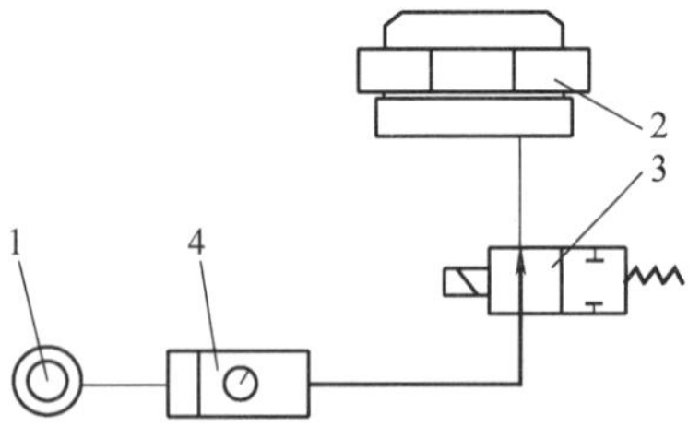

图 6-25　烟台环球 AK22 系列密封气路原理图

1—气源　2—气动三联件　3—电磁阀　4—刀架

在具有润滑油与液压介质的机构中，密封至关重要。但由于可能存在工件加工质量不好、密封圈选择不当与结构尺寸局限等多种原因，常导致润滑油或其他液压介质在通过不同密封结构的过程中因密封效果不好而出现渗漏等密封失效的问题。当静密封部位出现泄漏失效问题，可更换普通 O 形密封圈，若仍然没有改善，则应联系专业厂家进行维修。

（二）刀架润滑条件

电动刀架属于半密封状态，采用的润滑方式为脂润滑，在产品有相对运动的任何部位，必须保持良好的润滑状态。刀架在装配时各相对部位均已注入润滑脂，在各轴承处，凸轮曲线槽与滚子等部位均加入锂基润滑脂，用户在重新装配后一定要重新注入润滑脂，安装运行之后就无须再加。

液压和动力刀架由液压油提供润滑油，其出厂标准由主机工作条件决定。刀架各安装轴承处应涂以锂基润滑油，箱体内加 90#机械油进行润滑，每次拆卸时应更换润滑油。各种规格刀架加入润滑油的数量根据产品具体情况决定。使用润滑油的刀架，需定期加机油润滑，加入润滑油时，可拆开上盖，拧开丝堵之后用漏斗加入，需要注意不能溢到传感器、电磁铁和电缆孔中。

对于采用了自动润滑系统的数控车床，需要润滑的位置一般通过自动供油润滑，润滑油不够时会自动报警，无须手工加油。

（三）刀架维护方法

加入润滑脂的刀架只要不重新装配，短期内无须定期加入润滑脂，属于终生润滑。

每日工作结束后，必须将刀架上的铁屑、切削液等清理干净，并在刀盘上涂润滑油。正常工作量时，每两年应将刀架拆开，将各零件清洗干净，在各轴承、齿轮处及外齿盘环形槽内涂适量锂基润滑脂，再将刀架装好并复位。全日工作时，每年应将刀架拆开，将各零件清洗干净，在各轴承、齿轮处及外齿盘环形槽内涂适量锂基润滑脂，再将刀架装好并复位。

要定期加入润滑油，一般不会拆机。长期不工作的刀架，启动前需进行检查，若润滑油不够则适量增加。

每半年应将刀架泄油口螺塞旋下，将刀架中的旧润滑油清理干净，再将螺塞旋上拧紧，将加油口螺塞旋下，加入新的润滑油后将螺塞旋上拧紧。将90#机械油作为润滑油，加入油量根据产品型号不同而有所不同。

正常工作量时，每两年应将刀架拆开。全日工作时，每年应将刀架拆开，将各零件清洗干净，在各轴承及齿轮处涂适量锂基润滑脂，再将刀架装好并复位，并加入规定量的润滑油。

厂家对不同型号刀架定义了不同类型、剂量的润滑介质，用户在购买刀架产品时，产品出厂时已经添加了适量的润滑油脂，无须用户自行添加，或者产品出厂说明书中注明需要添加相应剂量的润滑油脂。表6-45为某一系列不同型号的刀架箱体内添加润滑油剂量表。

表6-45 数控刀架典型润滑油剂量表

刀架规格	AK3180A	AK31100A	AK31125A	AK31160A	AK31200A
油重量/kg	0.7	1.5	2	4	4.5

在刀架加入润滑油时，可拆开刀架箱体的上盖，用漏斗加入，注意不要溢到传感器、电磁铁和电缆孔中，如图6-26所示。

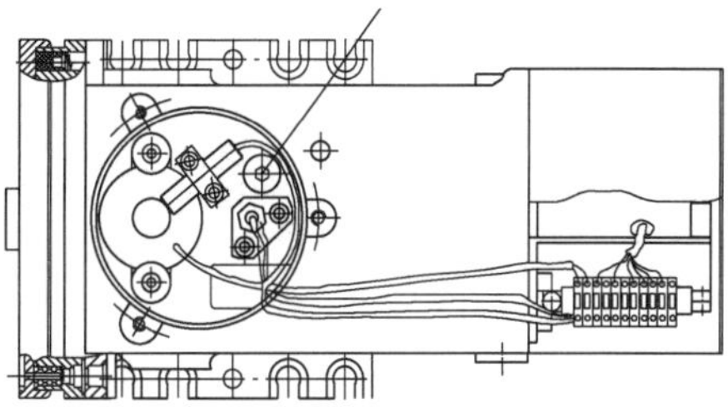

图6-26 润滑油添加处

(四) 动力刀座的维护与保养

为使高质量的动力刀座有更长的使用寿命，须对动力刀座进行定期的维修和保养。做清洁保养时，要用干净的软布擦拭动力刀座表面，将切削液和金属屑擦去，注意不要使用可能损伤密封圈或其他零部件的任何化学清洗剂，不要使用压缩空气吹拭，这样可能将金属屑或其他污物吹进刀座。

1. 动力刀座的存放

将动力刀座存放在干燥的环境中，用防锈纸加以保护。将动力刀座的金属表面用防锈油或其他防锈物品加以保护。为了防止潮气进入刀座内部，建议在日常保养时，用软布清洁完动力刀座心轴后，喷一些Q20（或WD40），起到防锈防潮作用。

2. 维修保养间隔

表6-46为保养周期及保养需要完成的工作。

表6-46 维修保养间隔

保养周期	保养工作
每次刀具更换	刀具接口，弹簧夹头
每天	清洁整个动力刀座和刀架的切屑，检查动力刀座的状态及每个零部件的功能，刀具的安装状态
每周	彻底清洁动力刀座，特别注意清洁密封圈处的微小工件颗粒或粉尘。建议采用吸尘器。切勿用压缩空气吹。喷适量的防锈防潮的喷剂Q20或WD40
每半年或一年	加注润滑脂，由于此项操作需要打开动力刀座本体，对于采用内冷方式的动力刀座，要检查密封圈，如有需要加以更换

四、故障诊断与排除

刀架采用了先进的控制技术，是机、电、液相结合的产物，技术先进、结构复杂，出现故障后，诊断困难。以下是常用刀架的故障诊断方法：

1）了解故障发生的过程，观察故障的现象。当刀架出现故障时，首先要搞清故障现象，要向操作人员询问故障在什么样的情况下发生的，怎样发生的以及发生的过程。

2）直接观察法。直接观察法是利用人的手、眼、耳、鼻等感觉器官来寻找故障原因，这种方法在维修中非常实用。

目测：仔细检查有无熔丝烧断、元器件烧焦、烟熏、开裂、异物短路现象，以此可判断电流过载、电压过载、短路等问题。

手摸：用手摸并轻摇元器件，尤其是电阻、电容、半导体器件有无松动之感，以此可以检查出一些断脚、虚焊等问题。

通电：首先用万用表检查各种电源之间是否有短路，如果没有，即可接入相应的电源，目测有无冒烟、打火等现象，手摸元器件是否有异常发热，由此可以发现一些较为明显的故障，从而缩小检修范围。

3）根据报警信息诊断故障。随着数控系统的自诊断能力越来越强，刀架的大部分故障数控系统都能够诊断出来，并采取相应的措施，如停机等，一般都能产生报警显示。当刀架出现故障时，有时在显示器上显示报警信息，有时在数控装置上、PLC 装置上或驱动装置上还会有报警指示。

在刀架出现报警时，要注意报警信息的研究和分析，有些故障根据报警信息即可判断出故障的原因。而有些故障的报警信息并不能反映故障的根本原因，而是反映故障的结果或者由此引起的其他问题，这时要经过仔细的分析和检查才能确定故障原因。下面的方法对这类故障及没有报警的一些故障的检测是行之有效的。

4）利用 PLC 梯形图跟踪法确认故障。刀架绝大部分电气故障是通过 PLC 程序检查出来的。PLC 检查故障的机理就是通过运行机床厂为刀架编制的 PLC 梯形图（即用户程序），根据各种输入输出状态进行逻辑判断，如果发现问题，产生报警并在显示器上显示报警信息。有些故障可以在屏幕上直接显示出报警的原因，有些虽然屏幕上有报警信息，但并没有直接反应出报警的原因；还有些故障不产生报警信息，只是有些动作不执行。遇到后两种情况，跟踪 PLC 梯形图的运行是确认故障的有效方法。

上述3）、4）方法对刀架的电气故障检测非常有效，因为这些故障无非是检测开关、继电器、电磁阀的损坏或者机械执行机构出现的问题，这些故障基本都可以根据 PLC 程序，通过检测其相应的状态来确认故障点。

5）刀架参数检查法。刀架有些故障是由于机床参数设置不合理或者使用一段时间后需要调整，遇到这类故障将相应的机床参数进行适当的修改，即可排除故障。

6）单步执行程序确定故障点。数控系统都具有单步执行的功能，这个功能是在调试加工程序时使用的。当执行加工程序出现故障时，采用单步执行的方法可以快速确认故障点，从而排除故障。

7）测量法。测量法是诊断机床故障的基本方法，对于诊断刀架的故障也是常用的方法。测量法就是使用万能表、示波器、逻辑测试仪等仪器对电子线路进行测量。

8）用互换法确定故障点。有些关于系统的故障，由于涉及的因素较多，比较复杂，采用互换法可以快速准确定位故障点。

对于一些涉及到控制系统的故障，有时不容易确认哪一部分有问题，在确保没有进一步损坏的情况下，用备用控制板替换被怀疑有问题的控制板，是准确定位故障点的有效方法。有时与其他同类刀架控制系统的控制板互换能更快速诊断故障（这时要保证不要把板子损坏）。

9）原理分析法。原理分析法是排除故障的最基本方法，当其他检测方法难以奏效时，可以从刀架的工作原理出发，一步一步地进行检查，最终查出故障原因。

以上介绍了诊断设备故障的九种方法，在诊断设备出现故障时这些方法往往要综合使用，有时单纯地使用某一种方法难以奏效，这就要求维修人员具有一定的维修经验，合理、综合地使用诊断方法，使设备故障尽快地得到诊断。

所谓刀架的故障就是刀架全部或者部分丧失了规定的功能。由于刀架结构复杂，使用元器件较多，出现的故障类别多，下面根据不同角度对其进行分类。

（一）损坏型

刀架损坏型故障包括以下模式：零部件损坏、元器件损坏（液、气、油部件、元件损坏）、电动机损坏、电缆线路短路、电缆线路断路以及熔断器损坏。表 6-47 为损坏型故障模式诊断与排除方法。

表 6-47　损坏型故障模式诊断与排除方法

损坏型故障模式	诊断与排除方法
1. 零部件损坏	零部件损坏的原因一方面是自身质量不好，另一方面是使用不当和缺乏正常的维护保养，也可能是没有按照该零部件的使用说明装配和设置。如果是外购件则需要对产品作出正确评估后考虑更换供应商，严格外购件的验收规程；若是自制件则需要从源头分析损坏原因，从设计、材料、加工和装配等环节考虑
2. 元器件损坏（液、气、油部件、元件损坏）	元器件损坏与零部件损坏的原因相类似，一是自身质量不好，另一方面是使用过程中操作不当和缺乏正常维护保养，也可能是没有按照使用说明装配和设置，判断和处理方法同上
3. 电动机损坏	电动机损坏一般是由于严重过载或传动部件卡死导致电动机发热直至烧毁。所以在使用过程中必须注意刀架的极限负载，严禁超载运行，另外日常使用中注意传动部件的润滑。电动机损坏还有就是本身的质量不过关，达不到其设计要求，所以在选择电动机时最好选择信誉好，质量高的厂家生产的电动机
4. 电缆线路短路	电缆线路短路的原因，首先，可能是由于长时间在恶劣的环境中使用，导致电缆绝缘层老化，使电路短路；其次，可能是某些电气元件在过载的情况下被击穿，导致短路；最后，端子松动、导致电缆脱落、引起短路。所以在平时使用过程中需要定期维护保养，另外应严格按照说明书操作，避免人为因素导致短路
5. 电缆线路断路	电缆线路断路可能的原因，一方面，端子松动，电缆脱落，导致的断路；另一方面，严重过载导致电路烧毁。所以平时使用过程中注意维护保养，另外按照使用说明使用，严禁超负荷工作
6. 熔断器损坏	熔断器损坏主要还是由于过载导致的烧毁，也有是由于自身质量不过关导致。所以一方面加强外购件的质量把关，另一方面按照使用说明使用，严禁超负荷工作

（二）松动型

刀架松动型故障包括以下模式：紧固件松动、锁紧部件松动、预紧机构松动、零部件松动、线路与电缆连接不良。

松动型故障发生的原因，主要由于长时间工作后，振动、老化等。针对这些故障模式，需要注意维修保养，及时更换部分零部件，另外需要加强对外购件质量的把关，避免由于零件本身质量问题导致的松动型故障。

（三）堵塞或渗漏型

堵塞或渗漏型故障包括：液、气、油渗漏以及堵塞不畅。

1）液、气、油渗漏主要是指切削液、压缩空气和液压油等的渗漏。导致切削液渗漏的原因主要有：数控刀架的防护罩结构缺陷和密封件及密封措施失效，导致切削液渗漏到刀架内部。压缩空气的渗漏大多是气管损坏和连接不严。液压油渗漏的原因主要有：液压零部件的损坏、管接头连接不当、密封不严和自身质量问题。可以使用环形扣压方式，并使用胶水封口，规范管路走线，减小橡胶管弯曲程度。

2）液、气、油堵塞不畅的主要原因有：液压油中混入了大量的杂质，或者管路由于外力作用发生形变，导致管路的堵塞。所以需要经常对润滑油、液压油等进行品质检查，必要时进行过滤。另外需要规范管路走线，避免外力压弯。

（四）失调型

失调型故障包括以下模式：运动部件间隙过大或过小、运动部件速度失调、液压元件流量不当、压力调整不当、电动机过载等。表 6-48 为失调型故障模式常见诊断与排除方法。

表 6-48　失调型故障模式常见诊断与排除

失调型故障模式	诊断与排除方法
1. 运动部件间隙过大	运动部件间隙过大会影响分度精度和零件加工的质量。出现这种故障模式，主要由于磨损。磨损导致的运动部件间隙过大需要联系专业人员进行调整，不可盲目调整。还有误操作导致的撞车也可能导致运动部件间隙的变大，这时候，需要专业人员拆检后给出进一步维修方案
2. 运动部件间隙过小	运动部件间隙过小会导致刀架转不动或者损伤传动部件，主要是过载或者撞车造成的，这时候需要专业人员用专业仪器调整
3. 运动部件速度失调	主要从控制系统入手来查找其故障原因，是否控制程序出错，还是控制电路和相关电子元器件发生故障，所以需要增加外购件质量的把关
4. 液压元件流量不当	液压元件流量不当首先是电磁阀故障导致流量不能得到有效的控制；其次是液压油中杂质较多，堵塞液压元件和管道；最后是管路弯曲导致流量变慢。所以在使用中要注意油液的品质，现场注意整洁，管路严禁有重物堆压。外购的电磁阀需要加强质量监管，当发生故障时，及时更换，避免引起更大的故障
5. 压力调整不当	压力调整不当，与上述流量不当的原因相一致，另外还需要注意控制程序，确保控制程序没有故障
6. 电动机过载	电动机过载一方面由于负载超标，另外也有可能是传动系统发生故障，导致电动机过载。在使用过程中，需按照使用说明，不可超载运行，也需经常检查传动系统是否正常工作

（五）动作型

动作型故障包括以下模式：运动部件无动作、运动部件卡死、定位不准、定向不准、运动部件窜动、运动部件制动失灵、运动部件爬行、电动机起动不成功和刀架不转位等。表 6-49 为动作型故障模式常见诊断与排除方法。

表 6-49　动作型故障模式常见诊断与排除

动作型故障模式	诊断与排除方法
1. 运动部件无动作	首先应考虑数控系统的故障（电气方面），其次考虑检测元器件的故障。光栅尺自身的质量问题以及因恶劣的工作环境所引起的故障会导致运动部件无动作；接近开关的损坏或感应位置的变化会导致无法感应，致使系统无法识别，这种故障原因在实际使用中发生较多；另外，考虑传动零部件的损坏和卡死，执行部件的损坏，例如液压元器件和伺服电动机的故障；数控系统参数设置不当和系统报警也会导致无动作
2. 运动部件卡死	主要从过载上找原因。许多案例表明，长时间超载运行，会导致传动部件严重损伤，最终导致运动部件的卡死，也需要检查传动部件中是否因为自身的质量原因导致的传动部件卡死
3. 定向不准	主要是活塞杆拉断导致不能发出刹紧信号，或者刹紧传感器本身质量问题导致不能发出刹紧信号，另外液压系统故障也会导致运动部件制动失灵。当发生故障，立即从上述角度出发去检查，发生故障时立即更换损坏的零部件
4. 运动部件窜动	首先检查控制程序是否出错，在没有错的情况下，查看传感器接线是否准确，再查看传感器本身是否出现故障。所以，平时需要严格控制外购件的质量，并注意维护保养
5. 运动部件制动失灵	主要是活塞杆拉断导致不能发出刹紧信号，或者刹紧传感器本身质量问题导致不能发出刹紧信号，另外液压系统故障也会导致运动部件制动失灵。当发生故障，立即从上述角度出发去检查，发生故障时立即更换损坏的零部件
6. 运动部件爬行	主要是由于动力的不足导致，一是严重过载导致；二是传动部件磨损严重。所以，需要注意严重超载的情况，并且在日常使用中注意对传动部件进行保养维护
7. 电动机启动不起来和刀架不转位	首先检查电动机本身是否存在故障，排除其本身存在故障情况下，再查看硬件电路是否出现故障。再进一步排除是否是软件控制程序出现故障。硬件出现故障时，及时更换相应的硬件零部件或元器件。软件程序出现故障时，及时调整

（六）功能型

功能型故障包括以下模式：温升过高、噪声超标、振动或抖动、气液控制失灵、检测系统失灵、元器件功能丧失、电动机不能正常工作、元器件参数漂移以及性能参数下降等。表 6-50 为功能型故障模式常见诊断与排除方法。

表 6-50　功能型故障模式常见诊断与排除

功能型故障模式	诊断与排除方法
1. 温升过高	主要是由于摩擦造成。第一，润滑不良导致的摩擦，使温度急速上升，甚至烧毁。第二，严重过载导致的摩擦加剧，这也同样会导致温度急速上升。第三，传动部件因磨损或者使用不当导致传动不畅，这时候也会导致温度上升。所以在日常使用中需要注意维护保养，另外严禁过载运转。平时还需注意各零部件的情况，发现出现问题及时更换或维修
2. 噪声超标	噪声超标或发出异响表明使用状态不佳，若不及时解决会导致更加严重的故障，直至损坏停机。刀架的异响多是回转体轴承的故障，首先是刀架内部生锈，回转体转动不畅；其次是有异物，例如铁屑进入刀架内部也会导致异响；最后，考虑螺栓松动造成的异响

（续）

功能型故障模式	诊断与排除方法
3. 振动或抖动	主要是传动部件的严重磨损导致，需要定期检查传动部件是否存在故障，出现故障时及时更换相应的零部件，另外平时需要做好日常维护工作，按时按量加入润滑油
4. 气液控制失灵	首先检查控制电路中是否出现短路或者断路情况，再看继电器等元器件是否发生故障，另外还需检查气站或液压站是否出现故障
5. 检测系统失灵	主要去查看相应的传感器接线是否断开或者接错，再看其本身是否是由于质量问题发生故障，这就要求对外购件的质量把控进一步提高
6. 元器件功能丧失	主要是电气元件部分，很多情况是由于电路过载导致元器件击穿。当发生故障时，及时查找出相应的元器件并及时更换，另外还需检查气站或液压站是否出现故障
7. 电动机不能正常工作	首先检查电动机本身是否存在故障，排除其本身存在故障情况下，再查看硬件电路是否出现故障，进一步排除是否是软件控制程序出现故障。硬件出现故障时，及时更换相应的硬件零部件或元器件。软件程序出现故障时，及时调整
8. 元器件参数漂移	长时间使用后元器件参数漂移在所难免，所以需要平时做好维护保养，并每隔一段时间安排专业人员进行调整
9. 性能参数下降	性能参数下降，主要是由于长期使用后，由于磨损等因素导致。一般体现在定位精度、重复定位精度、分度精度等参数上，一般如果磨损不太严重，通过调整背隙等手段恢复这些参数

（七）工艺型

工艺型故障包括以下模式：几何精度超标、定位精度超标、工作精度超标。

1）几何精度超标主要是传动元件的磨损、损坏和装配不当；轴承部件的损坏、装配不当和检测元件的损坏等。装配工艺自身的缺陷加上在现场装配过程中没有被有效的执行都会导致精度超标。用户使用不当、没有定期加油添脂也是故障发生的原因。这些故障原因有些可以通过重新调整恢复，有些故障原因则需要更换相应的零部件来解决。

2）定位精度超标，一般也是由于磨损、损坏等因素造成的，特别是长时间超载运行，或者不及时添加润滑油，都会导致磨损加剧，出现定位精度超标的情况。所以，日常使用过程中应及时做好维护保养的工作，同时当零部件出现损坏时应及时更换。

3）工作精度超标的原因众多，各种故障模式的最终大多体现在工作精度超标上，这时需要逐一排查，按照上述方法逐一排除即可。

（八）其他型

剩余的故障统一划归到其他型中，其故障模式主要包括：润滑不良、误报警、不能正常操作。

1）润滑不良，一方面由于人为因素，没有按时按量加入润滑液；另一方面由于密封装置出现故障，导致润滑液泄漏。针对上述情况，首先，需要现场人员及时观察油镜中润滑油的量，及时加注适量的润滑油；其次，及时检查密封装置，看是否有泄漏的情况，当发生泄漏，应及时修复，避免导致更大的故障。

2）误报警主要从电控系统出发来寻找故障源，检查梯形图是否存在逻辑错误，另外查看电路中是否发生因电路老化出现的短路与断路现象，还有是否有端子出现松动而出现的误报警现象。

3）不能正常操作的原因有很多，可能是控制系统出现故障，或者刀架本身的故障，以及传感器故障，这些在上面已经详细描述，不再逐一阐述。

参考文献

[1] 魏传良，郭智春，张晓明．BMT 刀盘的设计与加工工艺研究［J］．机械工程师，2016，(06)：221-223.

[2] 陈志恒．AK31 数控刀架可靠性分析与控制技术研究［D］．重庆：重庆大学，2014.

[3] 李振远．动力伺服刀架精度渐变可靠性及灵敏度研究［D］．沈阳：东北大学，2013.

[4] 鞠永亮．数控车床电动刀架故障诊断与维修［J］．电世界，2012，53 (08)：38-39.

[5] 全国金属切削机床标准化技术委员会．金属切削机床　液压系统通用技术条件：GB/T 23572—2009［S］．北京：中国标准出版社，2009.

[6] 全国工业机械电气系统标准化技术委员会．机械电气安全　机械电气设备件：GB5226. 1—2008［S］．北京：中国标准出版社，2008.

[7] 全国液压气动标准化技术委员会．气动系统通用技术条件：GB/T 7932—2003［S］．北京：中国标准出版社，2003.

[8] 中国机械工业联合会．机床润滑系统：GB/T 6576—2002［S］．北京：中国标准出版社，2002.

[9] 全国工业自动化系统与集成标准化技术委员会．机床数控系统通用技术条件：JB/T 8832—2001［S］．北京：机械科学研究院，2001.

[10] 全国金属切削机床标准化技术委员会．金属切削机床　装配通用技术条件：GB/T 25373—2010［S］．北京：中国标准出版社，2010.

[11] 全国金属切削机床标准化技术委员会．数控立式转塔刀架：GB/T 20959—2007［S］．北京：中国标准出版社，2007.

[12] 全国金属切削机床标准化技术委员会．数控卧式转塔刀架：GB/T 20959—2007［S］．北京：中国标准出版社，2007.

第七章　数控刀架选型案例

本章介绍立式刀架、卧式刀架和车削中心动力刀架的选型流程，详细描述选型过程中应考虑的各种因素，为工程师进行刀架选型提供实例。

第一节　CJK6140H 数控车床立式刀架选型

一、CJK6140H 数控车床概述

宝鸡忠诚机床股份有限公司 CJK6140H 数控车床是该公司经济型数控车床的典型产品，能自动完成内外圆柱面、任意锥面、圆弧面、端面和公、英制螺纹等各种车削加工，适用于多品种、中小批量产品的加工，对复杂、高精度零件更能显示其优越性，如图 7-1 所示。

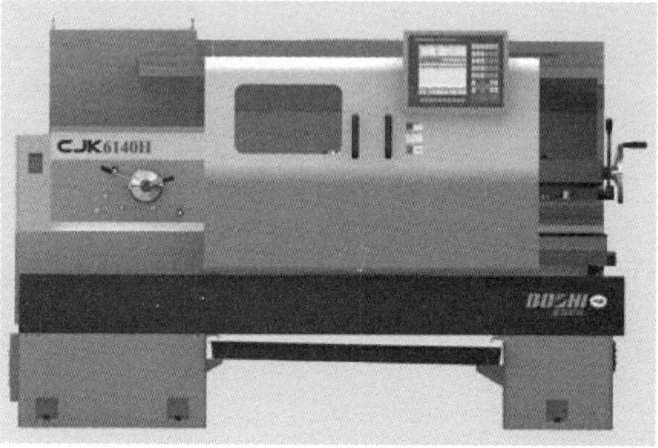

图 7-1　CJK6140H 数控车床

CJK6140H 主要技术参数见表 7-1。要求选择数控刀架能够辅助主机完成轴类、盘类等零件的车外圆、端面、圆弧、刀槽、切断、车螺纹以及镗孔的加工工序。

表 7-1　CJK6140H 数控车床主要技术参数表

规格参数	床身最大回转直径/mm	400
	滑板上最大工件回转直径/mm	200
	最大加工长度/mm	500 ~ 1 750
	小拖板上平面到主轴中心高度/mm	72
主轴	主轴转速范围/(r/min)	11 ~ 1 600
	主轴孔直径/mm	105
	主轴电动机功率/kW	7.5（1 450r/min）（标准配置）
刀架	刀架装刀容量	4（标准配置）/6（选择配置）
	刀台宽度/mm	≤200
	刀架允许最大刀具截面/mm	25 × 25
	定位精度/mm	*X* 轴：0.03；*Z* 轴：0.016
	刀架行程/mm	*X* 轴：295 /235（6 工位刀架）
		Z 轴：600/850/1 350/1 850

二、选型流程

（一）确定数控车床基本条件

机床主电动机功率为 7.5kW，小拖板上平面到主轴中心高度 72mm。主要工序为车外

圆、端面、圆弧、刀槽、切断、车螺纹、镗孔。要求刀架装刀容量为四或六把，换刀时间≤3.5s，刀具截面尺寸25mm×25mm，刀架刀盘体尺寸≤200mm。

（二）确定刀架类型及工位数

1）根据机床类型为简易型数控车床，机床不配置液压站，确定刀架使用立式电动系列。

2）根据加工工件所需的工序数选择刀架的装刀容量确定为4工位。

（三）确定刀架技术参数

根据式（3-15）可知：

$$P_e = F_z v \tag{7-1}$$

已知主电动机功率为7.5kW，且按YT15硬质合金刀具平均切削速度80m/min进行主切削力估算：

$$F_z = \frac{7.5 \times 1000}{80/60}\text{N} = 5625\text{N} \tag{7-2}$$

根据式（3-16）可知进给力 F_x 和背向力 F_y 分别为：

$$F_x = 0.4 \times 5625\text{N} = 2250\text{N} \tag{7-3}$$

$$F_y = 0.25 \times 5625\text{N} = 1406\text{N} \tag{7-4}$$

根据图2-26可知立式刀架上加力即为切削分解图中的主切削力，因此可得上加力矩（倾覆力矩）：

$$M_s = F_z L \tag{7-5}$$

刀尖所在的位置距离刀架旋转中心的距离 L 为刀台尺寸的一半与车刀悬伸长度 b 之和，如图7-2所示。车刀悬伸长度 b 通常为刀具截面的1.5倍。

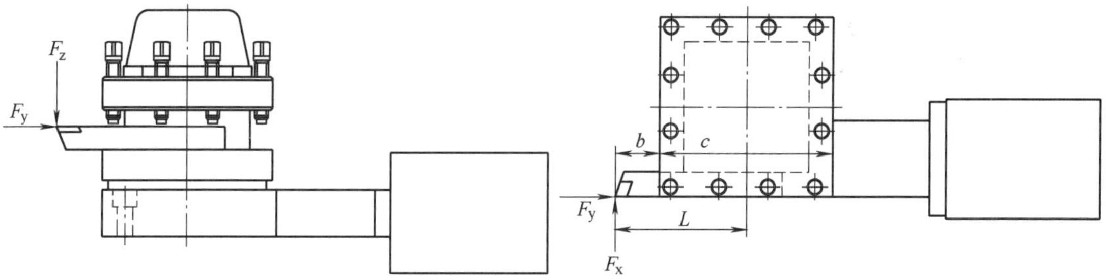

图7-2　立式电动刀架受力分析图

a）主视图　b）俯视图

根据机床需求条件，刀架刀台尺寸 c≤200mm，按200mm计算，刀具截面25mm×25mm，因此上加力矩（倾覆力矩）：

$$M_s = F_z \times \left(b + \frac{c}{2}\right) = 5625 \times (1.5 \times 25 + 200/2) \div 1000\text{N}\cdot\text{m} = 773\text{N}\cdot\text{m} \tag{7-6}$$

切向力矩：

$$M_Q = F_x \times \left(b + \frac{c}{2}\right) = 2250 \times (1.5 \times 25 + 200/2) \div 1000\text{N}\cdot\text{m} = 309\text{N}\cdot\text{m} \tag{7-7}$$

根据换刀时间、上加力矩和倾覆力矩要求，并考虑承载能力安全系数1.5，查询第四章表4-3电动数控刀架的型谱，刀台尺寸>152mm×152mm，而<200mm×200mm的刀架均可满足要求。

（四）确定其他核心参数

1）刀架的装刀基面高。刀架的装刀基面高必须与机床的中心高（主轴中心到中拖板之间的垂直距离）一致，如果不能一致，则选用刀架装刀基面高应低于机床中心高，然后在刀架底面加相应厚度的垫板。CJK6140H 小拖板上平面到主轴中心高度 72mm，因此可以选择刀架装刀基面高度≤72mm 的刀架，如果 <72mm，可采用垫板调整中心高度至 72mm。

2）刀架上刀盘装刀的规格尺寸等根据刀柄的要求确定。刀柄的刀方为 25mm，因此选定的刀架的刀方应 >25mm。

（五）确定刀架型号

综合换刀时间、上加力矩、倾覆力矩和中心高要求，LDB4—72A（6140）是最佳的选型结果，满足机床对刀架的所有要求。表 7-2 为 LDB4—72A（6140）的刀架技术参数信息，图 7-3 为刀架外形图。

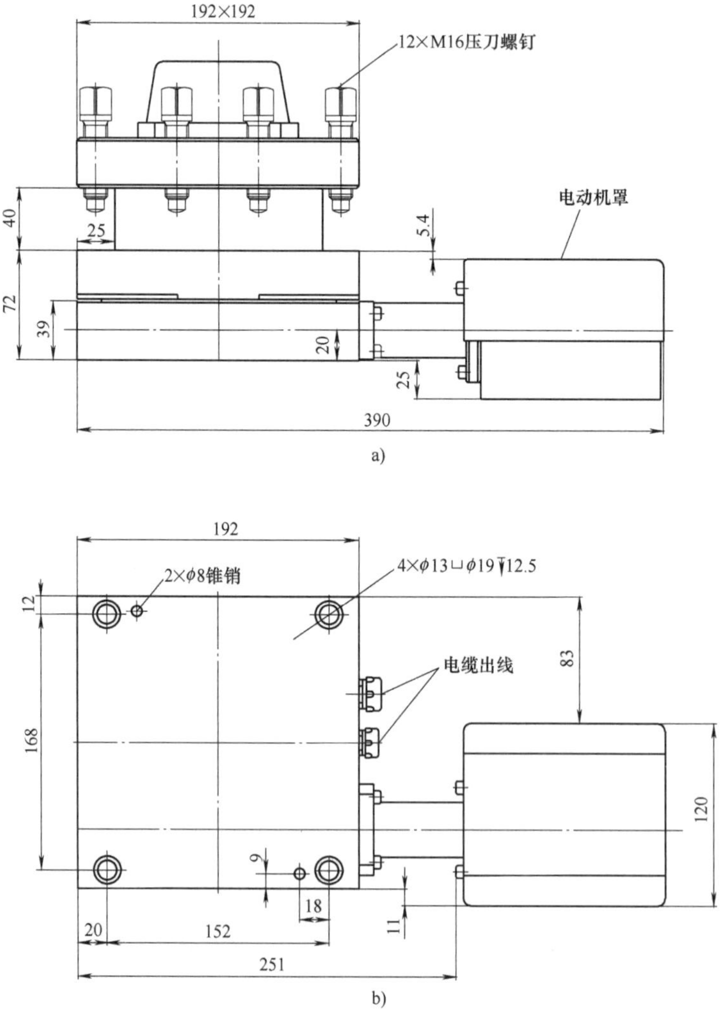

图 7-3　LDB4—72A（6140）立式数控刀架外形图

a）主视图　b）俯视图

表 7-2　LDB4—72A（6140）的刀架技术参数

刀架特点：LDB4—72A（6140）换刀不需抬刀，无触点发讯，对销反靠，采用国际先进的三端齿精定位，螺纹升降夹紧，密封性能好，工作可靠度高、刚性好、寿命长			
生产厂家	常州新墅	类　型	立式电动刀架
装刀基面高/mm	72	工位数/个	4
重复定位精度/mm	0.005	相邻工位转位时间/s	2.6
刀台尺寸/mm	192×192	最大倾覆力矩/N·m	1 400
最大切向力矩/N·m	600	刀具截面尺寸/mm	25×25

第二节　CK6163 数控车床立式刀架选型

一、CK6163 数控车床概述

CK6163 是经济型数控车床的典型代表，如图 7-4 所示，主要技术参数如表 7-3 所示，要求选择刀架能够与数控车床的数控系统接口相连接，又可配置简易的数控系统，辅助主机完成典型零件的车外圆、端面、圆弧、刀槽、切断、车螺纹和镗孔等加工工序。

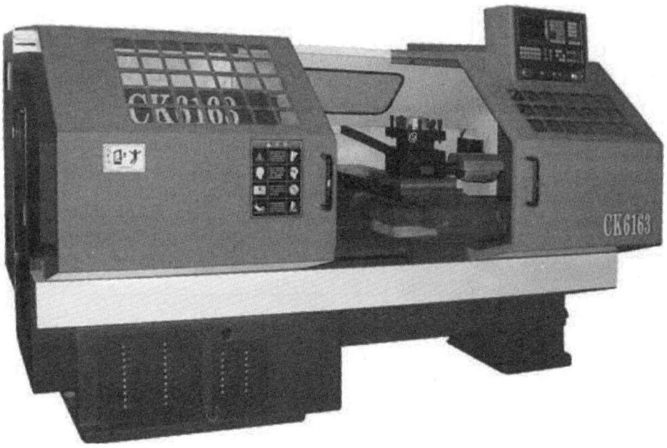

图 7-4　CK6163 数控车床

表 7-3　CK6163 数控车床主要技术参数表

规格技术	床身最大回转直径/mm	630
	滑板上最大工件回转直径/mm	350
	最大加工长度/mm	1 000～3 000
	床身导轨跨度/mm	550
主转动	主轴转速范围/(r/min)	25～850
	主轴孔直径/mm	100
	主轴电动机功率/kW	11
进给系统	刀架最大行程/mm	X 向：430 Z 向：1 200～3 100
	定位精度/mm	X 向：0.03 Z 向：0.016

二、选型流程

(一) 确定数控车床基本条件

机床的中心高为165mm，同时根据最终用户要求，最多使用四把刀具，使用的刀柄规格为刀方40mm，刀架单工位转位时间≤3.5s，重复定位精度0.01mm，典型加工为外圆车削，用YT15硬质合金车刀车外圆（$R_m=0.588\text{GPa}$），切削速度 $v=100\text{m/min}$，背吃刀量 $a_p=4\text{mm}$，进给量 $f=0.3\text{mm/r}$，车刀几何参数：$\gamma_o=10°$、$\kappa_r=75°$、$\lambda_s=-10°$、$r_\varepsilon=0.5\text{mm}$。

(二) 确定刀架类型及工位数

1）根据加工工件的类型及CK6163安装基面确定刀架使用立式系列。

2）CK6163为经济型数控车床，一般选择电动刀架。

3）根据加工工件所需的工序数选择刀架的装刀容量确定为4工位。

(三) 确定刀架技术参数

1）刀架的装刀基面高必须与机床的中心高一致，如果不能一致，则选用刀架装刀基面高应低于机床中心高，然后在刀架底面加相应厚度的垫板。CK6163数控车床的中心高165mm，查询第四章型谱，并无完全匹配的高度，因此可以选择刀架中心高度<165mm的刀架，采用垫板调整中心高度至165mm。

2）刀架上刀盘装刀的规格尺寸等根据刀柄的要求确定。刀柄的刀方为40mm，因此选定刀架的刀方应>40mm，可在45～60mm区间选择以满足刀具安装要求。

3）刀架的转位时间根据所需要刀架的运转性能确定。提高转位时间是为了提高机床加工效率，根据最终客户要求单工位转位时间<3.5s。

综合上述条件，查询第四章立式电动数控刀架型谱，初步确定适合CK6163数控车床及典型加工工况的电动立式4工位刀架，如表7-4所示。

表7-4　初选CK6163数控车床刀架结果

型　号	装刀基面高/mm	刀方尺寸/mm	转位时间/s	刀台尺寸/mm
AK21240×4F	120	50	2.9	240
HAK21180A	110	45	2.2	180
HAK21200	120	50	2.5	200

(四) 校核数控刀架承载能力参数

根据机床最终用户提供的典型加工工况，对初选刀架的承载能力进行校核。立式刀架在零件车削时承受上加力矩（也称倾覆力矩）和切向力矩。根据受力分析，主切削力 F_z 是刀架产生上加力矩（即倾覆力矩）的主要因素，进给力 F_x 是产生刀架切向力矩的主要因素。

首先计算主切削力和进给力。主切削力为：

$$\begin{aligned}F_z &= C_{F_z}a_p^{X_{F_z}}f^{Y_{F_z}}v^{Z_{F_z}}\kappa_{F_z}\\ &=2650\times10^{1.0}\times0.6^{0.75}\times100^{-0.15}\times0.92\text{N}\\ &=8320\text{N}\end{aligned}\tag{7-8}$$

进给力为：

$$\begin{aligned}F_x &= C_{F_x}a_p^{X_{F_x}}f^{Y_{F_z}}v^{Z_{F_x}}\kappa_{F_x}\\ &=2880\times10^{1.0}\times0.6^{0.5}\times100^{-0.4}\times1.13\times0.75\text{N}\\ &=2998\text{N}\end{aligned}\tag{7-9}$$

刀尖所在的位置距离刀架旋转中心的距离 L 为刀台尺寸的一半与车刀悬伸长度之和，车刀最大悬伸长度一般为刀方的 1.5 倍，本案例车刀刀方为 40mm，因此车刀悬伸可定为 60mm，根据初选刀架结果及切削力计算结果按照式（3-18）和式（3-20）估算上加力矩和切向力矩如表 7-5 所示。

表 7-5　初选 CK6163 数控车床刀架选型参数表

型　号	刀台尺寸/mm	刀具悬伸/mm	切向力矩/N·m	上加力矩/N·m
AK21240×4F	240	60	540	1 498
HAK21180A	180	60	450	1 248
HAK21200	200	60	480	1 331

查询第四章型谱和表 7-5 可知 AK21240X4F 刀架的最大切向力矩为 1 000N·m，大于所需要的 540N·m，最大上加力矩为 2 500N·m，大于所需要的 1 498N·m，并且具有一定的安全系数，所以 AK21240×4F 刀架满足加工此零件外圆的车削要求。

（五）校核数控刀架其他核心参数

刀架的重复定位精度。重复定位精度有两种表达方式，一种是以重复定位以后的刀尖位移为指标，另外一种是以刀盘或刀台重复定位后的角度偏移量为指标。通常这两个指标间存在如下关系

$$\delta = L\theta \tag{7-10}$$

式中　δ——刀尖位移量指标；

θ——弧度指标；

L——刀尖所在的位置距离刀架旋转中心的距离。

因初选结果采用精度指标不统一，因此进行标准处理如表 7-6 所示。

表 7-6　初选数控刀架精度指标

型　号	刀台尺寸/mm	刀具悬伸/mm	原始重复定位精度	标准化/mm
AK21240×4F	240	60	0.008mm	0.008
HAK21180A	180	60	±2″	0.002
HAK21200	200	60	±2″	0.002

根据最终用户要求重复定位精度 0.01mm，因此初选三款刀架均能满足要求。

（六）确定刀架型号

根据以上选型流程确定型号为 AK21240×4F 的刀架满足数控车床设计要求，故可作为最终选型结果，表 7-7 为 AK21240×4F 刀架技术参数信息。

表 7-7　AK21240×4F 数控刀架技术参数信息

刀架特点：AK21240×4F 数控转塔刀架是应国内用户的要求而设计。它采用了三联齿盘的刹紧、松开形式，使刀架不必抬起即可进行转位加工，具有精度高、转动平稳、动作简捷等特点。刀架的回转轴线垂直于刀架基座的底面，一般情况下，刀具直接装在刀台上，也可通过调装刀夹来满足某些加工要求

生产厂家	烟台环球机床附件集团有限公司	类　型	立式电动刀架
装刀基面高/mm	120	工位数/个	4
重复定位精度/mm	0.008	相邻工位转位时间/s	2.9
刀方尺寸/mm	240	最大倾覆力矩/N·m	2 500
最大切向力矩/N·m	1 000	净重/kg	74

（续）

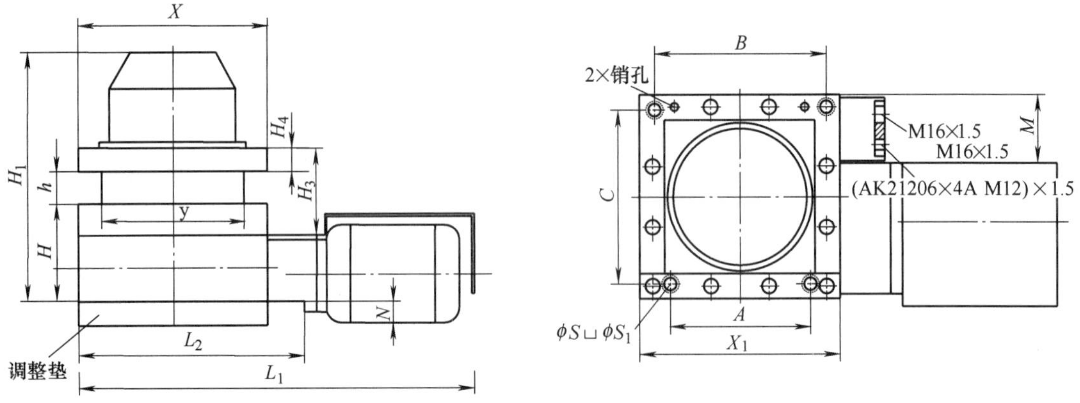

a) 主视图　　　　b) 俯视图

A	*B*	*C*	L_1	L_2	H_1	*H*	*X*	X_1
210	210	210	478	330	260	120	240	240
y	*h*	*S*	S_1	*M*	H_3	H_4	*N*	
164	50	13. 5	19	92. 5	143	35	16	

第三节　CK50S 全功能数控车床卧式刀架选型

一、CK50S 全功能数控车床概述

宝鸡忠诚机床集团 CK50S 全功能数控车床，如图 7-5 所示，主要技术参数见表 7-8，要求选择刀架能够辅助主机车削各种内外圆柱面、圆锥面、圆弧曲面、各种螺纹以及进行钻、扩、铰、滚压及镗削加工等的加工工序。

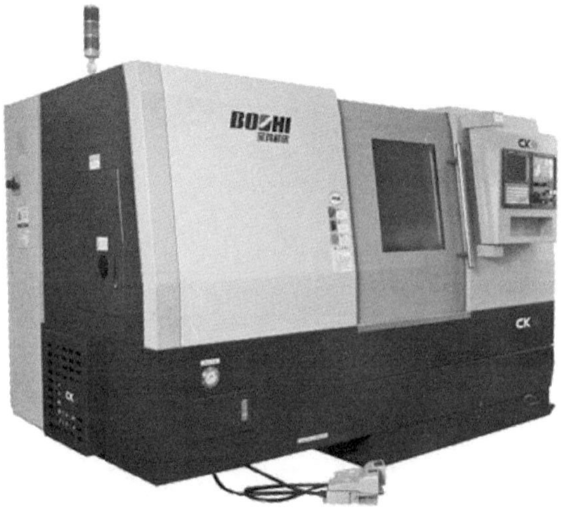

图 7-5　CK50S 全功能数控车床

表 7-8 CK50S 数控车床主要技术参数表

规格参数	床身最大回转直径/mm	500
	最大车削直径/mm	370
	最大加工长度/mm	500
	拖板上平面到主轴中心高度/mm	105
主转动	主轴转速范围/(r/min)	60～2 250
	主轴孔直径/mm	62
	主轴电动机功率/kW	11（额定）/15（最大）
转塔刀架	刀架装刀容量	8（标准配置）/12（选择配置）
	刀具孔直径/mm	40
	刀具截面/mm	25×25
	定位精度/mm	0.01
	重复定位精度/mm	0.005
	相邻位换刀时间/s	1.2
	刀架最大回转直径/mm	495

二、选型流程

（一）确定数控车床基本条件

机床主电动机功率为 11/15kW，拖板上平面到主轴中心高度 80mm。要求刀架装刀容量为 8 或 12 把，换刀时间 <1.2s，刀具截面尺寸 25mm×25mm，刀具孔直径 40mm，刀架最大回转直径≤495mm。

完成车内外圆、端面、圆弧、刀槽、切断、车螺纹、镗孔和钻孔的加工工序。加工零件要求满足：

1）用 YT15 硬质合金车刀加工外圆：切削速度 $v=100\text{m/min}$，背吃刀量 $a_P=6\text{mm}$，进给量 $f=0.5\text{mm/r}$，车刀几何参数 $\gamma_o=10°$、$\kappa_r=75°$、$\lambda_s=-10°$、$r_\varepsilon=0.5\text{mm}$。

2）普通麻花钻钻孔直径 30mm。

（二）确定刀架类型及工位数

1）根据机床类型为全功能斜床身数控车床，机床配置液压站，确定使用卧式电动、液压或伺服系列刀架。

2）根据机床要求的工序数选择刀架的装刀容量为 8 工位或 12 工位。

（三）确定刀架技术参数

本案例采用机床主电动机功率估算切削力的方法，继而确定数控刀架的切向力矩和上加力矩的要求。机床切削时刀架的受力情况如图 2-27 所示。

根据式（3-15）可知：

$$P=F_z v \tag{7-11}$$

已知主电动机最大功率为 15kW，且按 YT15 硬质合金刀具平均切削速度 100m/min 进行主切削力估算：

$$F_z=\frac{15\times1000}{100/60}\text{N}=9000\text{N} \tag{7-12}$$

根据式（3-16）可知进给力 F_x 和背向力 F_y 分别为：

$$F_x = 0.4 \times 9000\text{N} = 3600\text{N} \tag{7-13}$$

$$F_y = 0.25 \times 9000\text{N} = 2250\text{N} \tag{7-14}$$

根据图 2-27 可知卧式刀架切向力即为切削分解图中的主切削力，因此可得切向力矩：

$$M_Q = F_z R$$

刀尖所在的位置距离刀架旋转中心的距离 L 为刀台尺寸的一半与车刀悬伸长度 b 之和。车刀悬伸长度 b 通常为刀具截面的 1.5 倍。刀架最大回转直径≤495mm，刀具截面 25mm × 25mm，初定刀盘体对边尺寸为 360mm。

因此切向力矩：

$$M_Q = F_z \times \left(b + \frac{c}{2}\right) = 9000 \times (1.5 \times 25 + 360/2) \div 1000\text{N} \cdot \text{m} = 1958\text{N} \cdot \text{m} \tag{7-15}$$

根据图 2-27 可知卧式刀架轴向力即为切削分解图中的进给力，可得轴向力矩：

$$M_a = F_x \times \left(b + \frac{c}{2}\right) = 3600 \times (1.5 \times 25 + 360/2) \div 1000\text{N} \cdot \text{m} = 783\text{N} \cdot \text{m} \tag{7-16}$$

根据切向力矩和轴向力矩及 1.5 倍的安全系数，查询第四章卧式数控刀架型谱，中心高 100mm 的液压刀架较为合适，其技术参数如表 7-9 所示。

表 7-9 初选液压刀架技术参数

刀架型号	工位数/个	中心高/mm	刀盘对边尺寸/mm	相邻位换刀时间/s	最大切向力矩/N·m	最大轴向力矩/N·m	重复定位精度/mm
HLT100	8	100	370	0.6	2 500	3 000	<0.005
BWD100	8	100	330	2.1	3 000	3 500	<0.005

从表 7-9 可知，满足切削力矩要求的有两种规格刀架 HLT100、BWD100。但 BWD100 刀架的换刀时间 2.1s 不能满足机床换刀时间≤1.2s 的需求。换刀时间与刀架的结构有关，是硬性指标，不可随意更改。因机床配置有液压站，可以选择 HLT100 液压刀架。对于 HLT100 刀架不满足机床指标的是中心高尺寸，机床要求条件为拖板上平面至主轴中心高度为 80mm，小于刀架的回转中心高度，需要订制非标刀盘将刀具孔位置向下偏移，刀架外形如图 7-6 所示，表 7-10 是 HLT100—8—06 刀架技术参数与机床要求对照表。

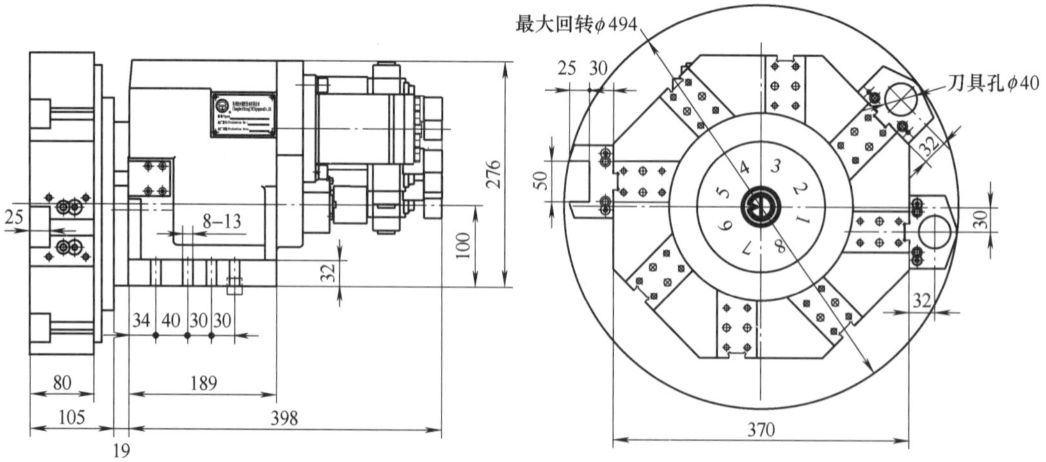

图 7-6 HLT100 液压刀架外形图

a）主视图 b）左视图

表 7-10　HLT100—8—06 刀架技术参数与机床要求对比

机床配置要求		刀架技术参数	条件满足情况
拖板上平面到主轴中心高度 80mm		刀架本体是 100mm，非标刀盘将刀具孔位置向下偏移了 30mm，因此实际中心高是 70mm	增加刀架与拖板之间垫板厚度 10mm
刀架装刀容量/把	8 或 12	8	满足
换刀时间/s	<1.2	0.6	满足
刀具截面尺寸/mm	25×25	25×25	满足
刀具孔直径/mm	40	40	满足
刀架最大回转直径/mm	≤495	494	满足
最大切向力矩/N·m	1 957.5	2 500	满足
最大轴向力矩/N·m	783	3 000	满足

(四) 校核数控刀架加工参数

(1) 加工外圆及内孔切削量校核

机床要求：YT15 硬质合金车刀，切削速度 $v=100\text{m/min}$，背吃刀量 $a_p=8\text{mm}$，进给量 $f=0.5\text{mm/r}$，车刀几何参数 $\gamma_o=10°$、$\kappa_r=75°$、$\lambda_s=-10°$、$r_\varepsilon=0.5\text{mm}$。

根据式（3-5）可得主切削力为：

$$\begin{aligned}F_z &= C_{F_z}a_p^{X_{F_z}}f^{Y_{F_z}}v^{Z_{F_z}}\kappa_{F_z}\\ &=2650\times8^{1.0}\times0.5^{0.75}\times100^{-0.15}\times0.92\text{N}\\ &=5812\text{N}\end{aligned} \tag{7-17}$$

根据式（3-24）最大切向力矩为：

$$M_Q=F_z\left(\frac{D}{2}+1.5d\right)=5812\times\left(\frac{370}{2}+1.5\times25\right)\div1000\text{N}\cdot\text{m}=1293\text{N}\cdot\text{m} \tag{7-18}$$

根据式（3-7）可得进给切削力为：

$$\begin{aligned}F_x &= C_{F_x}a_p^{X_{F_x}}f^{Y_{F_z}}v^{Z_{F_x}}\kappa_{F_x}\\ &=2880\times8^{1.0}\times0.5^{0.5}\times100^{-0.4}\times1.13\times0.75\text{N}\\ &=2187\text{N}\end{aligned} \tag{7-19}$$

根据式（3-22）可得最大轴向力矩为：

$$M_a=F_x\left(\frac{D}{2}+1.5d\right)=2187\times\left(\frac{370}{2}+1.5\times25\right)\div1000\text{N}\cdot\text{m}=487\text{N}\cdot\text{m} \tag{7-20}$$

综上最大切向力矩 1 293N·m<2 500N·m，最大轴向力矩 487N·m<3 000N·m，满足使用要求。

(2) 用刀架夹持麻花钻钻孔切削力校核

用麻花钻钻孔产生的沿钻头轴向力是加工过程中最大的，机床要求最大钻孔直径为 $\phi30\text{mm}$，最大轴向力按式（7-21）计算。

$$F_f=570k\,D_c\,f^{0.85} \tag{7-21}$$

式中　k——所加工的材料系数，按通常应用量最广泛的 45 号钢选择，$k=2.22$；

D_c——为钻孔直径（$\phi30\text{mm}$）；

f——钻头每转进给量，一般可取 0.2mm/r。

将钻孔工艺参数代入公式（7-21）可得最大轴向力

$$F_f = 570 \times 2.22 \times 30 \times 0.2^{0.85}\text{N} = 9665\text{N} \tag{7-22}$$

分析钻削受力可知，沿钻头轴线的最大轴向力对刀架而言，也是承受的轴向力，即产生轴向力矩，力臂则是刀盘对边尺寸的一半与刀座到刀盘边的距离之和，因此刀架所受最大轴向力矩为：

$$M_a = F_f\left(\frac{D}{2} + d\right) = 9665 \times \left(\frac{370}{2} + 32\right) \div 1000\text{N} \cdot \text{m} = 2097\text{N} \cdot \text{m} \tag{7-23}$$

刀架所受最大轴向力矩 2 097N·m < 3 000N·m，满足使用要求。

综上，通过以上计算选型与校核，所订购的常州新墅生产的 HLT100-8-06 液压刀架满足机床加工要求。

第四节　CH7516C 数控卧式车床伺服刀架选型

一、CH7516C 数控卧式车床概述

宝鸡机床集团有限公司生产的 CH7516C 数控卧式车床是通过对高效加工结构优化技术、热变形及补偿技术、高速车削加工动静态检测技术、主轴单元技术、高速车削加工工艺技术、功能组件模块化设计技术、动态性能研究与轻量化技术、高速移动驱动技术以及可靠性技术等方面的研究，开发完成的回转直径为 ϕ400mm 规格的高速数控车床。该车床可车削各种内外圆柱面、圆锥面、圆弧曲面及各种螺纹，CH7516C 数控卧式车床如图 7-7 所示，详细技术规格见表 7-11。

图 7-7　CH7516C 数控卧式车床

表 7-11　CH7516C 车削中心技术规格表

项　目		数　值
加工范围	床身上最大回转直径/mm	400
	床鞍上最大回转直径/mm	180
	最大车削长度/mm	400
	最大车削直径/mm	285
主轴	液压卡盘直径/mm	165
	主轴头形式	A2-5（GB/T5900.1）
	主轴通孔直径/mm	57
	主轴转速/(r/min)	55～5 500
	主电动机功率（连续/30min）/kW	11/15
尾座	套筒直径/行程/mm	70/80
	顶尖锥度（标准/活主轴结构）/MT No.	莫氏 No. 4/2

（续）

项　目		数　值
床鞍	倾斜角度 DEG/DEG/°	45
	移动距离 X/Z/mm	165/410
	快速移动速度 X/Z/(m/min)	30/24
刀架	刀位数/可带动力刀具数/个	12/8
	刀具尺寸（车削/镗孔）/mm	20×20/ϕ32
其它	电源/kVA	35
	体积（长×宽×高）/mm	2 370×1 670×1 970（侧排屑）
	总重量/kg	3 000

二、选型流程

（一）确定机床基本条件

某一用户采购 CK7516C，要选用一台斜床身使用的伺服数控刀架，机床最多使用八把刀具，机床的中心高为 85mm，使用的刀柄规格为 ϕ30mm，刀架相邻工位转位时间 <0.7s，重复定位精度 ±2″。

典型加工零件外圆的车削要求：用硬质合金车刀车外圆，背吃刀量 $a_p=1$mm，进给量 $f=0.52$mm/r。车刀几何参数 $\gamma_o=10°$、$\kappa_r=75°$，$\lambda_s=-10°$、$r_\varepsilon=0.5$mm。

（二）确定刀架类型及工位数

1）根据加工工件的类型及斜面安装基面，确定刀架使用卧式。

2）主机为全功能型数控卧式车床，要求配置伺服数控刀架。

3）根据加工工件所需的工序数选择刀架的装刀容量为 8 工位。

（三）确定刀架技术参数

1）刀架的中心高。CK7516 机床的中心为高 85mm，查询第四章型谱，85mm 为非标中心高度，因此可以选择刀架中心高度 <85mm 的刀架，采用垫板调整中心高度至 85mm，比如中心高 80mm 的刀架。

2）刀架的重复定位精度。根据要求重复定位精度 ±2″，中心高 80mm 的伺服数控刀架型谱中重复定位精度均 < ±2″，因此可满足要求。

3）刀架的转位时间。要求相邻工位转位，且刹紧时间 <0.7s，中心高 85mm 以下的伺服数控刀架型谱中产品的相邻工位换刀时间均 <0.58s，因此也可以满足要求。

综合上述条件，查询第四章动力刀架型谱，初步确定适合 CH7516C 卧式车床的卧式 8 工位伺服数控刀架采用型号为 AK3680，该刀架中心高 80mm，转位时间 0.5s，重复定位精度 ±2″。

（四）确定刀架附件信息

根据要求刀架配槽刀盘，8 工位，夹持的车刀刀方为 20mm，刀盘对边尺寸 280mm，厚度 80mm，镗刀座内孔 32mm。选用 8 工位的槽刀盘，且刀盘对边尺寸为 280mm，配备轴向刀架和镗刀座各两个。

（五）验证刀架承载能力

典型加工零件外圆的车削要求：用硬质合金车刀车外圆，背吃刀量 $a_p=6$mm，进给量

$f=0.52\text{mm/r}$，线速度 $v=100\text{m/min}$。车刀几何参数 $\gamma_o=10°$、$\kappa_r=75°$、$\lambda_s=-10°$、$r_\varepsilon=0.5\text{mm}$，刀尖所在的位置距离刀架旋转中心的距离为240mm，根据典型工况计算切削力，继而获得刀架的倾覆力矩和切向力矩最大值。

参考式（3-5）~式（3-7）计算主切削力、背向力和进给力。主切削力为：

$$\begin{aligned}F_z &= C_{F_z}a_p^{X_{F_z}}f^{Y_{F_z}}v^{Z_{F_z}}\kappa_{F_z}\\&=2650\times6^{1.0}\times0.52^{0.75}\times100^{-0.15}\times0.92\text{N}\\&=4489\text{N}\end{aligned}\tag{7-24}$$

背向力为：

$$\begin{aligned}F_y &= C_{F_y}a_p^{X_{F_y}}f^{Y_{F_y}}v^{Z_{F_y}}\kappa_{F_y}\\&=1940\times6^{0.9}\times0.52^{0.6}\times100^{-0.3}\times0.62\times1.5\text{N}\\&=1536\text{N}\end{aligned}\tag{7-25}$$

进给力为：

$$\begin{aligned}F_x &= C_{F_x}a_p^{X_{F_x}}f^{Y_{F_z}}v^{Z_{F_x}}\kappa_{F_x}\\&=2880\times6^{1.0}\times0.52^{0.5}\times100^{-0.4}\times1.13\times0.75\text{N}\\&=1673\text{N}\end{aligned}\tag{7-26}$$

本案例车刀刀方为20mm，因此车刀悬伸可定为30mm，刀盘对边尺寸为280mm，则根据式（3-24）计算切向力矩为：

$$M_Q=F_z\left(\frac{D}{2}+1.5d\right)=2595\times\left(\frac{280}{2}+1.5\times20\right)\div1000\text{N}\cdot\text{m}=441\text{N}\cdot\text{m}\tag{7-27}$$

根据式（3-22）计算轴向力矩为：

另进给力 F_x都是产生切向力矩的根源，则轴向力矩为：

$$M_a=F_x\left(\frac{D}{2}+1.5d\right)=1673\times\left(\frac{280}{2}+1.5\times20\right)\div1000\text{N}\cdot\text{m}=284\text{N}\cdot\text{m}\tag{7-28}$$

AK3680A 卧式伺服刀架的最大切向力矩和最大轴向力矩均为 1 250N · m，满足加工要求。

（六）确定刀架型号

根据以上选型流程确定型号为 AK3680A 的刀架满足该卧式数控车床设计要求，故可作为最终选型结果，表 7-12 为 AK3680A 卧式伺服刀架技术参数。AK3680A 卧式伺服刀架是根据市场多样化需求，提高产品可靠性而自行开发的一种以伺服电动机进行分度、靠压力油松开、刹紧的一种新型刀架，以端齿盘进行精密定位，可实现双向转位和任意刀位就近选刀。具有定位精度高、结构紧凑、转位速度快、可承受较大切削力、适用范围广等特点。

表 7-12　AK3680A 卧式伺服刀架技术参数

生产厂家	烟台环球机床附件集团	类　型	卧式伺服刀架
中心高度/mm	80	工位数/个	8/12
分度精度/(″)	±6	重复定位精度/(″)	±2
最大转动惯量/kg · m^2	1.3	最大不平衡负重力矩/N · m	15
30°转位刹紧时间/s	0.5	分度频度/(n/h)	750
45°转位刹紧时间/s	0.29	最大载重/kg	40
180°转位刹紧时间/s	1.54	系统压力/MPa	2.5 ~ 3.0
刀架净重/kg	75		

（续）

外形尺寸

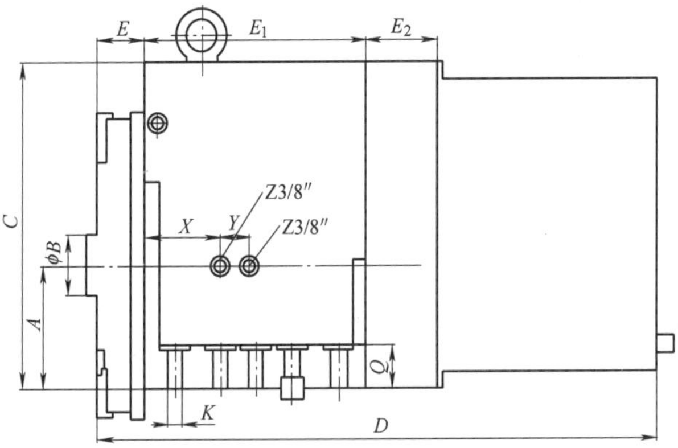

a) 主视图

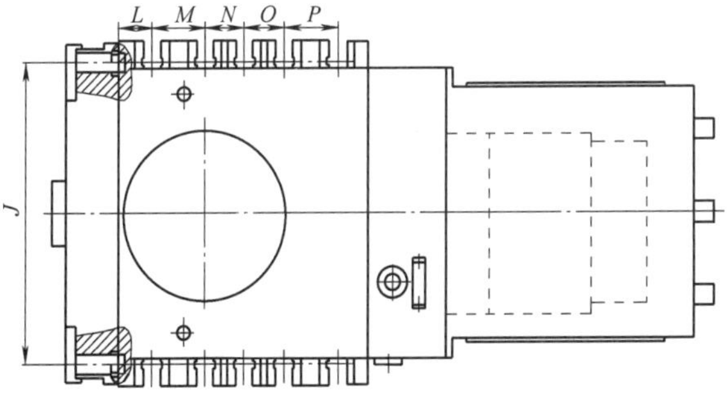

b) 俯视图

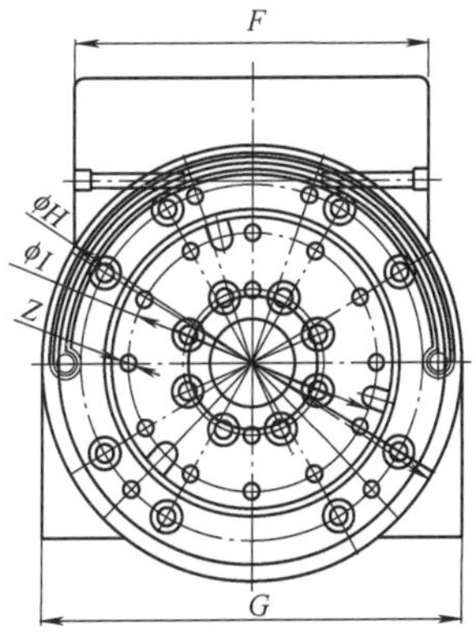

c) 左视图

A	B	C	D	E	E_1	E_2	F	G	H	I
80	40	243	430.5	36	152.5	56	190	210	208	120
J	K	L	M	N	O	P	Q	X	Y	Z
190	8～12	22	32	32	32	—	20	58	26	8×M8

第五节　数控立式车床刀架选型

一、CY-VCT 数控立式车床概述

云南 CY 机床集团的数控立式车床 VTC5160 总体布局合理紧凑、占地面积小；高刚性、精密独立主轴，包砂底座设计，刚性和抗振性好。该系列机床具有加工能力大、精度稳定和加工效率高的特点。适用于加工刹车盘、轮毂、火车车轮、制动鼓和轴承行业等。VTC5160 数控立式车床如图 7-8 所示，主要技术参数如表 7-13 所示。

图 7-8　VTC5160 数控立式车床

表 7-13　VTC5160 数控立式车床主要技术参数表

项　　目	数　　值
工作台直径/mm	47/381
最大车削直径/mm	510
最大车削高度/mm	600
主电动机功率/kW	18.5/22
主轴/工作台转速/(r/min)	50～1 600
主轴额定转矩/N · m	683
X 轴快速移动速度/(m/min)	16
Z 轴快速移动速度/(m/min)	16
X 轴行程/mm	400
Z 轴行程/mm	620
刀架形式	立式 5/6 工位、卧式 8 工位
刀具尺寸（车削/镗孔）/mm	20×20/ϕ32
总重量/kg	9 000

二、选型流程

（一）确定数控车床基本条件

机床的中心高为 170mm 左右，同时根据最终用户要求，最多使用六把刀具，使用的刀柄直径 150mm，长度约为 250mm，刀架单工位转位时间≤3s，重复定位精度 0.005mm，因为切削力较大，所以采用液压刹紧，典型加工为轮毂，用于内孔车削与平端面，用 YT15 硬质合金车刀车内圆（R_m=0.588GPa），切削速度 v=80m/min，背吃刀量 a_p=8mm，进给量 f=0.6mm/r，车刀几何参数 γ_o=10°、κ_r=45°、λ_s=−10°、r_ε=0.5mm。

（二）确定刀架类型及工位数

1）根据加工工件的类型及 VTC5160 安装基面确定刀架使用立式系列。

2）VTC5160 为数控立式车床，一般选择比较高端的伺服刀架。

3）根据加工工件所需的工序数选择刀架的装刀容量，确定为 6 工位。

（三）确定刀架技术参数

1）刀架的中心高。刀架装刀的中心高必须与机床的中心高一致，如果不能一致，则选用刀架中心高应小于机床中心高，然后在刀架底面加相应厚度的垫板。VTC5160 数控立式车床的中心高 170mm，查询第四章型谱，并无完全匹配的高度，因此可以选择刀架中心高度 <170mm 的刀架，采用垫板调整中心高度至 170mm。

2）最终客户要求最多使用六把刀具，使用的刀杆直径 150mm，长度为 250mm。

3）提高转位时间是为了提高机床加工效率，根据最终客户要求单工位转位时间 <3s。

综合上述条件，查询第四章立式伺服数控刀架型谱，初步确定立式伺服 6 工位的 AK26300 刀架，技术参数如表 7-14 所示。

表 7-14　AK26300 立式伺服刀架技术参数

项　　目	数　　值
中心高/mm	160
工位数/个	6
重复定位精度/mm	0. 005
相邻工位换刀时间/s	2. 5
最大锁紧力/kN	5. 8
上加力矩/N · m	4 000
切向力矩/N · m	2 000

（四）校核数控刀架承载能力参数

根据机床最终用户提供的典型加工工况，对初选刀架的承载能力进行验证。立式刀架在零件车削时主要承受上加力矩和切向力矩。根据受力分析，主切削力 F_z 是刀架产生上加力矩的主要因素，进给力 F_x 是产生刀架切向力矩的主要因素，受力如图 7-9 所示，主切削力 F_z 垂直指向纸面，与切削圆相切。

根据式（3-5）计算主切削力：

$$\begin{aligned} F_z &= C_{F_z} a_p^{X_{F_z}} f^{Y_{F_z}} v^{Z_{F_z}} \kappa_{F_z} \\ &= 2650 \times 8^{1.0} \times 0.6^{0.75} \times 80^{-0.15} \times 0.87\text{N} \\ &= 6515\text{N} \end{aligned} \tag{7-29}$$

根据式（3-7）计算进给力：

$$\begin{aligned} F_x &= C_{F_x} a_p^{X_{F_x}} f^{Y_{F_z}} v^{Z_{F_x}} \kappa_{F_x} \\ &= 2880 \times 8^{1.0} \times 0.6^{0.5} \times 80^{-0.4} \times 1\text{N} \\ &= 3092\text{N} \end{aligned} \tag{7-30}$$

本案例刀具悬伸为 250mm，所以刀柄较粗，刀盘对边尺寸为 300mm，则根据式（3-22）计算上加力矩为：

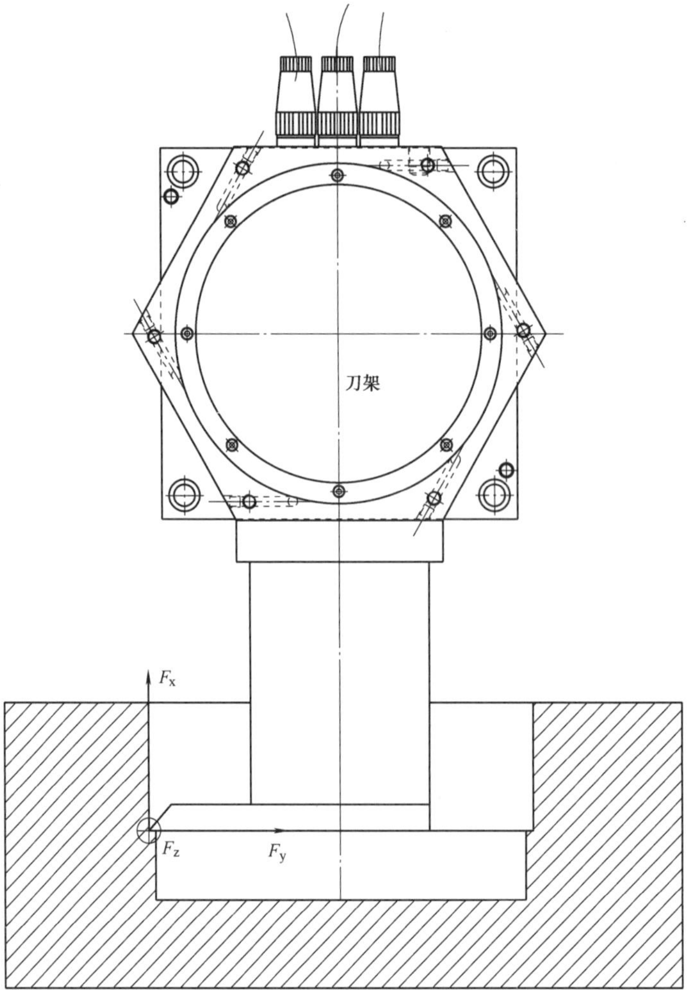

图 7-9　立式车床刀具受力图

$$M_S = F_z\left(\frac{D}{2}+1.5d\right)=6515\times\left(\frac{300}{2}+250\right)\div 1000\text{N}\cdot\text{m}=2606\text{N}\cdot\text{m} \tag{7-31}$$

根据式（3-24）计算切向力矩为：

$$M_Q = F_x\left(\frac{D}{2}+1.5d\right)=3092\times\left(\frac{300}{2}+250\right)\div 1000\text{N}\cdot\text{m}=1237\text{N}\cdot\text{m} \tag{7-32}$$

AK26300 立式伺服刀架的最大切向力矩 2 000N · m 和最大上加力矩为 4 000N · m，均大于计算的上加力矩和切向力矩，且有一定安全系数，满足加工此零件内孔及端面的车削要求。

（五）确定刀架型号

根据以上选型流程确定，型号为 AK26300 ×6 的刀架满足数控车床设计要求，故可作为最终选型结果，表 7-15 为 AK26300 ×6 刀架技术参数信息。

表 7-15　AK26300×6 数控刀架技术参数信息

刀架特点：AK26300×6 立式伺服转塔刀架是数控车床的重要功能部件，特别适用于大型卧式车床、数控立式车床，可多刀夹持，实现加工程序的自动化和生产的高效化。本产品采用了电动机内藏式结构，由伺服电动机直接驱动，端齿盘作为分度元件，液压刹紧松开，使刀架不必抬起即可转位加工，具有定位精度高，转位可靠，锁紧力大，封闭性能良好等特点

生产厂家	烟台环球机床附件集团有限公司	类　型	立式电动刀架
装刀孔中心高/mm	120	工位数/个	6
重复定位精度/mm	0.005	相邻工位转位时间/s	2.5
刀台尺寸/mm	300	最大上加力矩/N·m	4 000
最大切向力矩/N·m	2 000		

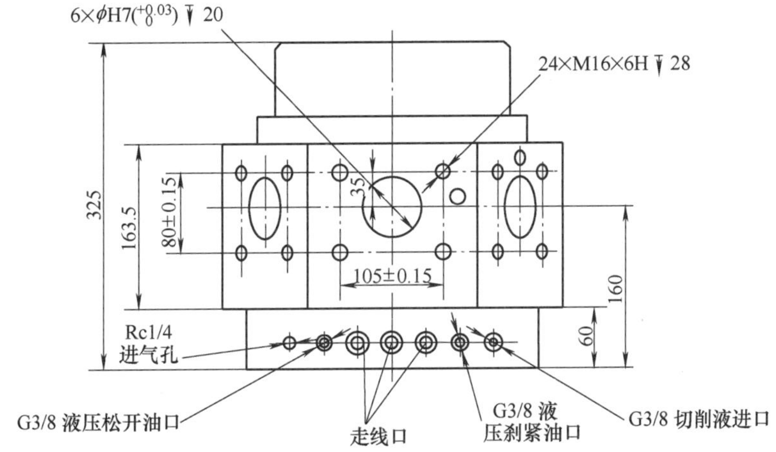

a) 主视图

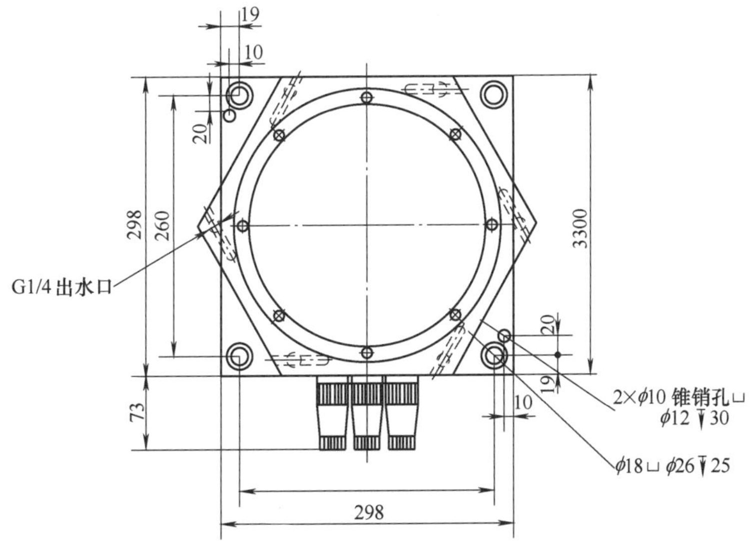

b) 俯视图

第六节　CK7163A 数控车床卧式刀架选型

一、CK7163A 数控车床概述

新瑞长城机床有限公司 CK7163A 数控车床是普及型数控车床，CK7163A 型数控车床系双坐标两轴联动的半闭环数控车床。主机采用卧式 45°倾斜导轨床身结构，具备高性能、高稳定的特性，配备 FANUC 0i-mate 控制系统和驱动技术，带数据传输接口。可加工 ϕ320mm 以下轴件，ϕ630mm 以下盘件；可加工圆柱面、圆锥面、阶梯面、球面及其他各种回转曲面；可加工各种公、英制内外螺纹；能车削外圆、切槽及倒角，也可以进行钻、扩、铰及镗削加工。如图 7-10 所示，主要技术参数见表 7-16。

表 7-16　CK7163A 技术参数

床身上最大回转直径/mm		650
床鞍滑体上最大回转直径/mm		440
最大车削直径	轴类/mm	320
	盘类/mm	630
最大车削长度/mm		1 000
最大行程 X/Z/mm		335/1 100
主轴箱	主轴转速范围/(r/min)	30 ~ 2 000（多轴 60 ~ 1250）
	主轴定心轴颈锥度	14°15′
	锥孔锥度	公制 100（120）
	主轴通孔直径/mm	85（多轴 105）
	主轴头部型号	A_2-8（多轴 A_2-11）
	主轴前轴径尺寸/mm	140（多轴 150）
	主轴中心至床面高度/mm	385
	主轴中心至地面高度/mm	1 100
尾架	尾架套筒最大行程/mm	100
	尾架套筒直径/mm	130
	尾架套筒锥孔锥度/莫氏	5#
进给速度	快进速度 X/Z/(m/min)	8/12
	工进速度 X/Z/(mm/min)	0.001 ~ 8 000/0.001 ~ 12 000
刀盘	驱动方式	电动
	配置刀架	卧式 8 位
	外圆刀方尺寸/mm	32 × 25
	最大镗刀杆直径/mm	50
卡盘	液压卡盘/mm	320
控制系统	数控系统	FANUC 0i-mate
	主轴电动机/kW	11/15
	X 轴伺服电动机/N·m	12
	Z 轴伺服电动机/N·m	22

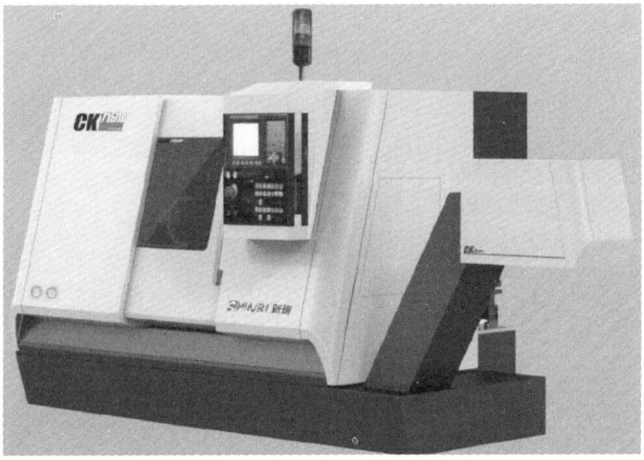

图 7-10　CK7163A 数控车床

二、选型流程

(一) 确定数控车床基本条件

机床的中心高为 110mm，同时根据最终用户要求，最多使用八把刀具，就近选刀，刀架单工位转位时间≤1s，重复定位精度≤±2″，典型加工为外圆车削，工件材料为40MnB 合金钢（正火状态，210HBW）；工件直径为 520mm；用高速钢外圆车刀加工。刀具几何参数为 $\gamma_o=10^0$、$\kappa_r=45°$、$\lambda_s=-5°$、$b_r=0.2\text{mm}$、$\gamma_{o1}=-10°$、$r_\varepsilon=1\text{mm}$。车刀后刀面磨损量 VB＝0.25mm，切削用量为 $a_p=5\text{mm}$，进给量 $f=0.3\text{mm/r}$，切削速度 $v=100\text{m/min}$。

(二) 确定刀架类型及工位数

1）根据加工工件的类型及 CK7163A 安装基面为 45°斜导轨确定刀架使用卧式系列。

2）CK7163A 为经济型数控车床，一般选择电动刀架。

3）根据加工工件所需的工序数选择刀架的装刀容量确定为 8 工位。

(三) 确定刀架技术参数

本案例采用机床主电动机功率估算切削力的方法，继而确定数控刀架的切向力矩和上加力矩的要求。机床切削时刀架的受力情况如图 2-27 所示。

根据式（3-15）可知：

$$P=F_zv \tag{7-33}$$

已知主电动机最大功率为 15kW，切削速度 100m/min 进行主切削力估算：

$$F_z=\frac{15\times1000}{100/60}\text{N}=9000\text{N} \tag{7-34}$$

根据式（3-16）可知进给力 F_x 和背向力 F_y 分别为：

$$F_x=0.4\times9000\text{N}=3600\text{N} \tag{7-35}$$

$$F_y=0.25\times9000\text{N}=2250\text{N} \tag{7-36}$$

根据图 2-27 可知卧式刀架切向力即为切削分解图中的主切削力，因此可得切向力矩：

$$M_Q=F_zR \tag{7-37}$$

根据机床要求，刀尖最大回转直径≤440mm。

因此切向力矩：

$$M_Q = F_z \times \left(b + \frac{c}{2}\right) = 9000 \times 220 \div 1000\text{N}\cdot\text{m} = 1980\text{N}\cdot\text{m} \tag{7-38}$$

根据图 2-27 可知卧式刀架轴向力即为切削分解图中的进给力，可得轴向力矩：

$$M_a = F_x \times \left(b + \frac{c}{2}\right) = 3600 \times 220 \div 1000\text{N}\cdot\text{m} = 792\text{N}\cdot\text{m} \tag{7-39}$$

查询第四章卧式电动刀架型谱，可知 AK31100X8A—10 刀架的最大切向力矩为 2 500N · m，最大轴向力矩为 2 500N · m，满足承载力矩要求。

同时 AK31100X8A—10 的中心高为 100mm，小于机床的中心高 110mm，可在安装时采用 10mm 垫板调整，转位时间 0. 8s，小于要求的 1s，满足要求。

（四）确定刀架型号

根据以上选型流程确定，型号为 AK31100X8A—10 的刀架满足数控车床设计要求，故可作为最终选型结果，表 7-17 为 AK31100X8A—10 刀架技术参数信息。

表 7-17　AK31100X8A—10 数控刀架技术参数信息

刀架特点：本刀架系引进世界著名数控转塔刀架生产企业 - 意大利 Baruffaldi 公司的先进技术，并获得其生产许可证而生产制造。该系列数控转塔刀架是普及型及高级系数控车床的核心配套附件，可保证零件通过一次装夹自动完成车削外圆、端面、圆弧、螺纹和镗孔、切槽、切断等工序

生 产 厂 家	烟台环球机床附件集团有限公司	类　　型	卧式电动刀架
中心高度/mm	100	工位数/个	8
重复定位精度/(″)	±2	相邻工位转位时间/s	0. 79
刀盘对边尺寸/mm	350	最大轴向力矩/N · m	2 500
最大切向力矩/N · m	2 500	净重/kg	178

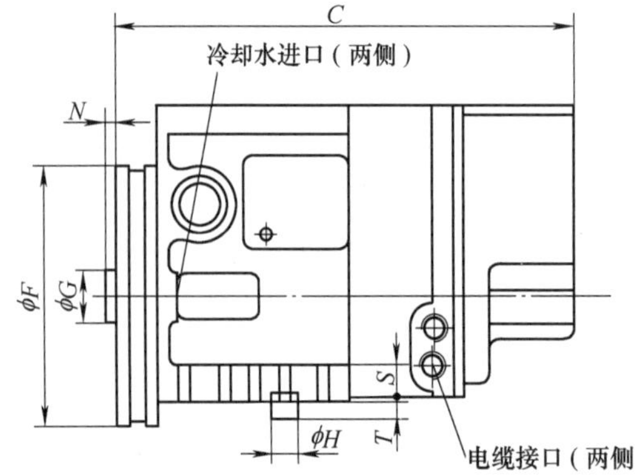

a) 主视图

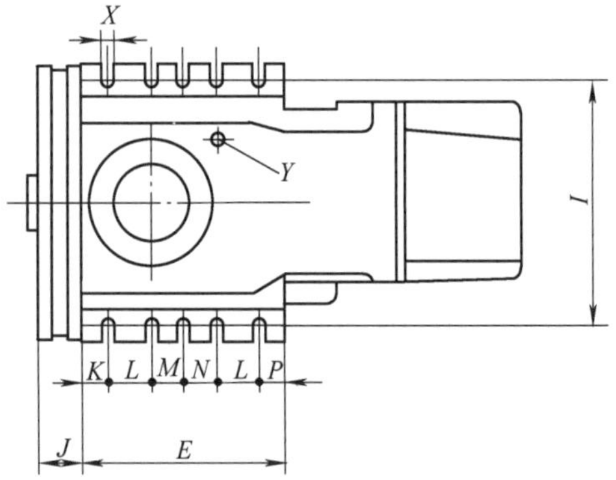

b) 俯视图

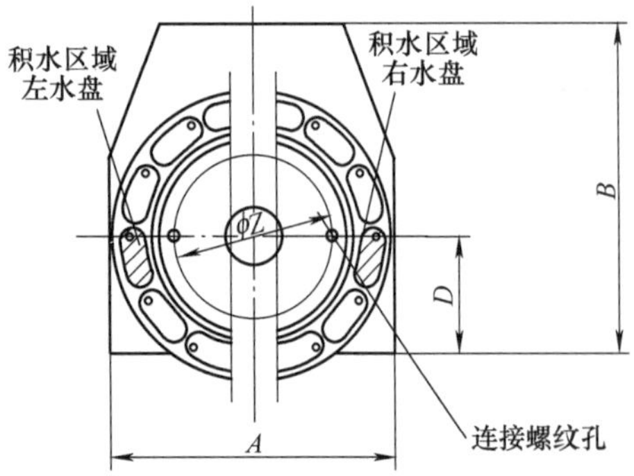

c) 左视图

（续）

A	B	C	D	E	F	G	H	I	J
250	280	451.5	100	190	247	50h5	20g6	220	41
K	L	M	N	P	S	T	X	Y	
25	40	30	9	25	32	9	10～13	M10×24	

第七节　DL—20M 数控车床刀架选型

一、DL—20M 数控车床概述

大连机床集团 DL—20M 数控车床，如图 7-11 所示，主要技术参数如表 7-18 所示，要求选择刀架能够与数控车床的数控系统接口相连接，辅助主机完成轴类、盘类等零件的车外圆、端面、圆弧、刀槽、切断、车螺纹、镗孔的加工工序。

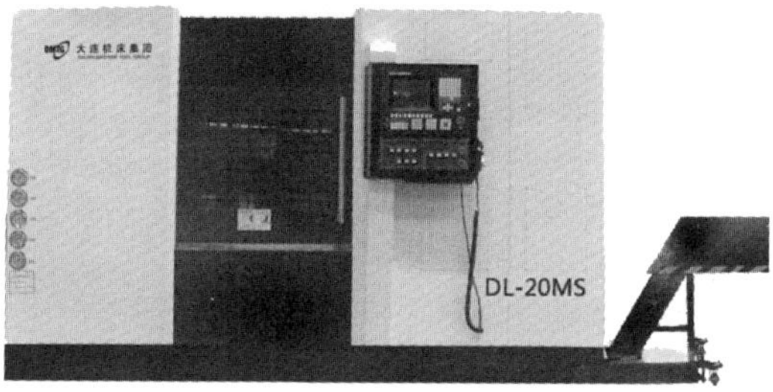

图 7-11　DL—20MS 数控车床

表 7-18　DL—20M 数控车床主要技术参数

加工范围	最大回转直径/mm	440	
	最大切削直径（轴/盘）/mm	260/400	
	最大切削长度/mm	600，1 000	
卡盘	卡盘尺寸/(″)	8（中实）	
主轴	主轴伺服电动机功率/kW	15/18.5	
	主轴头形式	ISOA2－6	
	主轴转速范围/(r/min)	45～4 500	
	主轴前轴承直径/mm	110	
	主轴通孔直径/mm	76	
	通过棒杆直径/mm	65	
	主轴转矩/N·m	149/184	109/149
刀架	刀架工位数/个	12	
	换刀方式	伺服	
	换刀时间（相邻/最远）/s	0.45/1.45	
	刀柄尺寸/mm	25×25	
	内孔刀柄尺寸 φ/mm	≤40	
切削能力	例如：重切削试件直径 100mm，主轴转速 400r/min，切削深度 6.5mm，试件材料 45#钢，进给量 0.5mm/r		

二、选型流程

(一) 确定数控车床基本条件

机床最多使用12把刀具，机床的中心高为130mm，使用的刀柄规格为刀方25mm，刀架单工位转位时间≤0.5s，重复定位精度±5″。

(二) 确定刀架类型及工位数

(1) 根据加工工件的类型及安装基面确定刀架使用卧式（回转轴线平行于安装基面）伺服刀架，从模块化设计角度出发，决定选用大连高金数控集团生产的DTS系列伺服刀架，以保证床鞍及滑板在数控车床和车削中心之间通用。

(2) DL—20M为全机能数控车床（见图7-12)，采用45°斜床身结构，机床整体高度要求尽量低，刀具干涉区域尽量小。

(3) 从加工范围角度，刀架装刀数量应尽量多，但是受到刀盘尺寸限制，会造成一定的刀具间干涉，综合考虑，该机床装刀数为12。

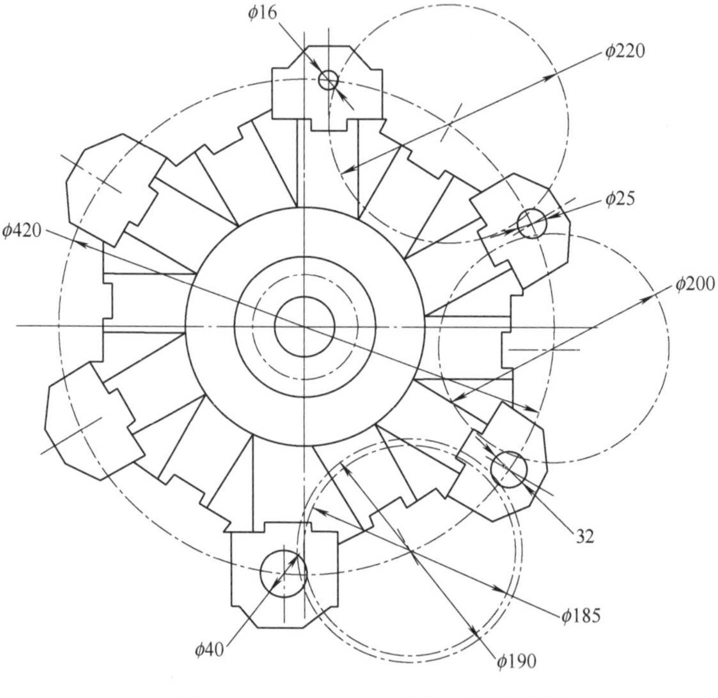

图7-12　DL—20M刀盘和刀具干涉图

(三) 确定刀架技术参数

1) 刀架的中心高。DL—20M数控车床滑板至主轴的中心高为135mm，选用中心高为100mm的刀架，标准刀盘对边尺寸为340mm，满足切削端面要求。

2) 刀具尺寸为25mm×25mm，根据经验，满足重切削要求。

3) 刀架的重复定位精度，根据国家标准要求，回转刀架的重复定位精度在*XZ*和*YZ*平面内，均为0.01mm，内控标准为0.008mm。

4) 刀架的转位时间，刀架满载回转180°，最大转位时间为1s（含锁紧松开时间）。

综合上述条件，初选大连高金数控集团生产的适合 DL—20M 数控车床的伺服刀架为 DTS100，相关技术参数如表 7-19 所示。DTS100 刀架的重复定位精度为 ±2″，折算到刀具安装孔位置上的重复定位精度为 ±0.002mm，满足精度要求。

表 7-19　DTS100 卧式伺服刀架技术参数

项　目	数　值
中心高/mm	100
工位数/个	12
重复定位精度/mm	0.002
相邻工位换刀时间/s	0.35
最大锁紧力/kN	49
最大轴向力矩/N·m	6 000
最大切向力矩/N·m	4 000

(四) 校核数控刀架承载能力参数

卧式刀架切削外圆时，切削力包括主切削力（切向）、进给力和径向力，影响加工精度的主要因素是主切削力，因此只需验证此项即可。

根据 DL—20M—040 技术文件要求，重切削试件直径 100mm，主轴转速 400r/min，切削深度 6.5mm，试件材料 45 钢，进给量 0.5mm/r。

首先根据主轴转速和试件直径可得切削速度

$$v = nD\pi = 400 \times 0.1 \times \pi \text{m/min} = 125\text{m/min} \tag{7-40}$$

根据式（3-5）计算主切削力为：

$$\begin{aligned} F_z &= C_{F_z} a_p^{X_{F_z}} f^{Y_{F_z}} v^{Z_{F_z}} \kappa_{F_z} \\ &= 2650 \times 6.5^{1.0} \times 0.5^{0.75} \times 125^{-0.15}\text{N} \\ &= 4967\text{N} \end{aligned} \tag{7-41}$$

根据式（3-18）计算切向力矩为：

$$M_Q = F_z\left(\frac{D}{2} + 1.5d\right) = 4967 \times \left(\frac{340}{2} + 1.5 \times 25\right) \div 1000\text{N}\cdot\text{m} = 1030\text{N}\cdot\text{m} \tag{7-42}$$

综上，DTS100 卧式伺服刀架满足加工要求。

(五) 确定刀架型号

根据以上选型流程确定，型号为 DTS100 的刀架满足数控车床设计要求，故可作为最终选型结果，表 7-20 为 DTS100 刀架技术参数信息。

表 7-20　DTS100 数控刀架技术参数信息

刀架特点：靠伺服电动机分度，相隔多刀位换刀时刀盘可连续旋转，换刀速度快。三联齿盘的松开与锁紧是靠一个与刀盘主轴中心垂直方向移动的气（油）缸通过端面凸轮机构实现，该机构是通过力矩放大，既保证了足够的锁紧力又不加大气（油）缸的直径尺寸。换刀时刀盘不抬起，中心供水，密封性好

生 产 厂 家	大连高金数控集团	类　型	卧式伺服刀架
中心高度/mm	100	工位数/个	12
重复定位精度/(″)	±1.6	相邻工位转位时间/s	0.79
刀盘对边尺寸/mm	340	最大轴向力矩/N·m	6 000
最大切向力矩/N·m	4 000		

（续）

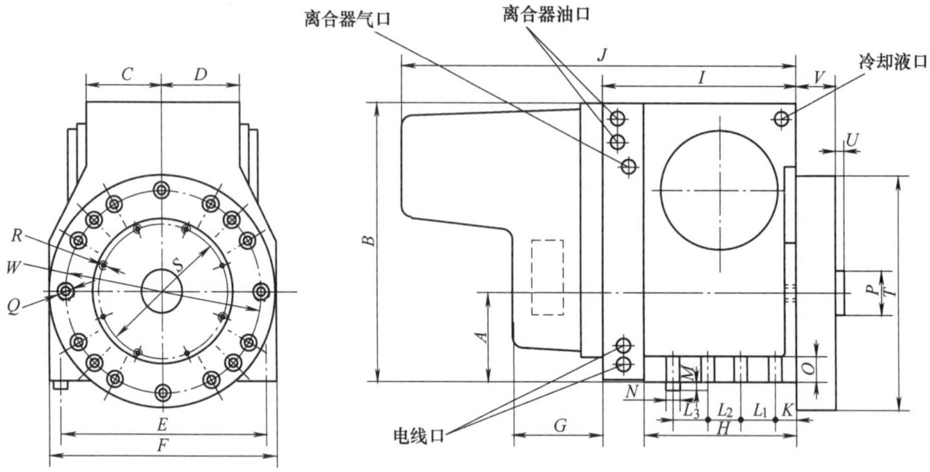

a) 主视图　　b) 左视图

A	B	C	D	E	F	G	H	I	J	K	L_1	L_2
200	450	157	157	420	470	163	340	340	520	48	60	80
L_3	M	N	O	P	Q	R	S	T	U	V	W	
60	26	ϕ38	40	ϕ100	ϕ35.5	M16	ϕ300	ϕ465	12	62	ϕ410	

第八章　数控刀架选型软件介绍

数控刀架优化设计选型软件 V1.0 由南京工业大学机械与动力工程学院于 2015 年开发。软件的主要功能是指导用户进行国内数控刀架的选型，适用对象为从事数控车床、刀架行业的设计、生产及采购人员。开发软件目的是扩展国内的数控刀架销售市场，促进我国机床行业的设计水平。

数控刀架优化设计选型软件 V1.0 具有直观的操作界面，可在任何一台 PC 上进行独立的功能操作，向导式选型界面极大降低了操作人员选用刀架时的难度。软件数据库中几乎包含了全部国内主流数控刀架型号及其详细的产品信息，能够帮助操作人员快速准确的查询到符合要求的数控刀架产品，满足机械生产中的需求。

第一节　软件的安装与登录

数控刀架优化设计选型软件 V1.0 为国家重大专项基金支持项目，由南京工业大学数字化制造与测控技术团队完成。软件免费提供给国内机械行业各大主机及附件公司使用，严禁未经许可转让他人使用或作为商业用途。

开始安装数控刀架选型软件之前，请确认计算机满足以下最小系统要求：

1）PIII700 以上的处理器。

2）64MB 以上内存。

3）1024×768 分辨率的监视器。

4）24 倍速 CD-ROM 或 DVD-ROM 驱动器。

5）500MB 以上的可用硬盘空间。

6）键盘和鼠标。

7）Windows 95/98/Me/NT/2000/XP/7 等操作系统。

数控刀架选型软件的安装步骤：

1）启动 Windows 操作系统，安装其驱动程序。

2）将数控刀架选型软件安装盘插入 CD-ROM 驱动器。

3）将安装包复制到 PC，右击以管理员的身份打开。

4）打开后，按照提示进行操作，将程序安装在计算机中。

按照提示操作，直到完成安装。安装结束后，将在桌面上产生数控刀架选型软件的快捷方式（见图 8-1）。

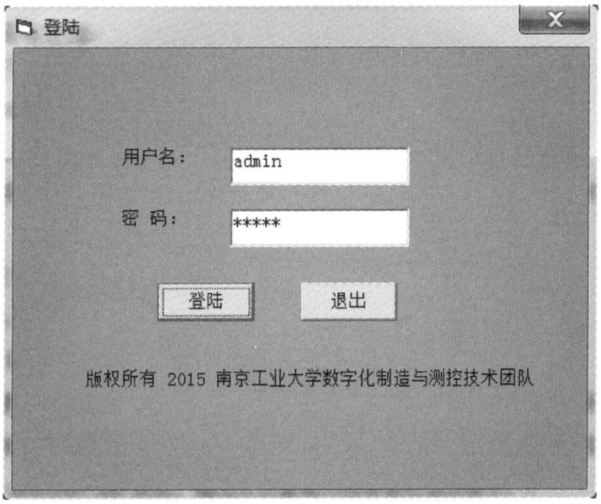

图 8-1　数控刀架选型软件登录界面

第二节　数控刀架选型软件功能介绍

数控刀架选型软件的主要功能有：

1）刀架选型：根据生产的实际需求，限制数控刀架的技术参数范围，选出符合要求的数控刀架。

2）产品目录：由已知的数控刀架型号查询此款刀架的详细信息，以熟悉此款刀架的使用规则和注意事项。

3）历史记录：查询近期的选型记录，减小产品选型时间，对刀架使用中可能的选型阶段问题进行备份。

4）用户设计参考：介绍典型的数控刀架选型案例，以及数控刀架的生产标准供软件的使用者参考。

5）帮助：包括数控刀架选型设计者联系方式、技术支持和软件使用说明。

一、刀架选型

刀架的选型是数控刀架选型软件的主要功能之一，软件的操作流程根据数控刀架选型流程向导式完成，如图 8-2 所示。首先需要确定数控刀架的类型，即刀架的主机类型、刀架安装方式和驱动机构类型。“刀架主机类型”是用来确定刀架使用的场合，下拉框中有：数控车床、加工中心、手动输入三个选项可供选择，选择手动输入时可直接输入机床类型或型号。刀架的主机类型为可填选项，软件操作者可不选此项命令。“刀架安装方式”“刀架驱动机构类型”为必填选项，必须完成这两项参数的定义，否则单击下一步会弹出如图 8-3 所示提示信息。

图 8-2　数控刀架类型选择

软件中根据在机床上安装刀架的轴线回转方式，分为立式刀架和卧式刀架，单击下拉框后面的“安装方式示意图”，显示如图 8-4 所示。按刀架的驱动机构类型将数控刀架分电动、液压、伺服和动力刀架四类，当刀架的安装方式选择为立式时，刀架的驱动机构类型选项中没有“动力刀架”选项，这是因为动力刀架只有卧式的安装方式。立/卧式数控刀架驱动机构类型如图 8-5 所示。

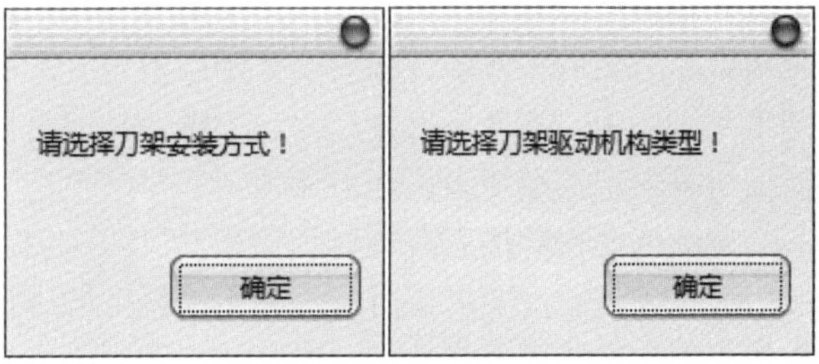

图 8-3　提示信息

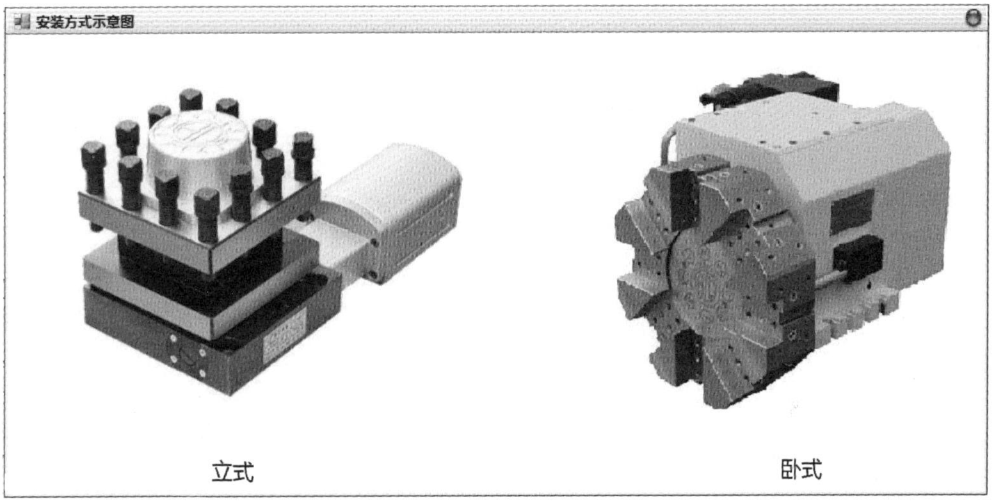

图 8-4　安装方式示意图

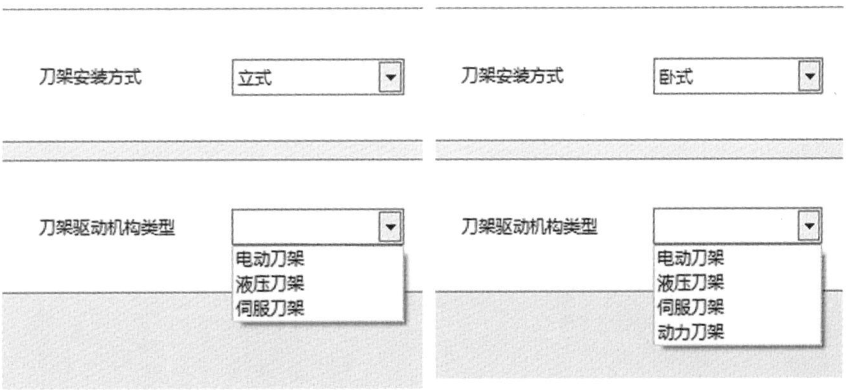

图 8-5　立/卧式数控刀架驱动机构类型

确定刀架的类型后，单击右下角的“下一步”按钮，跳转到“工作条件”界面，此时可对数控刀架的工作条件相关参数加以限定，如图 8-6 所示。数控刀架工作条件确定界面有精度等级、中心高度、刀方尺寸、工位数、刀盘回转直径等供用户加以限定的参数量，且此界面所有限定选型均为可选，无须定义每一项选型参数。单击精度等级、刀方尺寸图解、中心高度图解等提示按钮时会显示图 8-7、图 8-8 提示界面。其中选中精度等级为Ⅱ级时，Ⅰ级刀架也满足精度要求，所以达到Ⅰ级精度的数控刀架也会被选出。卧式刀架中心高指回转轴线到刀架安装面的高度；立式数控刀架中心高指装刀基准面距离刀架安装面的高度，具体情况如图 8-9 所示。当输入中心高度数值 H 时，所有中心高度值小于或等于 H 数值的刀架均会被选出。刀方尺寸指的是 4 工位立式方形刀架的对边尺寸，输入刀方尺寸 X，会选出小于或等于 X 值的所有刀架。工位数指能够安装刀具的数量，此限定框会选出工位数等于输入数值的数控刀架。刀盘回转直径指刀盘转位时产生的回转干涉空间最大值，当输入刀盘回转直径 ϕ 时，会选出所有刀盘回转直径小于或等于 ϕ 的刀架。相邻工位转位时间及相邻工位换刀锁紧时间，限定条件为小于或等于输入值。最大净重指刀架的净重，限制条件为小于或等于。

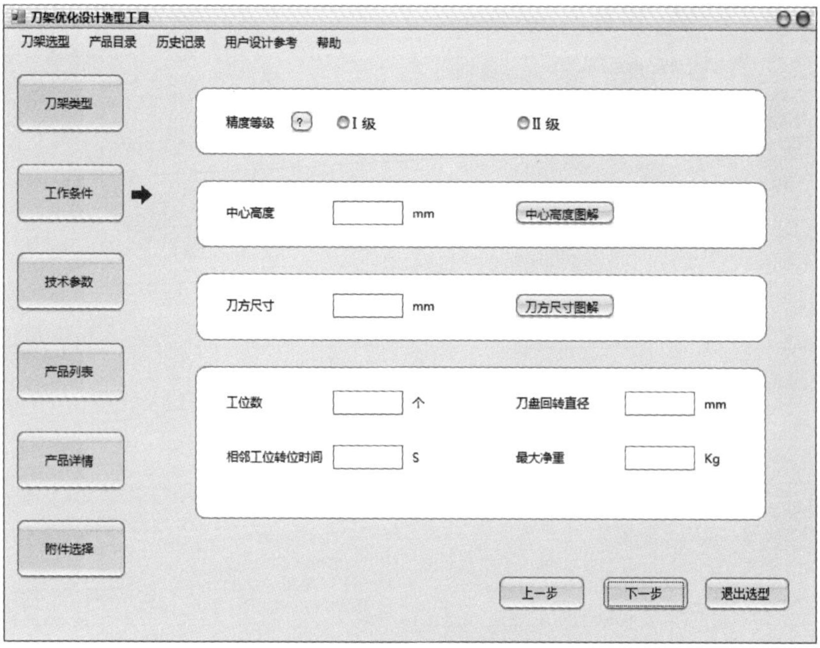

图 8-6 数控刀架关键参数确定

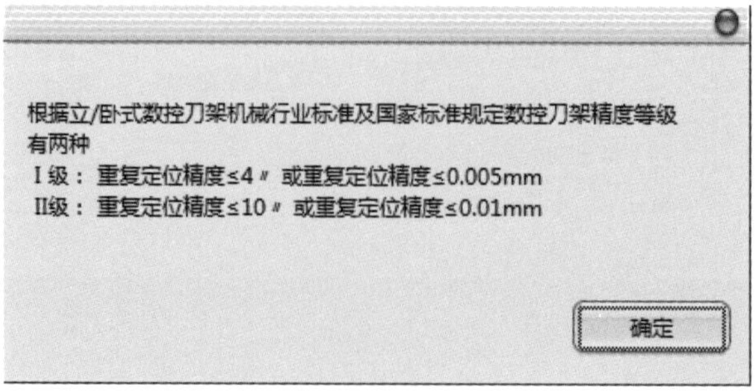

图 8-7 精度等级提示

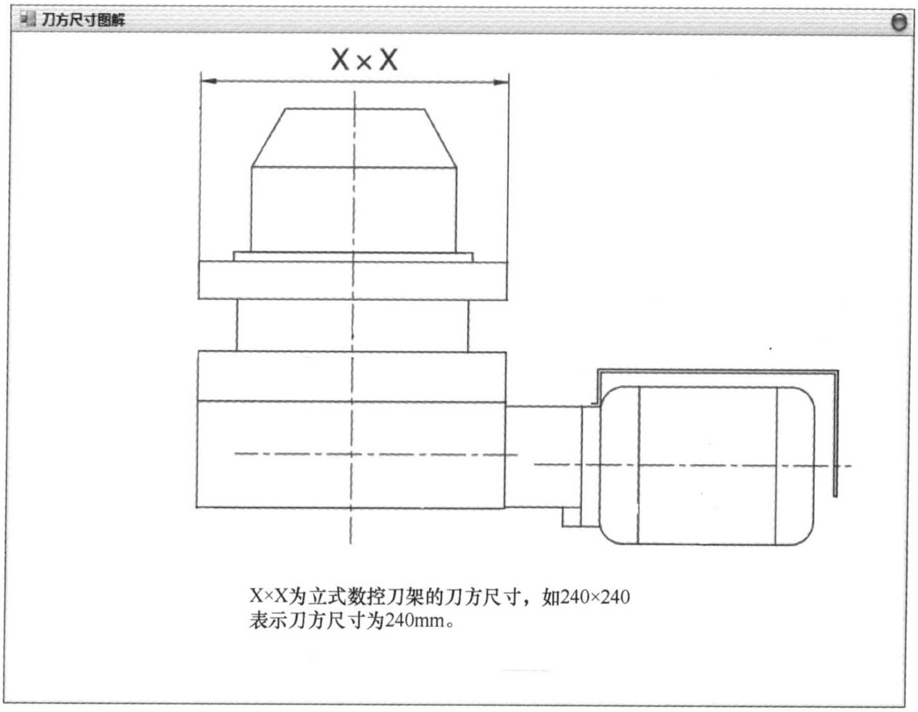

刀方尺寸图解
X×X
X×X为立式数控刀架的刀方尺寸，如240×240
表示刀方尺寸为240mm。

图 8-8　刀架刀方尺寸图解

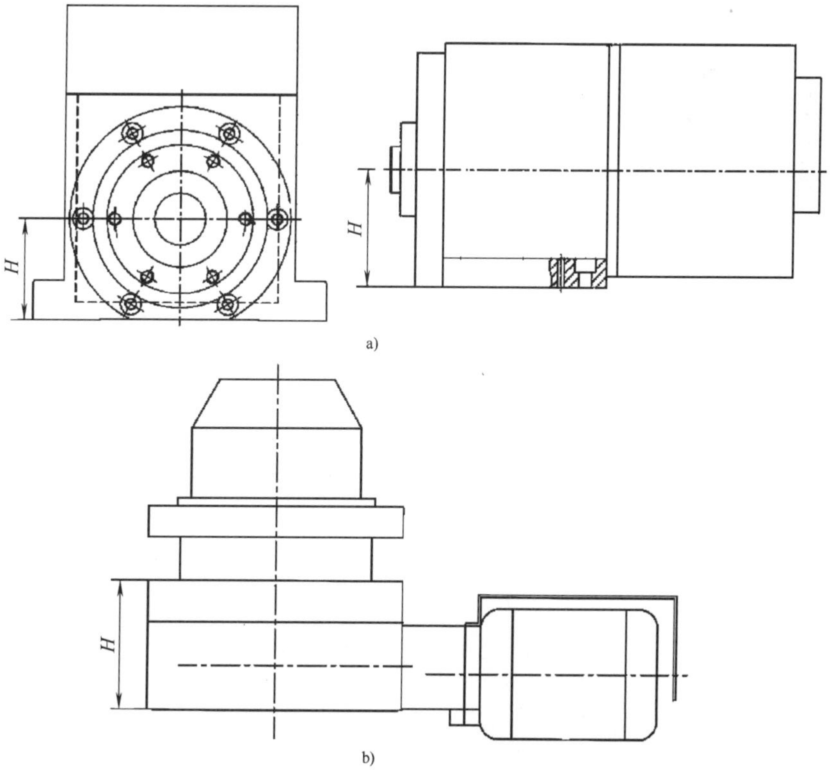

图 8-9　刀架中心高度图解

a）卧式数控刀架中心高度　b）立式数控刀架中心高度

单击“下一步”切换到“技术参数”选型界面，如图 8-10 所示。此界面可对数控刀架的力学性能参数加以限定，以及对刀架液压系统、动力刀架的动力模块进行参数限定。界面中“最大负载荷”的限制条件为大于或等于输入值，其余参数项限定条件均为小于或等于输入数值。此界面中的参数项均为可选输入项，用户根据自己需求对条件加以限定，不被限制的参数项将视为空，所有该项参数值均视为合理。需要注意的是，当参数输入框的输入数值明显错误时，软件系统会给出错误提示，如图 8-11 所示。单击“上一步”可返回“工作条件”界面对之前操作加以修改，单击“下一步”跳转到“产品列表”界面。

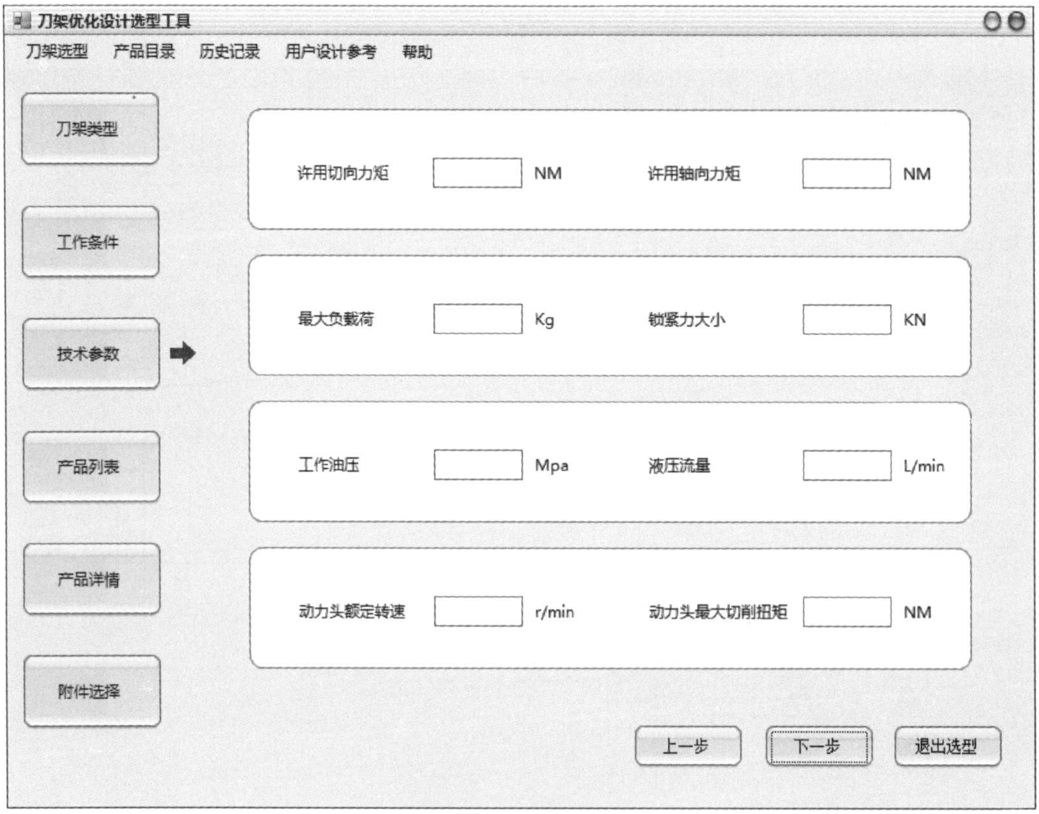

图 8-10　技术参数选型界面

“产品列表”界面中给出的是经过以上“刀架类型”“工作条件”“技术参数”的选型后，满足限定条件的所有数控刀架产品列表，列表中可看到该款刀架的生产厂家、刀架具体型号、中心高、工位数、定位精度以及重复定位精度等一些简单的参数信息，如图 8-12 所示。单击某一项参数名称，可实现以该参数为基准的顺向或逆向排序，如单击“中心高”，列表中刀架以“中心高”数值从大到小排序，再次单击“中心高”，刀架产品以“中心高”数值从小到大排序。选中其中一款刀架，单击“下一步”可查看该款刀架的详细信息，即跳转到“产品详情”界面。

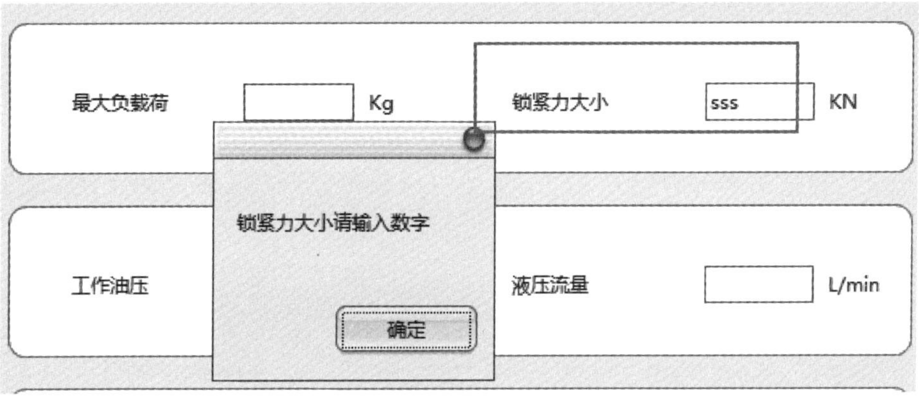

a)

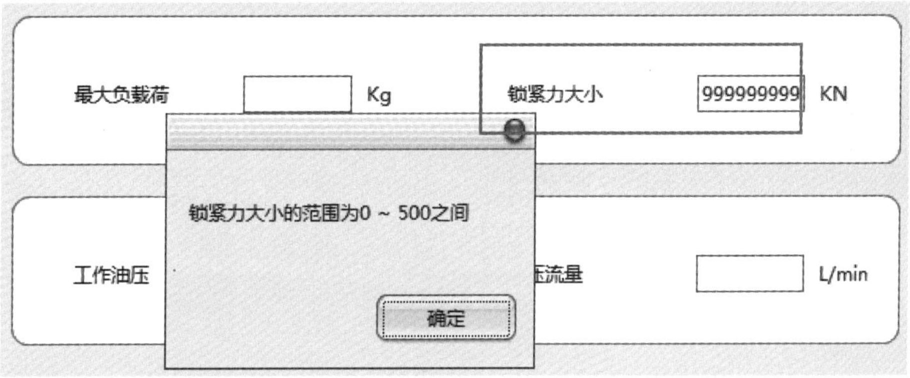

b)

图 8-11　数值输入错误提示

a）输入数据类型错误　b）输入数据范围超标

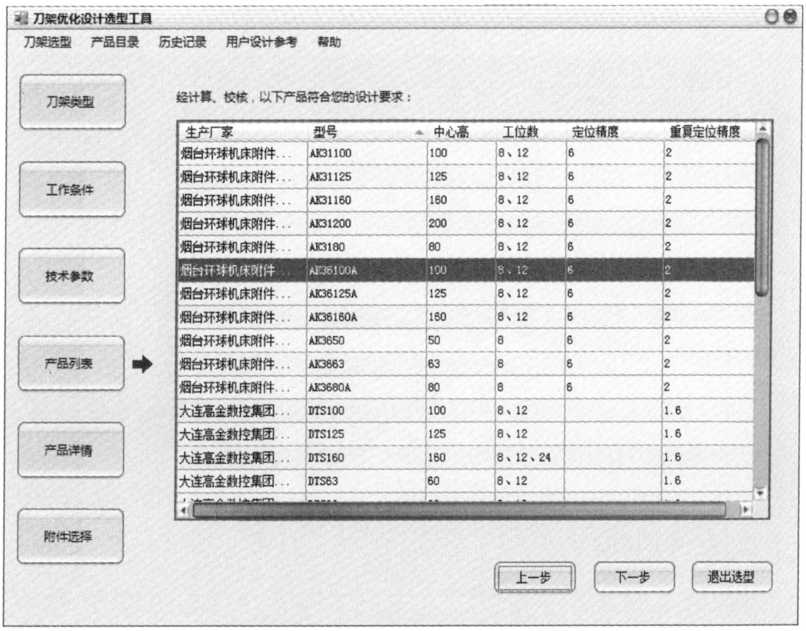

图 8-12　数控刀架产品列表

图 8-13 中“产品详情”界面给出了选中刀架的技术参数值和刀架的工作原理及特点，供用户详细了解该款刀架的信息。单击界面中“刀架实物图”“外形尺寸图”按钮，可查看该款刀架的实物图（见图 8-14）和外形尺寸（见图 8-15）。单击“上一步”返回到产品列表重新选择刀架，单击“下一步”对该款刀架进行附件的选择。

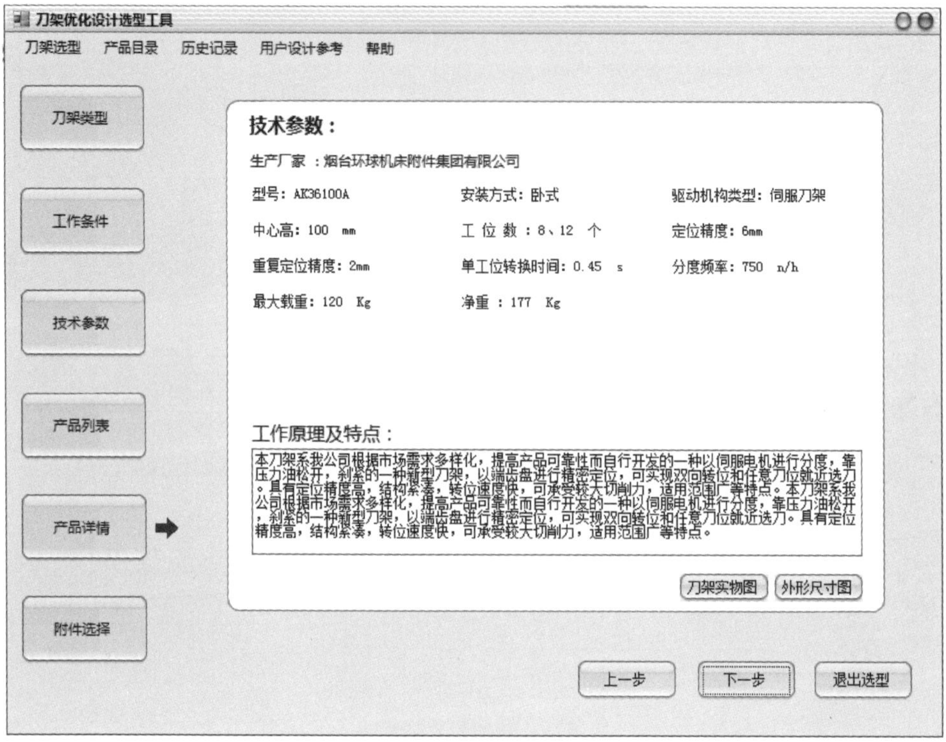

图 8-13　数控刀架产品详情界面

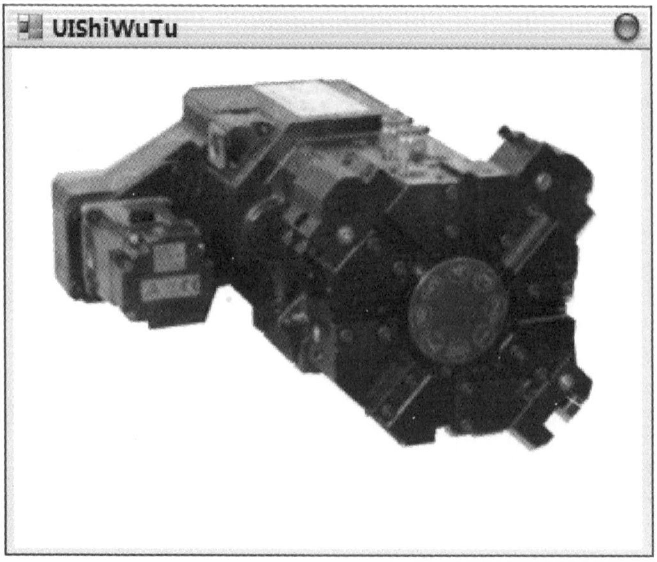

图 8-14　刀架实物图

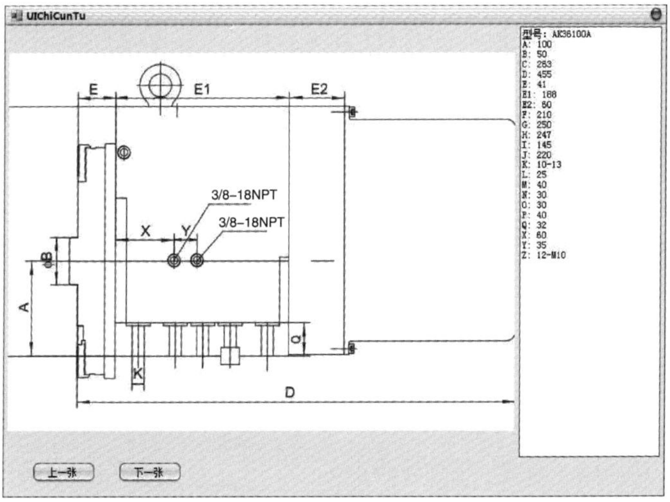

a)

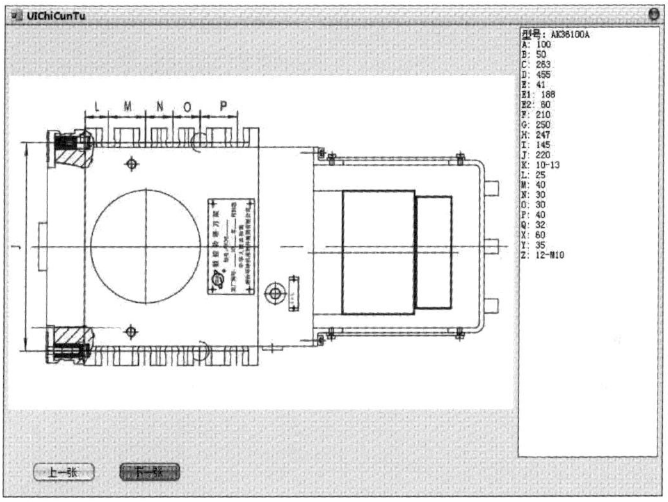

b)

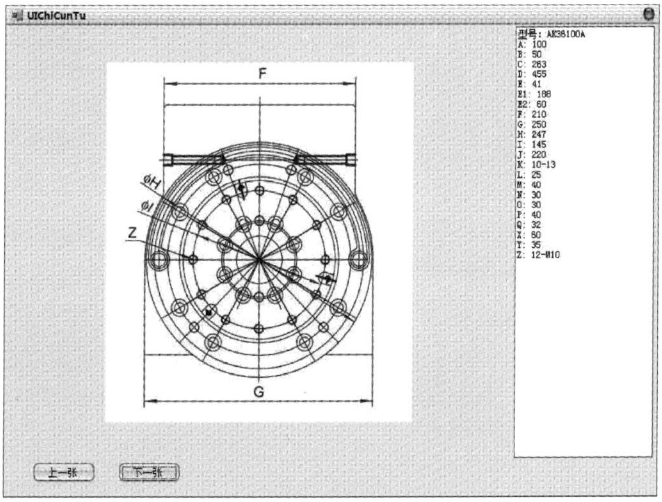

c)

图 8-15　刀架外形尺寸图

a）主视图　b）俯视图　c）左视图

在刀架的安装使用过程中对刀架的附件有限制要求，如方形刀柄不能安装在B型立式刀架上，刀具安装的轴向和径向决定要选用刀座的形式。因此，刀架选型完成后需要对刀架的附件加以备注说明。“附件选择”界面中可以对刀盘类型进行选择，有槽刀盘和VDI式刀盘两个选项；对刀具及动力刀头数目可以加以限定，如图8-16所示。

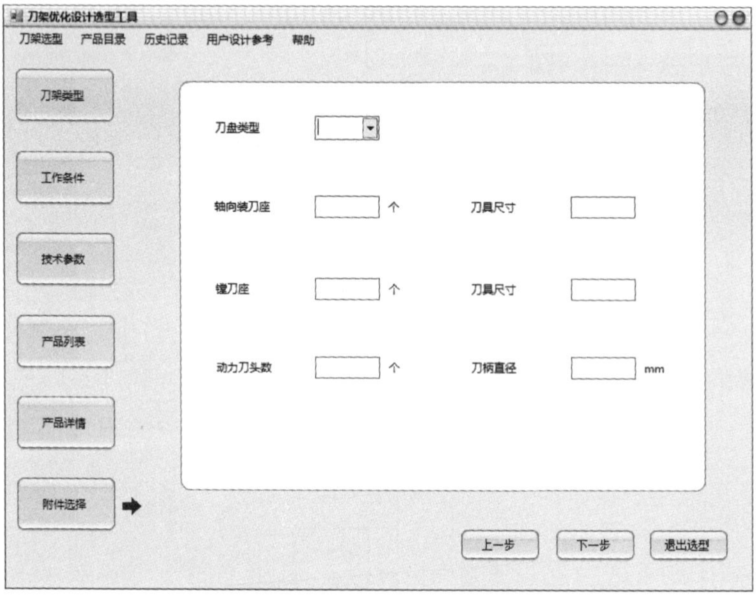

图8-16　数控刀架附件选择

单击“下一步”完成数控刀架选型，如图8-17所示。用户可保存该次选型的过程，并生成选型报告，以供记录选型历史，也可为下次选型提供参考。如图8-18所示，输入选型人员姓名，生成选型报告后保存记录并可查看。

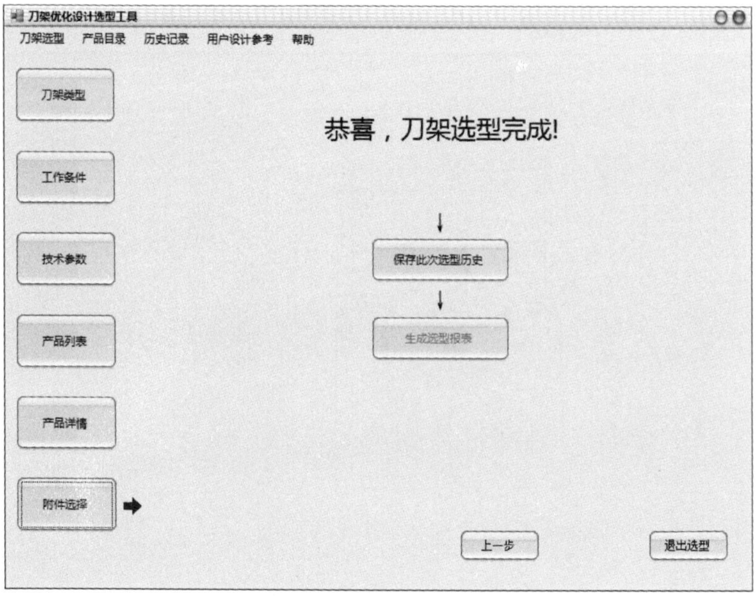

图8-17　刀架选型完成

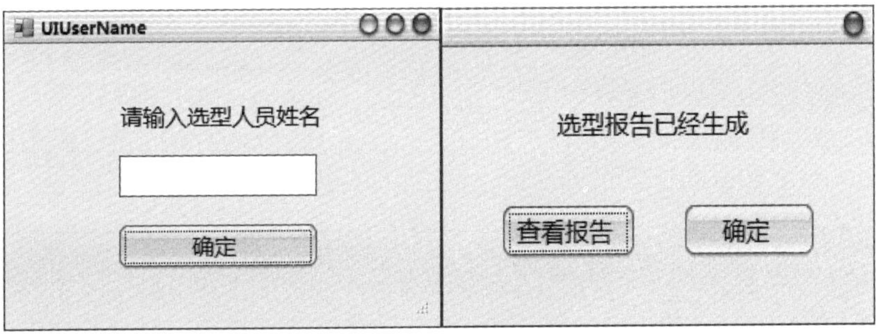

图 8-18　生成选型报表

AK36100A 刀架选型报告如表 8-1 ~ 表 8-4 所示。

选型人员：XYZ

操作时间：2016/7/6 11：27：14

刀架主机类型：数控车床

刀架安装方式：□立式■　卧式

刀架类型：□电动刀架□　液压刀架■　伺服刀架□　动力刀架

表 8-1　工作条件

中心高度/mm	100	工位数/个	8
精度等级	I 级	净重/kg	
刀方尺寸/mm		转位时间/s	0.5
刀盘回转直径/mm			

表 8-2　技术参数

许用切向力矩/N·m	—	许用轴向力矩/N·m	—
最大负载荷/kg	—	锁紧力大小/kN	—
工作液压/MPa	—	液压流量/(L/min)	—
动力头额定转速/(r/min)	—	动力头最大切削转矩/N·m	—

表 8-3　初选产品列表

型　　号	安装方式	类　　型	中心高/mm	工位数/个	定位精度/(″)	重复定位精度/(″)
HAK32063	卧式	伺服刀架	63	8、12	—	±2
HAK32080	卧式	伺服刀架	80	8、12	—	±2
HAK32100	卧式	伺服刀架	100	8、12	—	±2
HAK37080	卧式	伺服刀架	80	8、12	—	±1.6
HAK37100	卧式	伺服刀架	100	8、12	—	±1.6
SLT63	卧式	伺服刀架	63	8	±4	±1.6
SLT80	卧式	伺服刀架	80	8、12	±4	±1.6
DTS100	卧式	伺服刀架	100	8、12	—	±1.6
DTS63	卧式	伺服刀架	60	8、12	—	±1.6
DTS80	卧式	伺服刀架	80	8、12	—	±1.6

（续）

型　号	安装方式	类　型	中心高/mm	工位数/个	定位精度/(″)	重复定位精度/(″)
SFW12	卧式	伺服刀架	63	8	—	±2
SFW16	卧式	伺服刀架	80	8、12	—	±2
SFW20	卧式	伺服刀架	100	8、12	—	±2
AK36100A	卧式	伺服刀架	100	8、12	—	±2
AK3680A	卧式	伺服刀架	80	8	—	±2

表 8-4　技术参数

公司名称	烟台环球机床附件集团有限公司	安装方式	卧　式
类型	伺服刀架	中心高度/mm	100
工位数/个	8、12	定位精度/(″)	±6
重复定位精度/(″)	±2	相邻工位转位时间/s	0.45
刀盘最大回转直径/mm	—	刀方尺寸/mm	—
分度频度/(n/h)	750	锁紧力/kN	—
最大切向力矩/N·m	2 500	最大轴向力矩/N·m	2 500
最大负载荷/kg	120	液压流量/(L/min)	—
工作液压/MPa	2～2.5	动力头最大切向转矩/N·m	—
动力头额定转速/(r/min)	—	净重/kg	177

二、产品目录

数控刀架优化设计选型软件菜单栏第二个选项卡是“产品目录”，其中有“综合目录”“手动查找”两种功能，如图 8-19 所示。综合目录是根据系统中数据库的厂家来选择刀架，“手动查找”是根据输入具体的刀架产品型号来查找刀架。

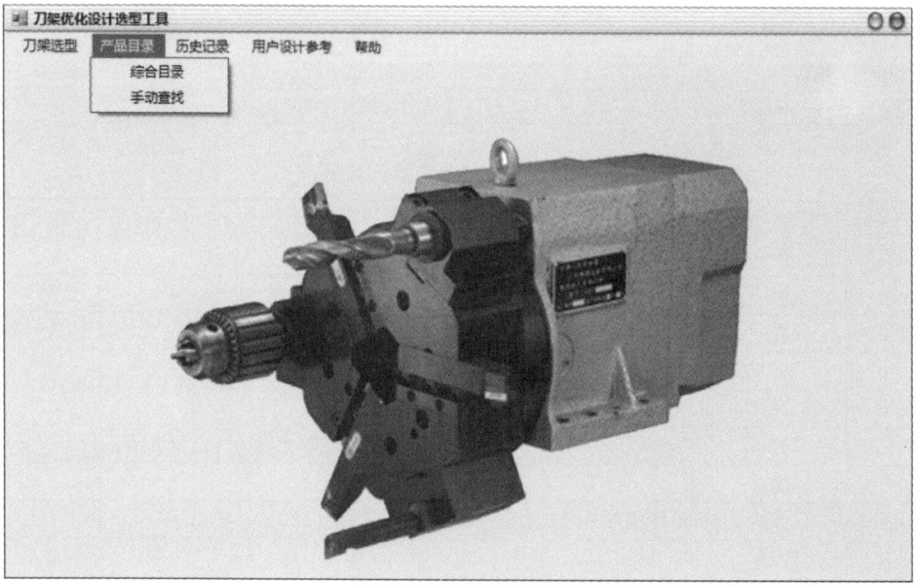

图 8-19　产品目录功能

单击“综合目录”，显示如图 8-20 所示界面，其中包含五家刀架厂家的产品数据，选中任何一家企业图标并单击，则会显示该家企业刀架列表及信息，如单击“烟台环球机床附件集团有限公司”会弹出如图 8-21 所示该公司刀架产品数据库。

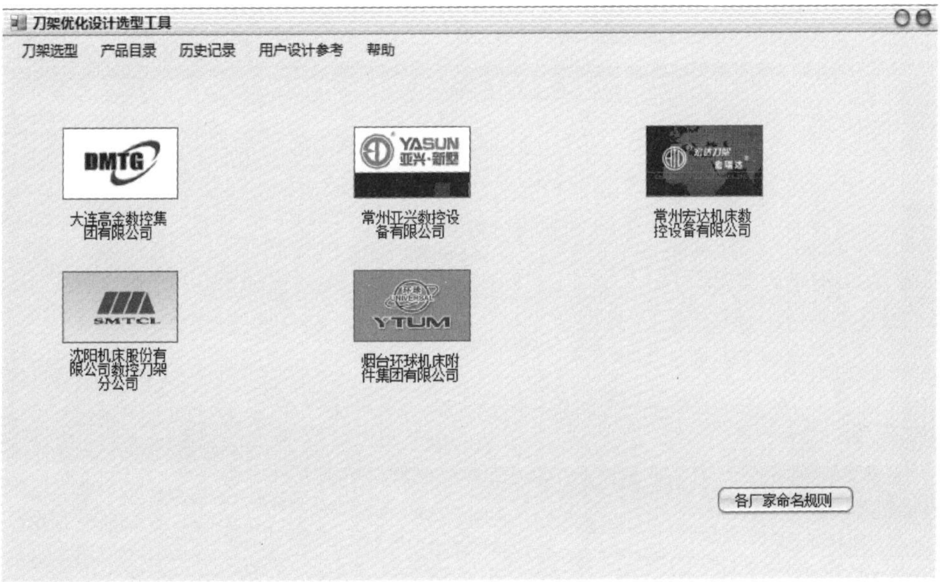

图 8-20　综合目录

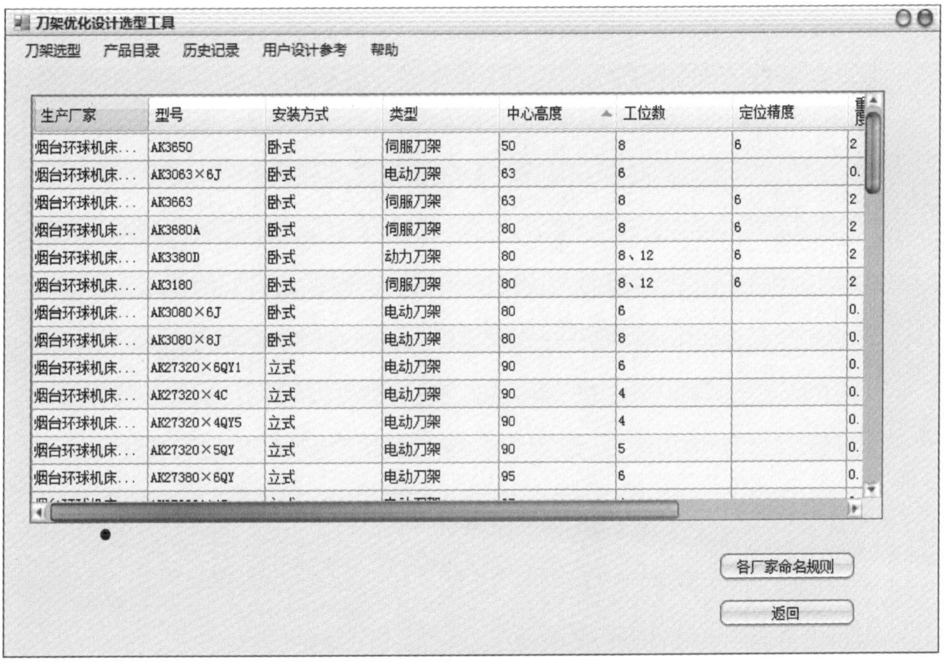

生产厂家	型号	安装方式	类型	中心高度	工位数	定位精度	重
烟台环球机床...	AK3650	卧式	伺服刀架	50	8	6	2
烟台环球机床...	AK3063×6J	卧式	电动刀架	63	6		0.
烟台环球机床...	AK3663	卧式	伺服刀架	63	8	6	2
烟台环球机床...	AK3680A	卧式	伺服刀架	80	8	6	2
烟台环球机床...	AK3380D	卧式	动力刀架	80	8、12	6	2
烟台环球机床...	AK3180	卧式	伺服刀架	80	8、12	6	2
烟台环球机床...	AK3080×6J	卧式	电动刀架	80	6		0.
烟台环球机床...	AK3080×8J	卧式	电动刀架	80	8		0.
烟台环球机床...	AK27320×6QY1	立式	电动刀架	90	6		0.
烟台环球机床...	AK27320×4C	立式	电动刀架	90	4		0.
烟台环球机床...	AK27320×4QY5	立式	电动刀架	90	4		0.
烟台环球机床...	AK27320×5QY	立式	电动刀架	90	5		0.
烟台环球机床...	AK27380×6QY	立式	电动刀架	95	6		0.

图 8-21　烟台环球刀架产品数据

“手动查找”功能如图 8-22 所示，可以直接在“按产品型号查找”搜索框中输入想要查找的型号，或者“按产品参数查找”选择“生产厂家”“安装方式”“驱动类型”来选择刀架。不同刀架生产厂家对刀架的命名有自己的规则，单击命名规则按钮会跳出厂家命名规则文档。

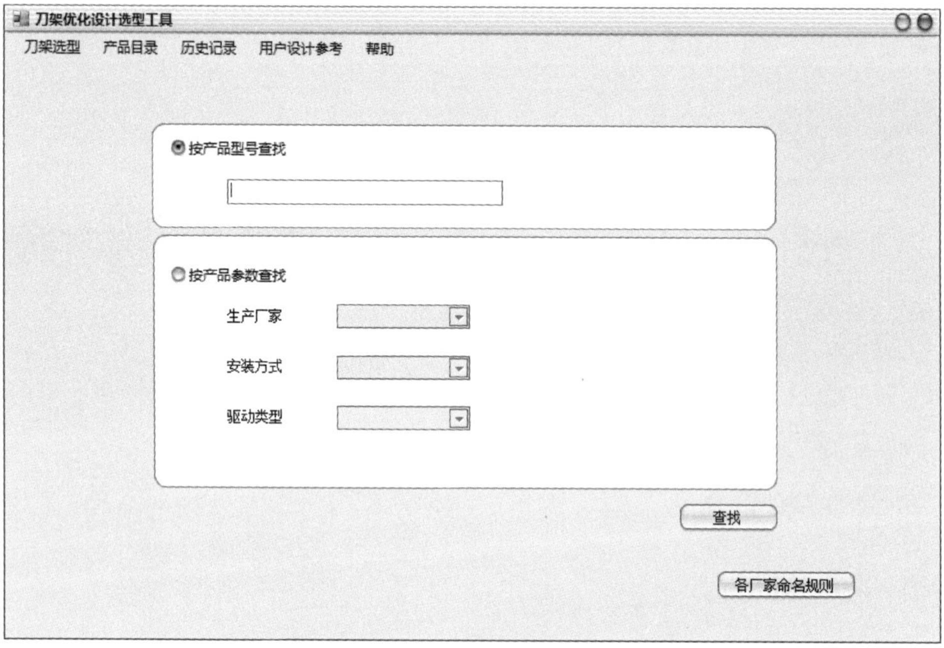

图 8-22　手动查找

各公司的刀架命名规则不一样，具体规则见第二章第四节。

三、历史记录

如图 8-23 所示为选型“历史记录”功能，此界面显示了近期软件选型的记录信息，有选中型号、时间、用户名、选型报告和应用选型参数等选项。“按用户名查找”搜索框可检索出输入用户名的选型记录。单击“选型报告”项的“查看”按钮，可查看该项刀架的选型报告。单击“应用选型参数”项的“应用”按钮，会以该款刀架的选型历史记录为参考，进行新的刀架选型，直接跳转到刀架选型功能，如图 8-24 所示。

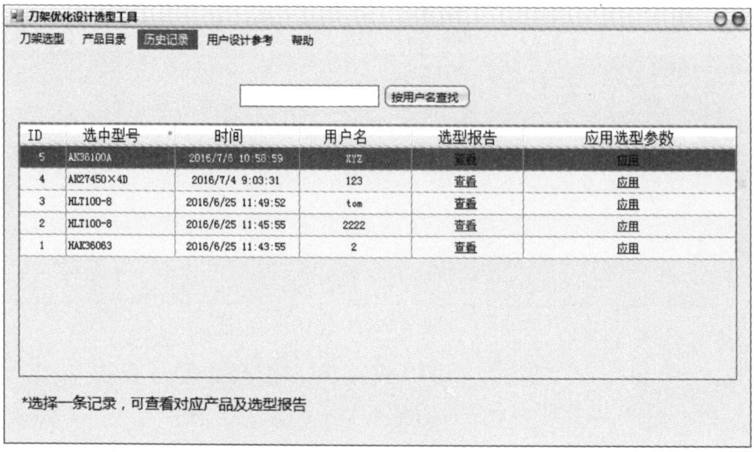

图 8-23　历史记录

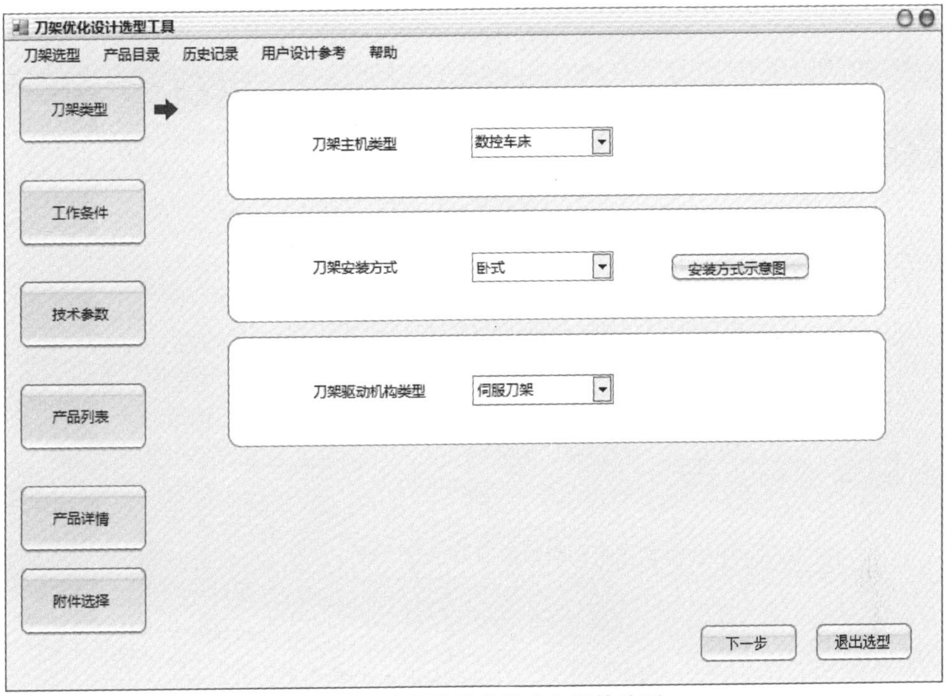

图 8-24　应用选型参数建立新的选型

四、用户设计参考

用户设计参考包括典型选型案例、功能部件行业标准和选型手册三项内容（见图 8-25）。典型选型案例可以作为刀架选型的流程参考，包含了不同类型刀架典型产品的选型过程和信息详情，用户可以通过案例的介绍来进行选型（见图 8-26）。刀架的行业标准中列出了国内数控刀架的国家标准和机械行业标准，操作者在使用时应严格执行标准中的规定（见图 8-27）。选型手册是同刀架选型软件同期研发的成果，手册中介绍了数控刀架的概述、结构类型、选型方法、精度检验、故障分析、案例选型及软件应用等内容。

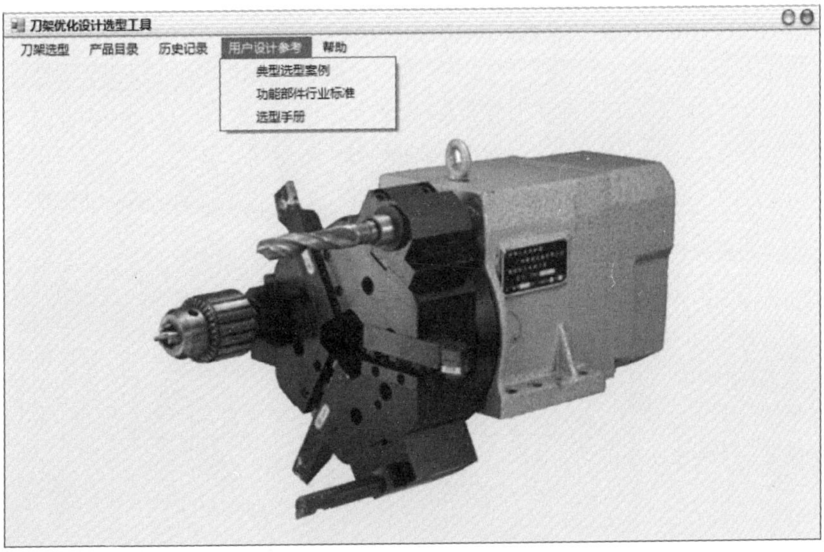

图 8-25　用户设计参考

案例提供单位	机床种类	详细案例
案例1	某经济型数控车床刀架选型	查看
案例2	某功能型数控车床刀架选型	查看
案例3	某功能型数控车床刀架选型2	查看
案例4	某数控车削中心刀架选型	查看

图 8-26　典型选型案例

按名字查找　查询

标准名称	标准类型	详情
GBT 20959-2007 数控立式转塔刀架	国家标准	查看
GBT 20960-2007 数控卧式转塔刀架	国家标准	查看

图 8-27　数控刀架国家标准

五、帮助

单击最后一项“帮助”，可以获得有关软件设计者提供的技术支持和联系方式（见图 8-28），以及软件说明书。

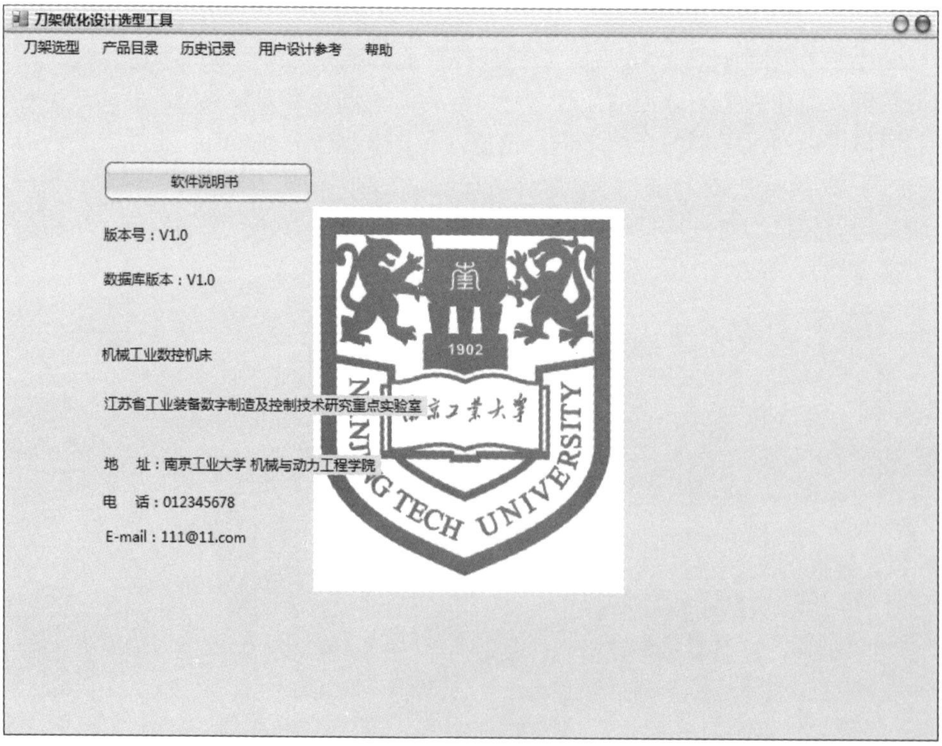

图 8-28　软件帮助